건축 거장들의 명품 공동주택
평면, 단면 그리고 입면

Key Urban Housing of the Twentieth Century
Plans, Sections and Elevations

건축 거장들의 명품 공동주택 평면, 단면 그리고 입면

Key Urban Housing of the Twentieth Century Plans, Sections and Elevations

Hilary French 지음 | 이현수 옮김

Key Urban Housing of the Twentieth Century Plans, Sections and Elevations

아파트 공화국이라고 불릴 정도로 우리나라에는 많은 아파트들이 세워졌고, 앞으로도 들어설 예정이다. 건축초기에는 인기가 없었던 아파트가 이제는 대한민국의 대표 주거 유형으로 자리 잡았으며, 우리나라 국민들도 아파트를 편안해 하고 선호한다. 아파트에 사는 것을 꿈꾸는 사람들이 많다. 그러나 아파트가 장점만을 가지고 있는 것은 아니다. 어느 도시나 할 것 없이 획일적으로 똑같은 아파트가 생기고 있고, 거대한 스케일로 지어지다 보니 환경에 대한 파괴 또한 심각하다. 산이 많기로 유명한 우리나라에서 예전에는 어느 곳에서나 산과 자연을 접할 수 있었으나, 아파트의 등장으로 인해 대도시에 사는 사람들이 산을 볼 기회도 많이 줄었다. 주거에 대한 의식도 문제가 있다. 아파트라는 주거를 삶을 담고 그 속에서 가족 간의 사랑을 나누고, 자기를 발전시키는 공간으로 보다는 부를 축적하는 수단으로 많은 사람들은 생각한다. 다시 말해, 주거공간을 통해 얼마나 삶을 윤택할 수 있게 하고, 얼마나 인간답게 살며, 삶의 질을 어떻게 향상시키려는 것보다는 부동산으로서 가치가 얼마나 되느냐, 또 부동산의 관점에서 얼마나 좋은 전망을 가지고 있는가에 의해서 아파트의 가치를 판단하려는 경향이 있다. 다양한 삶을 양태하기 위해서는 다양한 주거의 유형을 공급해야 하지만, 좋은 주택시장의 여건에도 불구하고 우리는 경제성의 논리에 의해서 아파트를 획일적으로 양산해 온 측면이 있다. 이제 우리는 이러한 현상에 대해서 반성해야 한다. 그동안에 주거의 질적인 측면보다는 양적인 측면, 감성적인 측면보다는 이성의 경제적인 측면 등을 중시해 왔었다. 그러나 이제 주택보급률이 100% 이상을 선회하고 또 인구가 줄어들고 있으며, 경제규모가 커짐에 따라 문화와 감성을 중시하고 있는 사회로 전환되고 있는 현 시점을 고려하여, 주거 문화에 대한 새로운 혁신을 일으켜야 한다. 그러나 이러한 혁신과 올바른 주거문화를 위해 참고할 수 있는 자료가 그렇게 많지는 않다. 우리의 주거 문화를 한 단계 업그레이드 시키기 위해서는 여러 가지 방법 중에서 건축설계 실무자가 참고할 수 있는 책을 제공하는 것은 꼭 필요한 일이다.

산업혁명 후에 등장한 아파트가 200년 이상을 거쳐 오면서 라이프스타일도 바뀌고 사회가 변화함에 따라 그 유형과 설계방식도 변화했다. 특히 1900년대 이후 100년 이상된 아파트의 변천과정을 살펴보는 것은 앞으로의 미래 공동주택의 방향을 설정하는데 큰 도움을 줄 것이다. 세계 각국의 명품 공동주택이 어떤 변천과정을 거쳤는지를 살펴보는 것은 꽤나 유익하다고 생각한다. 왜냐하면, 우리나라의 경우 다양한 주거 유형에 대한 시도를 많이 하지 않았지만, 세계 각국에서는 아파트의 주거 유형에 대한 다양한 실험과 아이디어를 펼쳤기 때문이다. 그래서 공동주택에 대한 새로운 아이디어를 찾는 원천 자료로서 가치가 충분히 있는 이 책을 번역해야겠다는 생각을 했다.

이번에 출간하게 된 책은 건축 거장들이 설계한 명품 공동주택이다. 이 책에는 르 꼬르뷔지에의 '유니테 따비따시옹'을 필두로 하여, 미스 반 데어 로에의 '레이크 쇼 드라이브 아파트', 그리고 프랭크 로이드 라이트의 '프라이스 타워' 등 작품 하나하나가 주옥같은 공동주택 사례가 수록되어 있다. 보다 좋은 주거의 질을 제공하기 위해 고민했던 건축 거장들의 생각을 이 책을 통해서 느껴 볼 수 있을 것이다. 이제 우리는 과거의 획일화된 아파트 설계 방식을 탈피하여 다양한 유형의 공동주택을 개발해야 하는 시점에 서 있는 것이다. 다시 말해, 공동주택 설계 기술을 한 단계 업그레이드시켜 주거에 대한 본질을 담아, 보다 행복한 삶을 펼칠 수 있는 공간을 제공해야 한다. 이 책은 공동주택에 관심이 있는 건축 실무자, 그리고 건축 전공 학생, 또 공동주택 설계를 가르치는 교수 등에게 아주 유익한 책이 될 것이다. 공동주택 관련 책 중에서 이 책처럼 도면을 수록하여 설계에 구체적으로 도움을 주는 책은 그렇게 많지 않다. 이것이 이 책의 가치이다.

끝으로 이 책을 출판해 주신 도서출판 선의 김윤태 사장님께 진심으로 감사를 드린다. 디자인이즈 정승연 편집디자이너의 꼼꼼한 편집작업이 없었다면 이처럼 멋진 책이 출판되지는 못 했을 것이다. 원서의 내용을 충실하게 전달할 수 있게 글을 다듬어 주신 오경애 님께도 감사를 표한다. 아내 일하와 아들 여름이의 따뜻한 격려도 이 책을 내는데 큰 에너지가 되었다. 이 책이 출판되기까지 많은 도움을 준 김유원, 강소영 연구원에게도 고마운 마음을 전한다.

2010. 10.

이현수 | 연세대학교 주거환경학과 교수

Contents

Introduction

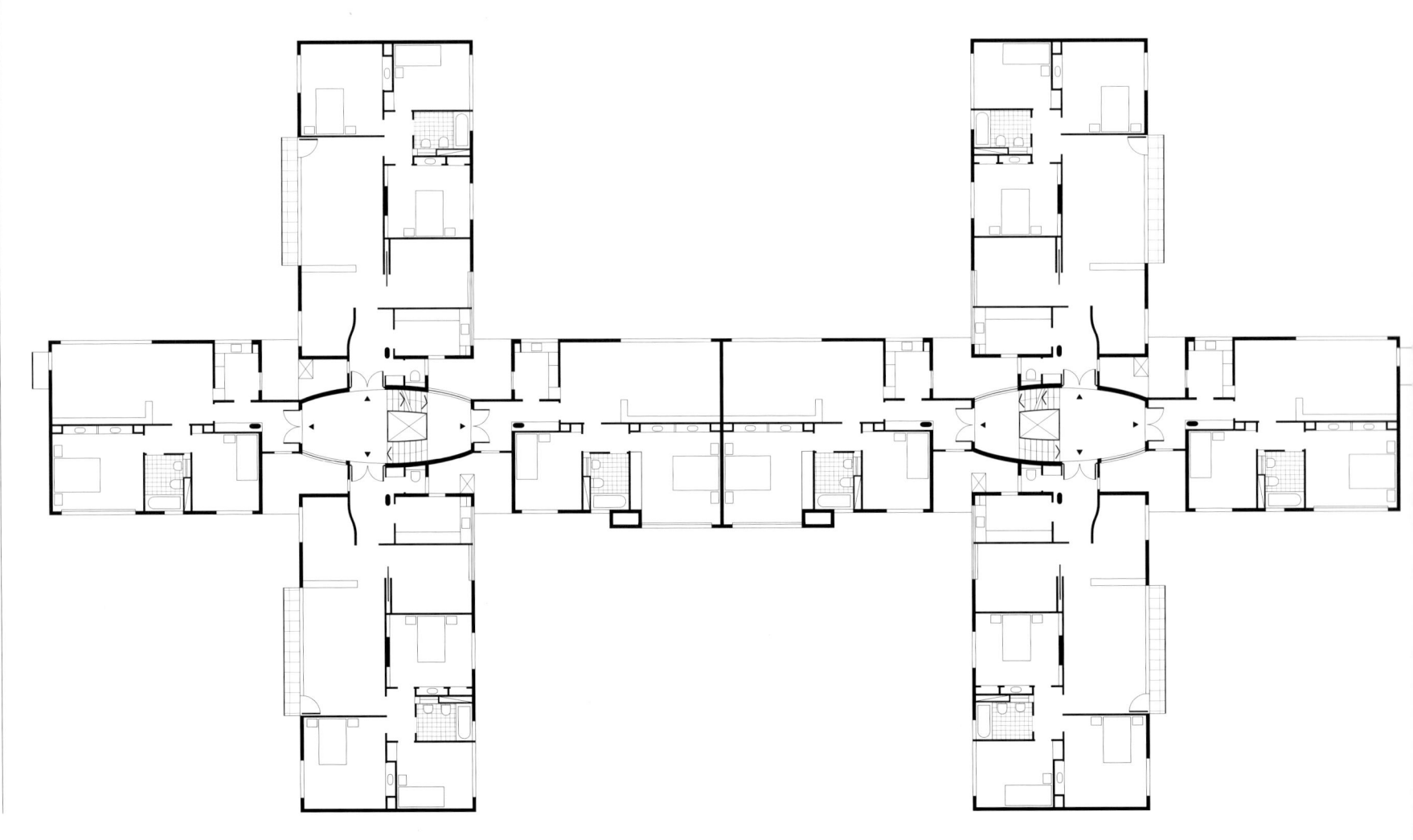

우리는 교외에서 벗어나 어메니티(amenities)시설과 공기, 전망을 갖춘 낙원에서 살기 원하기 때문에 이 책을 쓴다.
주택에 반영된 개념(전원도시개념, 녹지공간개념)에 상관없이 세계 전역에 흩어져 있는
무수히 많은 작은 주택들 만으로는 주택 문제를 해결할 수 없다.

– 모던 플랫(The Modern Flat)의 서문에서 발췌한 요르케(R.R.S. Yorke)와 프레더릭 기버드(Frederick Gibberd)의 서문
(London : The Architecture Press, 1937, second edition 1948)

도면은 자기자신 혹은 다른 사람들과 커뮤니케이션을 할 수 있는 수단으로 작용한다. 도면은 건축을 배우고,
사람들 간에 서로 이해하는 방법으로서, 디자인을 발전시키는 다양한 방법 중의 하나이다.

– 알바로 시자(Alvaro Siza), The importance of Drawing in Size:
Architecture Writings. Angelilo Antonio, ed. (Milan: Skira, 1997)

이 책을 발간하는 데 있어 다음의 세 권의 책이 없었다면 많이 힘들었을 것이다. 첫 번째 책은 1978년에 발간한 로저 셔우드Roger Sherwood의 '모던 하우징 프로토타입modern housing prototypes'이다. 이 책은 30년이 지난 2008년까지도 영향을 미칠 정도로 가치가 높은 책이다. 세계적으로 건축가들이 주거 디자인에 주목하고 있는 현 시점에서 20세기의 주요 주거 프로젝트를 재조명할 필요가 있다. 두 번째 책은 에프.알.에스 요르케F.R.S.Yorke와 프레릭 기베르드Frederick Gibberd가 1937년에 간행하여 1958년에 개정 출간한 '모던 플랫modern flat'이다. 그리고 세 번째 책은 프리드리케 슈나이더Friedrike Schneider가 편집하고 1994년에 간행한 '플로어 플랜 매뉴얼, 하우징floor plan manual, housing'이다.

이 책들은 저마다의 고유한 시각을 갖고 시간과 위치를 달리하여 쓰여진 책이다. 이 책들은 건축가의 기본 도구인 드로잉의 역할을 작품의 중요 부분으로 인식하고 있다는 공통점이 있다. 그리고 가능한 한 역사적인 분석이나 비평적 관점에 따라 도면을 보여주려고 한다. 앞의 책들처럼 이 책의 드로잉은 선택된 건물들을 설명하기 위한 주된 툴로 평면도, 단면도, 입면도를 사용한다. 일반적으로 도면의 상대적인 크기를 전달하려는 목적으로 스케일scale을 표기했다.

이 책에 앞서 발간된 '도록picture books'으로 불려지는 세 권의 책들은 모두 짧은 설명을 담고 있는 드로잉 시리즈이다. 로저 셔우드는 '모던 하우징 프로토타입modern housing prototypes'에서 주택을 가장 먼저 주호 타입Units types으로 분류했으며, 다음으로 빌딩 타입Building types을 분류 기준으로 사용했다. 주호 타입은 빌딩이 외부로 향하는 방향에 따라 결정 될 수 있다. 한쪽 면이 외부로 접해 있는 세대, 양쪽 면이 외부로 접해 있는 세대, 외부와 직접 면해 있는 세대 등의 유형으로 분류할 수 있는 것이다. 기본 모델의 다양성은 주 출입구, 욕실, 주방의 위치에 따라 만들어진 결과이다. 빌딩의 형태는 사이트, 방위, 밀도 등과 같은 특징을 부분적으로 구분하여 계획할 수 있을 것이다. 또 편복도와 중복도 그리고 층과 층을 구분하고 머무는 공간을 없애는 등 복도의 유형과 동선 시스템의 일부분을 계획에 고려할 수 있을 것이다. 예를 들어, 셔우드는 빌딩의 형태별, 배치별, 밀도에 따라, 디테치드detached와 세미 디테치드semi-detached, 연립주택, 경계벽, 블록, 슬래브slabs와 타워towers 등으로 그룹을 확장했다. 셔우드Sherwood가 사용한 32개의 샘플은 주택의 겉모습에 집중하려는 의도가 있었다. 르 꼬르뷔지에Le Corbusier와 아뜰리에5Atelier 5의 지드랑 하렌Siedlung Halen 그리고 잘 알려진 특별한 주택디입의 모

델로 뤼르샤Lurcat나 브리크만Brickman의 스팡엔 주택Spangen Housing와 비비안 공작 박람회Vienna Werkbund Exposition 연립주택을 흥미로운 사례로 제시했다.

셔우드는 1978년의 글에서 지난 20년에 걸쳐 집값이 소득증가에 따라 두 번이나 오를 것이라고 예측했다. 그리고 중산층 가족이 적절하게 사용할 수 있는 개인주거의 형태가 변함에 따라 멀티플 하우스multiple-house 프로젝트의 필요성이 더욱 커질 것이고, 그에 따라 주거 형태도 변화할 것이라고 예상했다. 미국에서 발간된 셔우드의 책은 미국의 예를 많이 소개하고 있지는 않다. 셔우드가 소개한 미국의 주택으로는 쉰들러Schindler의 푸에블로 리베라 코트the Pueblo Ribera Court, 1923-1925, 서트 잭슨과 고우어리Sert Jackson & Gourley의 피바디 테라스the Peabody Terrace, 1964, 프랭크 로이드 라이트Frank Lloyd Wright의 프라이스 타워Price Tower, 1956와 썬탑 홈즈Suntop homes, 1939, 미스 반 데어 로에Mies van der Rohe가 디자인한 코트야드 하우스the courtyard houses, 1931등이 있다. 셔우드는 유럽에서 잘 알려져 있는 여러 주택 사례들을 이 책에 소개했다.

1934년, 르 꼬르뷔지에Le Corbusier가 알제Algiers에 디자인한 듀란드 아파트먼트the Durand

피바디 테라스(Peabody Terrace), 캠브리지, 메사추세츠, 1964, 서트 잭슨 & 고울리(Sert Jackson & Gourley).
하버드 대학의 기혼 기숙사로 8층 건물들은 사각형의 중정을 만든다. 건물들 사이에 22층 건물이 있다.

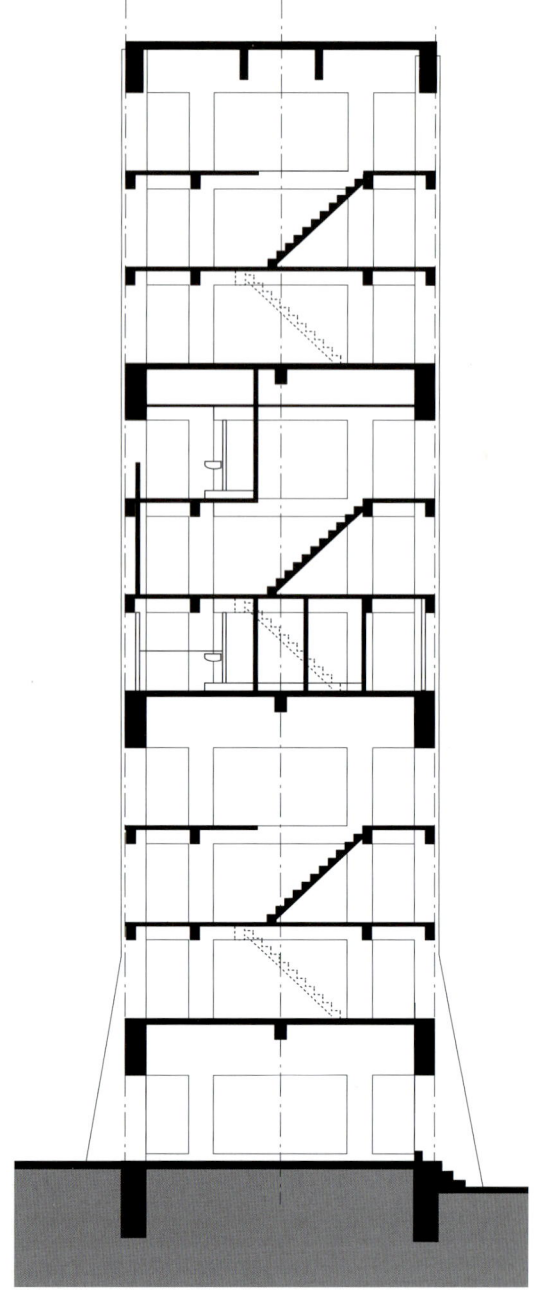

하루미 아파트(Harumi Apartments), 도쿄,
1958, 쿠니오 마에카와(Kunio Maekawa).
매 3층마다 세대 진입 복도와 계단이 있음을 보여주는 단면이다.

Apartment의 계단 단면의 형태, 그리고 2층 높이의 스튜디오 공간으로 암스테르담에 디자인한 조메르 다익 스트라트 아파트Zomerdijk straat apartments, 1934 등과 같은 사례들을 이 책에서 소개하고 있다. 혹은 런던의 대표적인 교차로와 뮤즈mews의 패턴을 재정비한 니브 브라운Neave Brown의 플릿 로드 계획Fleet Road scheme, 1967도 소개하고 있다. 세 권의 책 중에서 가장 최근인 1994년에 발간된 플로어 플랜 매뉴얼the floor plan manual에서는 빌딩 타입에 따라 프로젝트를 그룹으로 분류하여 설명하고 있다. 도시계획의 유형에 따라 고층multi-storey 또는 저층low-rise으로 분류하기도 하였다. 그 다음으로

단일건물free-standing, 삽입형infill, 가구형block-defining, 저층주택low-rise, 연립주택row, 복층duplex 등으로 분류했다. 헬무스 스팅Helmuth Sting은 '접근의 유형typology of access' 이라는 에세이의 서두에서 접근하는 방식에 따라 달라지는 평면계획, 다양한 건축지형건축 환경에서 이것들을 어떻게 그룹 지을 것인가를 풀어야 할 과제라고 말하였다.

플로어 플랜 매뉴얼floor plan manual은 셔우드의 책에서 다룬 사례와 시대가 다르다. 이 책에서는 공동주택 프로젝트의 효시라고 할 수 있는 르 꼬르뷔지에Le Corbusier의 유니떼 따비따시옹Unite d' Habitation, 1947을 다루고 있다. 그리고 아주 작은 수의

1950년대와 1960년대의 주택 사례를 소개하고 있다. 대부분의 사례는 이 책에서 다루는 작품 사례와 거의 일치한다. 타워 블록Tower blocks에서는 미스 반 데어로에Mies van der Rohe의 레이크 쇼 드라이브Lake shore Drive, 1951, 데니스 레스던Denys Lasdun의 클러스터 블록cluster block, 1958, 골드버 그Goldberg의 마리나 시티Marina City, 1964를 설명하고 있다. 아뜰리에5Atelier 5의 할렌 계획The Halen scheme, 1955-1961과 사프디의 해비타트 67Safdie's Habitat 67 그리고, 피알피 아키텍츠PRP Architects의 더 라이드The Ryde, 1966는 저층 테라스 또는 저층 주택을 포함하고 있다. 대다수의 프로

800-880 레이크 쇼어 드라이브(880-880 Lake Shore Drive),
시카고, 일리노이, 1951, 미스 반 데어 로에(Mies van der Rohe).
두 개의 동일 26층 건물은 오픈 플랜과 전면 창의 외관을 갖는 초창기 아파트이다.

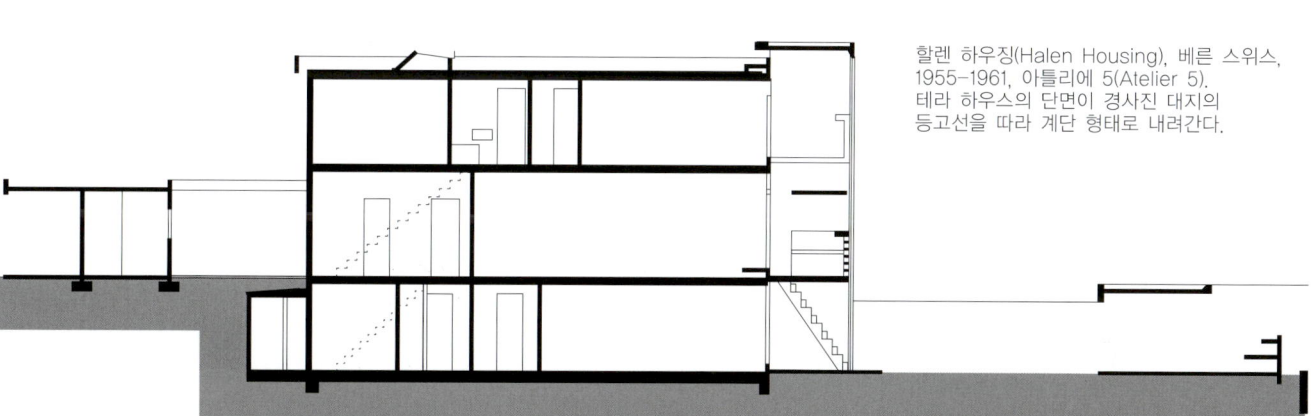

할렌 하우징(Halen Housing), 베른 스위스,
1955-1961, 아틀리에 5(Atelier 5).
테라 하우스의 단면이 경사진 대지의
등고선을 따라 계단 형태로 내려간다.

젝트는 1970년대에서 1990년까지 25년에 걸쳐 지어졌으며, 그 시대의 트렌드를 반영하며, 미래 지향적인 성향을 띠고 있다.

타워 블록Tower Block의 저자는 "어느 정도 기후 차이와 문화의 차이가 있더라도 지역성보다는 국제성을 표현하기 위한 많은 노력이 필요하다."고 말한다. 타워 블록에서는 비슷한 기후 조건에서 유럽에 세워진 건물을 비중 있게 다룬다. 독일에서 발간된 플로어 플랜 매뉴얼Floor plan manual이 독일 사례를 보여주는 것은 당연한 일일지 모른다. 이 책에서는 네덜란드의 사례를 많이 소개하고 있으며, 일부는 북미의 프로젝트를 소개하고 있다. 이 책과 비

교할 수 있는 모던 플랫The modern flat, 1937에는 다소 다른 내용이 있다. 그건 바로 단위세대의 디자인에만 중점을 둔 점이다. 이것은 그 당시 영국에서도 찾아볼 수 있었던 비교적 새로운 현상이었다. 이 책은 공동주택보다 단독주택에 더 많은 초점을 맞추었다. 이 책은 국가별로 플랫의 역사적 설명과 타입의 개발 유형을 근거로 주택을 소개하고 있다. 이 책의 초판에 있는 머리글은 "플랫은 현 시대에 과거 건축에는 없었던 특유한 건물 유형을 제시한다."고 쓰여 있다. 싱글혼자 살거나 친구랑 사는 이 또는 자녀가 있거나 없는 부부, 또 다른 가족과 사는 부부 등 가족 단위에 따른 새로운 계획을 시도하는 것은 개발자와

땅 소유자가 받아들이기에 어려운 개념이었다. 교외 단독 빌라의 배치를 대신하여 고밀도 도시개발을 지향한다는 생각에는 상당히 낙관적인 태도를 보였다. 이런 지역개발은 너무 많은 토지를 사용하기 때문에, 지방의 발전 가능성을 저해시키는 요인이 될 수도 있다. 저자는 모던 플랫을 새로운 현대 건축의 중요한 요소로 받아들인다. 이런 요소는 주거 건축가의 전통적인 방법과는 달리 산업화된 건축 시스템과 긴밀한 연관관계를 갖는다. 21년 후, 모던 플랫Modern Flats, 1958은 같은 작가가 다시 쓴 것도 아니며, 이전 작업에 대한 비평이나 평가에 의해 집필된 책도 아니다. 저자는 최근에 지어진 플랫 빌딩을 간

한사비에르텔 아파트(Hansaviertel Apartment), 베를린, 1957, 알바 알토(Alvar Aalto).
중정형 주택과 유사하게 중앙에 거실과 발코니를 갖는 개별 아파트는 평면을 회전시키고
비틀어서 입면의 획일성을 깨트린다.

브리츠 말발굽형 단지(Britz Hufeisensiedlungs), 베를린, 1927,
브루노 타우트와 마틴 바그너(Bruno Taut and Martin Wagner).
모더니스트 건축가들의 정원 도시(Garden City) 계획으로, 몇몇 건물을 강렬한
빨간색으로 칠했다. 기하학적인 배치에 따라 살짝 구부렸으며, 계단형의 입면을 갖는다.

략하게 설명하고 도판이 있는 책을 저술하고자 했다. 이 책에서는 1945년 이후 지어진 공동주택 사례를 다루고 있다.

이전의 발간물에 나타난 것처럼 요르케Yorke와 기베르드Gibberd는 "플랫 주거의 예제를 만드는 게 필요하다."라는 것을 생각하고 있었다. 왜냐하면 그 시대에는 주거를 계획하는 여건이 달랐기 때문이다. 요르케와 기베르드는 아스팔트로 된 획일적인 저소득층 주거와 개발회사들이 수익 위주인 고급 임대 주택을 짓는 것을 비난하였다. 21년간 단독 주택과 아파트와 주택이 혼합된 단지를 짓는 것 대신 고층주거와 공유공간에 대한 새로운 트렌드에 관심을 가졌다. 사람들에게 보다 높은 질의 주거와 품격 높은 생활방식을 제공하는 것을 건축의 핵심적 요소라고 생각했다.

최근까지 발간 된 책의 목적은 주택 디자인의 가장 좋은 사례들을 소개하고 그것들을 분석하기 위한 것이었다. 혹은 특별한 시도를 한 주택 디자인의 사례를 모아 설명하기 위한 것이기도 했다. 앞의 책에서 소개하고 있는 모든 사례들은 전문 저널이 소개했던 주택들이다. 그리고 대부분 건축적인 측면에서 역사적 의의를 갖고 있는 사례들이기도 하다. 20세기 중반 유럽의 유로피안 모더니즘의 근원과 발전 과정을 토대로 한 20세기 중반의 주거 디자인을 중심으로 저술하고 있다. 이 책을 통하여 미래 건축의 경향을 알 수 있을 것이다. 현대 도시에서 이제는 흔하게 접할 수 있는 타워 블록과 슬래브 블록과 같은 현대식 아파트 건물의 새로운 유형을 찾아볼 수도 있을 것이다. 계속 진행중인 저층형low-rise, 테라스terrace, 중정형courtyard 모델의 진행 과정들을 이 책에서 읽을 수 있을 것이다.

이 책은 프로젝트를 주호 혹은 형태적 타입에 따라 주택을 분류하지 않고 연대순으로 배열했다. 또 프로젝트는 건축적인 배경에 비중을 두고 6개의 장으로 나눠 설명했다. 제1장 뉴 어반 폼New Urban Forms을 시작으로 20세기의 처음 10년간의 변화를 보여주고 있다. 이 시기, 새로운 빌딩 타입으로 등장한 것이 아파트이다. 주택housing과 도시 환경 구조structure의 관계를 설정함에 있어 새로운 시도를 1

캐러반첼 하우징(Carabanchel Housing), 마드리드, 2007, 포린 오피스 아키텍츠(Foreign Office Architects, FOA). 아파트의 가변적인 내부 공간은 테라스의 부가적 외부 공간으로 확장된다. 테라스는 건물의 모든 면에서 전체 길이에 걸쳐 있으며, 대나무 스크린이 둘러싸고 있다.

장에서 소개한다. 제2장, 유러피안 모더니즘 European Modernism에서는 다양한 사례를 광범위하게 다루고 있다. 이 책에서 보여주는 건물은 모더니즘의 역사적 건물이며, 건축가들이 작품의 설명을 더한 것들이기도 하다. 제3장 포스트-워 모더니즘 Post-war Modernism에서는 폭탄의 피해를 입은 유럽의 도시들이 단기간에 건축한 주거가 등장한 시기를 다루고 있다. 이 부분에서 초기 모더니즘의 건축가들이 생각한 아이디어와 시공된 건축물들을 볼 수 있다. 1960년대 후반과 1970년대 초 모더니즘 건축가들은 고층high-rise 건물 프로젝트를 진행했다. 그러나 공동주택의 개발과 같은 부분은 대중성을 잃어갔다. 건축가들은 고층high-rise과 대규모large

scale의 둘 중 하나를 건축에 시험 삼아 적용하였다. 제4장에서도 고층high-rise과 대규모large scale의 작품들을 소개하고 있다. 제 4장 대안Alternatives에서 다루고 있는 프로젝트들은 저층low-rise과 고밀도high-density 주거 디자인을 연상시킨다. 1970년대 후반과 1980년대 초반에 일어난 새로운 주거 디자인에 대한 생각을 교외에 세워진 대규모의 개발과 도시의 재개발 프로젝트에서 읽을 수 있다. 이는 포스트 모더니즘Post Modernism, 제5장 의 영향을 받은 프랑스와 독일의 형식주의자들의 주거디자인을 보면 분명히 알 수 있다. 마지막 장에서 다룬 동시대 아파트에 대한 해석Contemporary Interpretation에서는 다양한 이슈들 중에서 지속가능성의 문제를 다룬다.

에너지 소비가 주는 환경파급 효과뿐만 아니라 사회적 사용에 관한 지속성의 문제를 다루어야 하는 것이다. '디자인은 시간의 흐름에 따라 일어나는 변화와 행위의 다른 패턴들을 수용할 수 있어야 한다.'라는 사회적 사용 관점을 피력한 것이다.

New Urban Forms

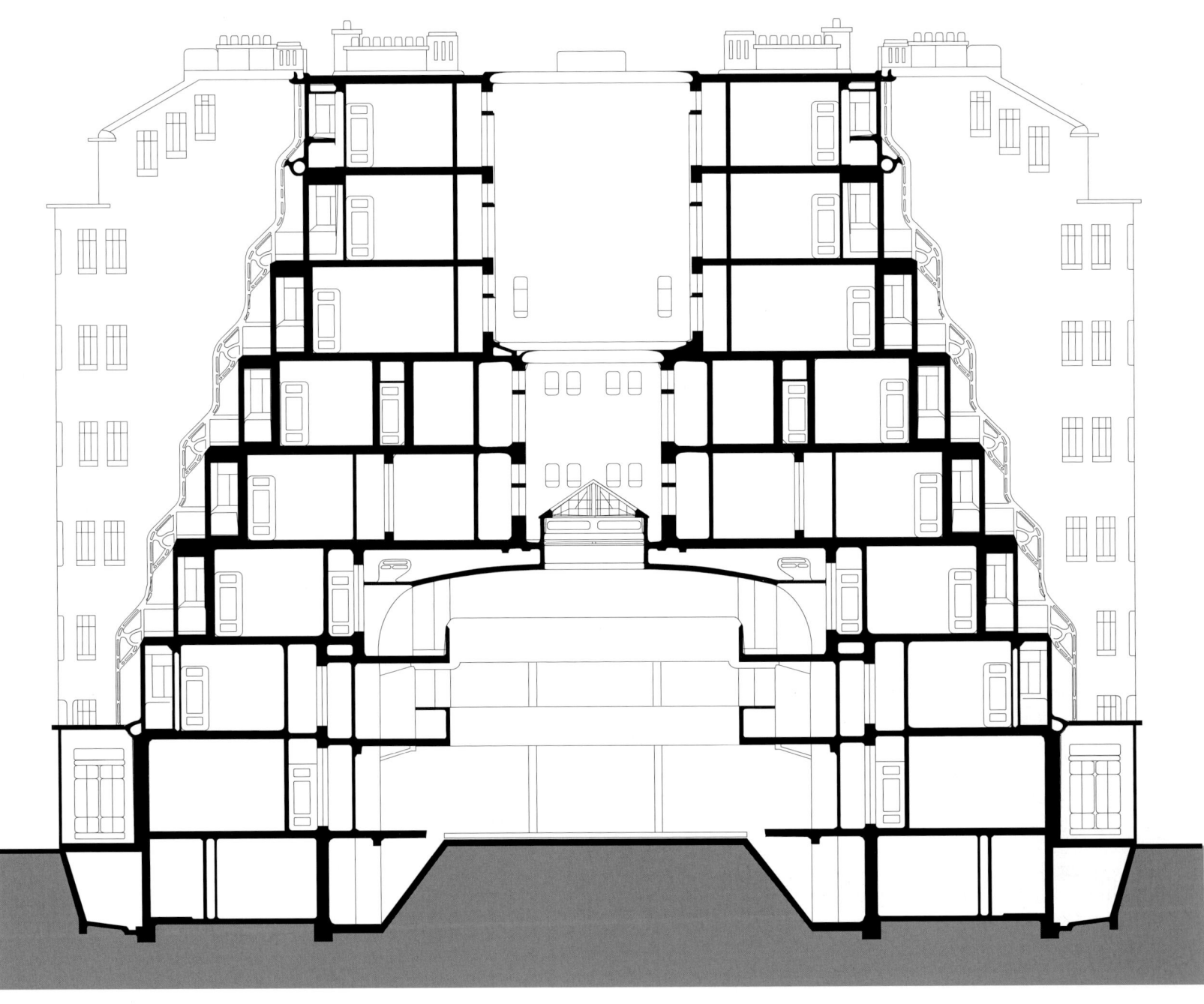

Letchworth Garden City

1903년에 에베네져 하워드Ebenezer Howard가 계획한 영국의 레치워스Letchworth 가든 시티의 개념을 적용한 첫 사례이다. 가든 시티 오브 투모로우Garden Cities of Tomorrow, 1902라는 저서에서 밝힌 하워드Howard의 건축 원리에 따르면, 가든 시티는 소도시와 전원의 장점을 결합한 자급자족의 '이상적인' 주거 타운이다. 레치워스가 가든 시티를 계획함에 따라 가든 시티 운동Garden City movement의 원리는 유럽 전역을 넘어 미국까지 전파되어 수십 년 동안 큰 영향력을 미쳤다.

리차드 레이메르슈미드Richard Reimerschmid, 헤르만 무테시우스Hermann Muthesius와 하인리히 테쎄나우Heinrich Tessenow는 독일의 첫 번째 가든

시티를 디자인한 건축가들이다.

이후 1909년에 드레스덴Dresden 근처의 헬레라우Hellerau, 브루노 타우트Bruno Taut와 마틴 바그너Martin Wagner가 베를린에 설계한 브리츠 휴페이젠지드렁Britz Hufeisensiedlung은 모더니즘 건축 원리를 똑같이 적용하고 있다.

미국에서는 클라렌스 스타인Clarence Stein과 헨리 라이트Henry Wright가 1924년 뉴욕 퀸즈Queens에 써니사이드 가든즈Sunnyside Gardens를 설계하였다. 이곳은 2층 빌딩 단지가 둘러싸고 있는 공유 정원의 초창기 사례를 보여준다. 1929년 뉴 저지 페어 론Fair Lawn에 설계한 래드번Radburn에서는 이러한 생각을 주차공간의 계획까지 확장시켰다.

그러나 저밀도, 반도시anti-urban적이며 향수를 불러일으키는 주거 계획인 가든 시티 운동의 유토피아utopia적 건축을 지지하지 않는 사람들도 있었다. 이들은 고밀도를 유지하더라도 보다 나은 주거환경을 제공하는 새로운 도시 형태를 찾는 것이 도시에 대한 기여라고 생각했다.

과거 영국 도시에서는 공익 재단과 개인 개발자, 지역 의회 중 누가 건축하는지에 상관 없이 대부분의 건물들을 4~5층의 벽돌 건물과 유사하게 건축했다. 런던 동쪽의 포 퍼 센트 인더스트리얼 드웰링즈 컴퍼니Four Per Cent Industrial Dwellings Company가 건설한 나바리노 맨션즈Navarino Mansions, 1904, 런던 서쪽의 지역의회가 세운 써 토

Radburn

마스 모어 에스테이트Sir Thomas More Estate, 피바디 트러스트Peabody Trust가 런던의 남쪽에 건축한 헤르네 힐 멘션Herne Hill mansions, p.18-19 등은 모두 유사한 건축적 접근 방법을 택하고 있다.

네덜란드에서는 도시 계획과 주거 계획이 서로 밀접한 관계를 갖는다. 헤이그의 주거 계획과 도시 확장 계획을 수립한 베를라헤Berlage의 영향으로 건축가들은 도시의 기본적 요소를 주거로 인식하게 되었다. 또 대부분의 유럽국가의 건축방식은 건물의 붕괴와 화재방지의 차원을 넘어 삶을 질적으로 향상하는데 중점을 두게 되었다. 적절한 환기, 수도관과 위생 기구의 배치, 프라이버시의 고려, 외부 공간과 공공 공간의 설치 등과 같은 단독 주택의 핵심 디자인 요소들은 도시적 형태를 위한 빌딩의 총체적인 디자인에 영향을 미쳤다. 미쉘 브링크만Michiel Brinkman이 계획한 스팡엔Spangen, p.34-35을 예로 들면, 모든 임차인들은 각자의 개인 출입문을 가질 수 있게 되었으며, 도시 블록이 둘러싸고 있는 공공 중앙 공간을 새롭게 사용할 수 있었다. 정원을 갖는 반 사적semi-private 중정과 거주자들을 위한 편의 시설을 설치했다. 발코니, 개인 정원, 공공 정원, 지붕 테라스를 모든 주거 타입에 적용하기 시작했다. 루돌프 쉰들러Rudolf Schindler가 푸에로 리베라 Pueblo Rivera, p.36-37계획을 비록 별장으로 계획하였지만, 1층에는 중정을 만들고 지붕 테라스를 설치했다. 지붕 테라스는 옥외공간outdoor room의 기능을 제공하기 위한 초기 건축계획 방법 중 하나이다.

프랑스의 앙리 소바주Henri Sauvage는 파리의 주거 계획을 세우면서 도시의 인구 과밀과 특히 습하고 우중충한 비위생적인 가로의 문제를 해결하는데 다소 독단적인 접근 방식을 사용하였다. 소바주는 기존의 가로 패턴을 유지하면서 건물을 뒤로 후퇴시켜set-back 저층의 도로 면까지 채광과 환기가 잘되도록 했다. 이것은 도시의 딱딱한 하우스매니언Haussmannian 외관을 대신하는 혁신적인 계획이었다. 소바주는 모든 아파트에 도시의 푸르름을 더하는 식물을 기를 수 있는 발코니를 설치해야 한다고 제안했다Gradins Vavin/Ami raux, p.28-29. 부자들을

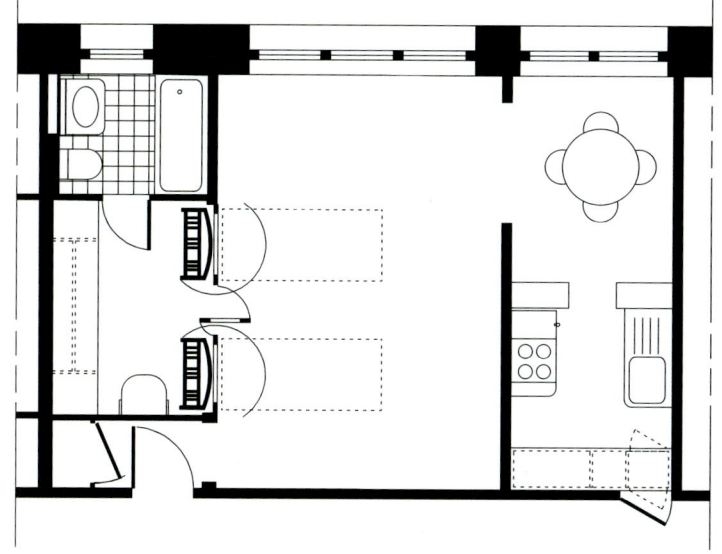

Efficiency Apartment plan

Sherry Netherland Hotel, New York

위해 건축한 아파트였지만, 지그프리드 기디온 Sigfried Giedion은 어거스트 페레Auguste Perret가 파리에 설계한 루 프랭클린 아파트먼트Rue Franklin Apartments를 모더니즘의 자유롭고 열린 평면을 선구자적으로 계획한 건물이라고 했다. 이 아파트는 새로운 도시 형태에 대한 생각을 주택에 반영하는 데 공헌한 건물이다. 이 건물의 오목한 형태는 건물과 거리의 관계를 바꿔놓았다. 인테리어 측면에서 볼 때, 주택의 중심은 내부 난로 측으로 향해 있지 않고, 외부로 향해 있다. 가로의 측면에서는 채광정이나 중정의 선적인 분할이 전면부에서 연속적으로 일어나지 않게 한다.

프랑스 도시에서 아파트 생활이 일반적인 것이었고 미국 개발자들에게 큰 영향을 미쳤지만, 여전히 대형 아파트를 위한 다양한 계획안을 모색하고 있었다. 대형 아파트를 건축하면서 저소득층을 위한 주택 임대를 없애고 상류층 임차인에게 저층 집합주택보다 장점이 많다는 것을 보여주었다. 한 개의 큰 방을 거실과 침실로 사용하게 해 아파트를 소형화시킨 뉴욕의 슛제 & 위버의 네덜란드 호텔Schutze & Weaver's Netherland Hotel, 1926-1927과 이피션시 아파트Efficiency Apartments, p.38-39는 규모가 매우 작은 소형아파트와 호텔의 사례이다. 이 건물들을 통해 개발자와 거주자들 양측의 문제를 해결했다. 각 세대의 크기를 훨씬 작게 만들어 비용을 줄이고 집주인이 더 많은 임대료를 받게 했다. 또한 호텔과 같이 여러 서비스를 제공하는 형식은 많은 독신자 세대를 만족시키기에 충분했다. 뉴욕의 호텔 데 아리스테스Hotel des Aristes처럼 소유권을 공유하는 계획이나 독신 여성 거주자들만을 위한 빌딩은

특색 없는 다른 건물과는 차별화되었다. 이러한 아파트먼트 호텔은 종종 로비lobbies, 다이닝 룸dining rooms, 바까페 드 아리스테스, Café des Aristes 등과 같은 사회적 공공공간 프로그램을 제공했다. 까페 드 아리스테스는 가로와 직접적으로 연결되어 빌딩에 정체성을 주고, 주변 환경과 서로 영향을 주고 받는다.

1930년대에는 개인 주택 인테리어 디자인에 관심을 갖기 시작한 시기였다. 비엔나의 칼 막스 호프Karl Marx Hof, p.42-43는 스케일이 큰 기념비적인 유럽식 주택 단지의 마지막 사례 중 하나였다. 이 대규모 단지의 많은 소형 아파트 블록을 따라 학교, 상점, 다른 공동 공간 등이 있었다.

Peabody Buildings

Peabody Trust

London, UK; early 1900s

1862년에 설립된 피바디 트러스트Peabody Trust는 1905년까지 226개의 피바디 빌딩Peabody Buildings을 건축했다. 건축가들은 "가난한 사람들을 위해 주택을 질적으로 향상 시키기 위해 건축 기금을 모금하려면 건강, 편리성, 즐거움과 경제적 요소들을 가능한 한 최대로 결합하여야 한다."라고 말한다. 건물의 높이는 5층이고, 건조실drying room을 중앙에 추가적으로 배치하였다. 건물은 한 층에 4호 조합의 개별 세대로 분리하여 설계했지만, '방'이라는 개념을 벗어나지는 못했다. 세대의 외부에 화장실과 공용 부엌을 설치하여 두 세대 마다 공동으로 사용하게 하였다. 이 외의 공동 편의시설에는 보일러가 있는 세탁실과 온수가 나오는 싱크대가 있다. 방은 이후에 건설된 다른 공동 주택에 비해 넓은 편으로, 거실은 3.45m×4m, 침실은 3m×4m이며 천정고는 2.6m이다. 1905년에 출판된 제임스 코르메스James Cormes의 저서 〈Modern Housing in Town and Country〉는 런던 남쪽의 헤르네 힐Herne Hill에 있는 피바디 빌딩을 우수 주택의 예로 소개하고 있다. 그 이유는 이 프로젝트에서 처음으로 대가족을 위한 소규모 주택을 나란히 배치하여 5개의 방을 하나의 그룹으로 구성했기 때문이다.

　1~3세대가 화장실과 작은 부엌, 세탁실을 공동으로 사용하는 아파트는 공공 위생을 중요하게 고려했던 시대에 런던 당국이나 개발자들이 건설했던 가장 보편적인 타입의 주거 형태였다. 주택 개발자들은 심지어 '위생적인 주거'의 성공 척도로 거주자들의 사망률이 감소했다는 통계를 제시했다. 청결하지 않고 적절한 환기가 없는 화장실과 부엌을 통해 발생하는 비위생적인 주거 환경에 대한 두려움, 건강에 대한 걱정은 주거 계획에 지속적인 영향을 미쳤다. 피바디 트러스트의 온정주의적인 시각을 모든 주택 공급자들이 공감하지는 못했다. 중정과 발코니에서 쉽게 접근할 수 있고 환기가 잘 되는 화장실과 부엌이 있는 독립적인 주택을 표준으로 삼았다. 그리고 화장실과 부엌은 가능한 한 방과 멀리 배치했다. 런던 첼시 자치구London Borough of Chelsae가 보퍼트 거리Beaufort Street에 건립한 써 토마스 모어 단지Sir Thomas More Estate는 가장 초창기 독립주택 중 하나이다. 부엌과 화장실 사이에 '환기를 위한 로비'의 역할을 하는 발코니가 있었지만, 각 세대마다 내부에 화장실과 부엌이 있었다. 벽과 벽을 서로 맞대는 백투백back-to-back 배치는 당시 유럽에서 일반적이었던 반면, 영국에서는 이를 부적절하다고 생각했다. 환기를 위해 모든 세대를 높은 천정으로 설계하였으며, 양쪽에 창문을 배치했다. 6층 높이의 건물에는 최소 12m의 폭을 갖는 방들이 가로나 놀이터를 내려다보도록 배치하여 최저층에서도 충분한 채광을 받게 했다. 계단과 계단참은 가능한 한 세대의 면적을 최대화하기 위해 조밀하게 배치하였다. 모든 세대가 부엌을 가지고 있었지만, 중앙에서 온수를 공급했다. 그래서 거주자들은 아침식사를 준비할 때 주전자의 물을 끓이기 위해 점화를 할 필요가 없었다. 지하의 공용 화장실에는 온수과 냉수를 모두 공급했다.

　공간을 어떻게 구성할 것인가에 대해 고심했다는 것을 인테리어 디자인의 디테일detail에서 분명히 알 수 있다. 출판된 사진에 보면 로비의 코트 걸이, 밖으로 드러난 음식 보관용 찬장, 컵 고리가 있는 맞춤형 찬장, 그리고 각 침실마다 선반과 고리가 있는 찬장이 있다. 거실 벽난로에는 닫혀 있는 레인지와 주철로 만든 선반이 있다. 부엌에는 싱크대, 취사용 보일러, 석탄 창고와 가스 계량기가 달린 가스레인지들이 잘 갖추어져 있다.

Opposite left and right:
Sir Thomas More Estate

1

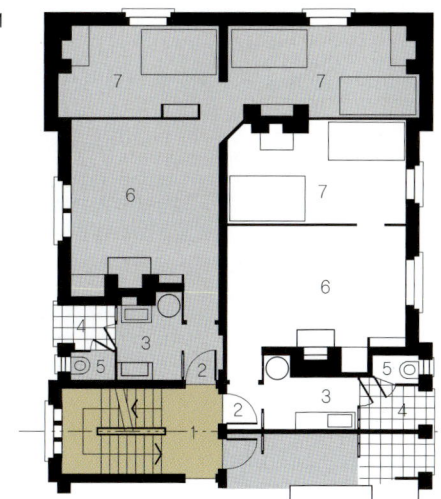

Sir Thomas More Estate, Chelsea, London

1 Part typical plan, self-contained two- and three-roomed tenements

1 Common stairs
2 Entrance lobby
3 Scullery
4 Balcony
5 WC
6 Living room
7 Bedroom

2

3

Peabody Buildings, Herne Hill, London

2 Ground-floor plan 1:200
3 Typical upper-floor plan 1:200

1 Entrance hall and common stairs
2 Shared scullery
3 Shared WC
4 Entrance lobby
5 Living room
6 Bedroom
7 Access to cellars
8 Bedsitting room

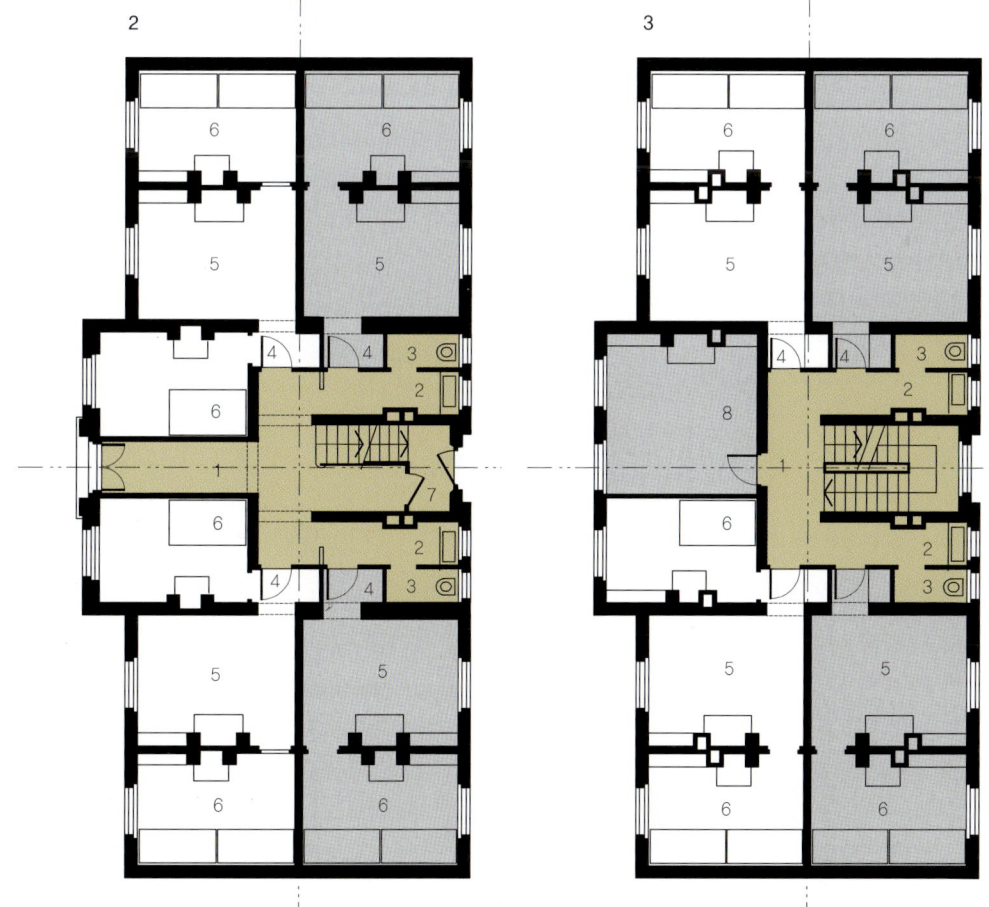

Rue Franklin Apartments

Auguste Perret, 1874-1954

Paris, France; 1903

벤자민 프랭클린Benjamin Franklin거리에 있는 루 프랭클린 아파트는 건축적으로 중요하기 때문에 건축사의 한 부분으로 기록되었다. 이것은 페레Perret가 초기에 설계한 실험적인 건물로, 씨어터 드 샹젤리제Theatre de Champs Elysses, 1914, 노트르담 드 랭시Norte Dame de Raincy, 1922, 뮤지엄 오브 퍼블릭 웍스Museum of Public Works, 1937에서처럼 철근 콘크리트를 사용했다. 이 건물은 스타일 면에서 모더니즘을 선도했다. 지그프리드 기디온에 따르면 이 건물은 가변적이고 자유로운 평면의 초기 작품이라는 점에서 중요하다. 이 건물은 파리지앵의 아파트를 재해석하여 두 개의 경계벽 사이에 건설했다. 또한 창문이 있는 석조 외벽이 하중을 받게 설계되었다. 도로측의 석조 벽체는 전면 창으로 만들었으며, 지붕층에는 테라스가 있다. 도로측의 오목한 U자형 평면으로 건물 전면으로 중정과 광정을 재배치했다. 이것을 통해 방들 간의 시각적인 연결을 만들었다.

2개 층 높이의 메자닌이 있는 저층 상업 공간 위에는 단위 주택이 있다. 계단과 엘리베이터를 욕실, 화장실과 함께 U자형 건물 평면의 뒤 쪽에 배치하였으며, 모든 방들을 가로에 면하게 했다. 부엌은 경계벽을 마주하고 있으며, 출입구와 서비스 계단에 가깝게 배치했다. 세 개의 주호를 평면 중앙에 대칭적으로 배치하였으며, 일반적인 프랑스식으로 연결했다. 중앙의 '살롱'을 유리벽으로 둘러쌌으며, 벽난로를 없애고 파리의 전망을 볼 수 있게 했다. 기준층에는 가로를 내다볼 수 있는 두 개의 발코니가 있다. 지붕층에서는 건물을 뒤로 후퇴시켜 옥외 테라스를 만들었다. 7층에서는 중앙 살롱을 후퇴시켜 건물 전체에 걸쳐 발코니를 설치했다. 면적이 아주 작은 9층 테라스에는 지붕층 테라스로 올라가는 사다리와 8층 테라스로 내려가는 사다리가 있다. 8층 하인들의 방에서 테라스로 접근하는 것은 불가능하다. 높은 천장, 넓은 유리창, 옥상층의 발코니와 테라스가 있는 계획은 주택의 내부 공간보다 외부 공간과 채광을 중요하게 생각한다는 점에서 새롭다.

Site plan
1:500

Opposite left: Street façade

Opposite right: Detail of upper-level balconies

1

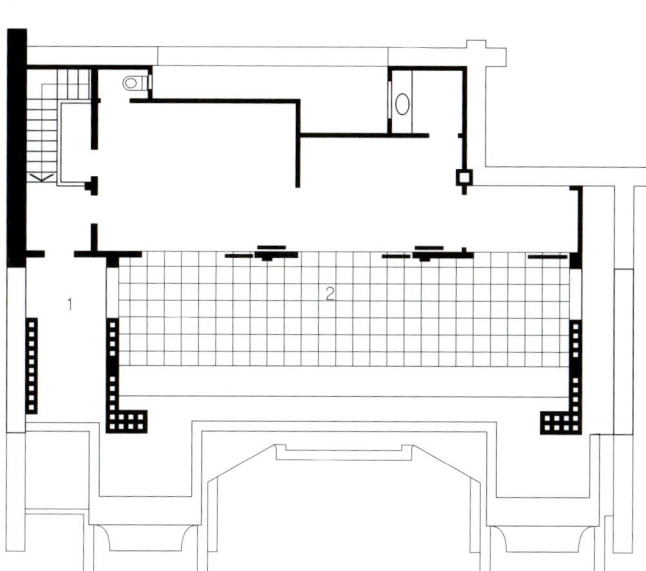

3

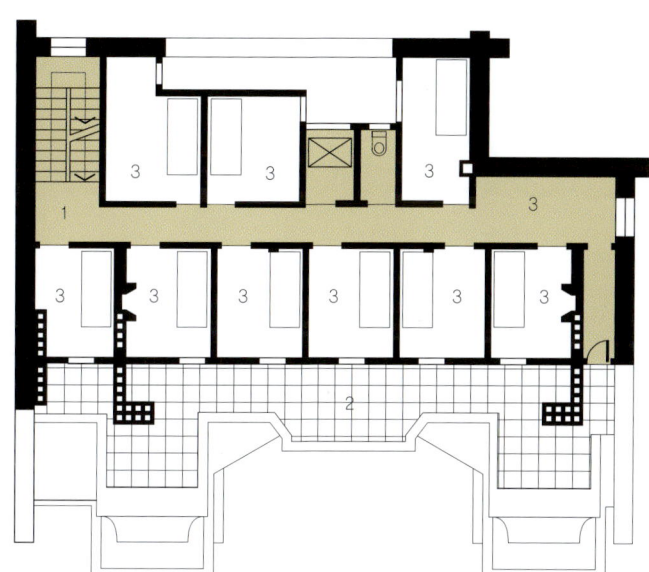

2

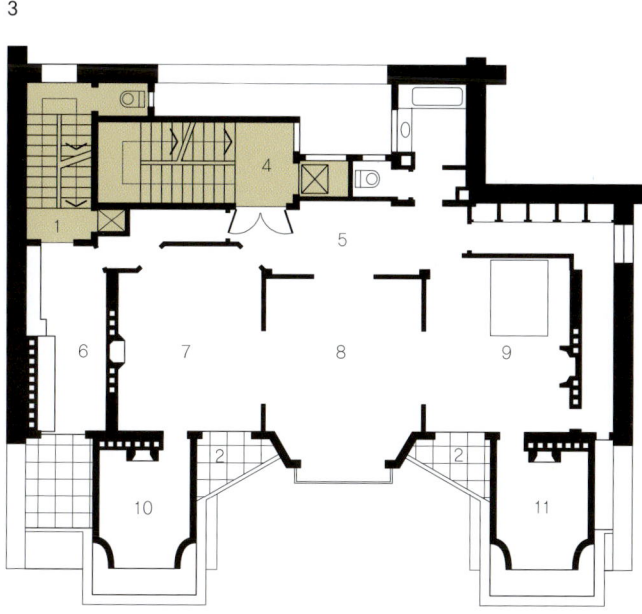

Floor plans 1:200

1 Top floor
2 Eighth floor
3 Typical floor

1 Servants' stairs and service lift
2 Terrace
3 Servants' bedrooms
4 Main stair and lift
5 Entrance/hall
6 Kitchen and scullery
7 Dining room
8 Salon/living room
9 Bedroom
10 Smoking room
11 Dressing room

4

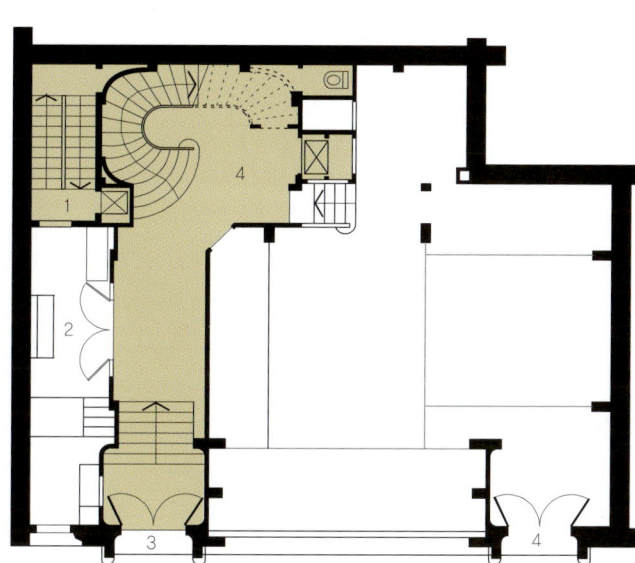

4 Ground floor

1 Servants' stairs and service lift
2 Conciergerie
3 Entrance to apartments
4 Main stair and lift
5 Entrance to ground-floor shops

Cheap Cottages Exhibition

Fraser, Lucas, Dunkerly, Crickmer

Letchworth Garden City, UK; 1905

레치워스 가든 시티Letchworth Garden City의 저소득주택 박람회Cheap Cottages Exhibition에 건설한 집들은 양식적으로 형식을 이루었다기 보다는 배관 설비를 공급했다는 점에서 혁신적이다. 특히 온수를 공급하는 새로운 디자인의 수조와 보일러, 화장실과 욕실은 혁신적인 것이었다. 대부분 거주자들은 이미 널리 보급되고 있는 아트 앤 크래프트 스타일Arts and Crafts style을 선호했다. 하지만 많은 건축가들은 의도했던 효과를 얻고 설계 공모전의 계획 예산을 맞추기 위해, 구조적인 대안을 찾고 다양한 재료를 사용했다. 전체 금액을 낮추기 위한 핵심 요소는 벽돌공사 시 회를 바르지 않는 것이었다. 저렴한 벽돌공사를 위해 초벽칠과 자갈 섞은 시멘트 같은 매우 다양한 마감재를 사용했다. 그리고 목재 프레임을 위에 사용하고 연통을 지능적으로 그룹화하여 건물의 기초공사 과정을 줄이는 데 많은 노력을 들였다. 다른 작은 주택들도 조립식 시스템으로 건축했다. 그것들 중 하나인 콘크리트 제조 회사Concrete Machinery Company가 건설한 주택에서는 휴대용 기계로 만든 콘크리트 블록을 사용했다. 기베르트 프레이저Gibert Fraser가 설계한 이 주택은 저렴한 공사비용으로 큰 규모의 건물을 지을 수 있었다. 단순한 사각형 평면의 건물 1층에는 화장실과 분리된 부엌을 포함해 3개의 방이 있고, 2층에는 3개의 침실이 있다.

　테라스가 있는 두 블록의 4개의 소규모 주택은 지오페리 루카스Geoffery Lucas가 퍼스트 가든 시티 사First Garden City Ltd를 위해 건설한 주택이다. 이 주택은 1905년 설계 공모전에서 그룹 커티지 클래스Grouped Cottage Class를 수상했다. 이 주택은 단순한 경사 지붕과 굴뚝을 박공에 모아 설치한 한 쌍의 유닛 디자인을 기본으로 했다. 평면 중앙에 계단을 배치하여 기울어진 경계벽의 한 쪽

면을 경제적으로 사용했다. 화장실은 여전히 주택 외부에 있었지만 주 건물 가까이에 배치했으며, 자전거나 다른 가사 도구를 보관할 수 있는 뒤쪽 현관의 한 곳에 배치했다. 테라스 배치와 평면의 경사로 마당을 통해 프라이버시를 더욱 확보할 수 있었고, 전면이 공공 정원에 둘러싸이는 느낌을 강하게 했다.

　레치워스 빌딩 재단Letchworth Building Syndicate을 위해 던컬리Dunkerly가 설계한 주택은 크고 정교하다. 화장실과 출입구 홀에 더 많은 공간을 두었으며, 주택 내부에 화장실을 배치했다. 1층에는 여름과 겨울에 다른 용도로 사용할 수 있는 독립된 거실을 두 개 두었으며, 이 두 거실에 난방과 온수 시설을 설치했다. 조리용 레인지와 취사용 보일러, 욕실을 결합하고 있는 '모델 카티저model cottage' 라고 불렸던 장치는 고정되거나 접을 수 있었다. 이것은 난방이나 조리를 위해서 한 방에서 불을 사용했다는 것을 의미한다. 이 장치를 통해서 세탁이나 목욕을 할 때 더운 물을 동시에 사용할 수 있었다. 취사용 보일러 하부의 벽난로는 여름에 물을 데우는데 사용할 수 있었다. 화장실로 가는 길은 심사 숙고하여 결정했다. 즉, 현관 또는 부엌과 거리를 두고 화장실을 배치하였다. 부엌은 잘 보이지 않는 안쪽에 배치했다. 건물은 벽돌로 지었으며, 지붕에는 목재와 공장생산 타일을 사용했다.

　코트네이 멜빌레 크릭머Courtenay Melville Crickmer, 1879-1971가 디자인한 작은 주택 단지에는 다양한 크기의 집이 있다. 굴뚝 주변으로 2~4개의 방이 있는 주택을 두 채씩 배열하였다. 큰 침실에는 벽난로를 설치했으며, 화장실과 석탄 저장고는 현관 쪽에 배치했다. 욕실은 부엌 내에 있었는데, 그 면적은 이전에 비해 두 배로 증가했다.

Opposite left and right:
Typical Letchworth
cottages

1

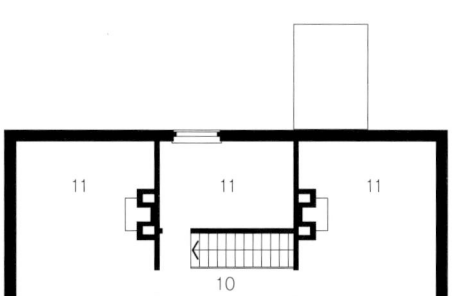

2

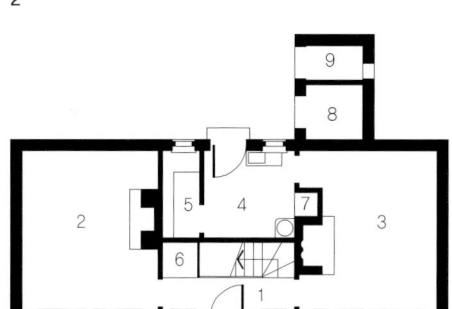

Cottage designed by
Gilbert Fraser for the
Concrete Machinery
Company 1:200

1 First-floor plan
2 Ground-floor plan

1 Entrance
2 Living room
3 Kitchen
4 Scullery
5 Larder
6 Cupboard
7 Recess for bath
8 Coal store
9 WC
10 Landing
11 Bedroom

3

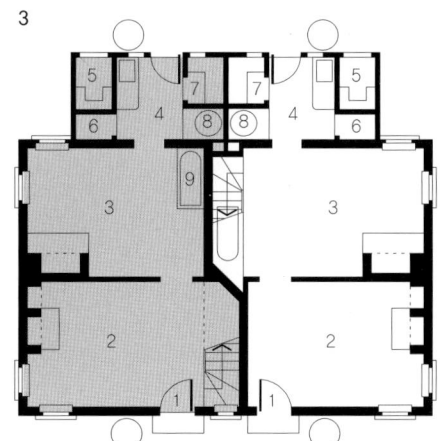

4

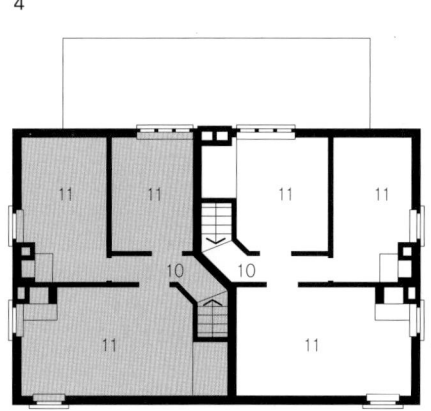

Plans of brick cottages
designed by Geoffrey
Lucas 1:200

3 Ground-floor plan
4 First-floor plan

1 Entrance
2 Front room
3 Living room
4 Scullery
5 Earth closet
6 Coal store
7 Larder
8 Copper and cisterns
9 Bath under stairs
10 Landing
11 Bedroom

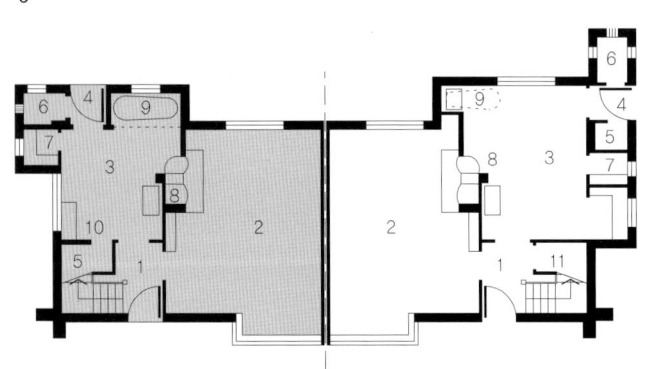

5

6

7

5 Alternative versions
of cottages designed
by Geoffrey Lucas,
first–floor and
ground–floor plans
1:200

1 Entrance
2 Living room
3 Backroom
4 Larder
5 Coal store
6 WC
7 Back porch/bicycles/
  store room
8 Landing
9 Bedrooms
10 Bath
11 Combined copper
   and fire

Plans and sections of a
pair of cottages designed
by V. Dunkerly 1:200

6 Ground–floor plan
7 First–floor plan
11 Section through hall
   and kitchen
12 Section through hall
   and living room

1 Entrance
2 Living room
3 Kitchen/scullery
4 Back porch
5 Coal store
6 WC
7 Larder
8 Combination copper,
  stove and fireplace
9 Bath/folding bath
10 Sink and cupboards
11 Bicycles and tools
12 Landing
13 Bedroom

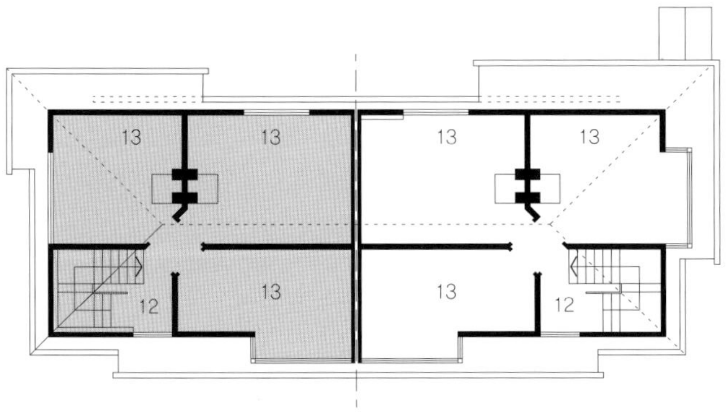

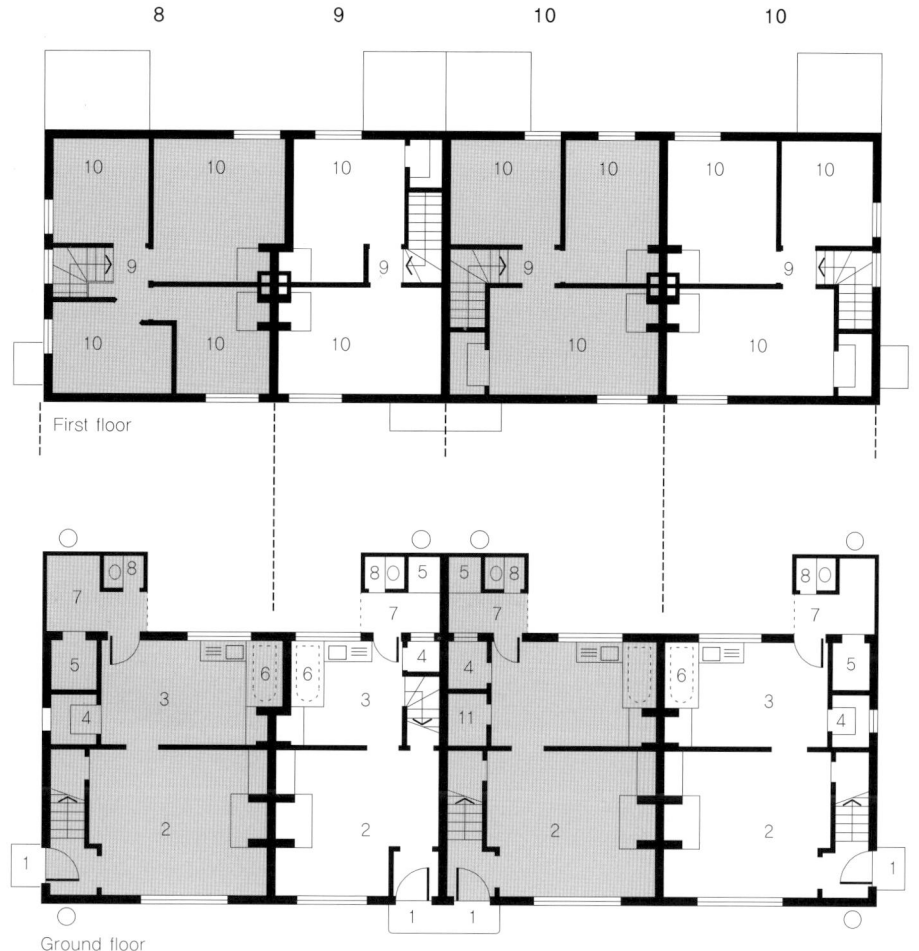

First floor

Ground floor

Plans of four cottages
designed by C. M.
Crickmer 1:200

8 Four-bedroom
9 Two-bedroom
10 Three-bedroom

1 Entrance porch with
  roof over
2 Living room
3 Scullery
4 Larder
5 Coal store
6 Bath/table
7 Back porch
8 Earth closet
9 Landing
10 Bedroom
11 Cupboard

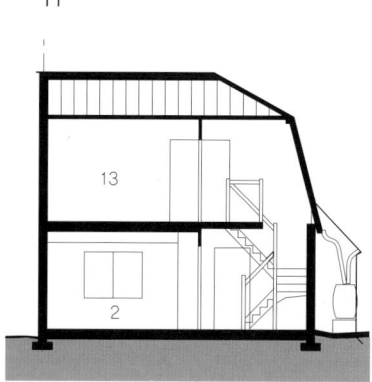

Van Beuningenstraat Housing

J. E. van der Pek, 1865-1919

Amsterdam, The Netherlands; 1909

네덜란드에서는 국가의 주택 법령을 1902년에 처음으로 제정했다. 이 법령은 기존 법안에 있던 지역 빌딩법을 대체했다. 이 주택법은 건설 품질을 보장하고, 건물의 붕괴와 화재의 확산을 막는 것을 목적으로 했다. 1960년 네덜란드에서는 도로를 만들고 빌딩법을 적용하여 만든 질서정연한 경계 블록과는 대조적으로 조밀화를 시도했다. 그러나 네덜란드의 큰 도시 블록에서 일반적으로 볼 수 있었던 열린 중앙 공간의 개발은 아무런 제약을 받지 않고 계속되었다. 그러나 새로운 규제가 이미 수립된 개발에 큰 영향을 미치지는 못했다. 세기가 바뀌는 시점까지 과밀화를 줄이고 더 좋은 주거 환경을 촉진시키기 위해서 법률을 더 제정해야 한다는 압력이 있었다.

비록 1902년 제정된 법이 의심할 여지도 없이 주거 문제에 초점을 맞춘 법이었지만, 이것은 부분적으로 공공의 건강 문제와도 관계가 있었다. 이 법은 주택의 건설보다는 디자인에 초점을 맞추었다. 그리고 이 법은 각 도시마다 고유의 특성이 있는 건축 법안을 제정하도록 했다. 또, 주택법의 계획 단계에서 통계에 기초하여 인구 증가의 한계를 정하도록 했다. 모든 타운과 도시는 확장 계획을 준비해야 했다. 도시 계획과 주거 디자인의 연계는 그 시대에 활동하던 건축가들이 주택을 도시의 기본적인 요소로 생각하도록 했다. 헤이그1905와 암스테르담1915,

유트레흐트Urtecht의 주거계획과 도시 확장계획을 디자인했던 베를라헤Berlage는 모든 스케일을 다루는 작업의 중요성과 주택에 대한 관심이 증가하고 있다는 것을 설명했던 중요한 인물이다.

반 데어 펙van der pek이 설계하고 로치데일 주거 협회Rochdale Hou sing Assosiation가 1909년 암스테르담에 건설한 반 베우닝겐 주거단지Van Beuningen straat Housing는 첫 번째로 주택법을 적용한 주택사례이다. 이 주택은 공간과 배치 면에서 이전 계획과 많이 달랐다. 1층에는 독립적인 출입구가 있었다. 통풍을 위해 양쪽 벽에 창문을 설치했으며, 각 주호마다 발코니가 있다. 가장 두드러진 특징은 전통적인 찻장이나 알코브alcove 침대 대신 침실을 등장시킨 점이다. 주택법에서는 이러한 가구들의 사용을 금지하지 않았다. 비록 많은 주거 개혁가들이 그러한 특징들을 비위생적이고 합법적이지 않다고 생각하는 경향이 있었지만, 주거 협회는 거주자들이 '찻장 침대cupboard beds'의 편안함을 선호한다고 말해 논란이 되었다. 암스테르담은 베를라헤의 1915년 남부 확장 계획, 찻장 침대를 금지한 첫 번째 도시이다. 1937년까지 로테르담Rotterdam은 이것을 금지하지 않았지만 다른 도시들은 이를 곧 받아들였다.

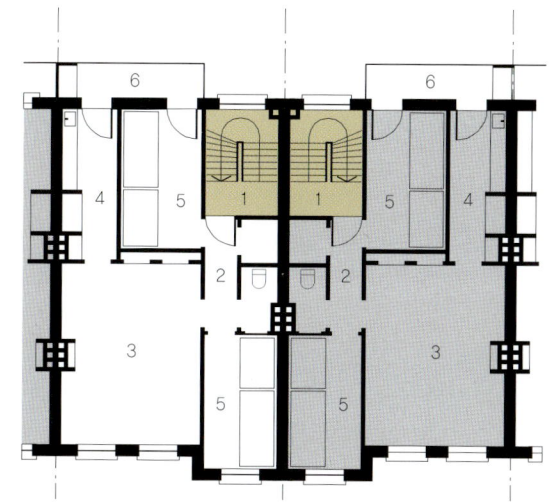

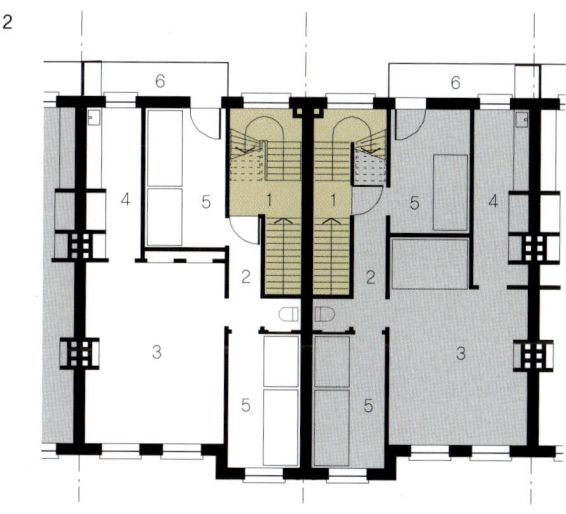

Plans of typical Housing
Act dwellings 1:200

1 Second- and third-
  floor plans
2 First-floor plan
3 Ground-floor plan

1 Common hall/stairs
2 Entrance
3 Living room
4 Kitchen
5 Bedroom
6 Balcony
7 Sleeping alcove

1 Plan of typical
  nineteenth-century
  dwelling 1:200

1 Common stairs
2 Entrance hall
3 Kitchen
4 WC
5 Living room
6 Sleeping alcove

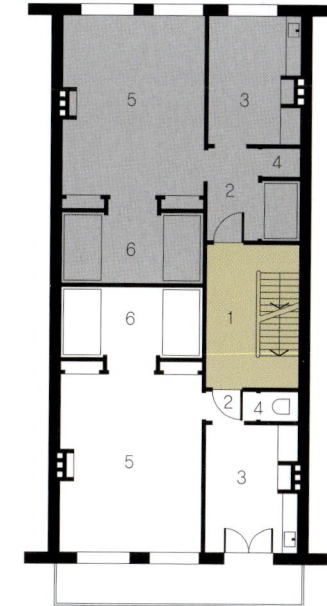

Gradins Vavin/Amiraux

Henri Sauvage, 1873-1932
Paris, France; 1912/1922

앙리 소바주Henri Sauvage는 20세기 초반, 상업적이며 상류층을 위하면서도 저비용인 주택 디자인을 위한 아이디어를 구상했다. 그는 저비용으로 건강 주택을 공급하는 기관인 Societe Anonyme des Logements Hygieniques a Bon Marche가 의뢰하여 파리에 몇개의 아파트를 설계했고, 노동자를 위한 주택의 질을 좋게했다. 건축가는 거주자들의 건강을 위해서 건물의 청결함을 생각해야 했다. 이를 위해 일조의 양호성, 환기, 재료와 외피 등을 고려해야 했다. 또 먼지와 병균이 번식하지 못하도록 해야 했다. 물리적인 건강뿐만 아니라 아마추어 연극을 위한 무대, 정원, 트레타이그네Tretaigne 가로 변의 조합 상가 개발 같이 사회적 활동을 수용하는 공간을 계획하여 거주자들의 정신적 건강도 고려했다.

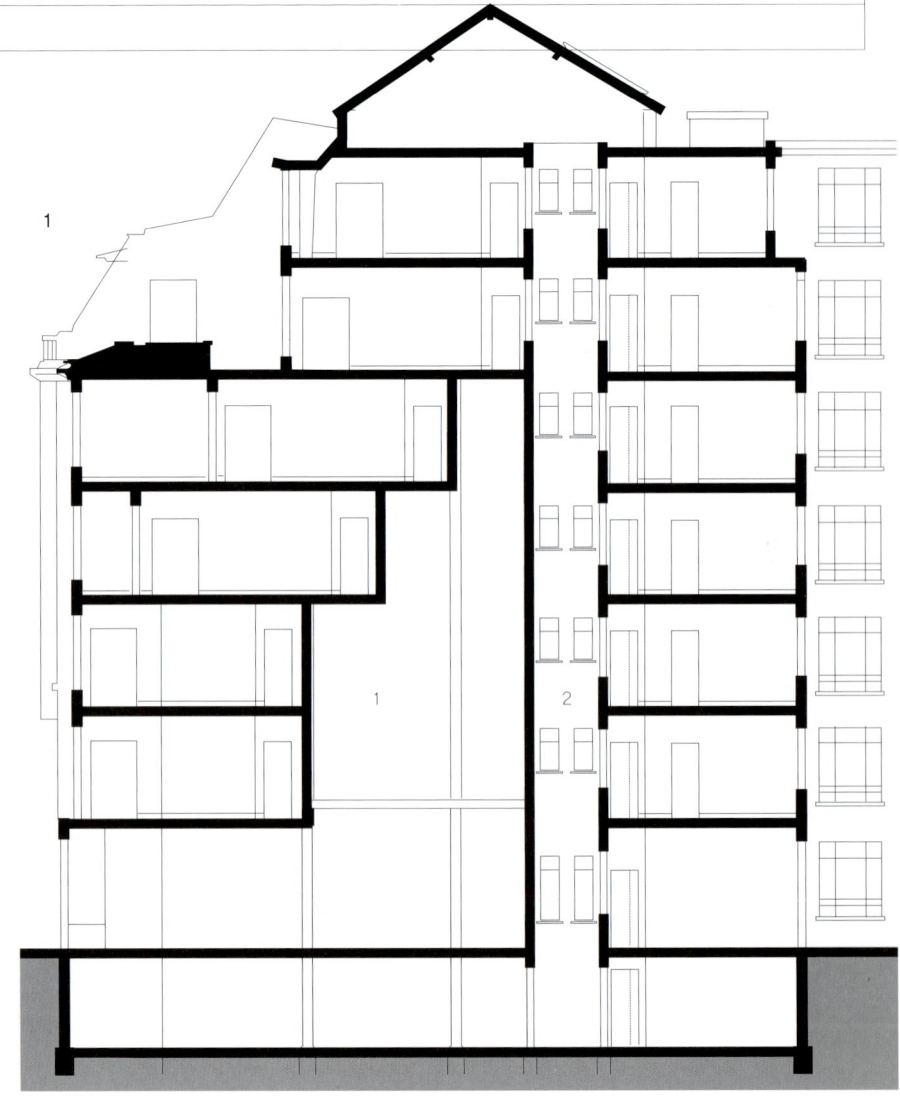

앙리 소바주는 주변 환경의 질을 향상하기 위한 구체적 대안으로 파리의 좁고 우중충한 길을 개선하기 위해 건물을 뒤로 후퇴시키는 계획을 제시했다. 계단형으로 후퇴한 건물은 1층의 채광 조건을 좋게 했다. 상층에는 테라스를 만들어 나무를 심을 수 있었으며, 그 결과 아파트의 환경은 향상되었다. 바빈Vavin 가에 있는 아파트는 앙리의 생각을 성공적으로 구현한 첫 번째 아파트였다. 18, 19세기 파리의 대표적인 신고전주의의 정교한 입면 형태와는 강한 대조를 이루는 바빈 가의 테라스 하우스는 하얀 타일로 빛이 났다. 건물에는 어두운 파란색 타일 장식만이 보이기도 했으며, 파라펫 위에는 식물들이 있었다. 건물의 최대 깊이는 약 6미터였으며, 저층에는 다소 질이 떨어지는 어두운 중앙 공간을 만들기도 했다. 아미로 Amiraux 가에 앙리가 십 년 후 완성한 두 번째 빌딩은 노동자들을 위한 주택으로, 수영장을 설치하여 중앙 공간의 사용상의 효율을 높였다.

동시대의 여러 유럽인들이 도시 문제를 해결하기 위해 창의적인 대안을 준비하는 동안 앙리 소바주는 도시 환경의 발전을 위한 아이디어에 전념하며, 그것을 계속 발전시켰다. 첫 번째 프로젝트로 테라스 형태의 빌딩을 계획했다. 그 후에는 대규모의 새로운 도시 형태를 제안했으나, 이것을 현실화시키지는 못했다.

Opposite left: Rue
Vavin façade

Opposite right: Rue des
Amiraux façade

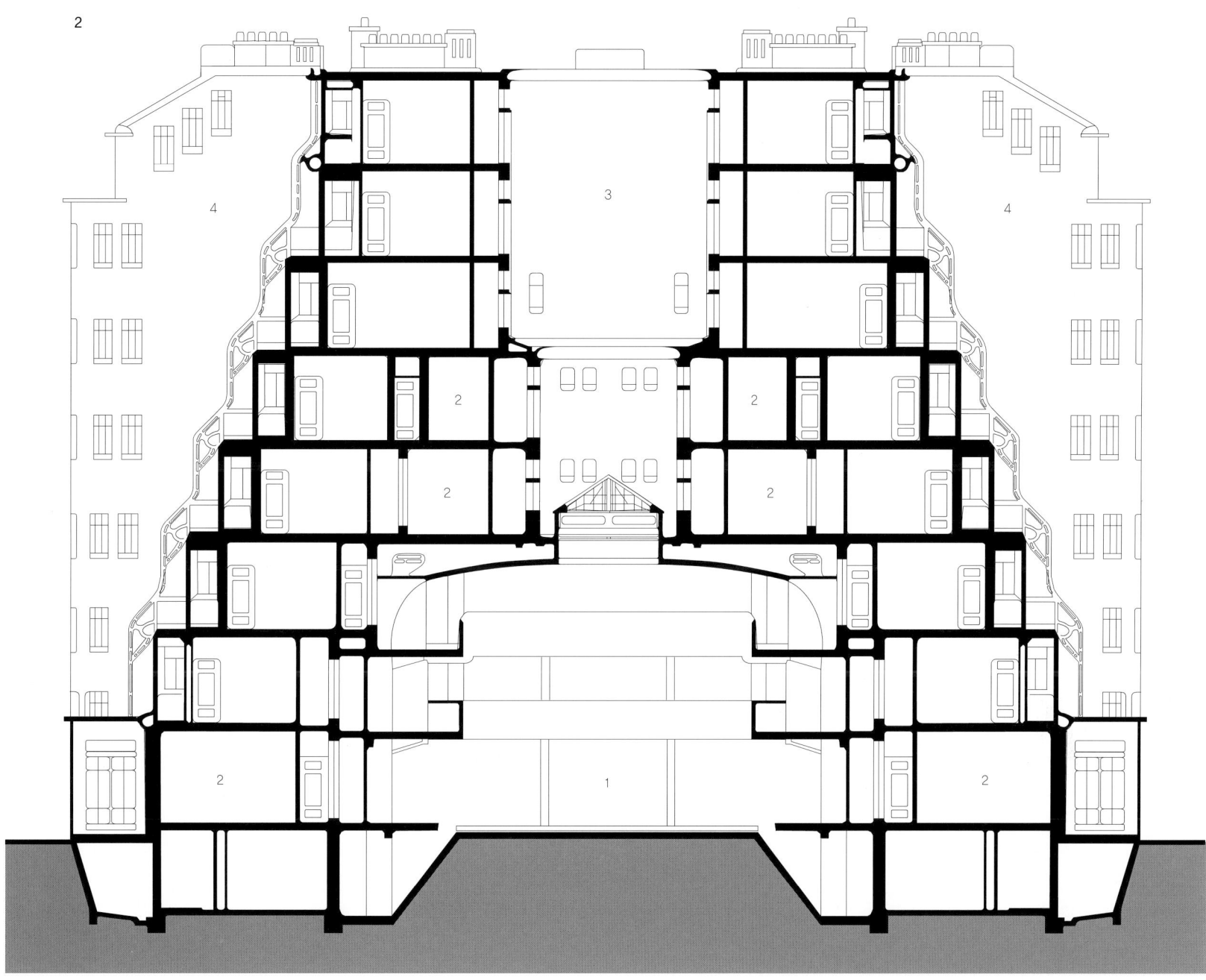

2

1 **Section through
building on rue Vavin
approx 1:200**

1 Interior void space
2 Lightwell

2 **Section through
building on rue des
Amiraux approx 1:200**

1 Swimming pool area
2 Storage/cellars
3 Lightwell
4 Stair towers

Hotel des Artistes

George Mort Pollard
New York, New York, USA; 1917

호텔 아티스테스Hotel des Artistes는 서쪽 67번가에 있는 '아티스트artist' 아파트 시리즈의 5번째 블록이었다. 1903년, 7번지에 처음으로 지어진 이 아파트에는 두 가지 주목할 점이 있다. 하나는, 안정적이고 밝은 산업 공간의 느낌을 주기 위해 대부분 작은 규모의 건물로 구성한 거리라는 점이다. 또 다른 하나는, 뉴욕에서 저렴하고 살기 적합한 숙소를 찾을 수 없었던 예술가 그룹이 협동으로 운영 관리한 공동 주택이라는 점에서 유명한 주택이라는 것이다.

집합주거의 공유 소유권은 1880년대 이후부터 존재했다. 필립 휴버트Philip Hubert와 제임스 프리슨James Prisson이 설계한 휴버트 홈Hurbert Home이 가장 잘 알려진 사례였지만, 이 계획은 널리 퍼지지는 않았다. 그 당시 아파트 주거생활에 대해 크게 저항하는 세력이 있었고, 공식적인 판매 시장도 없었다. 하지만 예술가들은 빌딩을 공유하는 것이 천장이 높은 스튜디오를 옆으로 나란히 배치하는 등의 특정한 요구 사항을 가진 그들에게는 완벽한 해결책이라고 생각했다. 스튜디오와 아파트를 공유하는 것은 개별적으로 집을 빌리는 것보다 훨씬 저렴했고, 또한 임대 수입도 기대할 수 있었다. 건축가 시몬슨Simonson, 폴라드Pollard, 스타인만Steinman과 건설업자 윌리엄 테일러William Taylor를 기용한 예술가 집

단은 서쪽 67번가의 7번지에 14개의 복층 아파트와 몇 개의 임대 주택을 건축했다. 이 개발의 성공을 통해 1905년에 15번지와 33번지에 두 채를 더 지었다. 폴라드와 스타인만은 39부터 41번지까지 또 다른 디자인을 했고, 폴라드는 1917년에 단독으로 1번지를 디자인했다.

호텔 아티스테스는 인상적인 건물이었다. 정교하게 새겨진 고딕 양식 장식, 석조 벽난로, 노천 카페는 부유층을 매료시키기에 충분했다. 건물은 약 45m 너비의 중앙집중적 H형 평면을 띠고 있다. 모든 측면에 채광정이 있고, 메인 엘리베이터와 계단은 중앙에 있다. 이전에 지어졌던 빌딩의 스튜디오는 북측에 면한 뒷부분에 놓여졌다. 가족실은 가로측에 면해 있거나 남쪽에 있다. 1번지 역시 남쪽에 면한 스튜디오가 있었다. 주동의 각층 가로면에는 8개의 작은 복층을 배치했으며, 뒷면에는 4개의 작은 복층과 두 배 규모의 복층을 2개 계획했다. 건물 관리인의 방은 공동 복도에서 접근할 수 있는 위치의 계단참에 놓여졌다. 4층 이상의 상부 공간에는 스튜디오 공간과 옥상테라스뿐만 아니라 대형 아파트가 있다. 하부 층에는 수영장과 스쿼시 포트, 일광욕실, 무도장, 식당이 있다.

1

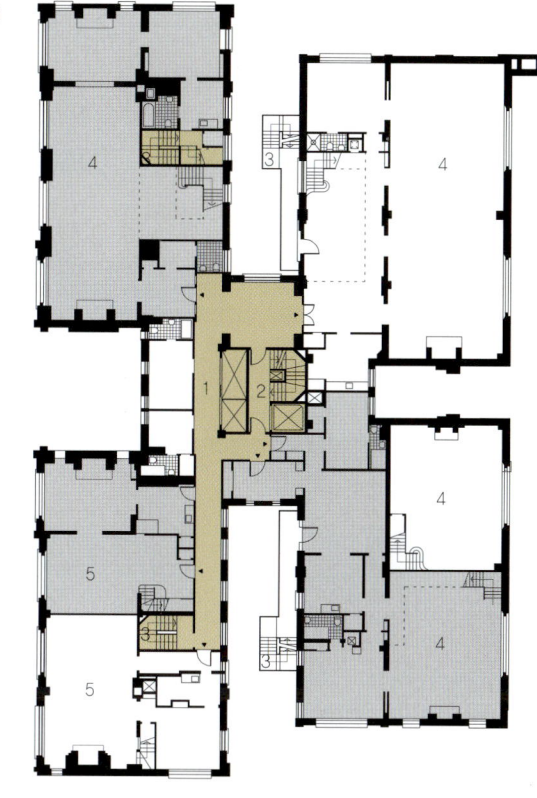

2

1 Plan of ninth floor
  1:500

2 Plan of mezzanine
  1:500

1 Corridor
2 Stair and lift hall
3 Fire escape stairs
4 Lower level of duplexes
5 Two−storey apartments
6 Upper level of duplexes
  with double−height living
  spaces

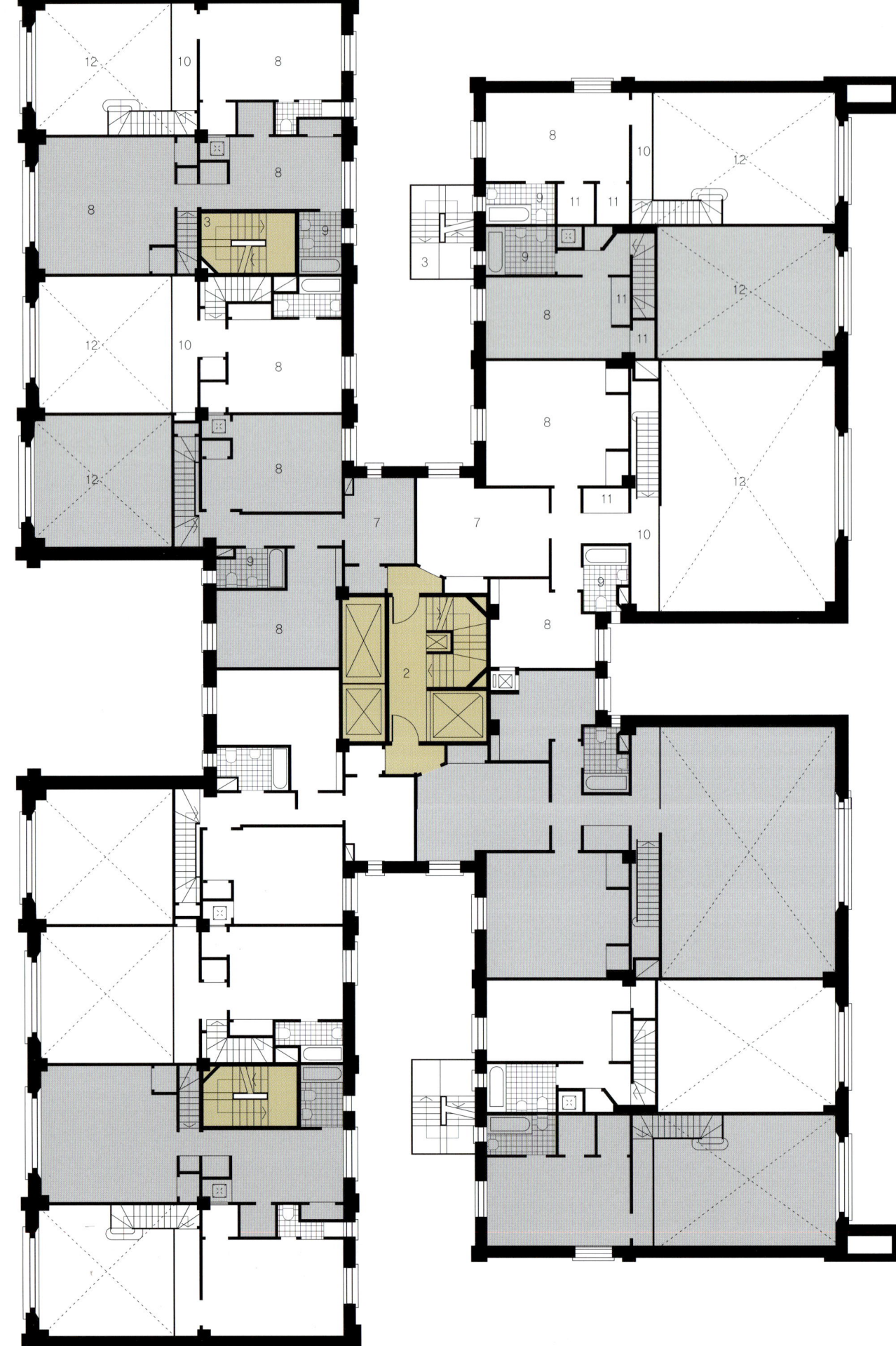

3

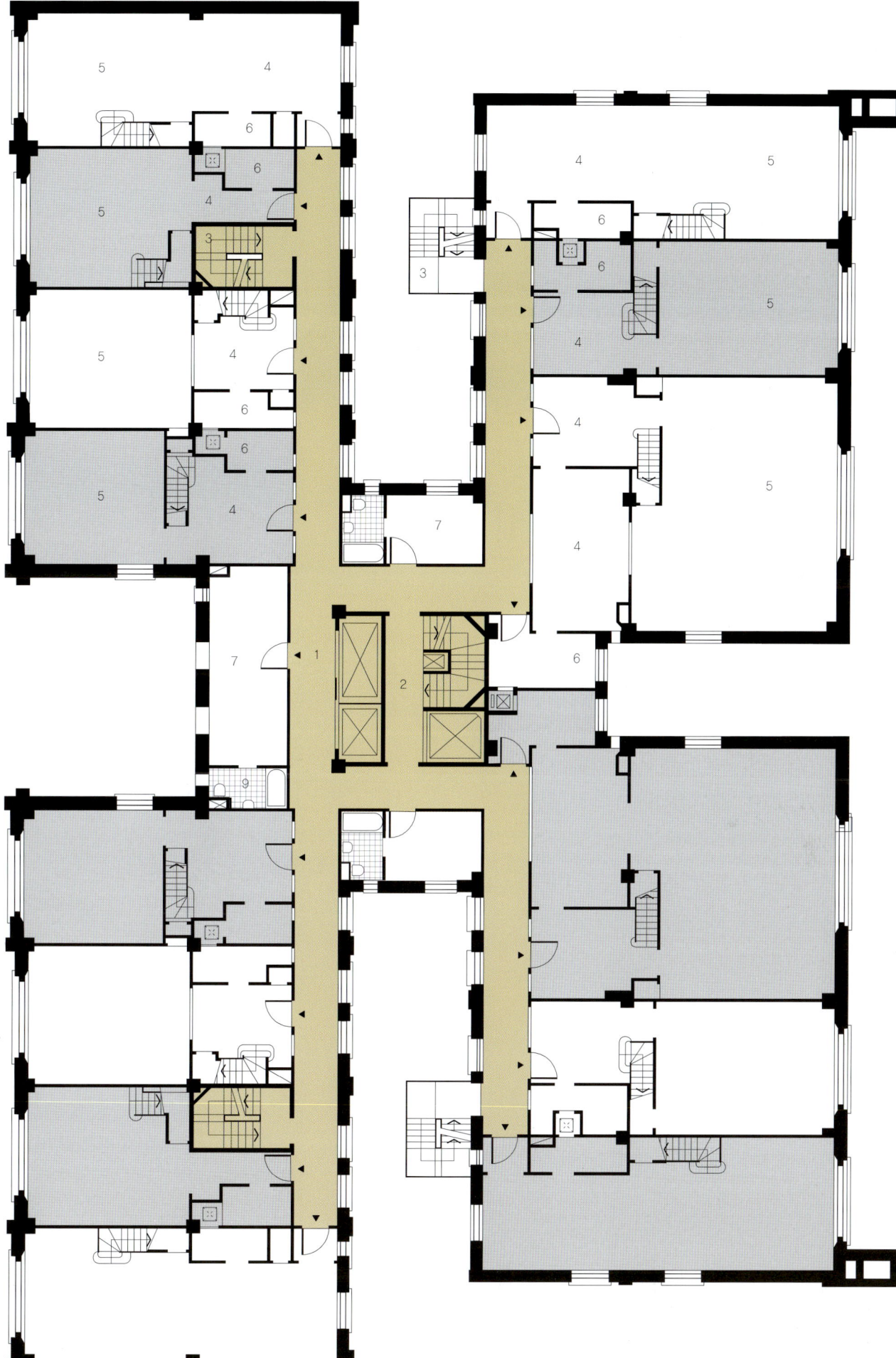

Typical floor plans 1:200

3 Mezzanine/upper–
  floor plan
4 Lower–floor plan

1 Corridors
2 Stair and lift hall
3 Fire escape stairs
4 Entrance/foyer
5 Living/dining/studio
6 Kitchen
7 Servants' room
8 Bedroom
9 Bathroom
10 Balcony
11 Store room
12 Void over living space

Spangen Quarter

Michiel Brinkman, 1873-1925
Rotterdam, The Netherlands, 1919-1921

20세기 시작 이후 처음 수십 년간, 로테르담Rotterdam의 스팡엔Spangen 지역에서는 여러 주택 계획안을 검토했다. 이것은 시당국이 시행했으며, 저소득층 을 위한 것이다. 대부분 길 가장자리에 특색 없는 건물이 즐비했고, 생동감 있는 마당 공간을 둘러싸고 있는 평면들을 동일하게 배열했다. 때때로 공동정원을 배치하는 계획도 있었다. 1918년부터 1927년까지 도시 건축가로서 활동한 오드J. P. Oud는 예를 들어, 학교를 포함하는 훨씬 더 큰 중정과 그 중정을 내려다 볼 수 있는 거실 공간을 도입하여 기본형식을 변형시킨 계획을 시도했다. 브링크만 Brinkman은 주택를 계획할 때 내부와 외부공간 사이의 관계에 대해 많은 고민을 했다. 이 프로젝트는 평면의 논리를 깨트린 첫 번째 사례이다.

각각의 주택은 독립된 전용 현관을 갖는다. 이것은 1층 혹은 넓은 면적의 통로가 있는 2층에 배치했다. 1층 문을 통해 1층과 2층 그리고 복층 주거가 있는 상부 층으로 접근할 수 있다.

공동 정원의 공간을 애매하게 계획하지 않았으며, 안뜰을 활동적인 공간이 되도록 계획했다. 1층이나 2층의 보행통로를 따라 현관으로 이동하면 개인 정원에 접근할 수 있다. 그리고 아이들을 위한 공용 놀이 공간은 욕실과 세탁실 같은 공용시설 안에 속해 있다. 갤러리, 혹은 '하늘의 길' 이라 불리는 곳의 폭은 2.20m에서 3.30m까지 비교적 넓다. 이 공간은 '개인' 정원의 측면에 있으며, 2층의 개인 발코니 위쪽에 있다. 이러한 크기와 위치는 이 공간의 용도를 애매하게 만들었다. 그렇기 때문에 이웃들과 모여 앉아 담소를 나누거나 혹은 단순히 이동을 위한 옥외실로 이용할 수 있었다.

내부 안뜰은 전체적으로 강한 정체성을 전달했다. 명료하고 완고하며 대칭적인 배열과 구체적인 디테일의 특이한 조합은 평면의 정체성을 만든 요소이다. 이 프로젝트는 당시의 보통 주택 단지보다 훨씬 작은 스케일이었지만, 평면의 다양성을 부여했다는 점에서 독특한 프로젝트이다.

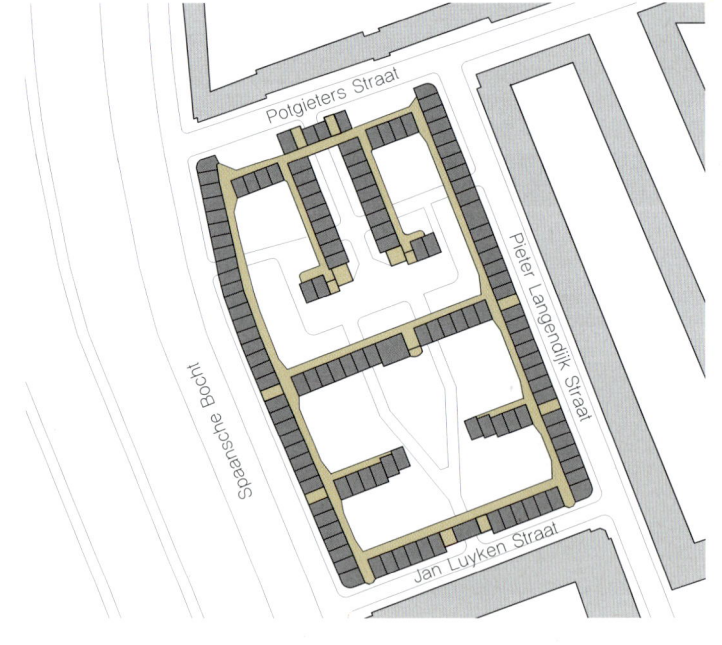

N

Site layout showing
second-floor access
galleries 1:2,500

1

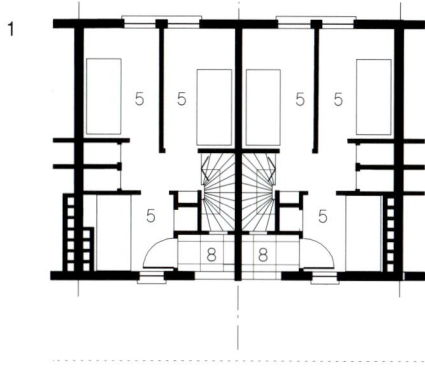

Floor plans of typical flats and maisonettes 1:200

1   Third–floor plan
2   Second–floor plan
3   First–floor plan
4   Ground–floor plan

1   Entrance/hall
2   Kitchen
3   Storage
4   Living room
5   Bedroom
6   Balcony
7   Access balcony
8   Loggia

2

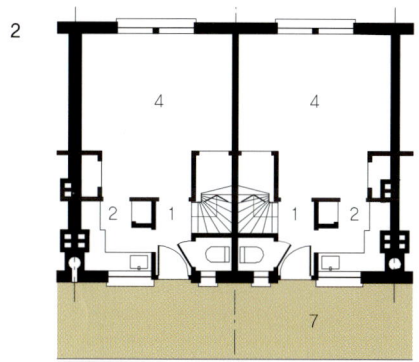

3

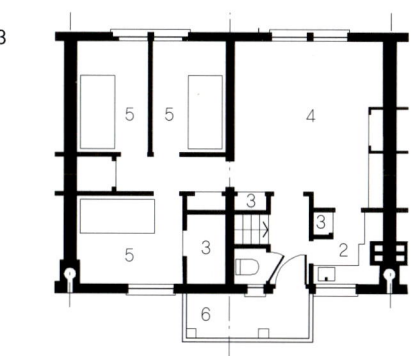

4

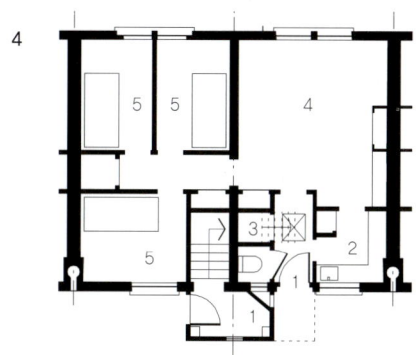

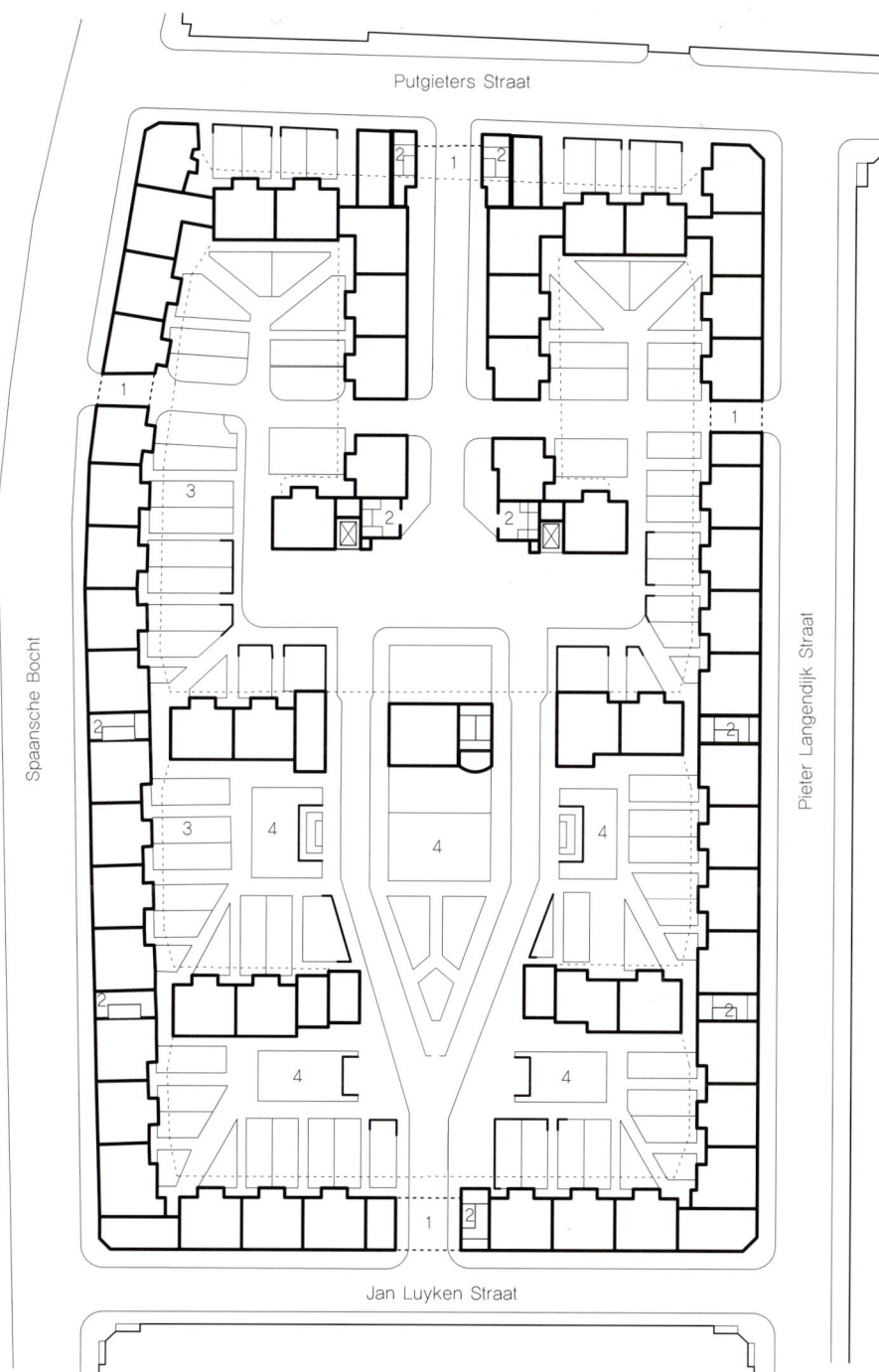

Putgieters Straat

Spaansche Bocht

Pieter Langendijk Straat

Jan Luyken Straat

5

5 Ground–floor plan 1:1,000

1   Entrance to courtyard
2   Stairs to upper floors
3   Private gardens
4   Shared gardens and playgrounds

El Pueblo Ribera Courtyard Houses

Rudolf Schindler, 1887-1953

La Jolla, California, USA; 1925

1922년에 건축한 킹스 로드 하우스Kings Road House가 성공을 거둠에 따라 쉰들러Schindler는 캘리포니아에 많은 주택과 아파트를 디자인했다. 라호야La Jolla, 1925의 푸에브로 리베라Pueblo Rivera는 단기 숙박을 위한 별장으로 설계되었다. 그러나 여기에는 형태와 옥외 공간 개념을 결합한 중정 주택 평면의 발전을 반영하고 있다.

이 계획은 12개의 똑같은 1층 주택을 포함한다. 주택의 평면은 U자 형태로서, 프라이버시를 완벽히 유지할 수 있는 배치를 적용하여 좋은 디자인을 만들었다. 킹스 로드 하우스와 같이 다른 주택들도 옥외 활동이 용이하도록 설계했다. 평면 중앙에 있는 잠을 잘 수 있는 공간이기도 했던 거실에는 천장 높이의 슬라이딩 패널이 있다. 이 패널은 중정까지 완전히 열려 거실을 옥외공간으로 확장시켰다. 외부계단은 중정을 옥외테라스까지 연결시켜준다. 2층의 옥외 활동 공간인 테라스에는 부분적으로 파라펫 나무 퍼르골라로 둘러싼 벽난로가 있다. 평면에서 한쪽 침실과 다른 쪽 구석에 설치된 문은 모두 중정으로 나가기 위한 것이었다. 높은 위치의 창은 욕실과 부엌에 빛을 유입하기 위한 배려를 반영한 것이다.

치수를 중시했던 쉰들러Schindler는 100mm 모듈을 기본으로 엄격한 치수를 사용했다. 그는 이것을 기반으로 새로운 건설기술을 발전시켰다. 평평한 땅을 필요로 하는 킹스 로드 하우스에는 콘크리트를 패널로 만들어 한 방향으로 기울어진 '틸트tilt' 슬래브 시스템을 사용했다.

쉰들러는 약간 기울어진 사이트에 재사용이 가능한 400mm짜리 널판지 구조를 사용하는 '슬래브-캐스트' 시스템을 개발했다. 이것은 숙련되지 않은 사람도 쉽게 다룰 수 있도록 집게를 사용하여 수평으로 시공할 수 있는 것이었다. 목재 건축보다 저렴하게 시공할 수 있는 것이 개발의 중요 사항이다. 눈으로 보이는 수평 라인과 노출 콘크리트는 목재와 마찬가지로 건물의 주요 요소이다.

1

1　Section 1:100

1　Living room
2　Outdoor room
3　Roof terrace
4　Fireplace
5　Pergola

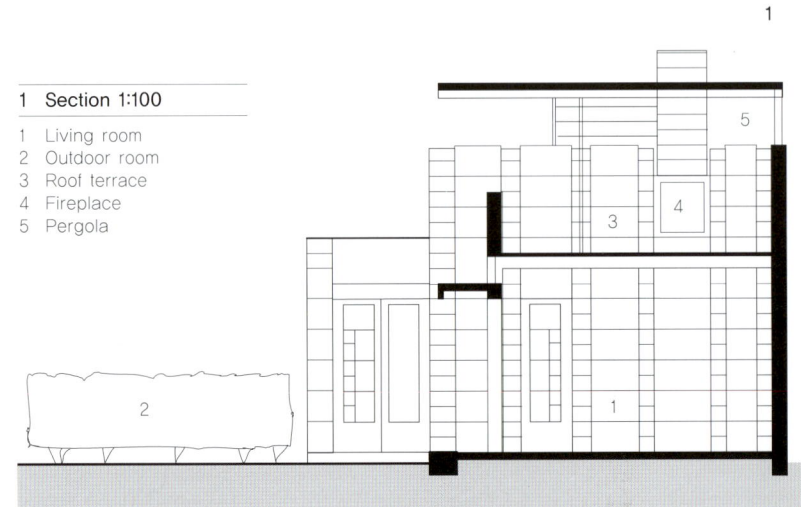

2

Playa del Sur Street

3

4

3

3

4

3

1

3

3

4

3

4

2

Public alley

2

4

2

3

3

4

3

1

4

3

4

3

1

3

Gravilla Street

2 Site layout 1:500

1 Pedestrian pathway
2 Car parking
3 Outdoor room
4 Yard

3

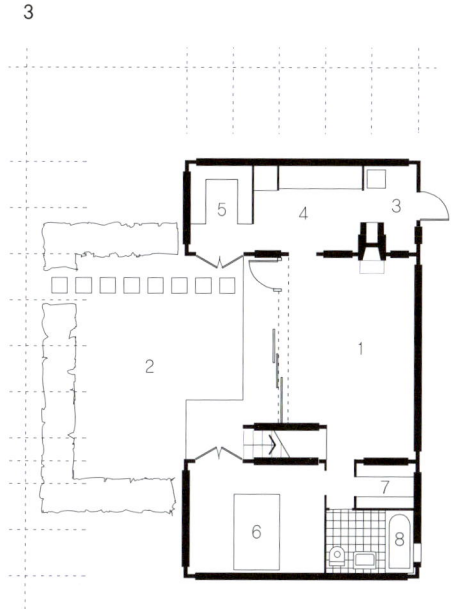

4

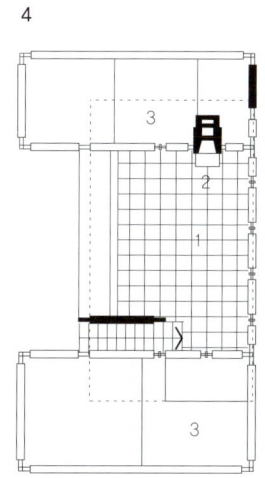

5

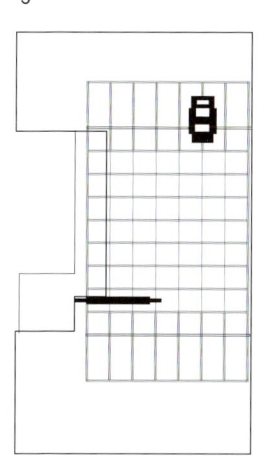

**3 Ground-floor plan
1:200**

1 Living room
2 Outdoor room
3 Back porch
4 Kitchen
5 Nook
6 Bedroom
7 Store room
8 Bathroom

4 First-floor plan 1:200

1 Roof terrace
2 Fireplace
3 Roof

5 Roof plan 1:200

Efficiency Apartments

Schultze & Weaver
New York, New York, USA; 1920s

미국에서는 아파트의 공간이용률이 감소하는 원인을 알고자 20세기 초 '효율' 이라는 말을 아파트 평면 계획에 사용하기 시작했다. 아파트 블록 당 임대 세대를 늘리는데 있어 효율은 중요하다. 고급 아파트에 입주할 형편이 못 되는 서민들에게 소형아파트가 이득을 줄 것인지, 아니면 한 두 사람을 위한 작은 주거공간이 계속 시장을 주도할 것인지에 대한 빈번한 논쟁이 벌어졌다. 스탠리 테일러 Stanley Taylor는 1924년, 건축 포럼에서 건축가들은 클라이언트들에게 효율적인 평면 계획의 장점이 무엇인지 설득할 수 있어야 한다고 말했다. 이것은 주택 부족 문제와 투자 이익의 측면을 모두 고려한 조치였다. 슐체& 위버Schultze & Weaver 의 파트너 건축가 플러턴 위버Fullerton Weaver는 이 같은 사안에 대해 다음과 같은 의견을 말했다. 월도르프 아스토리아Waldorf Astoria와 빌트모어Biltmore와 같은 화려하고 멋진 호텔로 매우 유명한 플러턴은 앞으로 다가올 20년이나 30년 후에는 개인적 도시 주거를 짓지 않을 것이라고 예언했다. 이렇게 말한 이유 중 하나는, 경제적인 측면을 떠나서 파출부를 찾는 일이 어려워질 것이라는 점 때문이다. '아파트-호텔' 은 아파트의 프라이버시와 호텔의 서비스를 결합한 새로운 유형이었다.

효율을 위해 아파트 디자인에 적용한 방법은 두 가지였다. 첫 번째는 부엌과 식사공간을 결합하여 가능한 한 최소의 공간을 이용한 것이다. 두 번째는 한 공간에 두 가지 기능을 복합한 방법이다. 설비를 집약시켜 파출부 없이도 편리하게 사용할 수 있는 주방을 설계했다. 가구는 다양한 움직임을 고려하여 디자인했다. 얼음이나 식료품은 난간 벽의 캐비닛 뒤에 바로 수납할 수 있었다. 그리고 쓰레기는 비슷한 방법으로 복도 쪽의 벽에 놓인 콘테이너에 버릴 수 있었다. 비슷한 아이디어가 우편 배달에도 사용되었다. 커진 우체통은 거주자가 직접 우편물을 받지 않아도 되게 만들었다. 특별하게 디자인한 가구는 한 공간에서 두 가지 용도로 사용하기도 했다. 예를 들어 접어 세워 놓을 수 있었던 '가동 침대Door beds' 는 밤에 사용하고 낮에는 옆에 있는 드레스 룸에 넣어 안보이게 할 수 있었다.

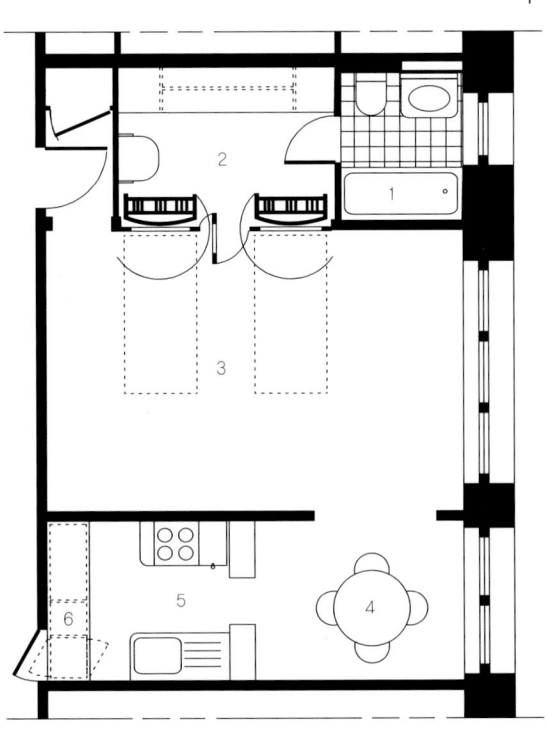

1 Plan of typical
efficiency apartment
1:100

1 Bathroom
2 Dressing room
3 Living room
4 Dining space
5 Kitchenette
6 Combined cabinet and
refrigerator

2

2 Typical floor plan space-saving apartment block 1:200

1 Hall, stair and lifts
2 Service hall and lift
3 Fire escape
4 Entrance/foyer
5 Kitchen
6 Living/dining
7 Bedroom
8 Bathroom
9 Cupboards
10 Lightwell

3

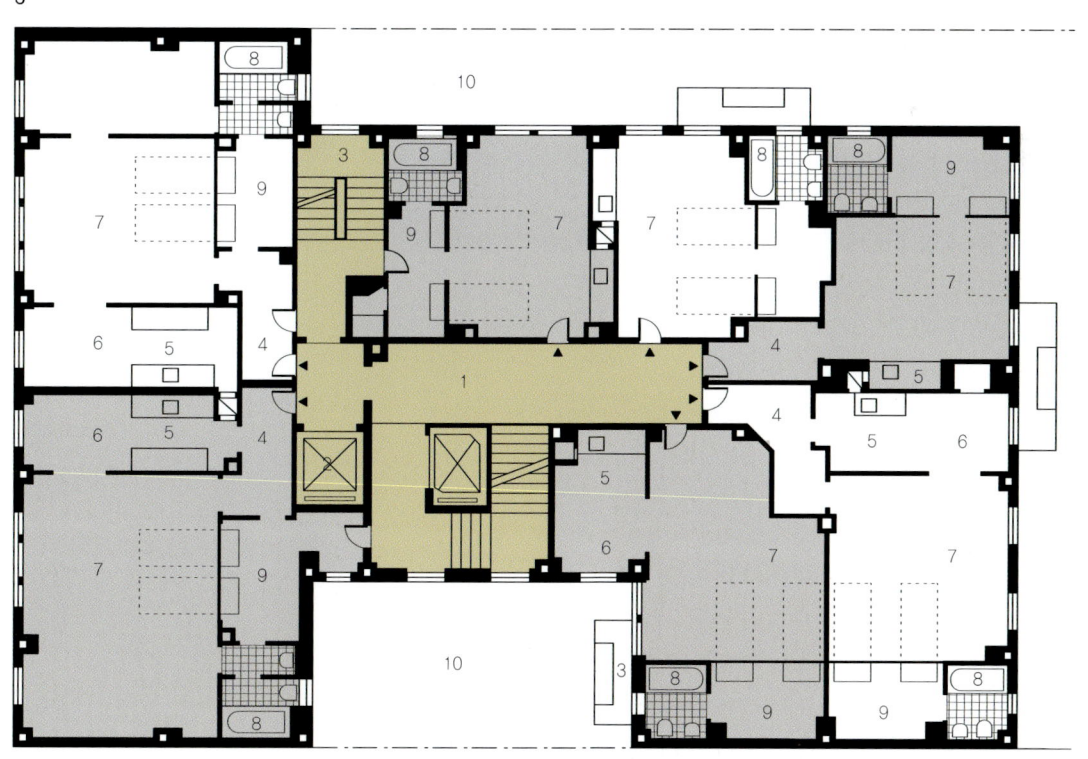

3 Typical floor plan efficiency planning apartment block 1:200

1 Hall stair and lifts
2 Service hall and lift
3 Fire escape
4 Entrance/foyer
5 Kitchenette
6 Dining alcove
7 Living/bedroom
8 Bathroom
9 Dressing room
10 Lightwell

Britz Hufeisensiedlung

Bruno Taut, 1880-1938, and Martin Wagner, 1885-1957

Berlin, Germany; 1925-27

연못 주변의 중앙 블록의 모양을 따서 이름을 붙인 브리츠 말발굽형 단지Britz Hufeisensiedlungs는 마틴 바그너의 프로그램 중 일부이다. 이곳은 1925년, 대 베를린 기획의 일환으로 노동자용 주거에 대한 요구를 충족시키기 위하여 실행한 것이었다. 브루노 타우트는 1914년에 개념 설계로 쾰른 주택 전시회Cologne Werkbund Exhibition에 참여한 표현주의적 유리 패빌리언을 통해 유명해졌다. 전원도시의 개념과 단순하고 기능적인 주거 계획의 조화를 고려한 디자인을 새롭게 소개했다.

단독 주거를 배치하는 방식은 기존 주거의 배치 방식과 큰 차이가 없었다. 또 각각의 구성단위 자체를 작게 설계했다. 이 주택은 지하실과 세탁실을 포함해 다락방에 부가적 공간을 갖는다. 주택은 로지아가 있는 중앙 거실이나 정원 쪽 측면, 그 반대 편의 가로 측면 그리고 출입 계단 쪽에 발코니를 갖는 일반적인 평면으로 되어 있다.

3층의 아파트 블록과 3층의 테라스 주택 이렇게 단 두 가지 건물 타입에 1000 세대의 주택이 있다. 브리츠 프로젝트에서는 형식적이며 규칙적인 반복이 주는 단조로움을 탈피하고자 형태와 배치를 활용했다. 중앙의 반원을 따라 방사형으로 블록을 배치했다. 조경은 완만한 굴곡을 따라 레벨 차이를 고려하여 조성했다. 가로의 가장자리와 건물로 둘러싸인 큰 내부 정원이 있다. 레벨 차이를 둔 계획, 계단 구조체는 튀어나오거나 우묵하게 들어가 블록의 선적인 특징을 깨뜨리면서 건물 전면에 수직적 요소를 창출했다. 안으로 우묵하게 들어간 로지아와 지붕쪽의 다락창attic windows은 다른 블록들에 변화를 주는 요소이다. 소형 주택, 경사지붕의 지붕 창과 각 블록에 강렬한 붉은 색을 사용하여 그림같이 아름다운 특성을 전체에 구현했다.

Site plan
1:5,000

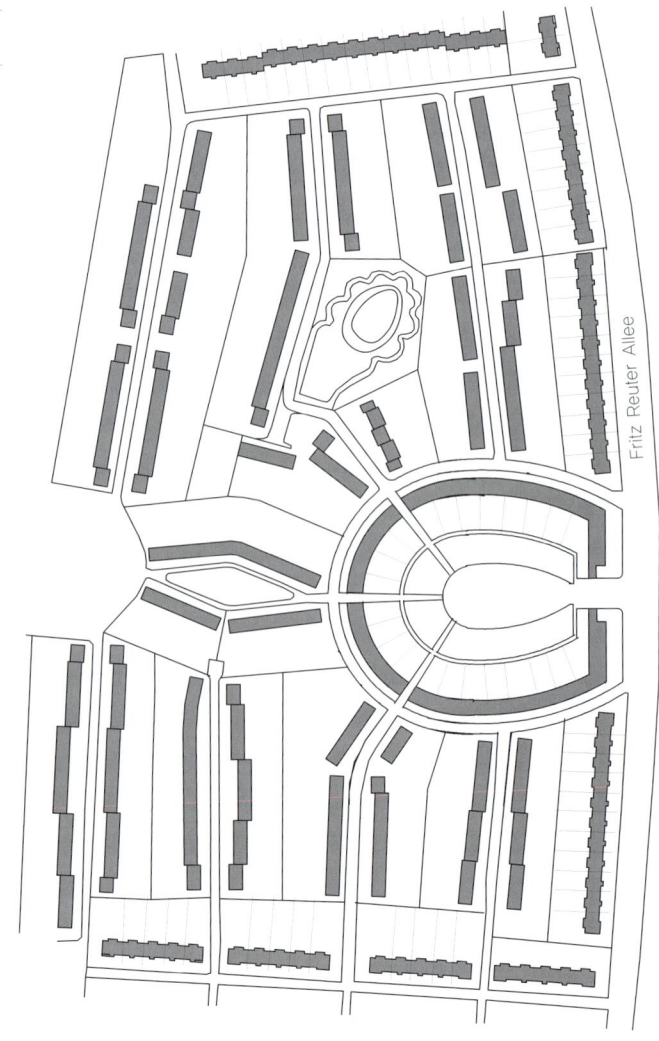

N

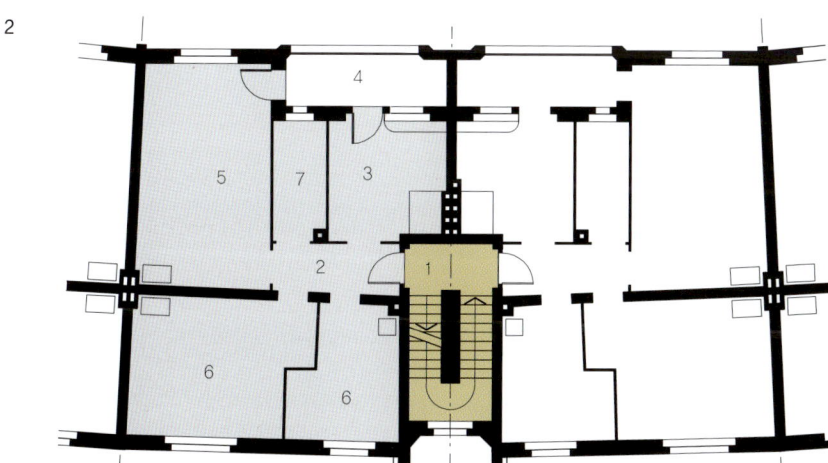

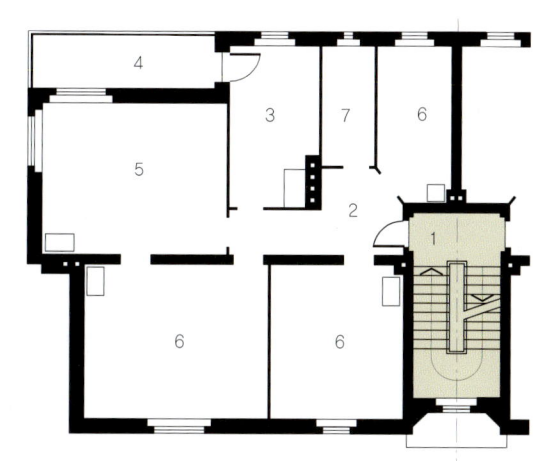

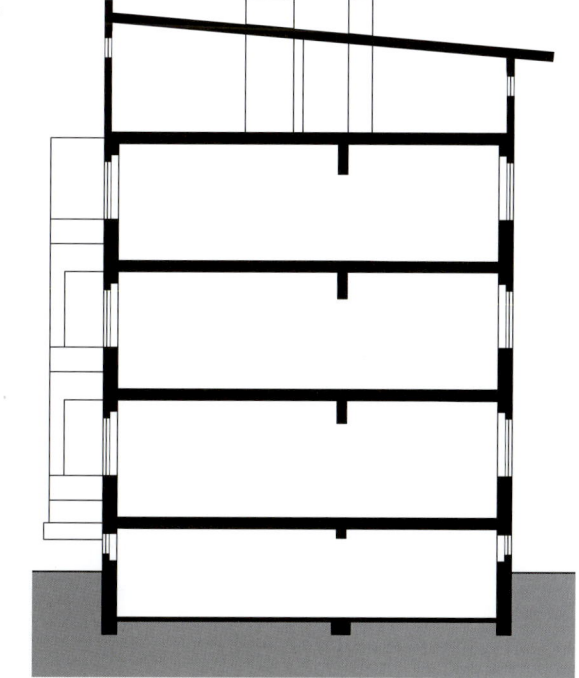

Plans of typical
apartments 1:200

1 Type 1
2 Type 2
3 Type 3

1 Access stairs
2 Entrance/hall
3 Kitchen
4 Balcony
5 Living room
6 Bedroom
7 Bathroom

4 Section 1:200

Karl Marx Hof

Karl Ehn, 1884-1957
Vienna, Austria; 1926-30

세계 1차 대전 이후 십여 년에 걸쳐 비엔나에서는 적극적인 주거 프로그램의 일환으로 60만 가구 이상을 새롭게 건설했다. 비엔나 당국은 독일과 네덜란드의 모더니즘을 따라하기 보다는 전원주의 원칙에 따라 실내 정원에 둘러싸여 닫힌 조밀하고 도시적인 블록의 형태를 제안했다. '호프' hof라고 불리는 타입의 정원은 사회적 프로그램과 새로운 모던 스타일을 연계시킨 것이었다. 이것을 발전 시킨 건축가는 조세프 호프만, 피터 베렌스, 조세프 프랭크와 같은 건축가이다. 물론 지방 정부에서 일하는 사람들도 '호프'를 발전시키는 데 기여했다.

가장 규모가 큰 사례로는 칼 엔의 칼 막스 호프가 있다. 이것은 '레드 비엔나'의 사회주의 주택 프로그램을 대표하는 사례이다. 이 주택은 오래된 마켓 가든 대지에 건축되었으며, 프란츠 조셉 철도라인과 나란하게 1km쯤 접해 있다. 주택은 대략 11m의 깊이이며, 일반적으로 4층의 높이이다. 이것은 가로변을 따라서 마당을 둘러싸고 있으며, 거대한 아치컷의 경계 벽을 통하여 폐쇄된 정원으로 도

달할 수 있다. 블록의 단면은 7층으로 뻗어 있고, 연속되는 발코니가 결합된 타워로 되어 있다. 오픈 스페이스는 이 프로젝트와 레드 비엔나 사회주택에 있어 오래도록 지속되는 기념비적인 이미지가 되었다.

계획안은 총 1,382의 주거를 구성하고 있었다. 일반적으로 아파트의 규모는 매우 작았다. 원룸의 구성과 3개의 방을 가진 구성이 일부 있고, 1000개 가까운 대부분의 구성이 2개의 방으로 되어 있었다. 블록의 전반적인 깊이나, 몇 개의 층에서 발코니를 추가함에 따라서 바닥 면적은 다양해졌다. 이 주택에는 엘리베이터가 없었는데, 일반적으로 4개의 세대가 한 계단을 사용했다. 모든 주택에는 부엌과 화장실이 있었으며, 세면대가 갖춰진 로비가 딸려있기도 했다. 그러나 욕실과 샤워실은 세탁실 상황에 맞게 선택적으로 배치했다. 구조 벽은 블록의 중심부를 따라 자리한다. 어떤 때는 개구부를 건물 양쪽 전면과 연결하고, 교차 환기구조를 제공하였다. 하지만, 대부분의 아파트는 가로변이나 정원 중 한쪽 면 만을 향하고 있다.

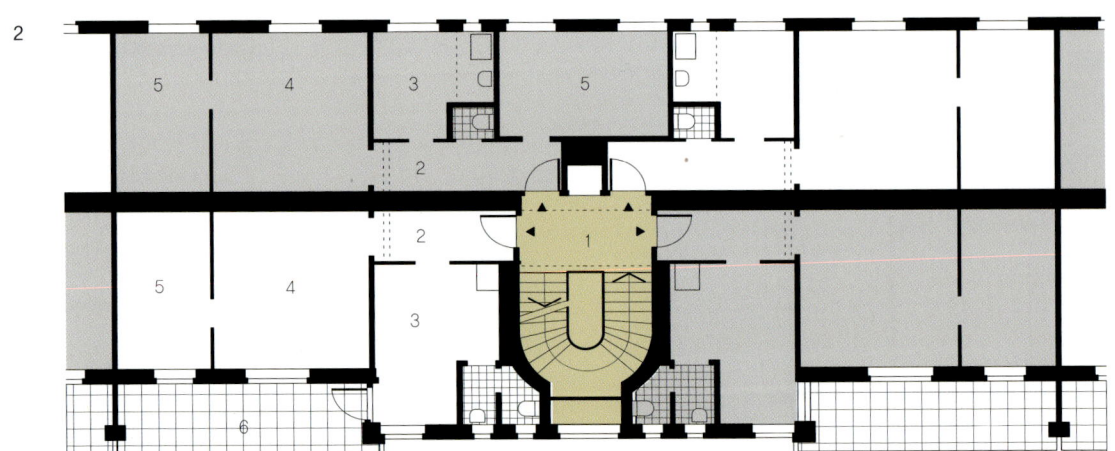

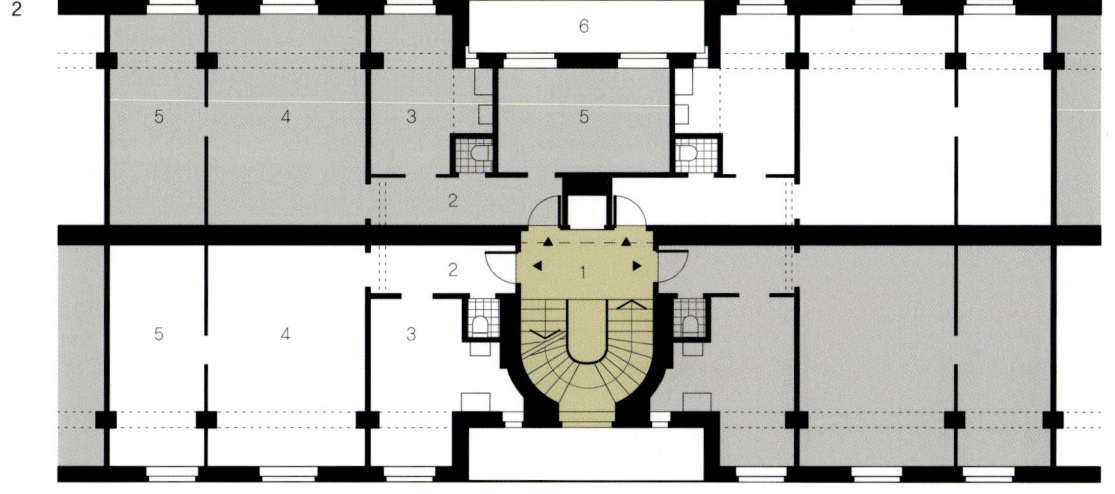

2

1 Part elevation
   1:200

2 Typical flat plans
   1:200

1 Access and circulation
2 Entrance/hall
3 Kitchen
4 Living
5 Bedroom
6 Balcony

European Modernism

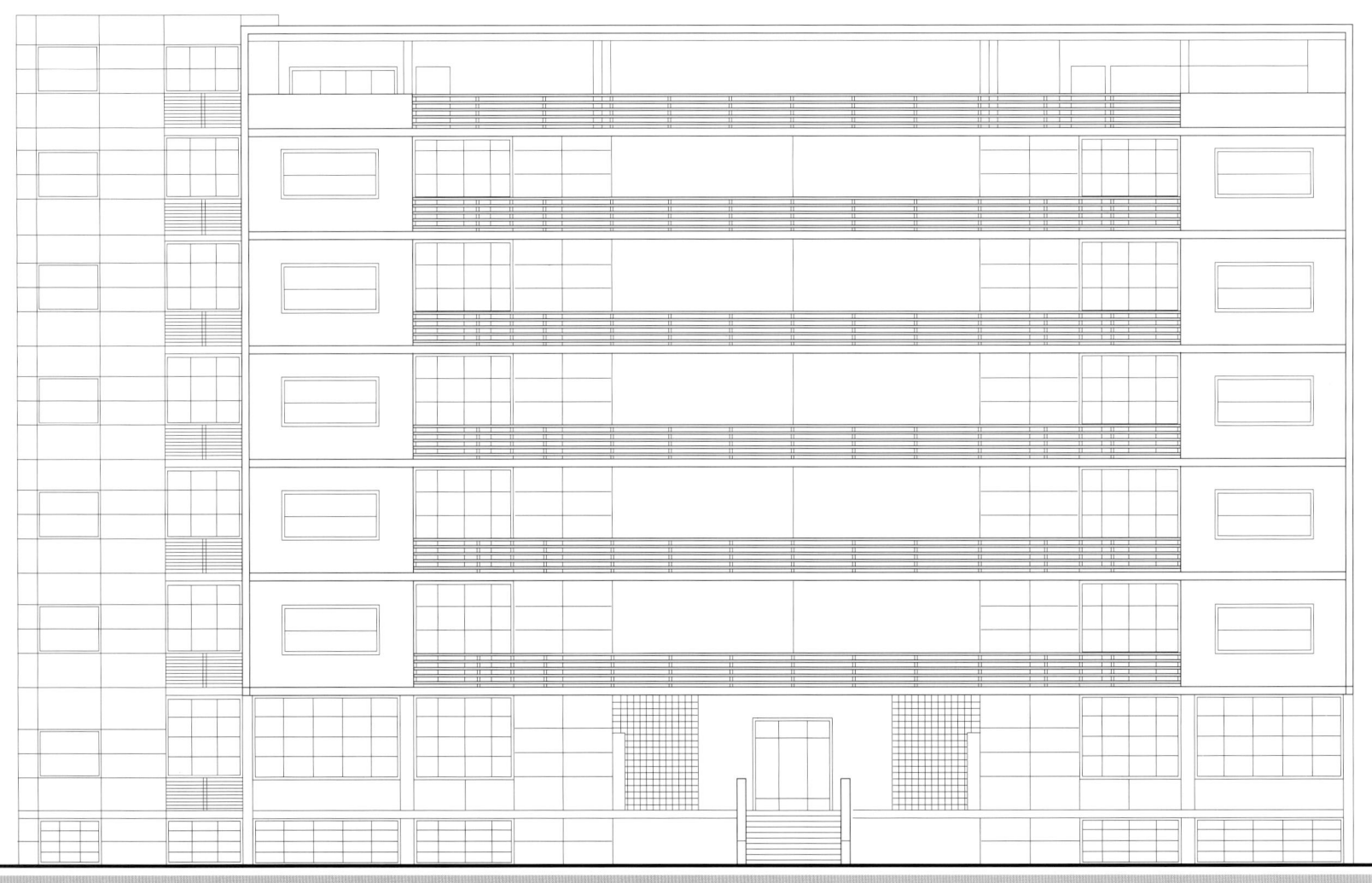

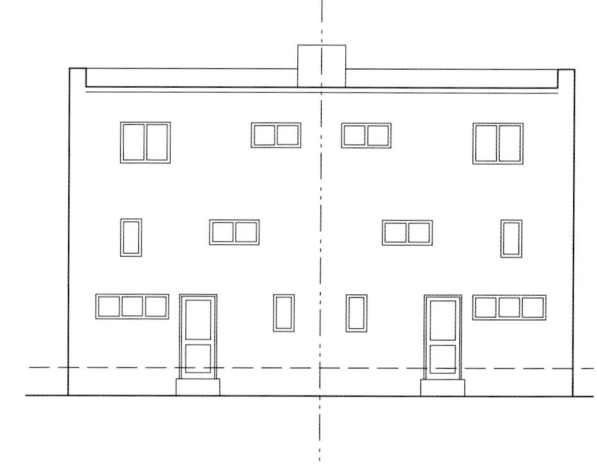

Elevation of Werkbund dwellings by Adolf Loos

국제현대건축위원회CIAM, Congres Internationaux d'Architecture Moderne는 1928년에 유럽 건축가 30인 그룹이 설립한 단체이다. CIAM은 현대 건축의 아이디어와 원칙을 확고히 하였으며, 도시계획에 대한 그들만의 확고한 입장을 정했다. 기존의 미학주의 주장에 의해 도시화에 조건을 달 수는 없다. 도시화의 본질은 도시의 기능에 의해 질서를 만드는 것이다. 무질서한 땅의 구분, 판매, 투기, 상속은 체계적인 공동 토지 정책을 통해 막아야만 한다.

1933년에 열린 네 번째 회의에서 제정된 아테네 헌장The Athens Chater은 토지 정책을 공식화했다. 그리고 현대 도시를 계획할 때 방사형의 도시 이미지, 차량과 보행자의 분리, 지상층에 오픈 스페이스를 제공하는 타워 블록의 건설과 같은 기능적인 접근 방법을 택했다. 1929년 프랑크푸르트Frankfrut에서 열린 두 번째 회의에서는 '최소한의 주거 Minimum dwelling'에 대한 이슈와 개인 주거 단위의 계획에서 이성적이고 기능적인 접근에 대한 의제를 확실히 했다. 산업화된 건축 방식에 의한 표준 부품의 사용과 새로운 조립식 건축은 시간과 비용의 절감이 요구되는 가운데 고품질의 주택을 지을 수 있다는 기대를 불러 일으켰다. 모더니즘 공간 계획의 아이디어는 대규모 블록과 저층 주거에 동일하게 적용할 수 있었다. 정원은 더러움과 습기의 문제로 비난받았고, 일광 및 태양광을 극대화하기 위한 새로운 직선 블록을 선호하였기 때문에 기존의 거리 패턴은 무시되었다.

슈투트가르트Stuttgart에서 1927년에 열린 바이젠호프주거단지 박람회Weissenhofsiedlung exhibition는 새로운 건축을 적용한 다양한 주택을 설명하는 성공적인 전시회였다. 전시에 참가했던 건축가들에게 부여된 제약은 단지 평지붕을 사용해야 하는 것이었다. 미스 반 데어 로에Ludwig Mies van der Rohe의 바이젠호프 아파트Weissenhofsiedlung Apartment Building, p.48-49는 대지를 지배하는 위치에 있다. 전통적인 건물을 바깥쪽에서 안쪽으로 들여놓아 이전의 친숙한 도시형태인 중정을 둘러싸는 주변 블록을 대신했다.

건물의 전체 깊이를 차지하는 세대가 있는 블록은 단독으로 배치했다. 골조 건물은 내부 파티션을 다양하게 배치할 수 있다. 건물의 외관에 위계적인 질서는 나타나지 않았다. 세대는 쉽게 확장과 반복할 수 있도록 계획하였으며, 평면은 고정되지 않았다. 오우드Oud는 바이젠호프주거단지 저층 주택 Weissenhofsiedlung Row Housing, p.50-51에서 익숙한 영국식 가구를 통한 저층 확장 계획을 했다. 이는 네덜란드에 있는 오드의 초기 프로젝트 아이디어를 발전시킨 것이었다. 2층 건물의 상부에 발코니가 있고, 저층에는 정원이 있다. 호이크 반 홀랜드 단지 Hoek van Holland estate, 1924에서 사용한 중정 계획은 가로에서 직접 접근하는 것을 막았다. 이것은 4.2m의 매우 좁은 폭으로 계획한 키에프호이크 근로 주거Kiefhoek worker's housing, 1927에서 다시 반복되었다. 저층 건물만 허용하는 제약을 두었던 1932년 비엔나Vienna에서 열린 오스트리아 공작연맹의 박람회Austrian Werkbund's exhibition에서 새

롭고 다양한 테라스 주택을 볼 수 있었다. 앙드레 뤼르사Andre Lurcat의 비엔나 베르크분트 하우스 Vienna Werkbund Houses, p.62-63는 규모가 매우 작고 3개층에 걸쳐 복잡하게 계획되었다. 이 건물을 낮과 밤에 가변성 있게 사용하도록 설계했다. 아돌프 루스Adolf Loos의 비엔나 베르크분트 하우스 Vienna Werkbund houses, p.60-61는 아돌프 루스의 조각적인 공간인 라움플랜Raumplan을 적용하여 노동자들의 주택보다 더 작은 규모로 설계했다. 브레슬라우Breslau, 1929, 취리히Zurich, 1932, 스톡홀름 Strockholm, 1930을 포함하는 다양한 국가의 베르크분트 연합에서 또 다른 전시회가 열렸다.

1930년에 개발한 베를린 지멘스슈타트Berlin Siemensstadt는 마틴 바그너Martin Wagner가 설계하였으며, 에른스트 메이Ernst May가 설계한 로머슈타트Romerstadt에 나타나는 초기 프랑크푸르트 실험Frankfurt experiment을 계승한 프로젝트이다. 메이는 1925년에 프랑크푸르트 도시 계획청Frankfurt City Planning Department의 책임자가 되었다. 그는 독일에서 영국식 정원 도시 계획에 대한 아이디어를 채택했는데, 이는 레이몬드 언윈Raymond Unwin과 함께했던 햄스테드 교외 정원Hampstead Garden Suburb 프로젝트에서 비롯된 것이다. 로머슈타트는 거대한 규모의 개발사업이었다. 특히 그것은 현대 건축과 계획거주민의 농장 재배 계획까지 포함에서 중대한 의미를 갖는다. 조립화, 표준화된 건설법의 사용 또한 중요한 의미를 갖는다. 이는 그레타 슈트-리호츠키Greta Schutte-Lihotzky가 계획한 프랑크푸르트

46

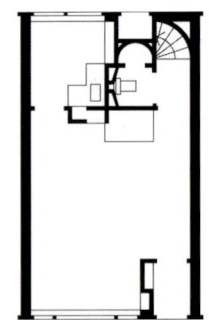
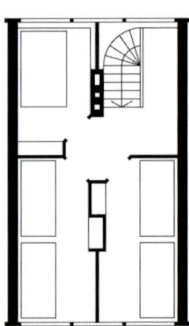

Kiefhoek, ground and
first-floor plans

Kiefhoek Workers' Housing

부엌에서 최초의 맞춤형 부엌으로 발전되었다. 한스 샤로운Hans Scharoun은 1927년 바이젠호프주거단지Weissenhofsiedlung에 프로토타입 하우스를 설계했다. 샤로운이 설계한 지멘스슈타트 개발Siemens stadt development, p.54-55의 평면은 더 많은 주목을 받았다. 평면은 평면 전체 깊이약 9m를 차지하고 있는 중앙집중식 거실에 초점을 두어 디자인했다. 네덜란드에서 반 타이젠van Tijen, 브링크만 & 반 데어 브루트Brinkman & Van der Vlugt가 설계한 베르그폴더Bergpolder, p.64-65는 한 개의 평면 타입을 반복하며 더 많이 대중화되었는데, 이는 알프레드

로스Alfred Roth의 저서인 신건축New Architecture, 1939를 보면 잘 알 수 있다. 일반적으로 이 건물은 최초의 고층 싱글 슬래브 블록으로 여겨진다.

이 시기의 모던 플랫modern flats은 난방, 온수와 욕실 같은 설비가 표준화되어서, 특히 런던과 같은 도시에서는 상류층 주택보다 노동자층을 위한 주택 디자인에서 더욱 두드러지게 나타났다. 프라이버시의 정도와 커뮤니티의 일부로 제공하는 생활 편의시설 또한 더욱 좋아졌다. 가스 라이트 앤 코크 컴퍼니Gas Light and Coke Company를 위해 맥스웰 프라이Maxwell Fry가 설계한 켄살 하우스Kensal

House는 부엌과 욕실을 겸비하고 있으며, 덕트 서비스ducted service, 환기가 잘되는 식품저장실, 건조용 발코니drying balcony를 완벽히 갖추고 있다. 또한 거주자의 편의를 고려한 거실과 부가적으로 침실에 난방이 되는 부분heating points도 제공했다. 베르트홀트 루베킨Berthold Lubetkin은 하이포인트Highpoint, p.68-71를 설계하면서 사회적인 스케일의 다른 면을 고려했다. 아파트 천장에 전기 난방 코일을 설치하고, 국소 난방을 위해 전기 방사 난방기를 설치했다.

러시아 연방Soviet Russia의 새로운 대량생산

Frankfurt kitchen

Siemensstadt block (Walter Gropius)

방식과 전통적인 가족구조에서 공동 생활의 배치형태로 이동하는 사회 변화의 가능성은 더 높은 수준의 표준화를 위한 논의의 기반이 된다. 모스크바에 모이세이 긴즈버그Moisei Gizburg와 이그나티 밀리니스Ignati Milinis의 나르콤핀Narkomfin, p52-53블록은 이러한 아이디어를 보여주는 초기 소형 개인 아파트 건물 중의 하나이다. 아메리칸 호텔 버전American hotel version과 같이 일하는 독신 여성을 위한 독신 주거와 베일리 스캇Baillie Scott이 계획한 가든 시티 운동the Garden City movement의 협동 주택 같은 독신 아파트는 미국이나 유럽에서 선호도가 낮았다.

유일하게 인기가 있었던 사례는 웰스 코츠Wells Coates가 런던에 설계한 론 로드현재 아이소콘 플랫Lawn Road(now Isokon) flats이다. 이 건물은 한적한 라이프스타일을 선호하는 사람들을 위해 건설한 아파트이다.

진 긴즈버그Jean Ginsberg가 파리에 설계한 베르사이유 25와 42가25 and 42 Avenue de Versilles, p.66-67 아파트와 주세페 테라그니Giuseppe Terragni가 밀라노에 설계한 까사 루스티치Casa Rustici는 기존 도시 형태의 연속성을 유지하는 가운데 가로와의 새로운 관계를 모색했다. 긴즈버그는

모더니즘의 수직 밴드를 사용하여 입면을 굽어지게 설계하였으며, 이를 통해 건물 중앙에 단일 구조 기둥이 있음을 보여주었다. 또한 혁신적인 새시창sash window을 사용하여 벽의 두께를 없애고 내부를 가로변으로 오픈시켰다. 테라그니의 밀라네즈Milanses 블록은 가로변을 따라 전체 건물을 배치하였으며, 중앙에 중정을 배치했다. 층고의 반을 차지하는 얇은 발코니가 건물의 전체 파사드를 구성한다.

Weissenhofsiedlung Apartment Building

Ludwig Mies van der Rohe, 1886-1969

Stuttgart, Germany; 1927

미스가 설계한 아파트 블록은 1927년 슈투트가르트의 바이젠호프 주거단지 박람회에 건축한 여러 건물 중 하나이다. 이 건물은 박람회에서 가장 큰 면적을 차지하며, 대지의 가장 높은 곳에 위치하고 있어 나머지 건물들을 위압적으로 지배하였다. 독일공작연맹이 임명한 프로젝트 디렉터로서 미스는 대지의 마스터 플랜과 주거를 테마로 한 박람회를 준비하였으며, 참여 디자이너들을 선별했다. 미스가 큐레이터로서 가장 유명한 모더니스트 건축가들을 초청할 수 있었던 바이젠호프 주거단지는 동시대의 주택 디자인에 대한 모든 것을 보여준다. 이 프로젝트에서는 개인 빌라와 주택, 테라스 하우스와 3~4층 높이의 아파트 블록의 모델을 보여주었다.

미스의 계획안에서는 반지하층 위에 4층 높이의 단층세대를 배치하였으며, 대체로 건물은 남-북방향을 향하게 했다. 이것은 탁 트인 대지에 독립적으로 세워져 있는 건물이었다. 입면은 단순하고 평범하게 처리하였으며, 입구와 계단을 한 쪽 면에 배치했다. 그 반대쪽에는 돌출 발코니가 있다. 각 층에 동일한 크기 의 창을 반복하여 수평의 가늘고 긴 띠를 만들었지만, 그 뒤에 무엇이 지나가는지 아무런 실마리를 주지 않는다. 겉보기에 딱딱한 구성인 것처럼 보이지만, 내부 평면은 가변성이 있다. 입면 중심부에는 철골 기둥 구조와 계단 구조체가 있다. 경량 파티션들을 다양한 방법으로 적용하여 서로 다른 규모의 공간을 만들었다. 미스는 다양한 해석을 통해 가변성에 대한 아이디어를 실현했다. 첫째, 오랜 기간 동안 일어날 변화를 고려하여 다양한 레이아웃이 가능한 구조를 사용했다. 둘째, 부엌과 욕실을 제외한 다른 공간에는 정해진 용도를 부여하지 않았기 때문에 거주자들은 방을 어떻게 사용할 것인지 결정할 수 있었다. 셋째, 움직이는 파티션을 사용하여 이용자가 공간을 물리적으로 변화시킬 수 있게 했다. 이와 같은 특성은 타 주택에 비해 오랜 기간 동안 편리한 아파트 생활을 가능하게 했다. 아파트는 가족의 라이프스타일과 변화하는 가족의 규모를 모두 수용할 수 있어야 한다. 또 오랜 기간 후 건물의 구조적인 외관을 그대로 두면서 내부 리모델링을 통한 변화를 만들 수 있어야 한다.

Site plan 1:2,500

1 Mies van der Rohe
2 J. J. P. Oud
3 Victor Bourgeois
4 Adolf G. Schneck
5 Le Corbusier/Pierre Jeanneret
6 Walter Gropius
7 Ludwig Hilberseimer
8 Bruno Taut
9 Hans Poelzig
10 Richard Döcker
11 Max Taut
12 Adolf Rading
13 Josef Frank
14 Mart Stam
15 Peter Behrens
16 Hans Scharoun

1

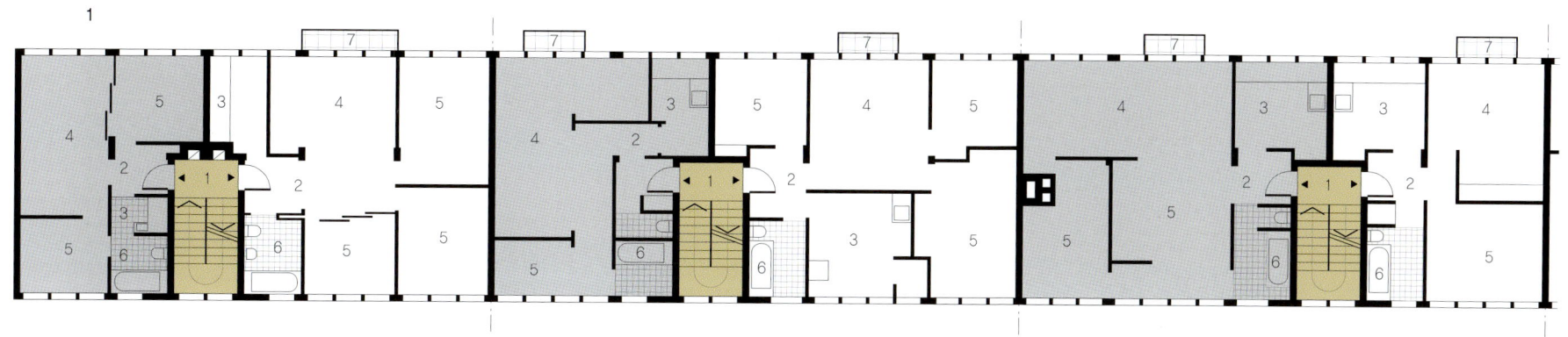

2

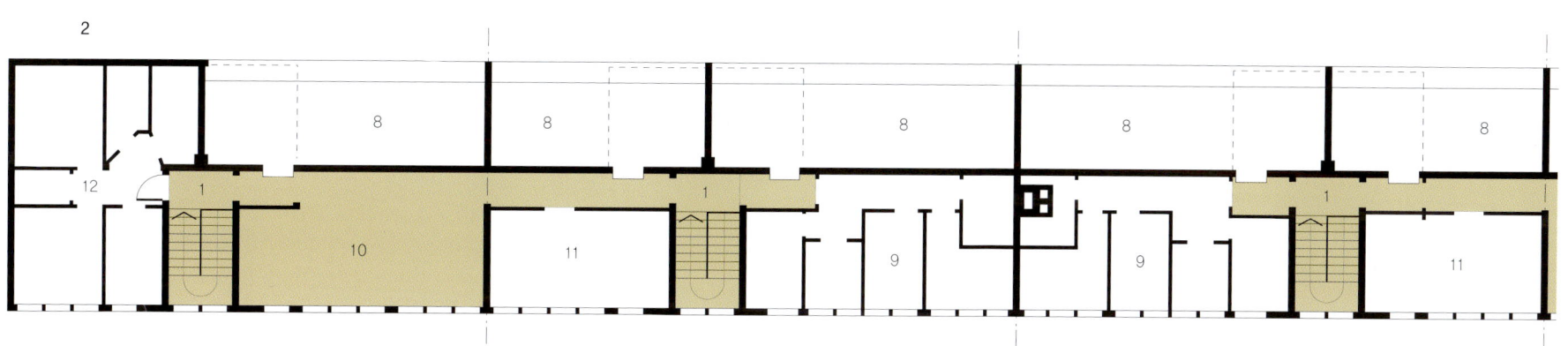

3

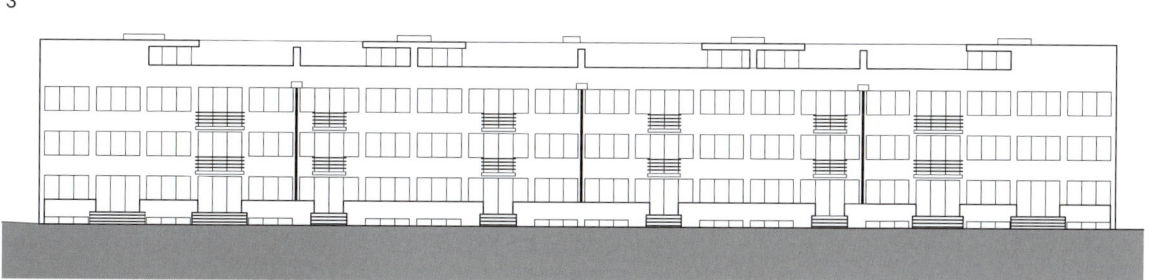

4

1 Part second-floor plan
   1:200

2 Part top-floor plan
   1:200

1 Access stairs
2 Entrance/hallway
3 Kitchen
4 Living
5 Bedroom
6 Bathroom
7 Balcony
8 Roof terrace
9 Store room
10 Drying room
11 Wash room
12 Attic rooms

3 Street elevation
   1:500

4 Garden elevation
   1:500

Weissenhofsiedlung Row Housing

J. J. P. Oud, 1890-1963

Stuttgart, Germany; 1927

바이젠호프주거단지 박람회Weissenhofseidlung exhibition는 동시대 건축 연구의 공공성을 '최소 주택minimum dwellings'의 디자인에 집중시켰다는 점에서 중요한 역할을 했다. 바이젠호프주거단지에 오드Oud가 건설한 프로젝트는 고밀도 저층의 테라스 하우스 또는 저층 주택 계획의 일환으로 몇 년에 걸쳐 진행되었던 것이다. 그것은 과거 오드가 설계한 주택으로서 로테르담Rotterdam의 4.2m폭의 키에프호이크kiefhoek, 1927 주택 단지와 오드의 대표적인 입면 특징인 단층의 흰 치장벽토를 보여주는 호이크 반 홀랜드Hoek van Holland, 1924 주택 단지를 보면 알 수 있다. 두 단지의 디자인은 표현주의자Expressionists들의 아방가르드avant-garde적인 미학적 접근보다는 거주자의 요구를 충족시키는 실용적 접근의 결과를 보여준다.

이 계획안은 3층 높이의 5세대를 구성하는 테라스 주택으로서, 지하층을 포함하고 있다. 주택의 평면은 4.7m의 좁은 폭과 전면에서 후면까지 상대적으로 깊은 8m의 깊이로 구성했다. 19세기와 20세기 초에 나타난 영국식 테라스 하우스처럼 주택의 반폭half-width을 확장하여 돌출시켰다. 이 주택은 천장이 낮기 때문에 상층부가 계단 중간의 계단참에 맞닿아 있다. 돌출된 공간 옆의 오픈 스페이스는 출입구에 중정을 만들며 둘러싸여 있고, 거리에서 접근이 가능하다. 이 주택의 남쪽 면에는 둘러싸인 로비에 있는 또 다른 출입구가 있다. 남쪽 입면은 정원과 보행로를 바라다 본다.

1층에는 거실과 부엌이 있고, 2층에 3개의 침실이 있는 일반적인 형식을 따르고 있다. 부엌 위층에 있는 욕실은 평면 중앙에 있으며, 옆 침실로 통하는 별도의 문을 가지고 있다. 이 문이 열려 있으면 다른 안쪽의 방은 채광과 환기가 가능하다. 화장실은 별도로 배치했고, 계단참에 있는 방은 건조실drying room로 계획했다. 이 건조실은 상층에서 바깥을 향하여 열려 있다. 1층에 세탁실을 창고와 함께 배치했으며, 중정을 통한 접근이 가능하게 했다. 복도, 통로, 동선 공간에 아주 작은 면적

을 할애한 것은 그 공간들을 방에 포함했기 때문이다. 특히 방문객들이 왔을 때는 중정과 세탁실 쪽의 가로변 출입구와 정원 쪽 출입구를 함께 사용할 수 있다.

N

Site plan
1:1,000

Elevations and plans
1:200

1 Street/north
   elevation
2 Garden/south
   elevation
3 First-floor plan
4 Ground-floor plan

1 Yard
2 Store room
3 Laundry
4 Stair to cellar
5 Kitchen
6 Living room
7 Porch to garden
   entrance
8 Drying room
9 Bedroom
10 Bathroom
11 Balcony

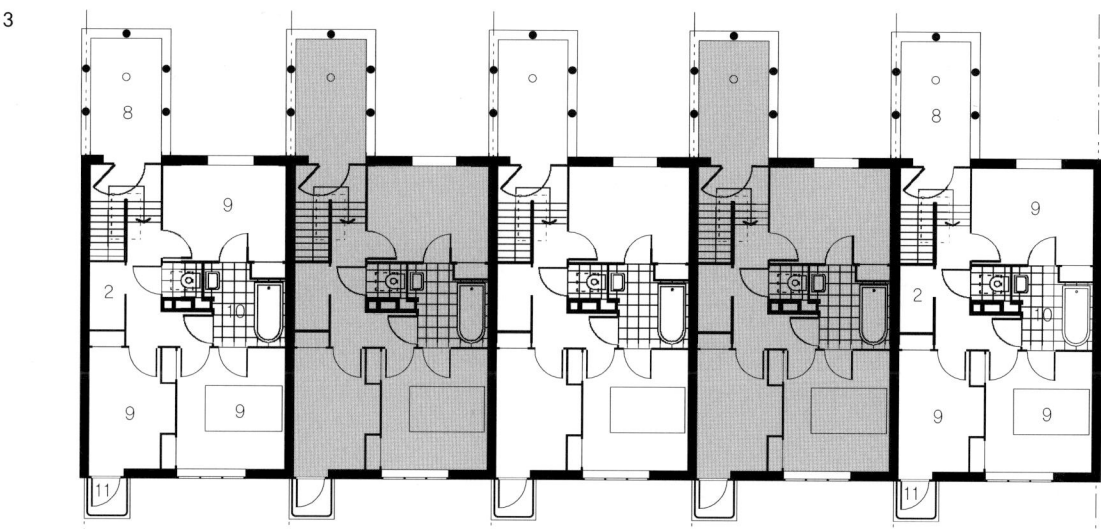

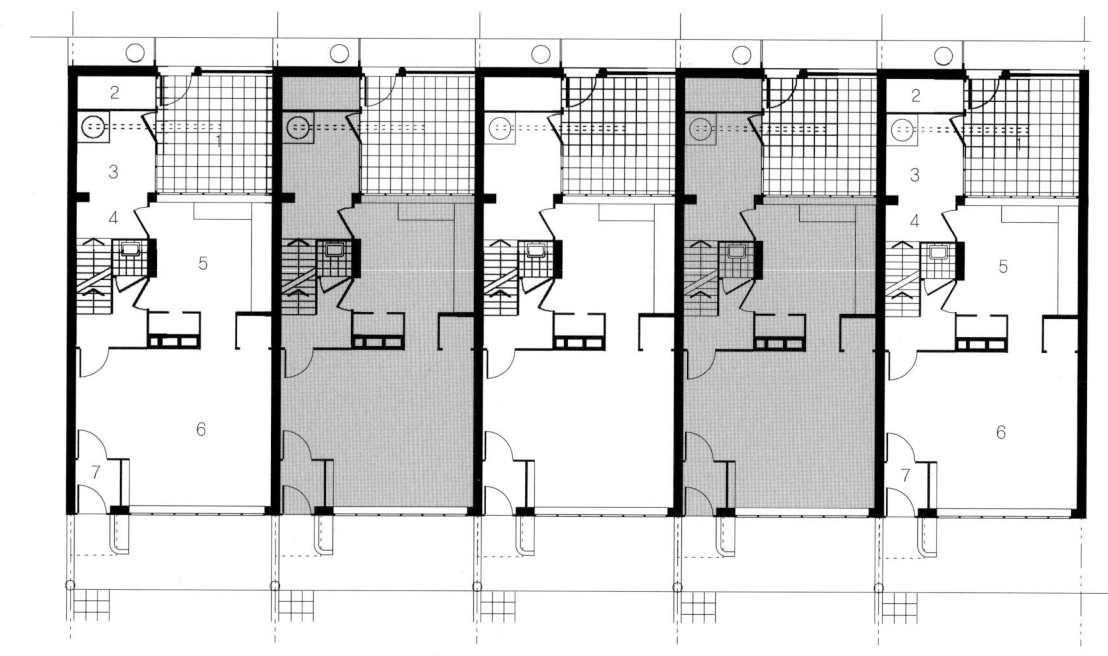

Narkomfin

Moisei Ginzburg (1892-1946) and Ignati Milinis

Moscow, Russia; 1930

1918년, 소련 정부가 개인의 사유 토지를 폐지하고 토지를 국유화시키는 법을 통과시킨 것은 주거 문제를 해결하기 위해 시도한 첫 번째 정책이었다. 새로운 사회 질서는 가족을 재평가했으며, 새로운 종류의 주택 디자인과 건축에 대한 기대를 낳았다. 야심차게 추진한 건축 프로그램은 그동안 오직 상류층만을 위해 작업해 왔던 건축가와 설계자에게 새로운 미래를 설계할 수 있는 기회를 주었다. 가족 구조가 변화함에 따라서 주거디자인의 기준을 세우는 것은 불가피한 것이었다. 남녀의 정치적 평등의 결과로 여성들이 일을 하려는 욕구가 커졌으며, 경제적으로 독립하는 여성이 늘어났다. 여성들이 가사와 아이 돌보기와 같은 전통적인 일을 더 이상 하지 않는다면, 주택을 설계할 때 다른 대안을 찾아야만 했다.

긴즈버그는 OSASociety of Contemporary Architectures의 구성원이었다. OSA는 1925년 창립되었으며, SA 저널에 그들의 프로젝트 개념을 게재하고 의견을 발표했다. 이들의 제안에는 집단 공간과 개인 공간 사이의 분리에 대한 책임과 사회적 공간인 체육관, 유치원, 매점과 같은 생활 공간을 효율적으로 디자인하려는 확고한 열정이 있었다. 1928년 건축 위원회 표준화 팀의 수장으로 임명된 긴즈버그는 새로운 주택 개발에 사용할 표준 평면 타입을 개발했다. 그 중 '트렌지셔널transitional' 타입은 부엌과 욕실을 최소한으로 공급하여 과도기적 단계transitional phase를 보여주었다. 이 과도기적 단계는 공동 주택을 완전히 공급하기 전에 필요한 것이었다. 1930년에 긴즈버그가 설계한 나르콤핀 공동주택은 'F' 타입으로 알려진 스플릿 레벨split-level의 아파트를 도입했다. 'F' 타입은 가장 인기있는 유형이었으며, 규모가 큰 복층형 주택이었다. 첫 번째 건물과 직각을 이루는 두 번째 건물은 모든 공용 시설을 포함하며 그룹을 이룬다. 커뮤니티 시설을 공급하는 전반적인 접근법과 'F' 타입 아파트의 특징은 르 꼬르뷔지에의 유니테와 많은 공통점을 갖는다. 르 꼬르뷔지에의 유니테는 근대 주거 디자인에서 계속적으로 나타나는 주거 타입이다.

1 Part outline section
1:200

1 Access gallery
2 Entrance
3 Kitchen/living
4 Bedroom

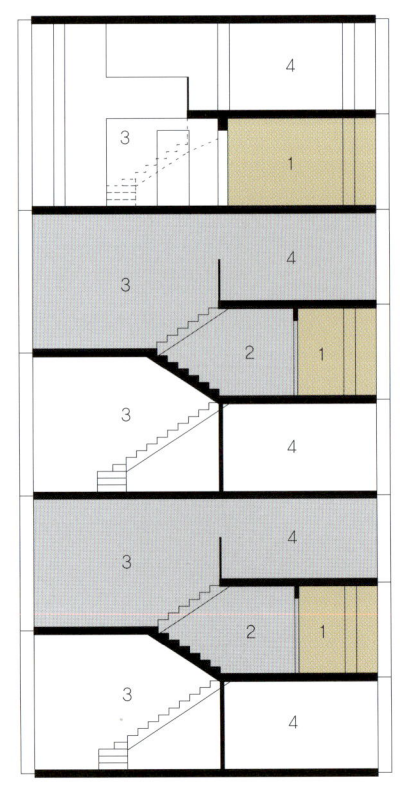

2

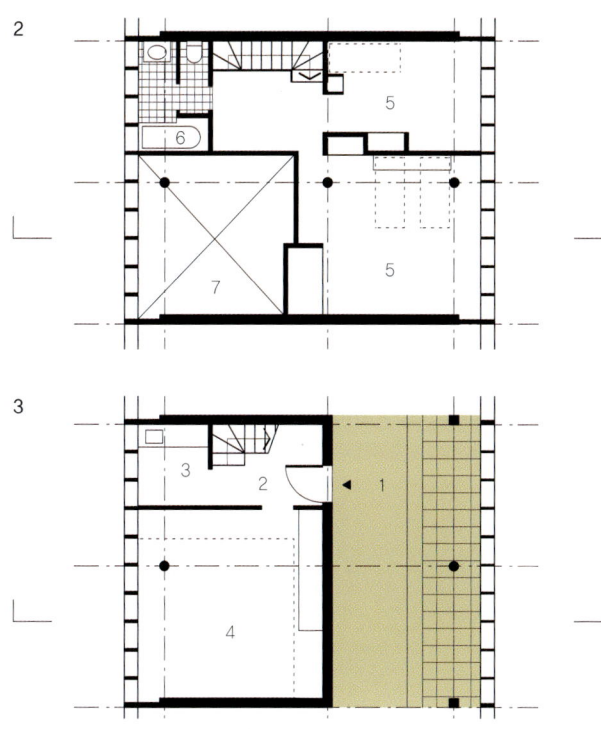

3

Plans of duplex
apartment 1:200

2 Upper-level plan
3 Lower-level plan

1 Access gallery
2 Entrance/hallway
3 Kitchen
4 Living room
5 Bedroom
6 Bathroom
7 Void over living room

4

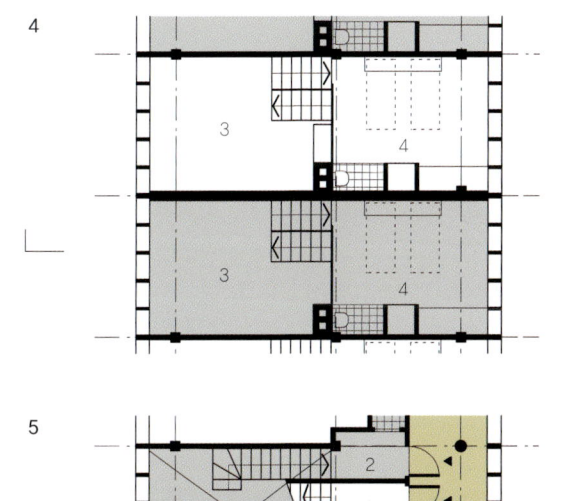

5

6

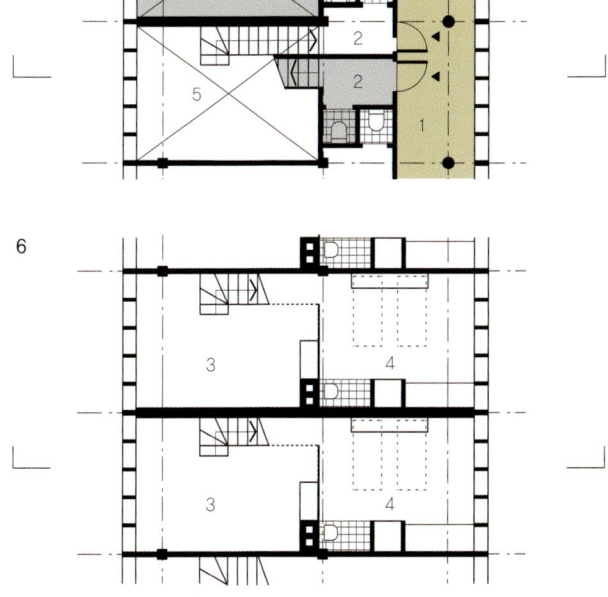

Plans of split-level one
bedroom flats 1:200

4 Upper-level plan
5 Middle-level plan
6 Lower-level plan

1 Access gallery
2 Entrance
3 Living/kitchen
4 Bedroom
5 Void over living room

Siemensstadt Housing

Hans Scharoun, 1893-1972

Berlin, Germany; 1930

저소득층과 전기작업자를 위한 지멘스슈타트 프로젝트는 베를린 교외의 넓은 대지에 건설했다. 총책임자인 마틴 바그너는 샤로운에게 마스터 플랜을 맡겼다. 발터 그로피우스, 휴고 해링, 알프레드 포르뱃이 함께 프로젝트에 참여했다. 샤로운은 철길 때문에 전체 대지에서 잘려진 모퉁이 부분을 프로젝트의 대지로 선택했다. 그는 대지의 특성에 대응하여 구획한 블록에 3가지의 주거 타입을 디자인했으며, 그것은 도로나 제이렌바우 블록에 평행한 남북방향의 배열이 아니었다. 또한 외관의 볼륨이나 결정된 구조에 세대를 끼워 맞추려는 모더니스트의 일반적인 관점이 아니라, 세대의 배치와 디자인에 따라 건물 형태를 결정했다. 피터 블룬델 존스는 의도적으로 산만하게 작성한 것처럼 보이는 1978년의 발표 논문에서 계획도면의 완벽한 기하학적 체계가 실제로 반드시 바람직한 공간 관계를 구축하는 것은 아니라고 말했다. 샤로운의 계획은 더 나은 '공간감각'을 부여했다. 다른 여러 모더니즘 주택을 계획한 다른 대지에서 이 공간감을 찾아보기는 어렵다.

샤로운이 설계한 세 블록의 계획은 각각 서로 다른 면을 갖는다. 두 세대 당 하나의 접근 계단이 있으며, 블록의 깊이는 대략 9m로 비슷하다. A타입의 입면에서는 발코니에 돌출된 계단이 있어, 볼륨감이 있는 평면을 만든다. 2개의 작은 로비 같은 공간으로 최소화된 동선 공간에서 로비 하나는 출입구에 있으며, 다른 하나의 로비는 욕실과 침실 사이에 있다. 이는 아파트의 전체 너비를 차지하는 거실에 최대한의 공간을 제공하려는 의도이다. B타입은 평면 중앙에 건물의 전체 깊이로 거실을 배치하였으며, 거실 양쪽 벽면에 창을 설치했다. 한쪽 면에는 깊이가 있는 윈도우 박스가 있으며, 다른 면에는 건물 안으로 후퇴시킨 로지아가 있다. 이러한 공간은 내부 공간을 외부로 확장시키는 역할을 한다. 다른 방들은 거실을 통해 들어가도록 배치했다. C타입에서는 거실과 계단을 건물의 다른 면에 두어 평면을 엇갈리게 배치했다. 곡선형과 직사각형의 켄틸레버 발코니도 서로 건물의 다른 면에 배치했다.

샤로운은 1927년에 바이젠호프주거단지에 주택을 계획했고, 그 후 1940~50년대에 독일에서 단 한번 주택과 공동 주택을 계획했다. 슈투트가르트에 설계한 '로미오와 줄리엣' 프로젝트에서는 샤로운의 대표작 중의 하나이다. 이 프로젝트는 대지에 대응하는 매우 다른 두 개의 블록을 계획했다. 하나는 수직 동선이 있는 타워이고, 다른 하나는 수평 동선이 있는 슬래브 블록이다. 두 건물 모두 여러 전망을 최대한 수용할 수 있도록 방사형 곡선 평면을 채택했다.

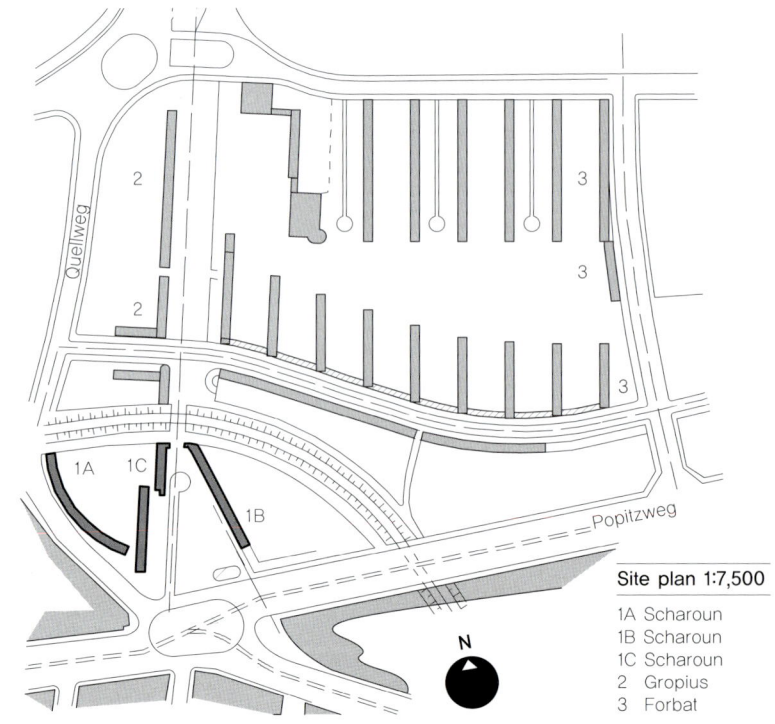

Site plan 1:7,500

1A Scharoun
1B Scharoun
1C Scharoun
2 Gropius
3 Forbat

Opposite left: Type A
block

Opposite right: Type C
block

1

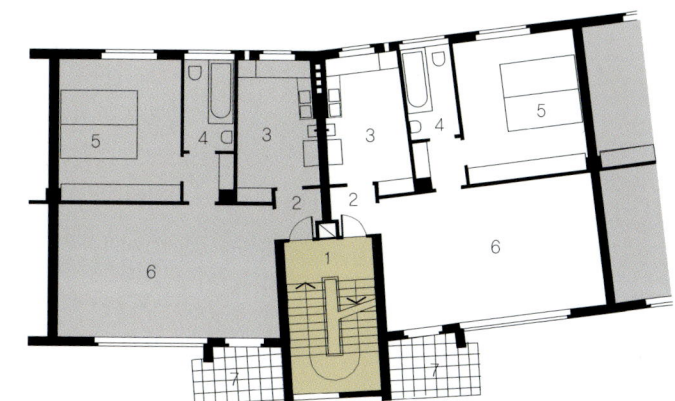

1 Typical one-bedroom
flat, Block A 1:200

1 Access stairs
2 Entrance
3 Kitchen
4 Bathroom
5 Bedroom
6 Living room
7 Balcony

2

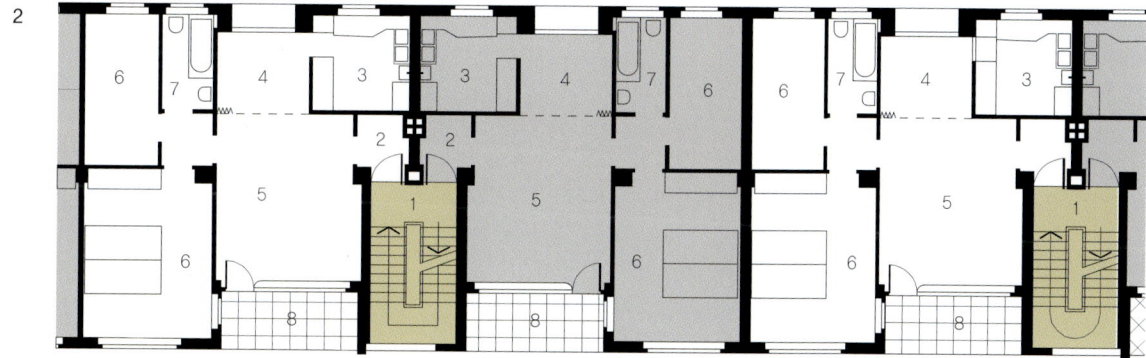

2 Typical two-bedroom
flats, Block B 1:200

1 Access stairs
2 Entrance
3 Kitchen
4 Dining alcove
5 Living room
6 Bedroom
7 Bathroom
8 Loggia

3

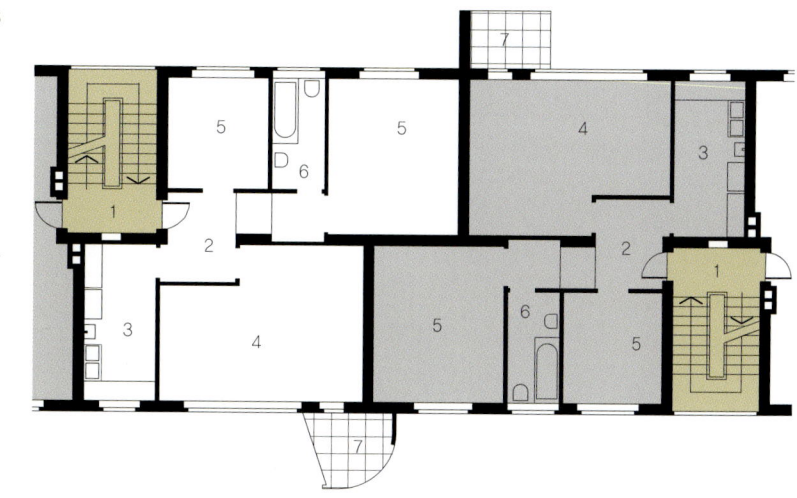

3 Typical two-bedroom
flats, Block C 1:200

1 Access stairs
2 Entrance
3 Kitchen
4 Living room
5 Bedroom
6 Bathroom
7 Balcony

Lawn Road (now Isokon) Flats

Wells Coates, 1895-1958

London, UK; 1934

웰스 코츠는 1930년대 영국 현대 디자인을 발전시킨 중요한 인물이었다. 웰스 코 츠는 1930년에 결성하여 모던 디자인의 원칙을 수립한 20세기 그룹의 멤버였다. 또한 1933년에 설립한 현대 건축 리서치 그룹의 구성원이기도 하다. 그는 엔지니 어로 훈련받았으며, 건축 일을 하기 전에 디자이너로서 명성을 갖고 있었다. 그는 산업디자이너로서 현대적이고 실용적인 접근 방식을 보여준 에코 라디오EKCO radio 공모전의 수상 경력도 갖고 있다. 스피커에서 영감을 얻어 원형으로 디자인 하였으며, 베이크라이트Bakelite 소재의 유연한 특성을 활용했다. 그래서 손쉽고 값싼 대량 생산이 가능하게 되었다. 웰스 코츠는 피이엘PEL사와 아이소콘Isokon 사가 사용할 가구를 디자인했으며, 단 한번 개인 고객을 위한 가구 상품을 선보였 다. 그는 인테리어 디자인에서 맞춤형 가구에 중점을 두었다. D자 형태의 핸들을 개발하기도 했던 그는 가구를 통해 주거 건축의 필수 영역인 모던한 인테리어 요 소를 정의할 수 있다고 믿었다.

아이소콘의 임원인 프리처드를 위해 런던 론 스트리트에 설계한 아파트는 웰스 코츠의 첫 번째 주요 프로젝트였다. 그것은 모던 디자인 원칙에 대한 웰스 코 츠의 생각을 잘 나타내고 있다. 외부에서 접근 가능한 발코니가 있는 5.5m 너비의 4층 건물에는 원래 31개의 세대가 있었다. 그 중 22개는 큰 스튜디오와 방이 2개 있는 작은 1인용 주호이다. 이 주택의 가구 및 가구 시공에 대한 상세 도면은 1937 년에 출판된 요크와 기버드의 모던 플랫The Modern Flat에 수록되어 있는데 '독신 남을 위한 주택'이다. 이 주택의 공간은 매우 협소했는데, 아마도 거주자를 위해 더 나은 주거 환경에 중점을 두기 보다 스마트한 디자인 도구와 효율성에 집중했 기 때문일 것이다. 지붕층에는 개인 테라스가 있는 넓은 평수의 주택이 한 채 있었 다. 지상층에는 차고와 주택에서 일하는 직원들의 숙소가 있었다. 직원들은 거주 자들에게 세탁과 식사 서비스를 제공했다. 아반티 아키텍츠는 이 거대한 모더니즘 의 랜드마크를 2004년에 최종 복구했다.

Site plan 1:2,500

Opposite left: Rear
façade

Opposite right: Lawn
Road façade

1

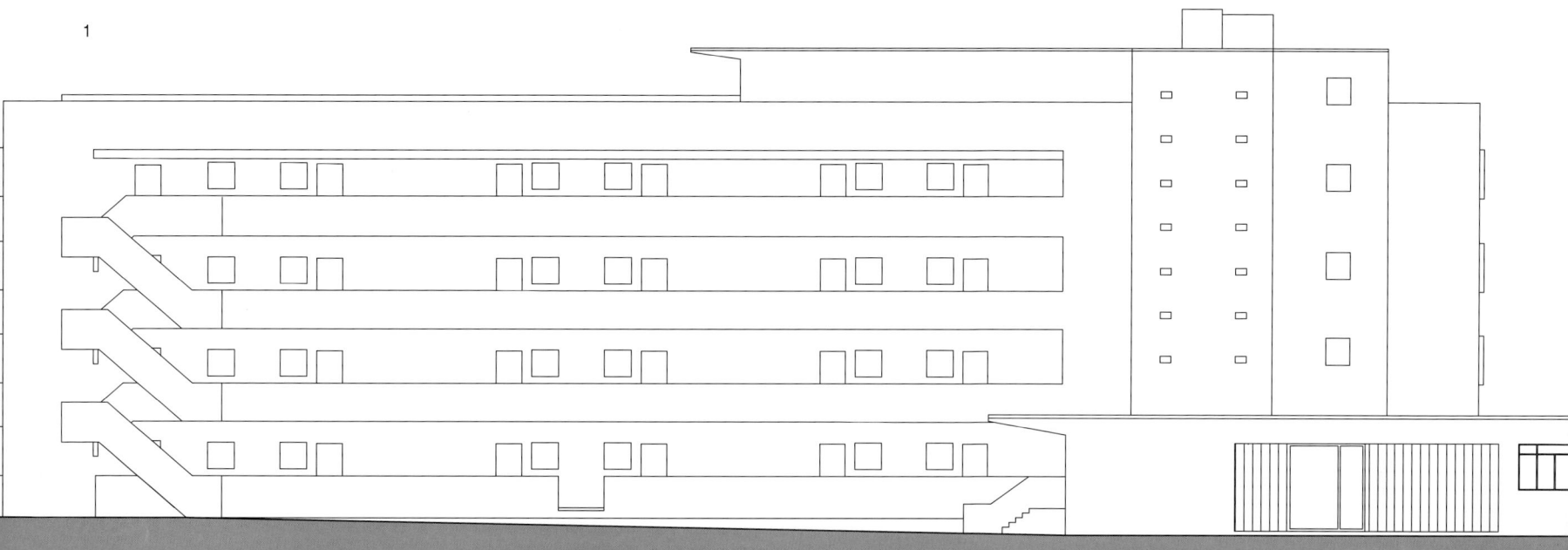

2

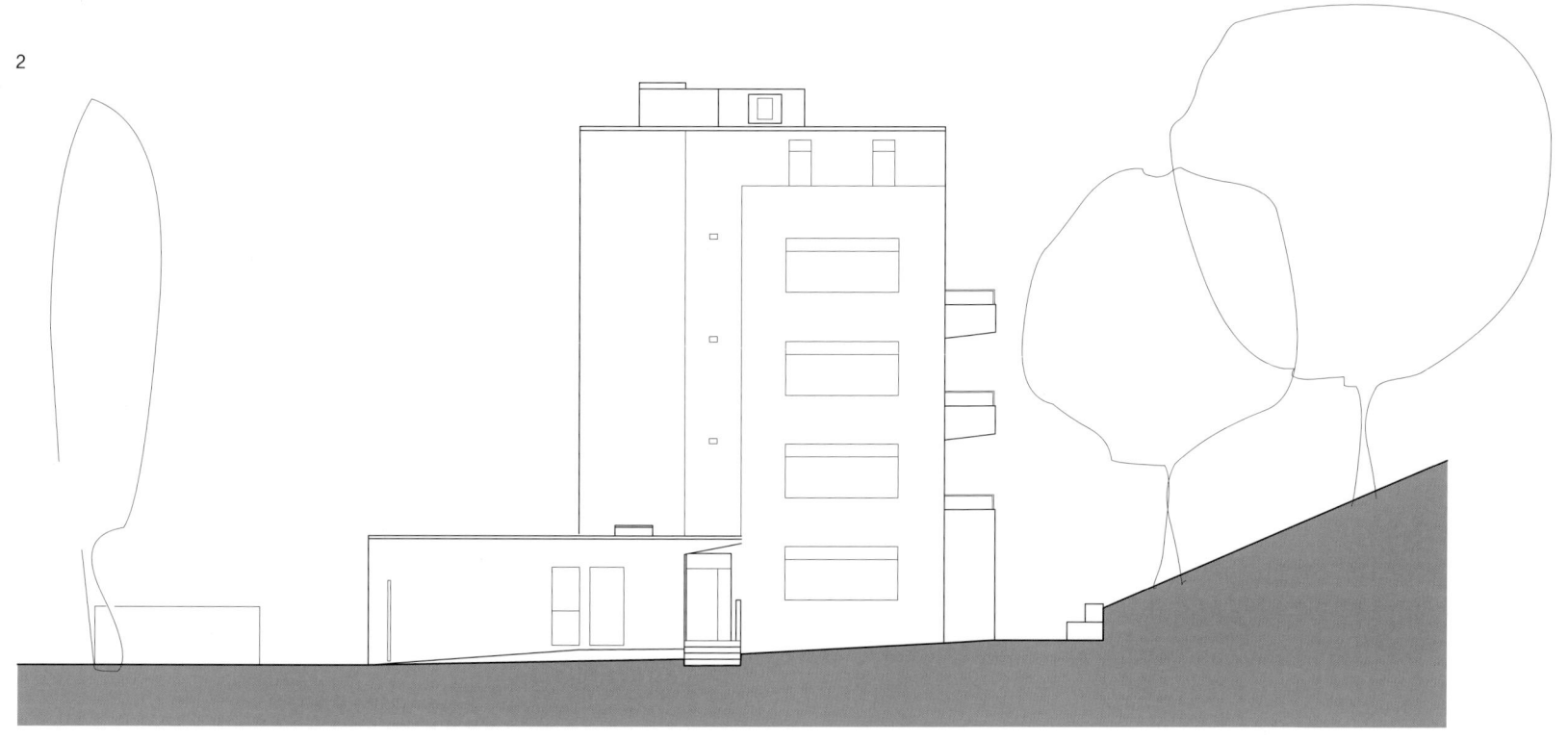

3

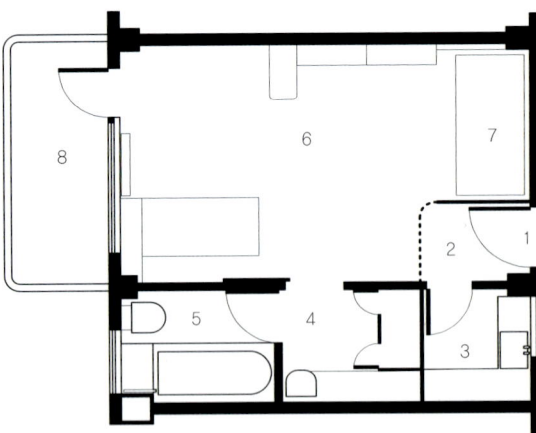

3 Plan of single person apartment 1:100

1 Open gallery access
2 Entrance
3 Kitchenette
4 Dressing room
5 Bathroom
6 Bedsitting room
7 Bed
8 Balcony

4

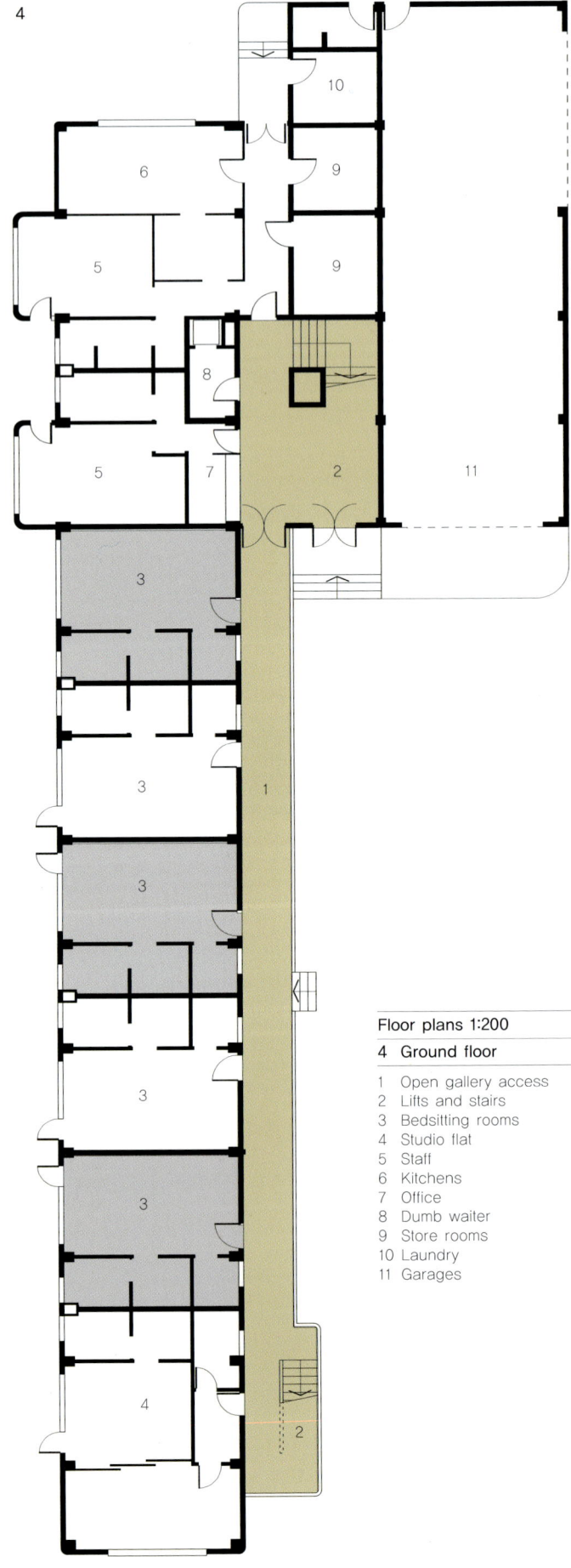

Floor plans 1:200

4 Ground floor

1 Open gallery access
2 Lifts and stairs
3 Bedsitting rooms
4 Studio flat
5 Staff
6 Kitchens
7 Office
8 Dumb waiter
9 Store rooms
10 Laundry
11 Garages

5

6

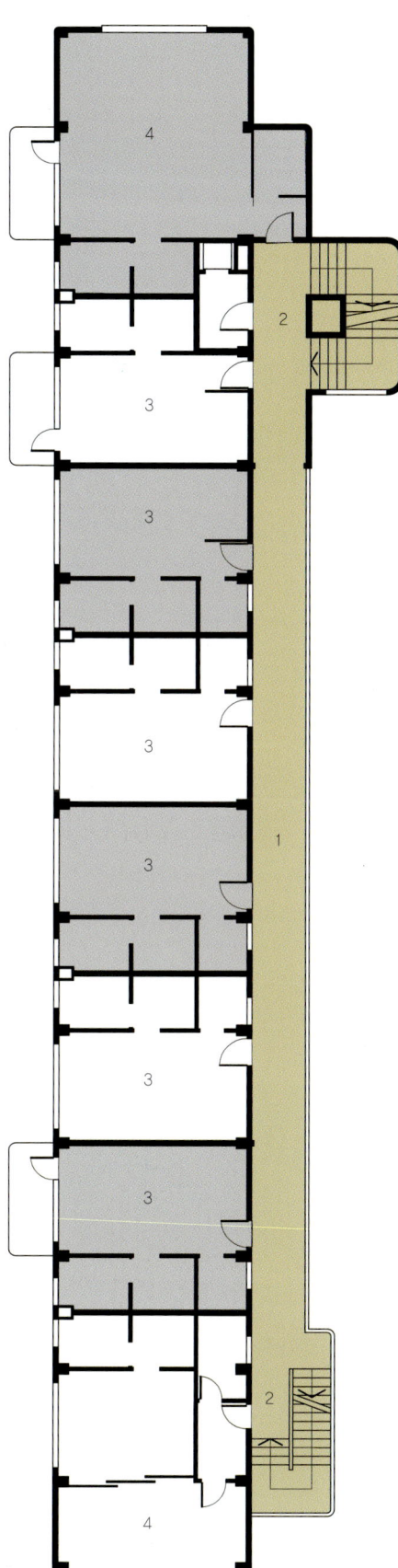

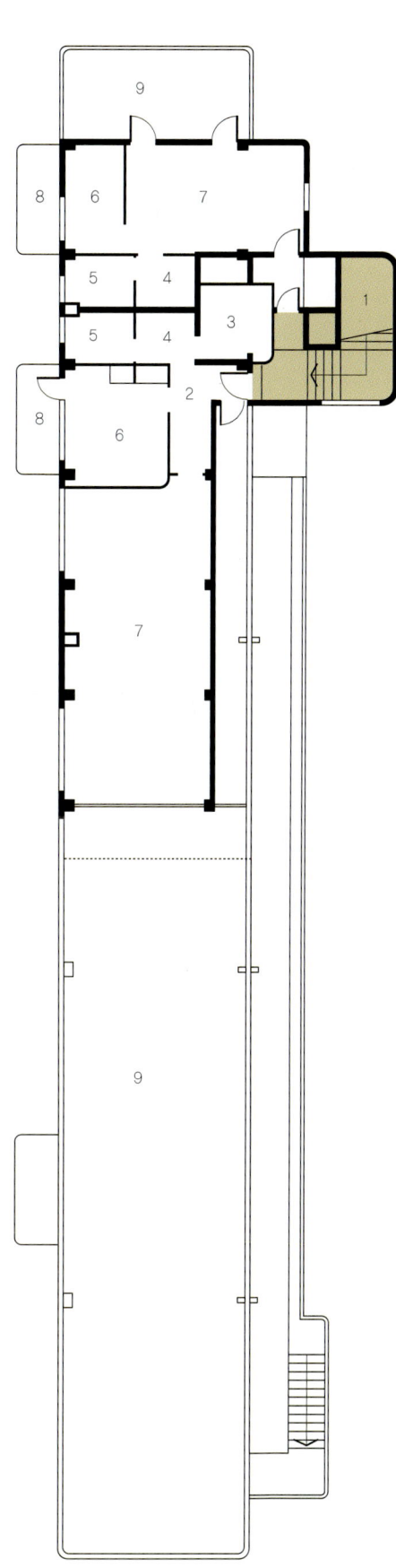

Floor plans 1:200

5 Typical upper floor

1 Open gallery access
2 Lifts and stairs
3 Bedsitting room
4 Studio flat

6 Top floor

1 Lifts and stairs
2 Entrance/hall
3 Kitchen
4 Dressing room
5 Bathroom
6 Bedroom
7 Living room
8 Balcony
9 Roof terrace

Vienna Werkbund Houses

Adolf Loos, 1870-1933

Vienna, Austria; 1931

오스트리아 공작연맹은 1907년 허만 무테시우스가 설립한 독일 공작연맹에 이어 1910년에 설립되었다. 그들이 가졌던 의도는 예술과 기계 기술의 합작을 위한 잠 재적인 가치를 입증하는 것이었다. 아돌프 루스는 초대 회장인 조세프 호프만의 지휘하에 핵심적인 역할을 했다. 1918년에 발행된 기사에서 루스는 공작연맹의 멤버들은 불필요한 사람들이라고 말했다. 왜냐하면 그들은 유행을 따르고 낭비가 심한 작업을 고수했기 때문이었다. 그러나 조세프 프랭크가 회장직을 맡은 후에 그 조직에 대한 루스의 견해가 바뀌었다. 루스는 1932년 노동자층을 위한 주택 전시회의 저층 주택을 설계해 달라는 제안을 받아들였다. 전시회에서는 공간을 최대한 활용하고, 공간의 낭비를 최소화하는 원칙을 엄격히 지키면서 가능한 한 편안함을 많이 주려고 의도했다.

  루스는 1921년 비엔나의 도시주택부의 책임 건축가로 임명되었으나, 그의 디자인 철학을 실현시키기 어렵다는 것을 깨닫고 1924년에 사임했다. 주거의 사 회적인 영향과 사회에 대한 건축가의 역할이 중요하다고 믿는 루스는 고위층과 갈등이 있었다. 루스는 1926~30년에 건설된 엔Ehn의 칼 막스 호프p.42-43는 과 장되어 있고 충분히 준비를 하지 않은 프로젝트라고 생각했다. 1922년, 루스는 RIBA 회의에서 전원 도시에 대한 강의를 했다. 루스는 오스트리아 보다는 영국에 서 그의 생각을 더 잘 받아들일 것이라고 주장했다. 그가 초기 프로젝트에서 제안 했지만 거절당했던 많은 디자인 요소들은 스케우 하우스1912의 기본이 되었다. 이 주택은 서로 연결된 일련의 볼륨과 공간으로 인식할 수 있다. 주 계단은 천장 이 높고 넓은 복도에 있다. 상층의 침실 바깥 쪽에 있는 루프 테라스는 외부공간 으로 확장했으며, 이로 인해 계단식의 단면을 형성했다. 이러한 아이디어는 1923 년 코트 다쥐르Cote d'Azur에 건축된 루프 테라스가 있는 20개의 빌라 그룹과 비 엔나의 인저스도르프스트라제 주거 계획 같은 프로젝트에서 더욱 발전한 것이다. 한쪽 벽면이 옆집과 붙어 있는 두 쌍의 베르크분트 하우스에는 루스를 대표하는

건축적 특징이 적지만 잘 드러나 있다. 그 곳에는 복도에서 바라볼 수 있는 천정 고가 두 배 높이인 거실과 식당 그리고 공부를 하기 위한 책상이 있다. 최상층에 는 넓은 발코니가 있는 침실들이 있고, 지하층에는 저장고가 있다. 장식이 없는 평평한 표면, 남쪽에 면한 큰 창, 입방형 볼륨을 가진 실용적 외관의 미적 특징은 전시회에 있는 다른 건물에서도 대부분 드러난다.

Site plan 1:2,500

1 Oswald Haerti	12 Hugo Gorge	21 Josef S. Dex
2 J. Wenzel	13 J. Groag	22 Otto Breuer
3 E. Plischke	14 Richard Neutra	23 H. Wagner
4 J. Jirasek	15 H. Vetter	
5 O. Wlach	16 Adolf Loos	
6 André Lurçat	17 Walter Loos, K. A. Bieber,	
7 Josef Hoffmann	O. Niedermoser, Josef	
8 R.Bauer	Frank, E. Wachberger	
9 H. Häring	18 G. Guevrekian	
10 M. Fellerer	19 G. Rietveld	
11 G. Schütte–Lihotzky	20 A. Grunberger	

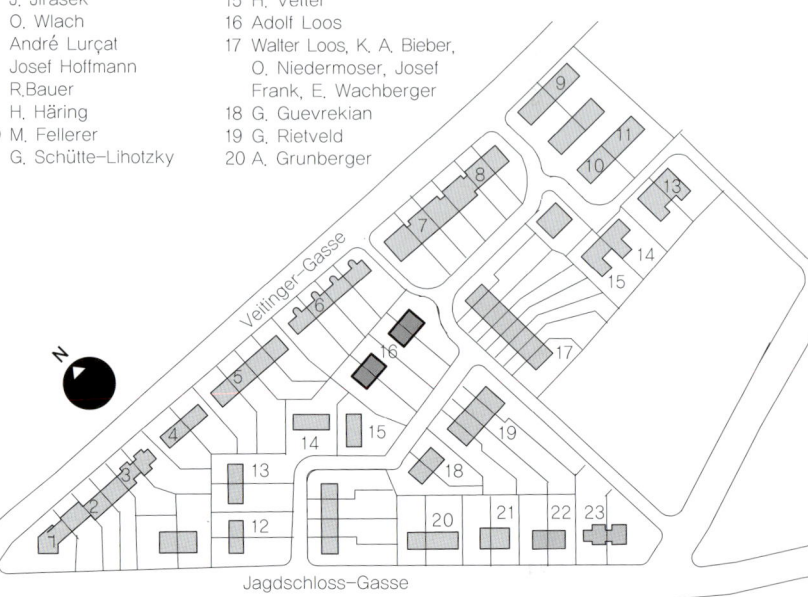

1

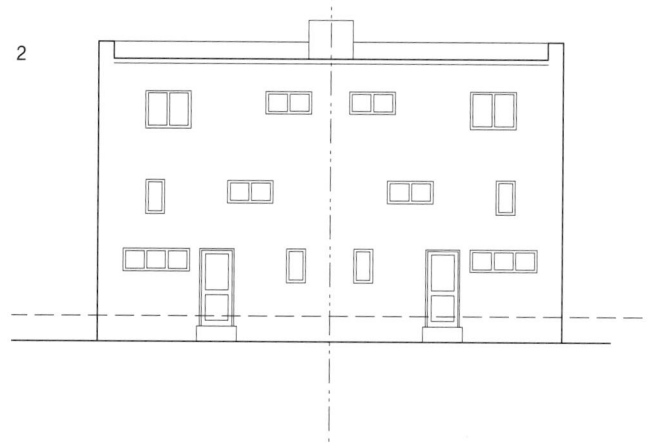

2

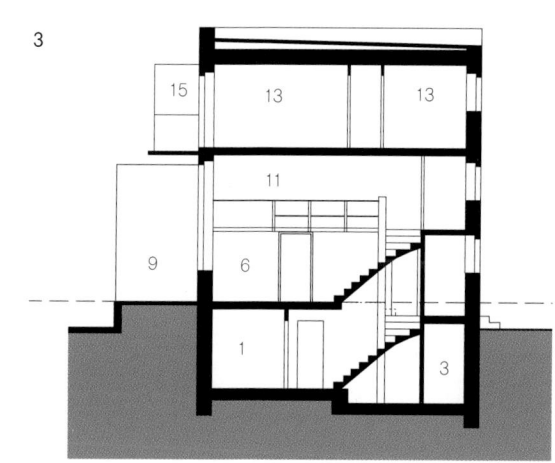

3

Plans, elevations and
sections 1:200

1 Front elevation, north
  facade
2 Rear elevation
3 Section
4 Second-floor plan
5 First-floor plan
6 Ground-floor plan
7 Basement plan

1 Storage
2 Laundry
3 Cellar/heating
4 Entrance
5 Hall
6 Living/dining
7 Kitchen
8 Pantry
9 Terrace
10 Void over living
11 Gallery
12 Small room
13 Bedroom
14 Bathroom
15 Balcony

4

5

6

7

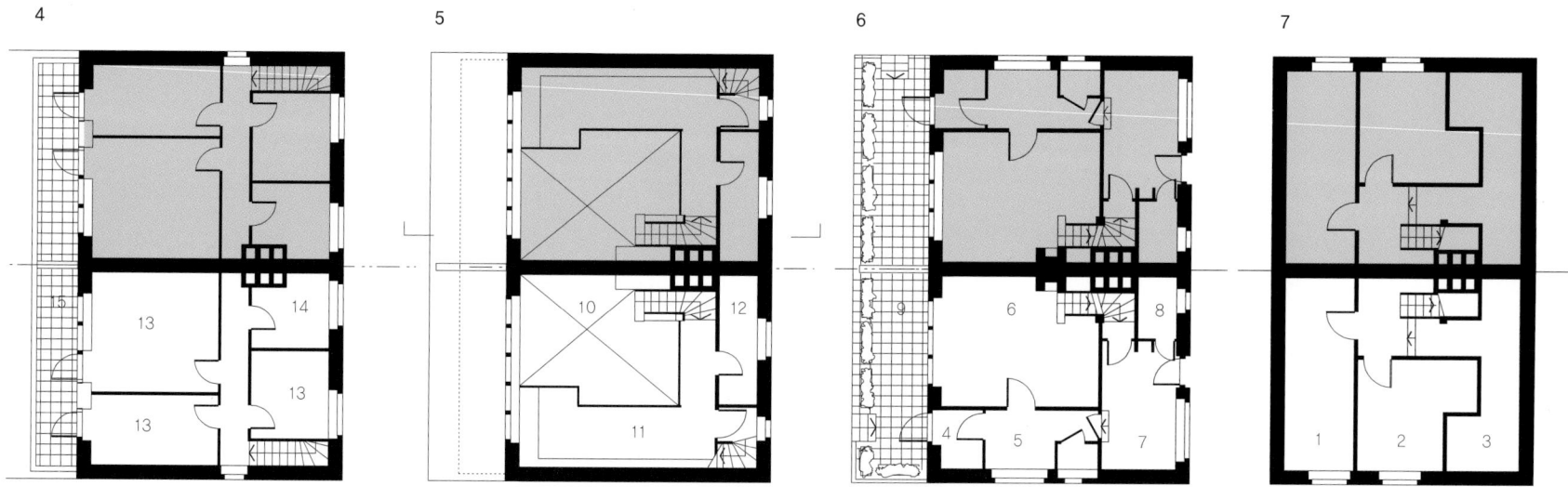

Vienna Werkbund Houses

André Lurçat, 1894-1970

Vienna, Austria; 1932

앤드레 뤼르샤Andre Lurcat는 원래 비엔나 공작 전시회를 작은 블록으로 만들 계획이었다. 하지만 임대가 아닌 매매를 하고자 하는 시당국에 의해 이 주거단지는 테라스 하우스로 디자인을 변경했다. 이 전시회는 유명한 비엔나 건축가인 아돌프 루스Adolf Loos와 호프만Hoffmann의 건축물과 그들보다는 덜 알려진 해링 Haring과 뉴트라Neutra의 건축물로 돋보였다. 그러나, 뤼르샤Lurcat의 연립주택의 재해석은 이 전시회 자체와 일반적인 연립주택 타입의 디자인에 대한 맥락에서 가장 흥미로운 프로젝트 중에 하나였다.

단독주택의 배치는 새로웠다. 일반적으로 가운데 계단을 깊이 두는 구조에 비해 4.16m의 얕은 구조로 결과적으로는 비교적 넓은 8m의 폭을 가지게 되었다. 이런 배치는 훌륭한 조망권을 얻는 것과 대부분의 방들에서 창을 앞, 뒤로 설치해야만 했던 문제점을 해결했다. 계단은 바깥 쪽을 향해 곡선의 벽을 따라 둘러싸여 있다. 평평한 입면과 주택 앞에 열린 마당을 만들어서 추가적인 표현을 했다. 주목할 만한 점은 공간 자체와 시간에 따라 변화가 느껴지게 내부의 주거 배치를 세심하게 신경 쓴 것이다. 또한 이러한 아이디어는 '삶을 영위하기 위한 장치'로서 주택에 대한 개념에 따라, 벽면에 선반과 벽장을 같은 맞춤형 가구로 설치했다. 대부분의 방에는 접이식 테이블과 침대가 있었다. 도면으로 각 층을 살펴보면, 낮과 밤 시간에 따라 가구의 배열을 달리 배치한 구조는 가변성을 보여 준다. 일층에는 나무와 석탄을 보관하는 장소가 있고, 실내 세탁실뿐 아니라 빨래를 널 수 있는 옥외공간도 있다. 앞마당과 뒷마당을 연결하는 옥외통로와 도로, 거주자 공간 사이의 완충적인 역할을 한다. 테라스가 있는 주택들은 지붕의 높낮이 조절을 통해 쉽게 확장할 수 있으며, 옥외 통로는 다른 용도로 또는 가사 도우미들의 방으로도 사용할 수 있을 것이다.

Site plan 1:2,500

1 Oswald Haerti	13 J. Groag
2 J. Wenzel	14 Richard Neutra
3 E. Plischke	15 H. Vetter
4 J. Jirasek	16 Adolf Loos
5 O. Wlach	17 Walter Loos
6 André Lurçat	18 G. Guevrikian
7 Josef Hoffmann	19 G. Rietveld
8 R.Bauer	20 A. Grunberger
9 H. Häring	21 Josef S. Dex
10 M. Fellerer	22 Otto Breuer
11 G. Schütte–Lihotzky	23 H. Wagner
12 Hugo Gorge	

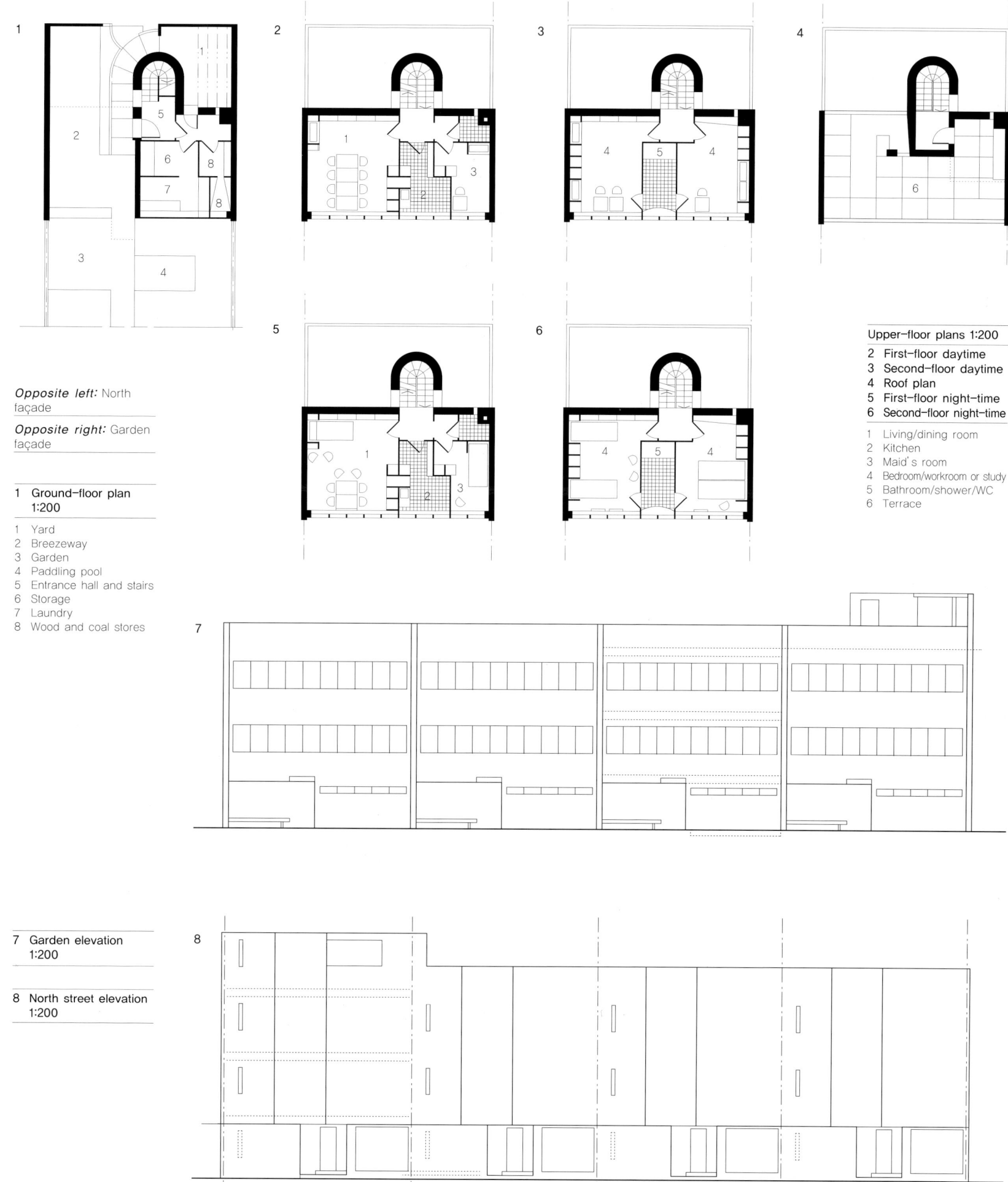

Opposite left: North
façade

Opposite right: Garden
façade

**1 Ground-floor plan
    1:200**

1 Yard
2 Breezeway
3 Garden
4 Paddling pool
5 Entrance hall and stairs
6 Storage
7 Laundry
8 Wood and coal stores

Upper-floor plans 1:200

2 First-floor daytime
3 Second-floor daytime
4 Roof plan
5 First-floor night-time
6 Second-floor night-time

1 Living/dining room
2 Kitchen
3 Maid's room
4 Bedroom/workroom or study
5 Bathroom/shower/WC
6 Terrace

**7 Garden elevation
    1:200**

**8 North street elevation
    1:200**

Bergpolder Building

Willem van Tijen (1894-1974), Brinkman & Van der Vlugt
Rotterdam, The Netherlands; 1934

네덜란드에 있는 베르그폴더 빌딩The Bergpolder Building은 근대 공동주택 디자인 발전사에서 테라스 하우스나 저층 주택에 초점을 맞추었던 건물이다. 이곳은 네덜란드 주택의 틀을 벗어난 실험적인 초창기 고층 건물 중 하나이다. 베르그폴더 빌딩은 9층이고, 오픈 스페이스에서 후퇴하여 지면에서 반 층 정도 들어 올려져 있다. 벽돌로 된 친근한 저층 건물의 견고함과는 대조적으로 이 건물은 가볍고 투명한 외관을 갖는다. 이 건물은 6.2m의 철제 프레임으로 건축되었으며, 평면 중앙에는 칸막이 벽으로 숨긴 버팀대가 있다. 목재 바닥과 외벽은 단열 처리가 된 프레임 구조로 되어 있고, 아연 코팅된 철제 패널에 면해 있다. 태양광을 최대한 받기 위해 남북방향으로 놓여있는 단순한 선형 건물의 양쪽 입면에는 발코니를 연속 배치했다. 동쪽에는 양끝에 계단이 있는 오픈 액세스 갤러리open access gallery와 견고한 난간이 있다. 서쪽에는 세대에서 접근할 수 있는 개인 발코니가 있다. 이 개인 발코니는 투명한 난간으로 되어 있고, 조절 가능한 메탈 프레임 위로 캔버스 블라인드canvas blinds가 있다. 발코니를 지지하는 눈에 띄게 얇은 오픈 구조는 전체 건물 주위에 오픈 프레임워크framework를 연속적으로 형성한다. 이 오픈 구조는 건물의 투명성을 강조하고 건물의 질을 높이는데 기여한다.

총 72개의 주호들은 각 층에 8개씩 있으며, 모두 동일한 구성을 하고 있다. 일반적으로 거실과 창고 공간을 최대화하기 위해 최소한의 동선과 서비스 공간을 적용한다. 거주자는 거실의 넓은 슬라이딩 도어를 통해 거실과 인접한 방을 식당이나 스터디룸, 혹은 침실로 가변성있게 사용할 수 있다. 반대편의 복도 발코니와 같은 크기의 개인 발코니는 너무 좁아 사용하기에 불편하다. 비록 냉수만을 공급했지만, 각 세대의 거실에는 중앙난방 장치와 라디에이터와 같은 혁신성을 보여주었다. 엘리베이터는 작동상 발생할 수 있는 잠재적인 안전 문제를 최소화하고 속도를 높이기 위해 격층으로 운행되었다. 또한 들것과 관을 수용할 수 있는 충분한 공간을 확보했는지, 어린이들의 안전을 위해 접이식 문을 사용하지 않았는지를 충분히 고려했다.

이 건물을 건축 당시, 1층에 있는 공동 시설을 개별 세대만큼 중요하게 다루었다. 1층 높이의 공동 시설에는 상점과 관리사무실이 있었고, 거주자가 사용하는 온수를 공급하는 곳이 있었다. 반지하층에는 세탁실과 건조실, 창고와 저장고가 있었다. 자전거는 최저층 복도 아래에 보관하도록 되어 있다.

1

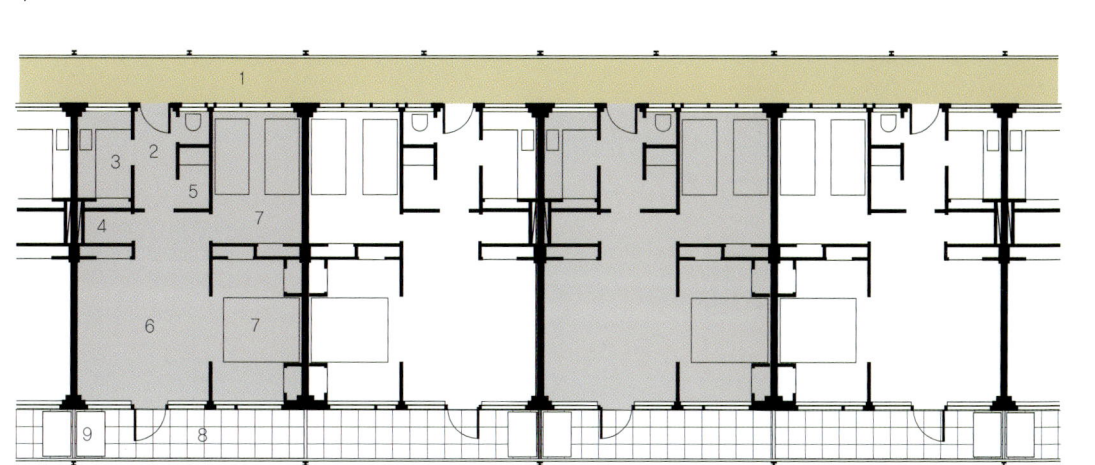

2

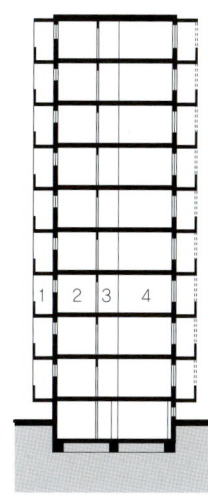

1 Typical flat plans 1:200

1 External access gallery
2 Entrance/hall
3 Kitchen
4 Store room
5 Shower
6 Living room
7 Bedroom
8 Private balcony
9 Broom cupboard

2 Section 1:500

1 External access gallery
2 Entrance/hall
3 Living room
4 Private balcony

3

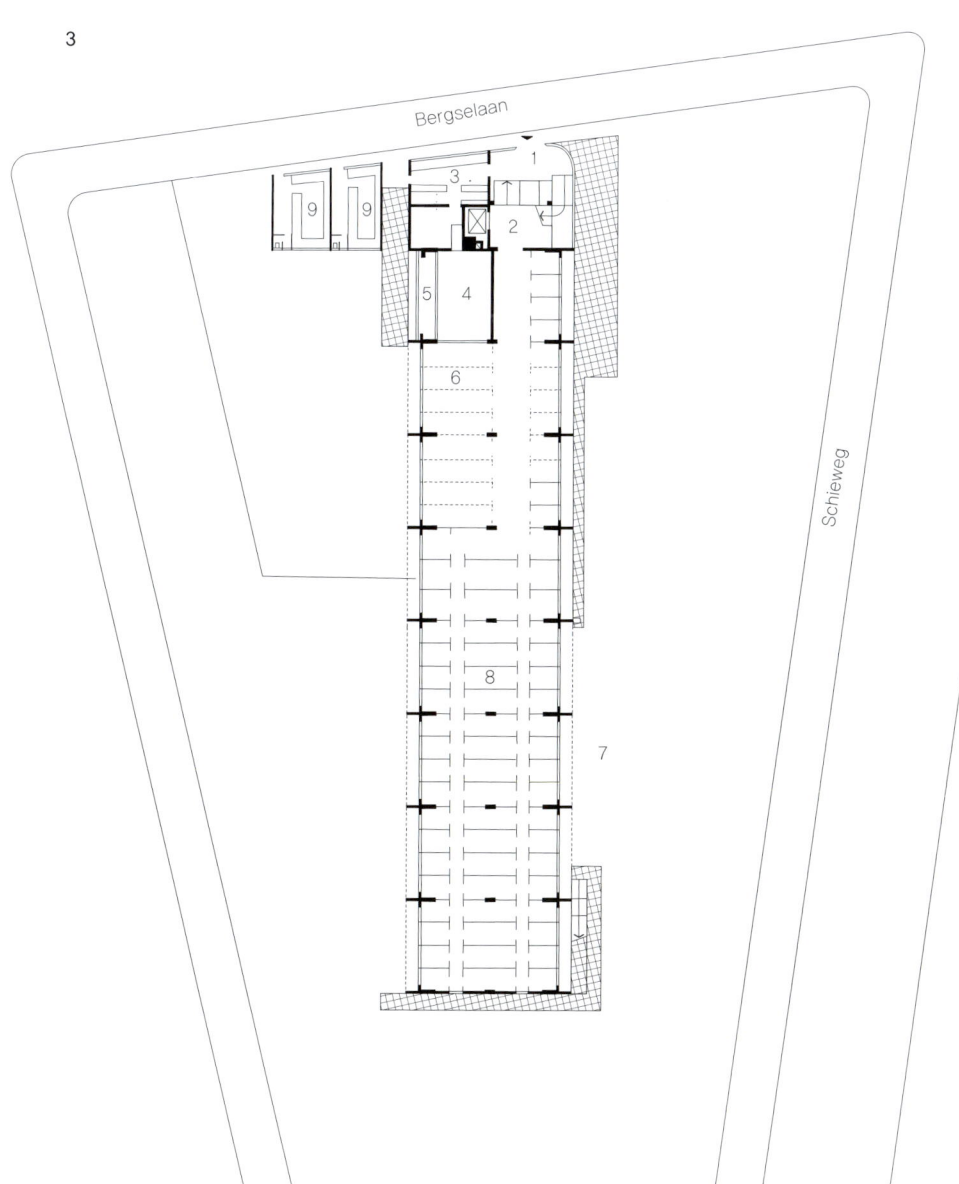

4

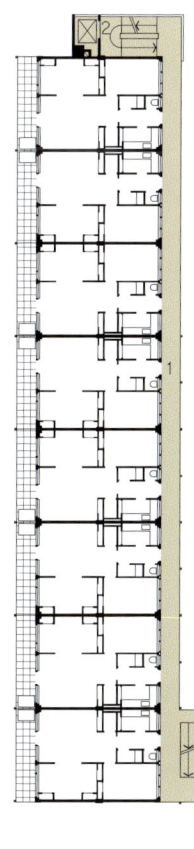

3 Ground-floor plan 1:500

1 Entrance lobby
2 Lift and circulation
3 Caretaker
4 Pump and heating plant room
5 Coal store
6 Laundry and drying space
7 Rubbish chute
8 Cellars and store rooms
9 Shop units

4 Typical upper-level plan 1:500

1 Open access gallery
2 Lift and stair access

25 and 42 Avenue de Versailles

Jean Ginsberg, 1905-83

Paris, France; 1932 and 1933

베르트호드 루베킨Berhord Lubetkin이 공동으로 디자인한 No. 25의 아파트는 장 긴스버그Jean Ginsberg가 계획한 첫 프로젝트다. L자형 평면의 작은 건물은 한 층에 두 개의 주호가 있고, 중앙동선을 공유한다. 1932년 아키텍쳐 리뷰Architecture Review는 이 빌딩의 파사드 디자인이 자동차에서 비롯되었다고 말한다. 파리 16세기의 전형적인 신고전주의의 파사드와 같은 복잡하고 정교한 장식은 이 빌딩을 빨리 완공하는데 불필요한 것이었다. 디자이너가 스피드의 개념을 얼마나 생각했는지는 몰라도, 이 빌딩의 정면은 정말 중요한 의미를 갖는다. 수평 띠의 창이 건물을 두르고, 중앙의 기둥을 뒤로 둘러 우묵하고 작은 로지아를 형성한다. 이 수평성은 코너의 곡선형태 철제 난간으로 만들어지는 지붕 선을 통해 더욱 강조된다. 건강상 신선한 공기가 좋다는 당시 트렌드를 반영하여, 지붕 층에는 거주자들이 운동하고 밖에서 샤워를 할 수 있는 공간을 만들었다. 독일에서 특별히 수입된 창문들은 콘크리트 벽 아래 쪽의 틈으로 사라지는 수직형 창문이다. 창문이 열려 있으면 밖에서 내부의 공간을 볼 수 있다.

프랑수아 힙Francois Heep과 모리스 브르통Maurice Breton이 이듬해 공동으로 완공한 No.45도 No.25처럼 모던하게 지어졌다. 수평띠의 창은 가로측의 건물 면과 코너의 인상적인 커브를 둘러 싸며 이어져 있다. 주호에 자연광과 넓은 공간감을 제공하기 위해 선반 유닛들이 거실과 식당을 나눈다. 이는 공간을 넓어 보일 수 있도록 유도한다. 발코니의 유리 난간은 초기 시도로써 공간적인 확장성과 막힘 없이 시원한 전망을 제공한다. 건물 뒤편에서 승강기에 접근할 수 있도록 평면을 계획했다. 욕실과 부엌을 나란히 두어 배관시설을 고려하였고, 라디에이터는 문지방 밑에 낮은 높이로 설치했다. 그리고 수직배관을 벽장처럼 꾸미는 등 세심하게 내부를 계획했다.

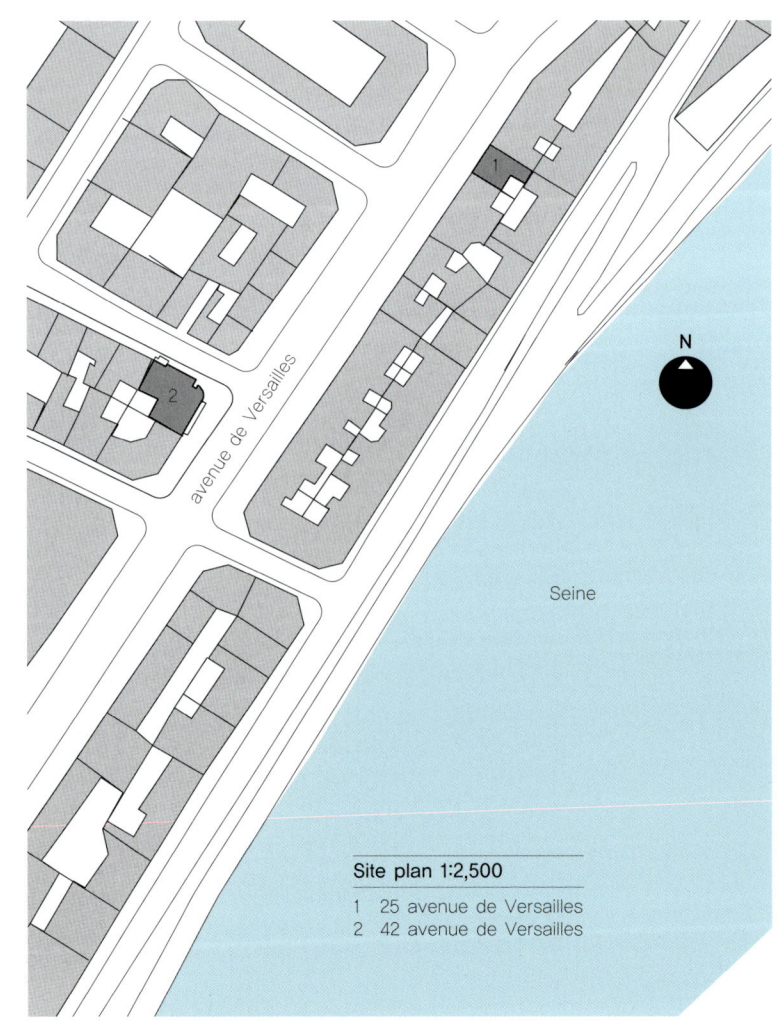

Site plan 1:2,500

1   25 avenue de Versailles
2   42 avenue de Versailles

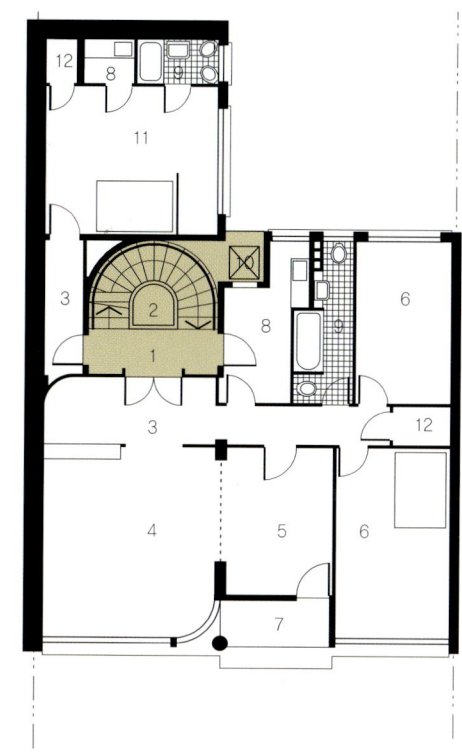

1 Plan of typical floor
25 avenue de Versailles

1 Access stair
2 Lift
3 Entrance/hallway
4 Living room
5 Dining room
6 Bedroom
7 Balcony
8 Kitchen
9 Bathroom
10 Service lift
11 Studio/bedsitting room
12 Store

2 Plan of typical floor
42 avenue de Versailles

1 Access stair
2 Lift
3 Entrance/hallway
4 Living
5 Dining
6 Bedroom
7 Balcony
8 Kitchen
9 Bathroom
10 Service lift
11 Studio/bedsitting room
12 Lightwell
13 Area

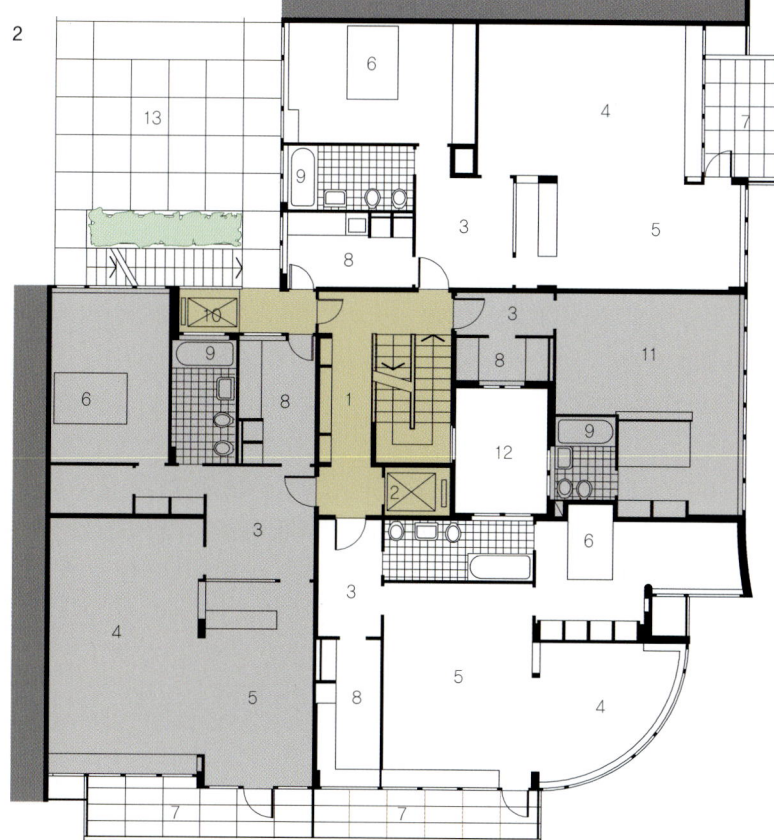

Highpoint Flats

Berthold Lubetkin, 1901-90

London, UK; 1935

1937년 프레드릭 기베르드Frederick Gibberd의 '현대 아파트The Modern Flat' 가 출판된 것은 하이포인트 아파트가 지어지고 얼마 되지 않은 후였다. 하이포인트 아파트는 영국에서 가장 잘 알려진 현대식 주거 단지 중 하나로, 르 꼬르뷔지에의 '근대 건축의 5원칙'을 적용시킨 첫 번째 예로 널리 알려져 있다. 훗날 마일즈 글렌데닝Miles Glendenning과 스테판 무테시우스Stefan Muthesius가 '타워 블록 Tower Block, 1994'에서 밝힌 바와 같이, 이 건물은 남북 축의 질렌바우Zeilenbau 양식을 따르지 않으면서 필로티, 자유 평면, 긴 가로형 창문 그리고 옥상정원의 특징을 갖는다. 십자형 평면은 선형 구조로 이루어진 공간에서 사용되었다. 루베 킨Lubetkin의 합리적인 접근 방식은 이웃 세대와 독립성을 가질 수 있는 평면구 성을 만들었다. 각 층은 8개의 주호로 구성되어 있다. 4개의 주호는 인접한 창문 에서 잘 볼 수 없도록 반 층 높이에 있는 십자형 평면의 중앙 부분인 순환 코어를 향해 있다. 대부분의 아파트는 3면이 외벽으로 되어 있으며 런던의 풍경을 장애 물 없이 볼 수 있고, 2면은 태양에 노출되어 있으면서 환기구가 지나간다. 십자형 평면의 교차로는 발코니, 화장실로 향하는 수직 통로, 그리고 소형 화물 승강기를 잇는다.

여유가 있는 사람들은 외풍이 있고 추운 런던의 테라스 하우스보다 하이포 인트와 같은 현대식 아파트에서 사는 것을 선호했다. 새로운 기술을 이용하여 가 사 노동을 개선하는 등 여성을 배려한 여러 요소들—예를 들어 생활 편의시설과 건물 내에서 세탁할 수 있는 시설, 청소와 유지관리가 쉬운 디자인 등—은 더 이상 여러 명의 가사도우미를 필요로 하지 않게 만들었다. 부엌에는 중앙 냉장장치와

스테인리스 재질의 싱크대와 조리대가 갖추어져 있고, 천장에는 가열 코일을 이 용한 중앙난방이 설치되었다. 또한 지역난방으로 거실마다 전기난방기를 설치하 였으며 붙박이 장들은 휘지 않도록 문 두께를 50mm로 늘리고, 문이 열리면 작동 되는 조명등과 같이 세심한 부분까지 신경 썼다. 좀 더 넓은 평수에서는 방의 모 퉁이에 세면대를 추가로 설치하기도 했다.

주호는 방이 2개인 타입과 3개인 타입으로 나뉘어지는데, 두 타입 모두 거 실과 부엌을 벽으로 나누지 않은 오픈 평면형식으로, 침실과 화장실이 로비에 의 해 분리된다. 평수는 대체적으로 큰 편으로—방이 2개인 타입은 70m², 방이 3개 인 타입은 거의 110m²에 달한다—가사도우미의 방은 1층에 위치하고 있으며, 1938년에 세워진 하이포인트2와 공동으로 사용하는 정원에는 테니스 코트와 차 를 마시는 방이 마련되어 있다.

하이포인트2는 하이포인트1의 배치를 따르고 있다. 하지만, 4개의 방이 있 는 넓은 주호로 구성된 보다 전통적인 양식의 단일 슬래브 건물이다. 가사도우미 방, 주차장 그리고 관리실이 있는 1층과 펜트하우스가 있는 최상층의 사이에는 총 6개층을 계획하였으며, 층별로 복층주거를 4세대씩 구성하였다. 이 평면계획은 매우 합리적이며 철저하게 대칭을 이룬다. 모든 세대에는 발코니, 널찍한 출입구 와 계단 로비, 그리고 2개의 화장실이 있다. 중앙에 있는 큰 평수의 주호에는 2층 높이의 거실로 이어지는 나선형 계단이 있다. 주호 내로 바로 연결되는 엘리베이 터를 통해 출입이 가능한데, 소형 화물 승강기는 계단을 향해 있어 출입을 위한 승 강기와 분리된다. 그리고 가사도우미들이 이용하는 출입공간 또한 분리되어 있다.

1 Site Plan 1:2,500

1 Highpoint I
2 Highpoint II

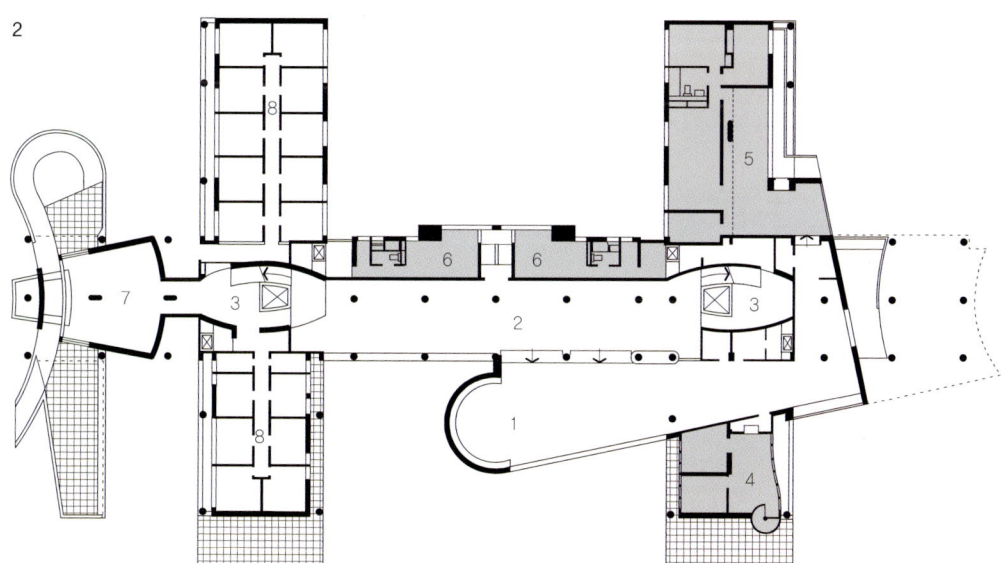

2 Highpoint I
Plan of ground floor
1:500

3 Highpoint II
Plan of ground floor
1:500

1 Hall and winter garden
2 Entrance hall
3 Lifts and stairs
4 Porters
5 Large flat
6 Studio flats
7 Tea room
8 Maids' rooms
9 Pram store
10 Garages

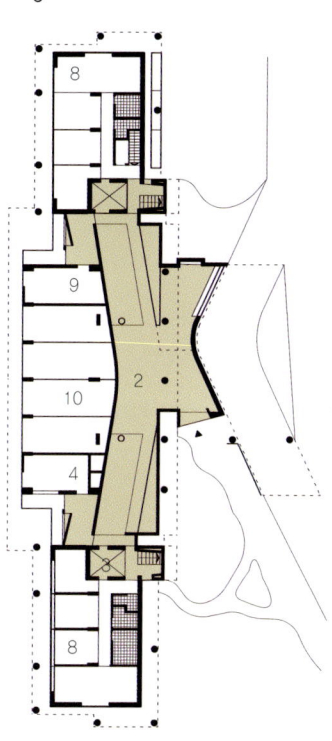

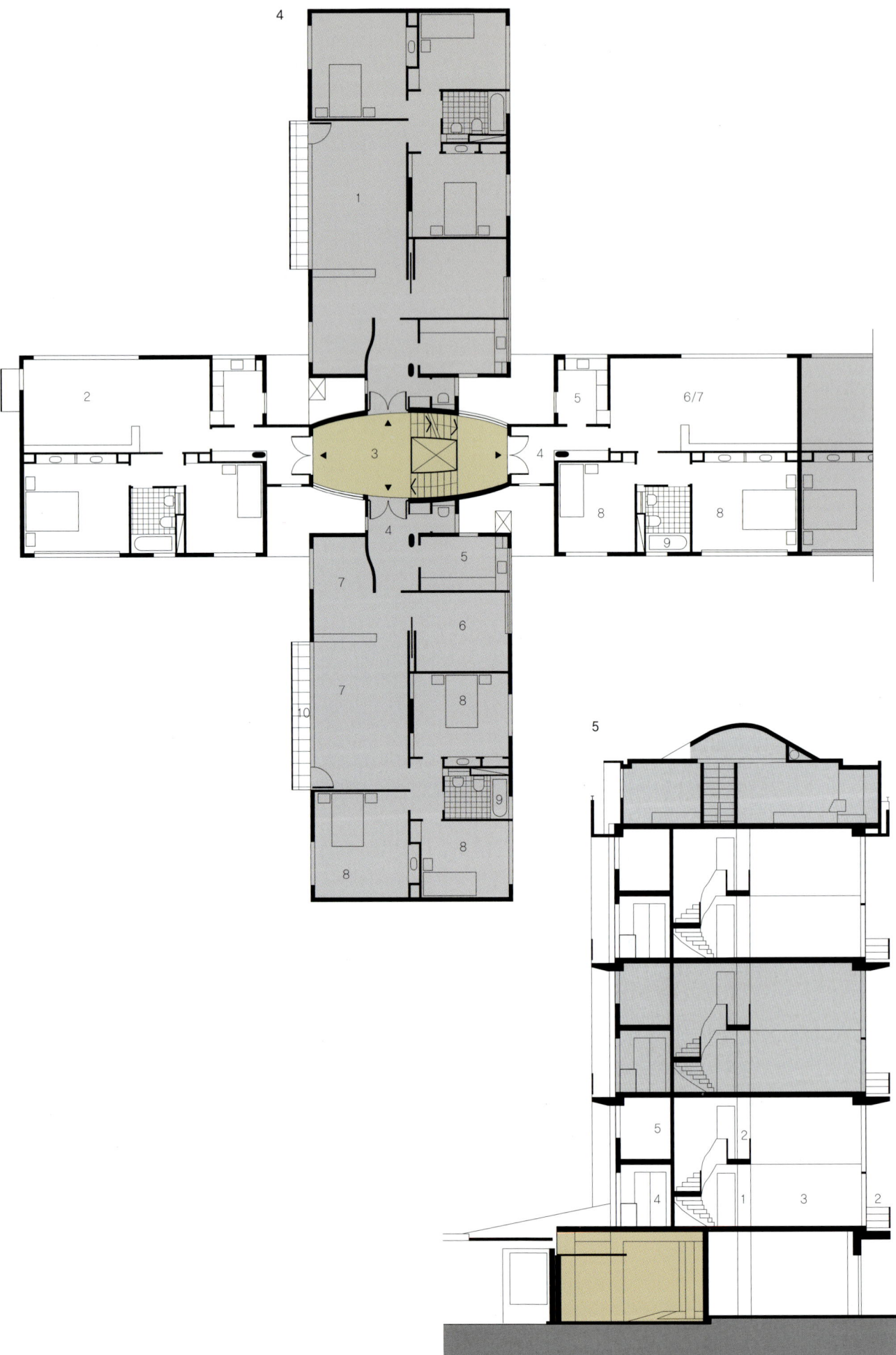

4

5

1 Three-bedroom flat
   type A
2 Two-bedroom flat type B
3 Stairs and lift
4 Entrance/hallway
5 Kitchen
6 Dining room
7 Living room
8 Bedroom
9 Bathroom
10 Balcony

5 Highpoint II
   Section 1:200

1 Hall/stairway
2 Balcony
3 Double-height living
   room
4 Kitchen
5 Bathroom

6 Highpoint II
   Lower level of
   maisonettes,1st, 3rd
   and 5th floors 1:200

7 Highpoint II
   Upper level of
   maisonettes, 2nd, 4th
   and 6th floors 1:200

1 Access lift
2 Entrance/hall
3 Stairs
4 Servants' entrance
5 Kitchen
6 Dining
7 Living
8 Study
9 Balcony
10 Bedroom
11 Void over double-
   height living room
12 Bathroom

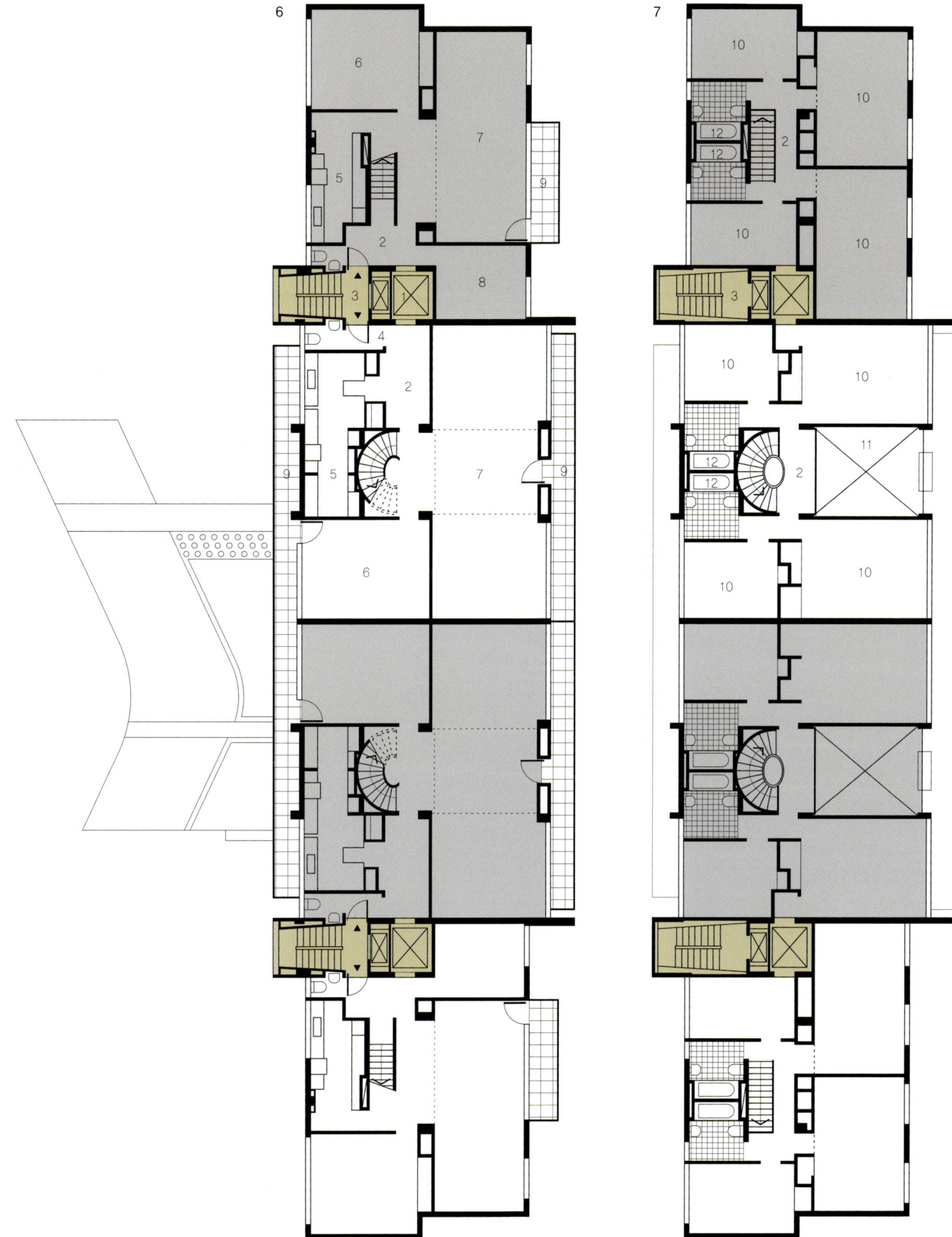

Kensal House

Atkinson, Fry, James and Wornum

London, UK; 1936

켄 하우스Kensal House는 가스, 조명, 석탄 부분의 설비회사들이 사원 주택이 갖추어야 할 가장 적합한 설비들이 무엇인가에 대한 시험과 평가를 한 주택이다. 주택컨설턴트인 로버트 앳킨슨Robert Atkinson, 맥스웰 프라이Maxweel Fry, 제임스James와 그레이 워넘Grey Wornum, 엘리자베스 덴비Elizabeth Denby 이렇게 4명의 건축가로 구성된 위원회의 조언을 토대로 시험과 평가를 했다. 이 주택단지는 슬럼가 철거와 재건축1930을 시작하면서 지방자치단체와의 협력을 통해 개발했다. 한 단지는 68세대를 구성하고 있고, 어른과 아이들을 위한 모임공간과 주민 농장allotments, 요양소와 놀이터까지 단지 내에 설치했다. 켄 하우스는 영국의 대표적 도시주거 사례 시리즈 중 기술정보 분야의 하나로 건축된 주택이다. 기술적 혁신, 그리고 커뮤니티 요소에서 눈에 띄는 발전이 있었기 때문에 어반 빌리지Urban Village라고 불렀다. 이렇게 사회적 요소들을 주택단지 관리 요소로까지 확장하였으며, 자체적인 관리운영과 위원회 조직을 위해 동별 입주자 대표가 참여했다.

대량생산기술은 경제적 비용으로 새로운 건물을 구성할 수 있게 했으며, 아파트의 평면유형을 개선시키는 데 있어 큰 도움이 되었다. 고르지 않은 대지 주변에 건물을 계획하는 것보다, 수평의 표준 평면디자인을 시작한 것이다.

건물은 최대한의 빛이 유입되도록 남–북으로 나란히 배치했으며, 내부 계단과 2개의 계단참을 통해 출입하게 했다. 내부는 거실, 3개의 방, 그리고 세밀하게 디자인한 작업공간을 구성하고 있다. 작업공간은 가스와 수도배관을 설치하기 위해 이중 벽으로 만들었다. 부엌과 화장실, 세탁물 건조를 위한 발코니, 환기구가 있는 식료품 창고를 실내에 구성하고 있다. 모든 세대에는 급탕기를 설치했으며, 이를 통해 싱크대와 욕조, 세탁실까지 온수를 직접 공급할 수 있다. '부엌과 화장실', 그리고 '건조와 발코니'를 그룹화함으로써, 가사 노동 공간과 여가공간을 완전히 분리했다. 따라서 가족들은 아무런 방해 없이 거실에서 휴식과 여가를 즐길 수 있었다. 가스조명을 설치했으며, 큰 침실에는 가스난방기를, 거실에는 난로를 켤 수 있는 거실 가스점화 도구도 설치했다.

Opposite left: Façade
looking onto nursery
school

Opposite right: Façade
looking onto courtyard

1

1 Part typical upper–
floor plan 1:200

1 Access stairs
2 Entrance/hall
3 Kitchen
4 Drying balcony
5 Bathroom
6 Living room
7 Bedroom
8 Balcony

2

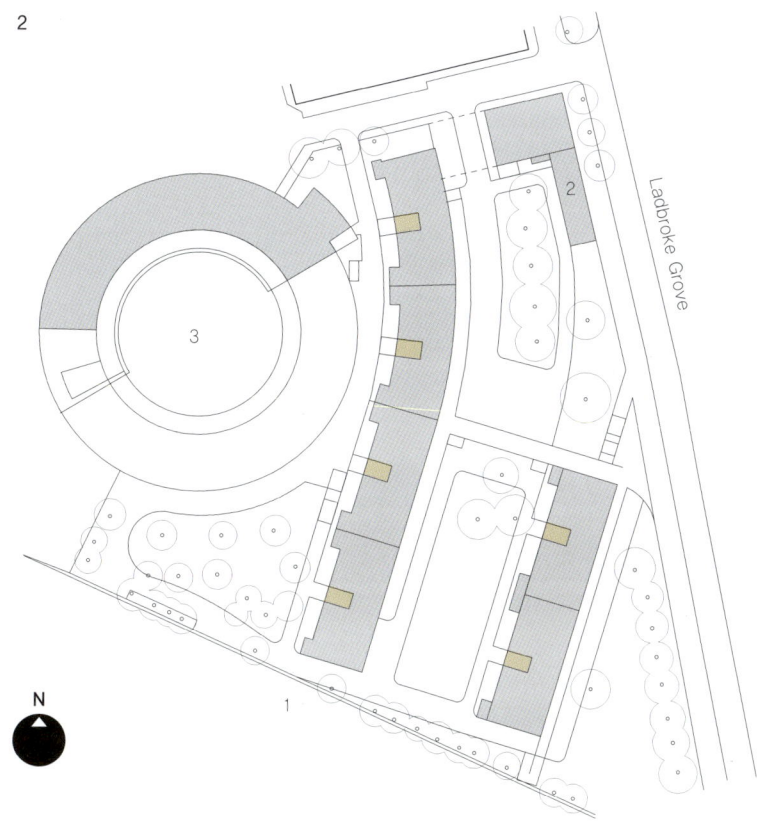

N

2 Site plan 1:1,000

1 Railway line
2 Shops
3 Nursery school

Casa Rustici

Giuseppe Terragni (1904-43) with Pietro Lingeri (1894-1968)

Milan, Italy; 1936

1991년, 토마스 슈마치Thomas Schumach가 테라그니Terragni에 대해 쓴 책에 의하면, 이태리에서는 급격히 성장한 유럽 도시들만큼 모더니즘의 원리를 빠르게 수용하지 않았다. 이탈리안 도시 디자이너들은 새로운 스타일인 개방된 공원과 독립 블록들 대신, 스케일에 의한 위계 질서와 개개의 빌딩공간과 함께 도시를 구성하는 원리로 가로를 사용했다. 테라그니와 링게리Lingeri가 디자인한 밀라노의 다섯 아파트는 합리주의를 표방했다. 하지만, 어디에나 적용 가능한 전형적인 거주환경에 따른 건물이 아닌 특정 지역의 형태와 사이트를 고려한 디자인이었던 것이다.

1936년도에 건축된 까사 루스티치Casa Rustici는 밀라노에서 가장 유명한 아파트 빌딩으로서, 가장 혁신적인 평면을 채택했다. 건축가들은 상대적으로 폭이 깊은 대지에서 건물 뒤 편의 광정lightwell을 둘러싸며 가로변을 따라 블록들을 조밀하게 배치하는 19세기의 도시 형태를 피했다. 두 개의 직사각형 건물은 열린 중앙정원을 가로지르며 서로 마주보고 있으며, 오픈 발코니를 통해 각 층을 연결한다. 오픈 발코니는 가로를 따라 연속성을 유지하면서 평면에 빛을 깊이 유입시키고, 조밀한 가로의 외관을 대체한다. 그러므로 건물은 대지와 그 위치에 고정되어 있지만, 독립적이고 뚜렷한 '오브젝트'와 같은 특성을 가진다.

오픈 스페이스를 중심으로 양쪽에 있는 세대는 각 층마다 2호 또는 3호 조합으로 거의 대칭형태를 보여준다. 꼬르소 셈피오네Corso sempione 거리에서 넓은 계단을 통해 올라서면 출입구가 있으며, 중정쪽으로 양측 면에 엘레베이터와 계단이 있다. 1층에는 오피스가 있고, 지하층에서 올라간 중정 아래에는 주차장과 창고가 있다. 정교하게 설계된 펜트하우스에서는 건물의 양쪽을 브릿지로 연결했으며, 순환형의 복도와 큰 루프 테라스를 설치했다. 전문가들을 위한 아파트는 크며, 도우미를 위한 방이 있다. 이곳에는 커다란 로비와 홀이 있고, 프랑스식 계획에서 일반적으로 보기 힘든 인접하여 서로 연결된 식의 거실이 있다.

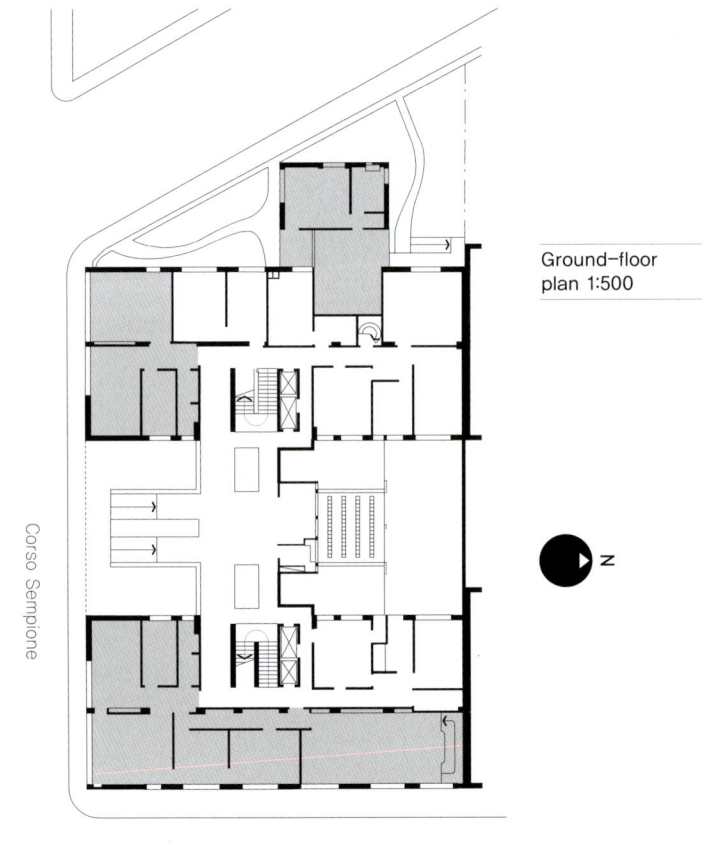

Corso Sempione

Ground-floor plan 1:500

N

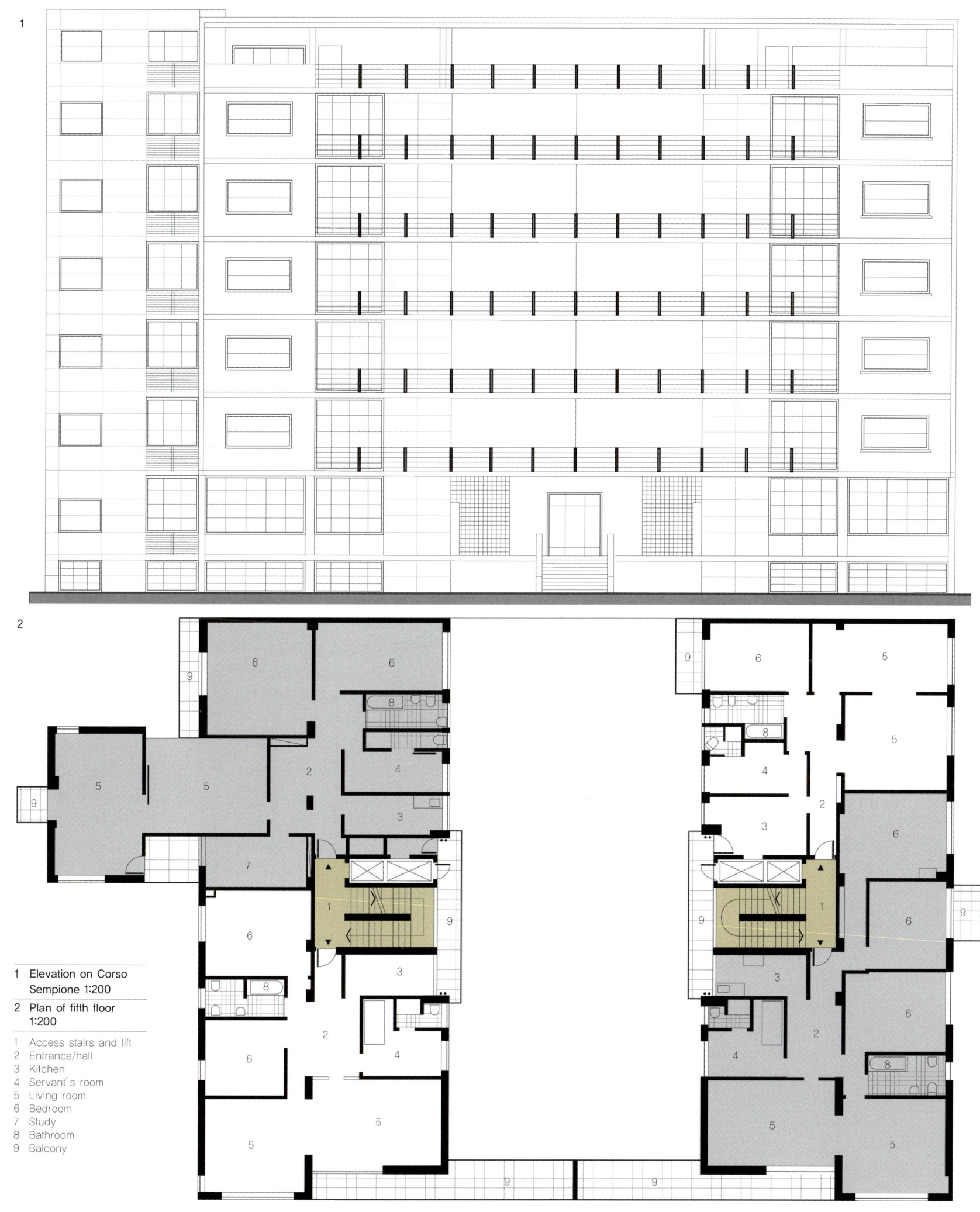

1   Elevation on Corso
      Sempione 1:200

2   Plan of fifth floor
      1:200

1   Access stairs and lift
2   Entrance/hall
3   Kitchen
4   Servant's room
5   Living room
6   Bedroom
7   Study
8   Bathroom
9   Balcony

Bubeshko Apartments

Rudolf Schindler, 1887-1953

Los Angeles, California, USA; 1938-41

부베스코 아파트는 세 개의 층에 걸쳐 6개의 주호가 있고, 1층에 주차장이 있다. 이 빌딩은 두 개의 블록으로 나눌 수 있는데, 중앙 통로를 중심으로 한쪽은 4개, 다른 쪽에는 2개의 주호가 있다. 아파트 출입구는 양쪽에 있으며 각 출입구에는 각각의 주거로 통하는 계단이 있다. 중앙 출입구에서부터 후문으로 접근할 수 있다. 후문에서 각 주호, 최상층에 있는 창고, 정원 등에 접근할 수 있다. 가파른 경사지면에 가장 적합한 계단형 단면 계획을 적용했다. 돌출된 처마와 저층부의 지붕이 되는 외부 테라스의 수평면을 확장시킴으로써 사이트가 지닌 수직성과 대비시켰다.

각개의 아파트는 서로 다른 특성을 갖는다. 2개의 스튜디오와 하나의 복층 주호는 다른 구성을 하고 있지만, 공통적인 디자인 특성도 있다. 일반적으로 출입문을 통과하면 거실이 있지만, 이 아파트의 거실은 구석에 있다. 반대편 코너와 건너편의 테라스 또는 발코니에 창을 두었으며, 공간을 사선으로 길게 가로질러, 외부 전망을 많이 확보했다. 두 개층 높이의 주호에서 상층부에 거실을 배치하고, 양 층의 가로변에는 모두 테라스를 배치했다. 상층부 뒤 편에는 파티오뿐만 아니라 몇 개의 외부공간이 있다. 현관 쪽에 작은 정원이 딸린 스튜디오를 제외한 다른 주호들은 모두 가로변에 테라스를 가지고 있다.

쉰들러Schindler가 콘크리트로 만든 초창기 작품들을 보면, 1930년대의 경제 불황기에 이 아파트와 다른 아파트 단지 개발에서 사용한 다양한 경제적인 건축방법인 목재 프레임과 치장벽토가 있음을 알 수 있다. 쉰들러는 그 만의 목재 프레임 구조 방식을 개발했고, 그것을 10년 동안 로스엔젤레스의 다른 아파트 디자인에서도 사용했다. 그 예로 포크 아파트Falk Apartments, 1943 와 로렐우드 Laurelwood, 1946-1949가 있으며, 이곳에서도 역시 각도의 변화, 사선적 시선, 계단식 테라스와 같은 공간적 요소들을 이용했다.

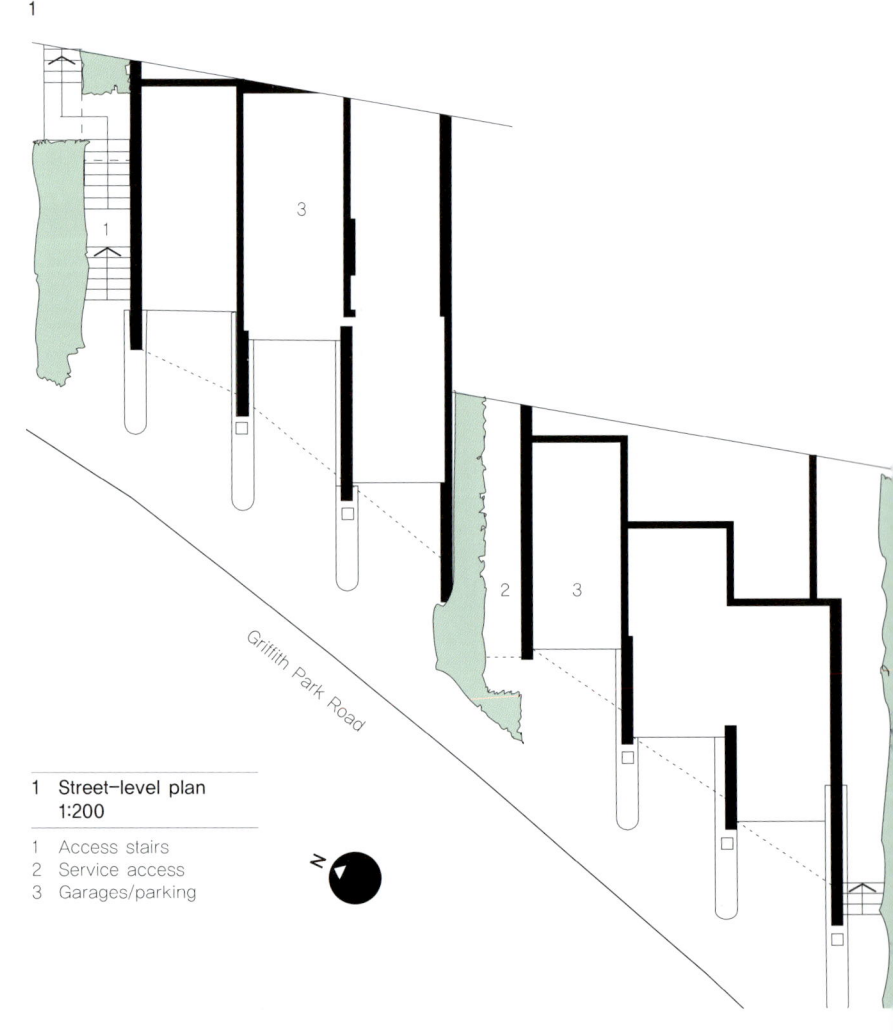

1 Street-level plan
   1:200

1 Access stairs
2 Service access
3 Garages/parking

Upper-floor plans 1:200

2 Second floor
3 Third floor
4 First floor

1 Access stairs
2 Service access
3 Planters
4 Entrance/hall
5 Kitchen
6 Back porch
7 Bathroom
8 Dining
9 Living
10 Bedroom
11 Roof terrace
12 Storage
13 Patio
14 Yard

Post–war Modernism

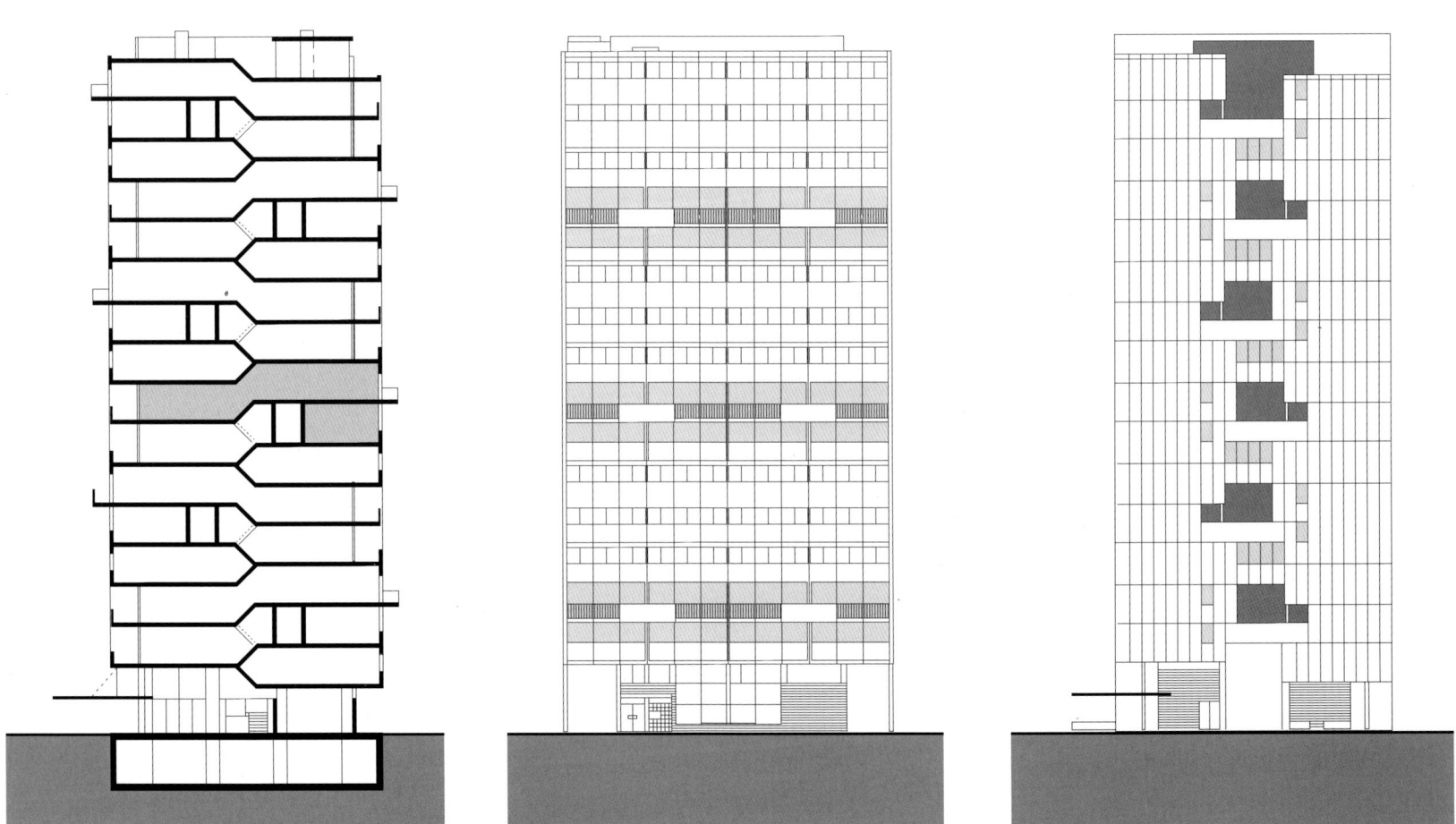

Unité d' Habitation, roof terrace

Churchill Gardens estate

2차 세계대전 이후, 유럽은 재건축과 많은 주택을 건축해야 하는 압박을 받게 되었다. 이는 현실적인 아이디어인 2차대전 이전의 모더니즘을 정부가 받아들이고 도시 재개발과 연계하여 대 규모의 주거계획을 실행해야 함을 의미했다. 질적 주거공간 계획에서 쾌적성과 거주자들을 위한 시설을 제공하려는 생각이 커졌다. 이에 따라 주거공간 그 자체를 넘어서 요양학교, 놀이공간, 커뮤니티 센터 등의 지역 기반시설까지 주거계획에서 다루어야 했다. 미흡한 관리와 부족한 기술은 인테리어 레이아웃 디자인에 큰 영향을 미쳤다. 중앙난방 시스템은 아파트의 경제성 차원에서 적절한 것이었다. 개인 주택만이 난로, 연통, 연료가게를 필요로 하게 되었다. 정원이 없이 작은 발코니만 있는 주택을 위해 건조 공간과 공동세탁기가 미국과 유럽의 아파트에서 나타나기 시작했다. 부엌과 화장실의 효율성을 높이려는 디자인과 위치에 대한 관심도 많아졌다. 파이프와 배수시스템 그리고 음식하는 것과 청소 등 가사노동에 대한 관심이 커졌다.

이 시기 혹은 전체를 놓고 봐도 가장 유명한 주거계획 프로젝트는 마르세이유에 있는 르 꼬르뷔지에Le Corbusier의 유니테 따비따시옹Unites d' Habitation, p.82-85일 것이다. 모이세이 긴즈버그 Moisei Ginzbug와 이그나티 밀리니스Ignati Milinis, p.52-53가 지은 초기의 나르콤핀Narkomfin 빌딩에서 몇 가지 영향을 받은 것처럼 보이지만, 유니테 따비따시옹은 거의 모든 면에서 '최초'라고 할 수 있다. 아파트로서 24m의 높이를 갖는 점, 모든 매 3층

마다 복도가 있는 점, 구조적 형태를 가졌다는 점, 노출 콘크리트를 사용했다는 점, 조망형 지붕 Landscaped roof을 가졌다는 점 그리고 '수직정원 도시' 라는 새로운 개념의 도시공간을 피력했다는 점이 유니테 따비따시옹의 독창성을 엿볼 수 있는 부분이다.

아폰소 레이디Affonso Reidy가 설계한 브라질의 페드레글호Pedregulho, p.86-87는 유니테 따비따시옹과 비슷하다. 거대한 깊이의 유니테와는 반대로, 레이디의 블록은 매우 작은 플랫과 메조넷으로 지형의 윤곽을 따라 꾸불꾸불한 형태로 벽처럼 늘어서 있다. 또 운동공간, 유치원 그리고 메디컬 센터 등이 있다.

영국에는 포웰Powell과 모야Moya가 건축한 처칠 가든 주택단지Churchill Gardens Estate, p88-89가 모던 슬래브의 형태를 띠고 기존의 런던 거리에 세워졌다. 처칠 가든 뒷면에 설치한 발코니 악세스나 낮은 천장높이 등은 공용 주거공간의 비용을 줄이려는 노력을 반영했다. 복층형은 비용과 불필요한 동선공간을 줄이려는 목적 때문이었다. 복층형은 영국에서 특별히 인기가 많다. 중앙런던의 바비칸 Barbican에 가까운 골든 레인 주택단지Golden lane Estate, p90-91에 있는 챔버린Chamberlin과 본Bon의 복층형 디자인도 거실 안에 계단을 설치하여 동선 공간을 줄이고자 했다. 일본 쿠니오 마에가와Kunio Maekawa의 하루미 아파트Harumi Apartments, p102-103는 동선공간을 줄이기 위해 엄격한 계획 원칙을 적용했다. 이 공간에서 매 3층마다 갤러리 형식의

접근 공간을 배치했다. 하지만 일반적이지 않은 방법인 수직으로 복도에 접근하는 계단을 통해 아파트 위 아래로 접근하는 공간은 그대로 두었다.

미스 반 데어 로에Mies van der Rohe는 1938년, 일리노이 공과대학Illinoi Institute of technology의 건축학과 학장이었다. 미스 반 데어 로에는 발터 그로피우스Walter Gropius나 마르셀 브로이어Marcel Breuer 등 미국으로 온 다른 유럽인들처럼 미국에 새로운 스타일의 건축을 소개한 사람이다. 1940년대 후반에서 1950년대 초반까지 초고층 건물의 두 번째 발전 단계가 진행 중이었다. 이 시기의 빌딩은 전 세기의 건축물에 비해 고층 빌딩의 형태를 취하고 있었다. 다른 평면 계획이지만 같은 형태를 띠고 있는 두 개의 타워형으로 된 미스의 레이크 쇼 드라이브Lake Shore drive, p96-97 아파트는 오피스의 건축 스타일을 주거공간에 적용시켰다는 점에서 독창적이다. 오클라호마 바틀즈빌Bartlesville에 있는 풍차 평면의 사분의 일 형태를 띤 복층형의 프라이스 타워Price Tower, p98-99는 처음으로 주거공간과 사무실을 결합한 건축이다. 라이트는 주거공간 형태의 타워 블록은 교외의 오픈 스페이스에 적합하다고 굳게 믿고 있었다.

런던에 있는 데니스 레스던Denys Lasdun의 킬링 하우스Keeling house, p100-101는 프라이버시와 근접성을 중요하게 다룬 프로젝트이다. 이 프로젝트와 다른 '클러스터 블록들'은 작은 스케일의 타워형 블록들이라고 생각할 수 있다. 클러스터 블록은 테라스 주거에 비해 대지면적을 적게 사용함으로써 인

Tower block, Barbican development

Price Tower, section

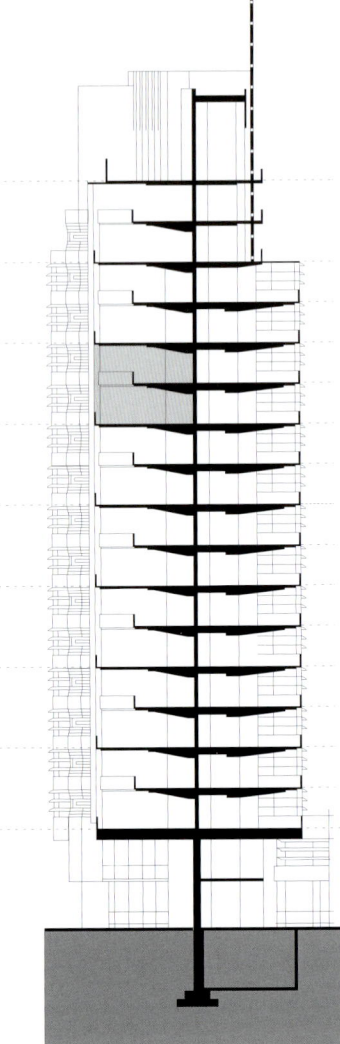

Keeling House, plan

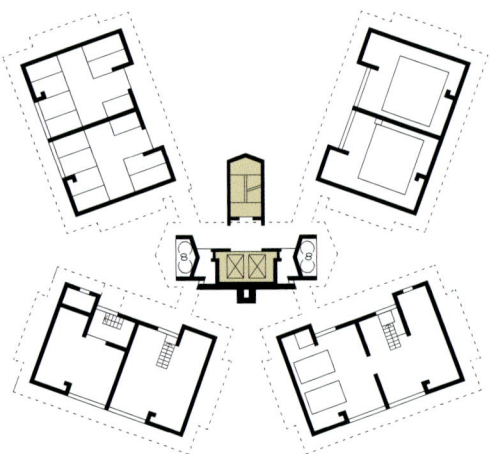

Bellevue Bay atrium houses

Hansaviertel Apartments, Alvar Aalto,
detail of terrace

Alexandra Road

기가 있었다.

중앙 동선코어를 두고 네 개의 복층이 그룹 지어져 있는 킬링 하우스는 물리적으로 분리되어 있지만 연결통로를 통해 접근 가능하다. 이에 따라 복도의 길이를 줄였으며, 소음을 적게 발생시켜 프라이버시를 높였다.

주요 건축 실험과 이론들에 따라 대형 주거 프로젝트들이 활발하던 당시에, 다른 건축가들은 테라스와 정원이 있는 주택의 전통적인 형태를 재해석하여 발전시키는 일을 하고 있었다. 이탈리아의 지안 카를로 드 카를로Giancarlo De Carlo, p94-95 주택은 근로자들을 위한 모듈러 방식을 채택한 주택이었다. 모듈러 방식은 대칭과 그룹화를 통해 새로운 평면의 형태를 만드는데 기여했다.

호세 안토니오 코데르치Jose Antonio Coderch 가 설계한 바르셀로나의 까사 드 라 마리나Casa de la Marina, p92-93의 독창적인 형태는 부분적으로 건물의 위치 때문에 나온 결과였다. 이 건물은 건물 자체가 도시 단지의 끝을 이루는 형태를 갖는다. 그리고 다른 측면에서 이 건물은 개개의 주택평면을 모으는 방법으로 몇 개의 로지아를 만들었다. 주택 내의 로비들을 연결시키는 특이한 동선체계를 채택한 것이다.

아르네 야콥센Arne Jacobsen의 덴마크 클람펜보르Klampenborg에 있는 벨뷔 베이Bellevue bay, p110-111 아파트와 주택은 가장 어두운 곳에 선큰 씨팅 룸Sunken Sitting Room이 있다. 평면 중앙에는 벽난로가 있어 겨울에 사용이 가능하다. 반대편 중정 주택에는 중앙정원이나 거실이 있다.

30년 전에 바이젠호프Weissenhofsiedlung주거 단지 계획에 참여했던 건축가들이 수행한 많은 프로젝트들과 함께 베를린의 한자비르텔Hansaviertel 의 1957년 주택전시회에서는 타워들과 슬래브 블록들, 낮은 층의 테라스 계획을 보여주었다.

알바알토가 한자비르텔 아파트p.106-107에서 중앙의 동선공간과 다용도로 쓰이는 거실이 있는 중정 주택을 다시 사용한 반면, 반 덴 로익 앙 베이크마Van den Broek en Bakema는 한자비르텔 타워p.108-109에서 20m나 깊은 컴팩트한 버전으로 르 꼬르뷔지에의 유니떼 듀플렉스를 다시 한번 선보였다.

스위스의 베른Berne에 있는 아뜰리에5Atelier5 가 설계한 할렌Halen, p.112-115은 저층으로 계획되었으며, 높은 밀도를 수용할 수 있는 테라스 주택 중 가장 혁신적인 디자인을 보여준 것으로 현재까지도 인정받고 있다. 이 형태의 주택은 이후 많은 영향을 미쳤다. 런던 보로우Borough의 니브 브라운Neave Brown이 이끌고 있는 캠덴 아키텍쳐Camden Architecture 그룹은 브랜치 힐Branch Hill, 1978, 알렉산드라 로드Alexandra Road, 1979 그리고 메이든 레인Maiden Lane, 1981 등의 주거에 영향을 주었다.

Unité d' Habitation

Le Corbusier, 1887-1965

Marseilles, France; 1952

마르세유Marseilles의 유니떼 따비따시옹Unite d' Habitation은 르 꼬르뷔지에Le Corbusier가 주거에 대해 20년 넘게 연구한 것을 토대로 만든 것이다. 이 프로젝트는 빌 컨템포러린Ville Contemporaine, 1922과 빌 래디우스Ville Radieus, 1935등에서도 소개했던 도시환경과 주거의 관계를 시험하고, 1915년의 도미노Domino 하우스와 1921년의 씨트로앵Citrohan하우스 프로젝트를 적용시키기 위한 것이었다. 마르세유의 유니테는 23개 평면, 337개의 주호를 구성하고 있는 18층의 아파트이다. 이 아파트는 2, 5, 7, 8, 10, 13, 16층에 복도가 있는 동선 체계를 갖고 있다. 모스코에는 모이세이 긴즈버그Moisei Ginzburg가 건축한 개인공간을 아주 많이 줄이고 그 공간을 공동의 거실로 대체시킨 나르콤핀Narkomfin빌딩이 있다. 유니테Unite는 나르콤핀과 가끔 비교되지만, 르 꼬르뷔지에가 모이세이의 디자인원리를 사용했는지는 확실하지 않다. 긴즈버그가 평등주의적 사회를 구현하기 위해 일반적인 가족을 반영했다면, 유니테는 가족 단위의 고품격 시설과 공동공간에 많은 비중을 두었다.

복층형으로 된 유니테 아파트는 두 명의 자녀를 가진 가족을 위한 아파트다. 침실은 가사도우미가 없는 가족을 고려하고 더 넓은 부엌/거실 공간을 제공하기 위해 최소로 필요한 크기만을 갖게 하였다. 부엌은 평면 가장 중앙에 있으며 출입문에 가깝고 위 또는 아래로 확장하는 2층 높이의 천장고를 갖는 거실공간과 연결되어 있다. 아파트는 작고98㎡ 좁지만3.66m 양측에 발코니가 있고, 블록의 깊이 끝까지 확장한다. 중앙난방과 부분적으로 설치된 에어컨 시스템, 하수구와 부엌 마다 있는 아이스 박스의 공급으로 서비스의 수준을 높였다. 오전과 오후 모두 브리즈 솔레유brise-soleils가 아파트의 채광을 조절한다. 혁신적인 계획과 유닛 타입의 다양성은 대 가족 단위를 위해 빌딩의 측면에 추가적으로 구성한 부 침실에서 볼 수 있다. 유일하게 2층 높이의 거실공간이 없는 스튜디오를 서쪽 혹은 남쪽에 배치했으며, 이것은 싱글이나 두 사람을 위한 아파트 계획에 포함된다.

식기 세척기, 전기 세척기를 포함한 세탁실, 탁아소, 유치원, 레스토랑, 아파트 게스트들이 이용할 수 있는 18개의 방을 가진 호텔 블록을 공용시설로 설치했다. 옥상정원에는 탁 트인 전망뿐 아니라 놀이터, 어린이 물 놀이터, 조깅 트랙과 운동공간이 있다. 블록 안에는 추가적으로 병실, 약국, 바Bar가 있다. 유니테에 적용된 많은 디자인 아이디어하늘 안의 거리, 접근 배열과 북 남쪽의 방향들을 따르려는 여러 시도에도 불구하고, 대부분의 모방작들은 질적으로 성공적이지 못했다. 유니테 후속작인 낭트 리제Nantes-Reze, 브이 앙 포레Briey-en-Foret, Berlin, 피르미니Firminy는 예산상의 제약으로 계획을 축소했는데, 이것들에 대해 유니테 아파트에 대한 비평과 유사한 비평이 내려졌다.

Opposite left: Exterior
view from south–west

Opposite right: Interior
of apartment type E1
showing kitchen

1

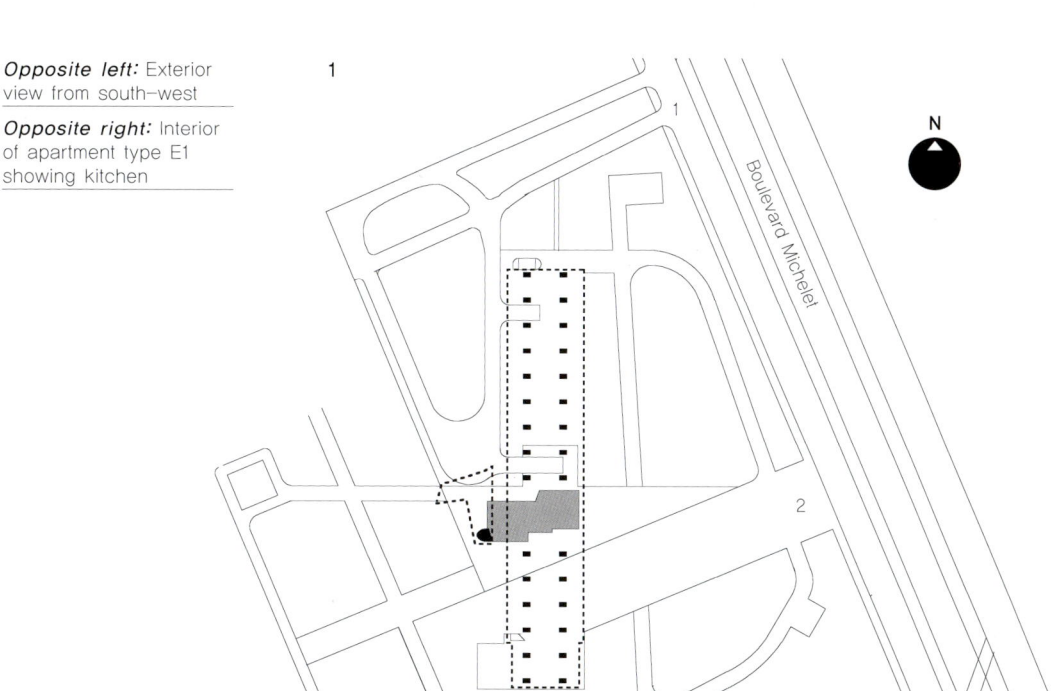

Boulevard Michelet

N

1 Site plan
   1:2,500

1 Entrance for cars
2 Entrance for
   pedestrians

2

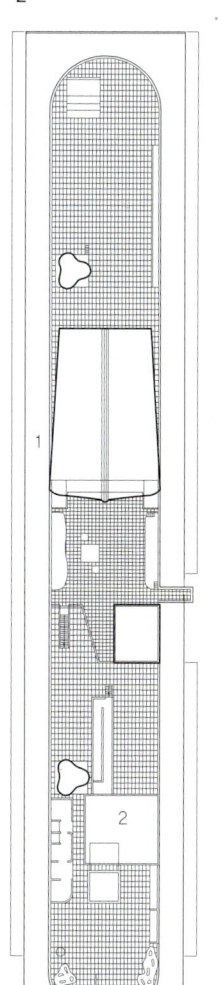

3

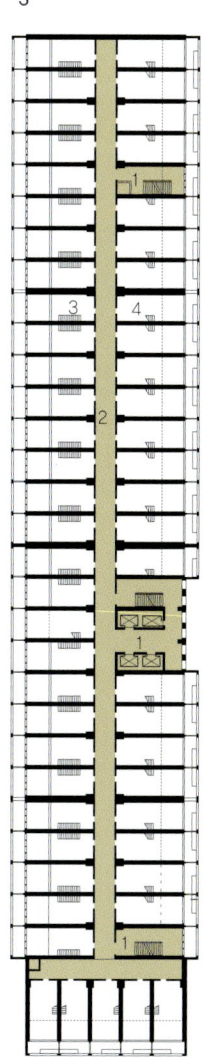

2 Roof plan 1:1,000

1 Running track
2 Paddling pool

3 Plan of typical
   access floor 1:1,000
   Levels 2, 5, 10, 13
   and 16

1 Lifts and stairs
2 Access corridor
3 Upper level of lower
   maisonette
4 Lower level of upper
   maisonette

4 Type E1 single–person
   studio flat plan 1:200

1 Access corridor
2 Hall
3 Kitchen
4 Dining/living
5 Double–height living

Maisonette for family
with 2–4 children
Plans 1:200

5 Upper level
6 Lower level

1 Access corridor
2 Hall
3 Kitchen
4 Dining/living
5 Double–height living
6 Balcony
7 Sleeping

4

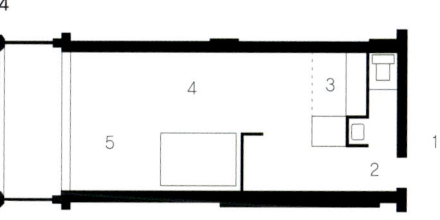

5

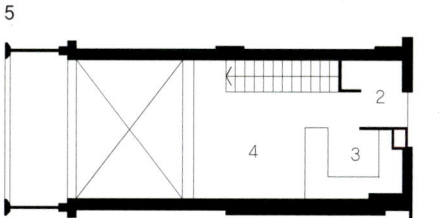

6

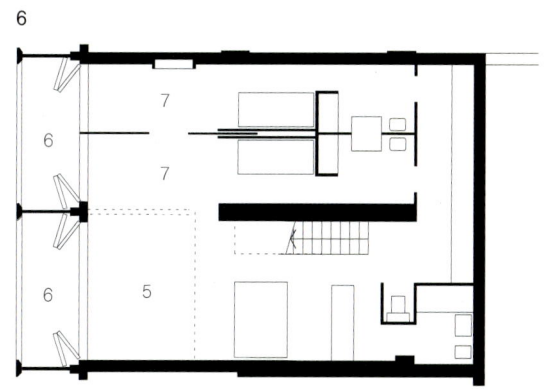

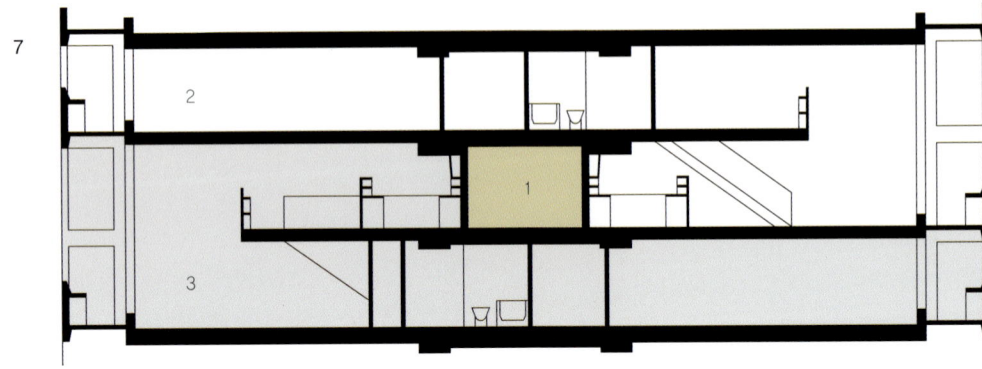

7 Pair of maisonettes
   for family with 2–4
   children
   Section 1:200

1 Access corridor
2 Upper maisonette
3 Lower maisonette

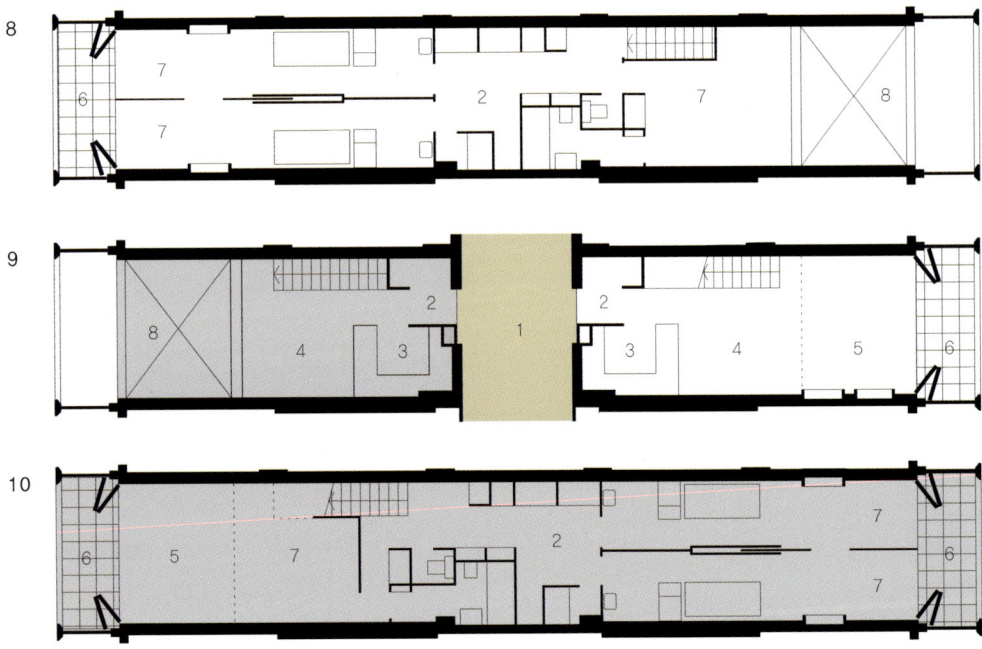

Pair of maisonettes for
family with 2–4 children
Plans 1:200

8 Upper level
9 Middle level with
   access corridor
10 Lower level

1 Access corridor
2 Hall
3 Kitchen
4 Dining/living
5 Double–height living
6 Balcony
7 Sleeping
8 Void over double–
   height living

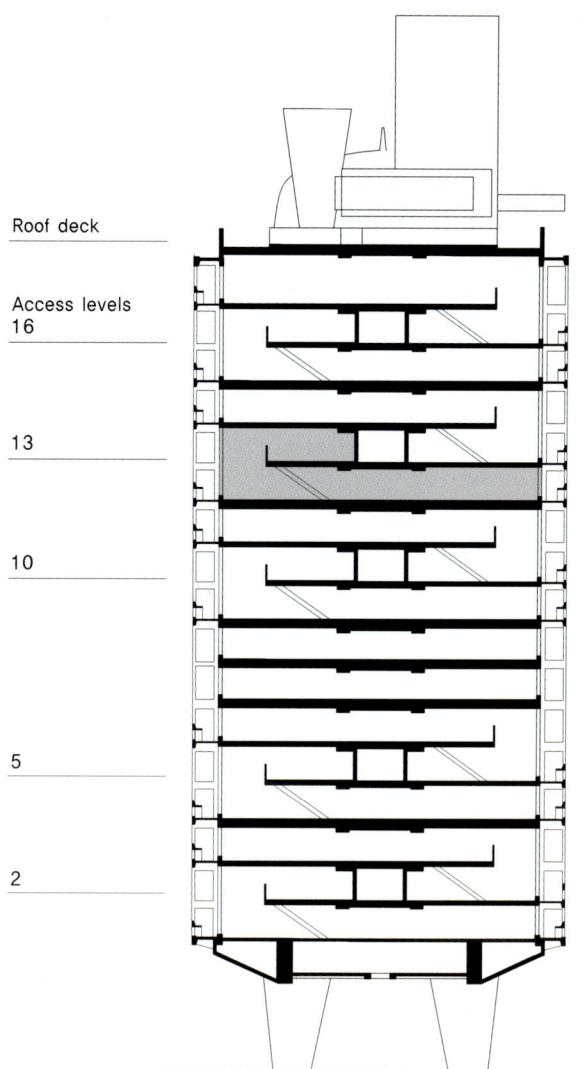

Roof deck

Access levels
16

13

10

5

2

11 Section 1:500

12

13

14

Plans of a pair of Unite
apartments at Nantes–
Rézé 1:200

12 Upper level
13 Middle/access level
14 Lower level

1 Interior street/access
   corridor
2 Entrance/hall
3 Kitchen
4 Living
5 Balcony
6 Landing
7 Bedroom
8 Bathroom
9 Brise–soleil

Pedregulho Housing

Affonso Eduardo Reidy, 1909-64

Rio de Janeiro, Brazil; 1950-52

페드레굴호 하우징Pedregulho Housing은 1953년 상파울로의 국제 비엔날레에서 일등상을 받은 작품이다. 역사학자이며 비평가인 지그프리드 기디온Sigfried Giedion이 수상 심사를 맡았다. 기디온은 페드레굴호 주거를 가리켜 "도시가 어떻게 만들어져야 하는지를 보여주는 좋은 예"라고 말했다. 건축적 질 보다는 주거 계획당국이 제정한 엄격한 법규와 위생학적 관점을 얼마나 잘 반영하였는지가 심사 시 관심의 초점이 되었다. 병이 확산되는 것을 막기 위해 세입 예정자들의 동의하에 건강검진을 실시했으며, 정기적으로 주호의 위상상태를 점검받게 했다. 좋은 모델을 제시하려는 것이 디자인의 의도였다. 전체 단지는 총 네 개의 블록을 갖는다. 학교, 놀이터, 헬스센터, 상점, 기계화된 세탁실 등을 디자인한 사람은 로베르토 부르레 막스Roberto Burle Marx였다. 급경사지에 대 단위 주거단지를 만드는 것이 해결해야 할 주요과제였다.

　　필로티 위에 세워진 260m의 7층 건물은 대지의 지형을 따르는 곡선 형태이다. 이곳은 엘리베이터가 없어 계단으로만 접근해야 한다. 1층과 연결통로가 있는 3층에서 출입이 가능하다. 부분적으로 열린 3층에는 놀이터, 관리사무실 그리고 교사용 방이 함께 딸린 유치원이 있다.

　　1층에는 원베드룸 주호가 있고, 그 위의 4층은 두 개의 침실이 딸린 복층 주호가 있다. 지역의 기후를 고려하여 1층의 필로티 공간과 3층 개방공간에 그늘을 만들고 공기순환을 원활하게 하는 것은 중요한 일이었다. 복도는 통행하는데 불편하지 않을 정도로 충분히 넓었다. 부분적으로 설치된 구멍 뚫린 테라코타 스크린을 통해 그늘을 만들었기 때문에 통풍이 가능했다. 주호 내 모든 방에 창을 설치했으며, 맞바람 통풍이 가능하게 배치했다. 기둥을 따라 설치된 벽이 실내 공간을 구획하는 주택이다.

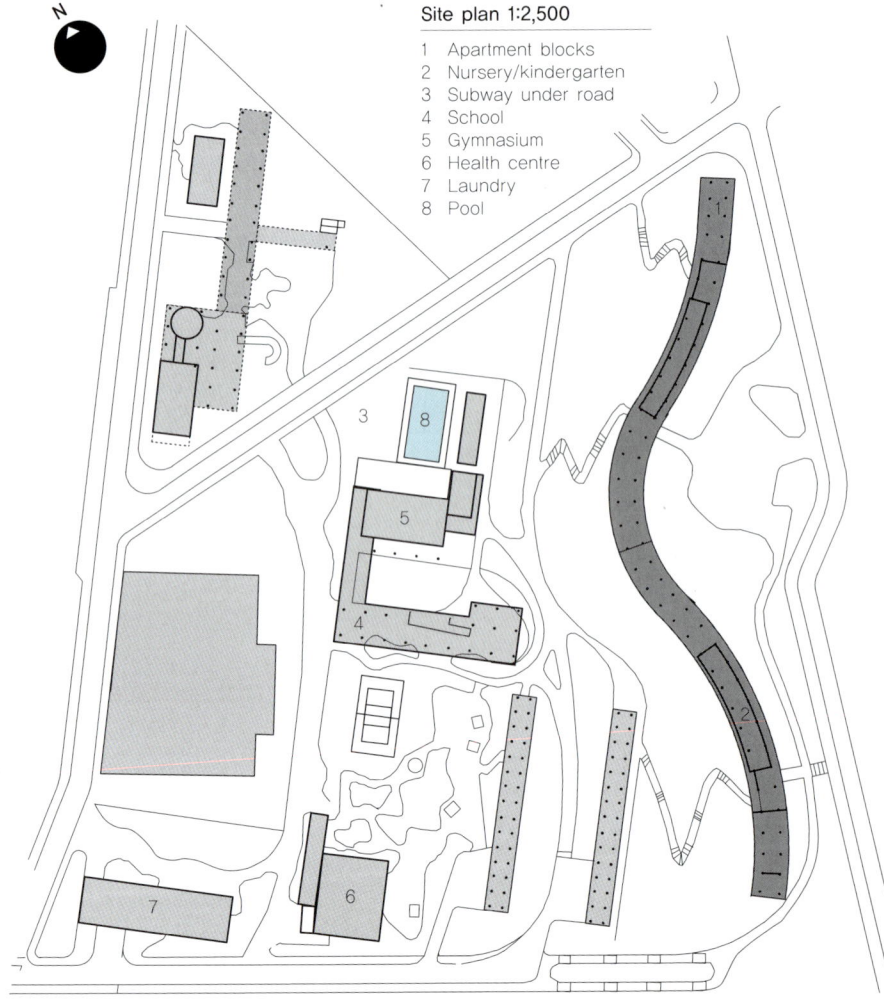

N

Site plan 1:2,500

1　Apartment blocks
2　Nursery/kindergarten
3　Subway under road
4　School
5　Gymnasium
6　Health centre
7　Laundry
8　Pool

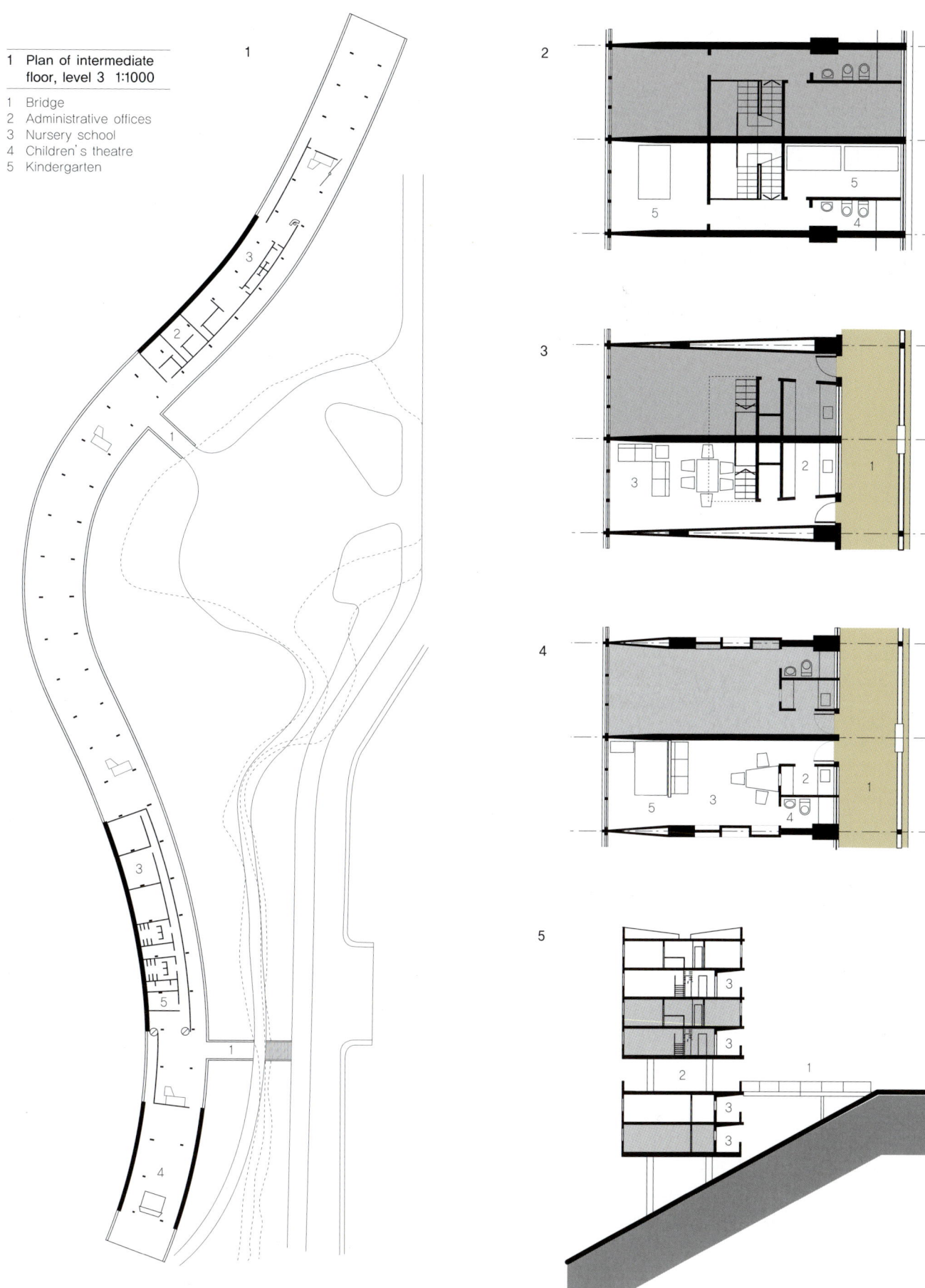

1 Plan of intermediate
  floor, level 3 1:1000

1 Bridge
2 Administrative offices
3 Nursery school
4 Children's theatre
5 Kindergarten

Two–bedroom
maisonettes, plans 1:200

2 Levels 5 and 7, upper
   floor
3 Levels 4 and 6, lower
   floor

1 Access gallery
2 Kitchen
3 Living/Dining
4 Bathroom
5 Bedroom

4 One–bedroom flats,
   levels 1 and 2

1 Access gallery
2 Kitchen
3 Living/Dining
4 Bathroom
5 Bedroom

5 Section 1:500

1 Bridge
2 Intermediate floor, level 3
3 Access gallery

Churchill Gardens Estate

Powell and Moya

London, UK; 1949

모더니스트 비평가 헨리 러셀 히치콕Henry Russell Hitchcock은 1953년 9월 아키텍쳐럴 리뷰The Architectural Review라는 잡지에서 포웰Powell과 모야Moya가 계획한 런던 핌리코Pimlico 지역의 건설에 대한 주제를 비중있게 다루었다. 기사에서 다룬 주제는 크게 두 가지로 나눌 수 있다. 첫째, 주거 프로그램은 젊은 건축가들이 흥미를 느낄 수 있어야 한다는 것이었다. 당시 젊은 건축가들은 전쟁 때문에 설계의 기회를 갖지 못했었다. 두 번째는 기념비적이어야 한다는 것이다. 히치콕은 랜드마크의 관점에서 이 단지의 초기 건물을 시카고에 있는 미스 반 데어 로에의 레이크 쇼 드라이브Lake shore drive, 1951와 뉴욕에 있는 에스오엠SOM의 레버 하우스Lever House, 1952와 비교한다. 이 프로젝트는 주거 계획을 도시 디자인의 측면에서 논의한 최초의 작품 중 하나일 것이다. 이 프로젝트가 유럽 모더니즘 혹은 국제주의 양식에 기여했다는 사실을 콘크리트 프레임 구조, 색채의 사용, 배치 계획 등에서 엿볼 수 있다.

처칠 가든 주거단지Churchill Gardens Estate가 런던에서 가장 성공한 대규모의 주거 계획 중 하나라는 것에는 의심의 여지가 없다. 일관성 있는 도시 네트워크의 구성, 모더니즘 아이디어가 돋보이는 광장은 이 프로젝트의 주요 특징이다. 히치콕은 주호의 공간 구성이나 서비스 측면에서의 디자인에 대해서는 설명을 하지 않았다. 이 프로젝트는 혁신적인 집단 난방과 온수 시스템을 사용한다. 테임즈Thames의 건너편 배터씨Battersea에 있는 발전소는 난방과 온수를 위해 쓰레기 소각시 발생되는 열을 이용했다. 중앙 난방의 도입에 따라 연료를 사용해야 한다는 제약조건이 없어졌다. 이에 따라 건축가들은 새로운 시각에서 아파트를 바라볼 수 있었다. 거실을 늘리는 효율적인 계획도 필요했지만, 프라이버시 또한 아주 중요했다. 포웰과 모야는 빌딩 연구재단의 프로젝트에서 부엌 디자인을 개선하기 위해 가정 주부의 작업을 조사했다.

주호는 2세대 조합을 기본으로 했다. 벽 안에 공용 덕트를 삽입하기 위해 화장실과 부엌을 한 곳으로 모았다. 각 세대마다 한편에 발코니가 있고, 다른 쪽에는 출입구가 있다. 유리로 된 계단실은 건물과 분리되어 있다. 가능한 한 개별적으로 주호에 접근할 수 있도록 2세대가 공동으로 계단실을 사용할 수 있게 했다.

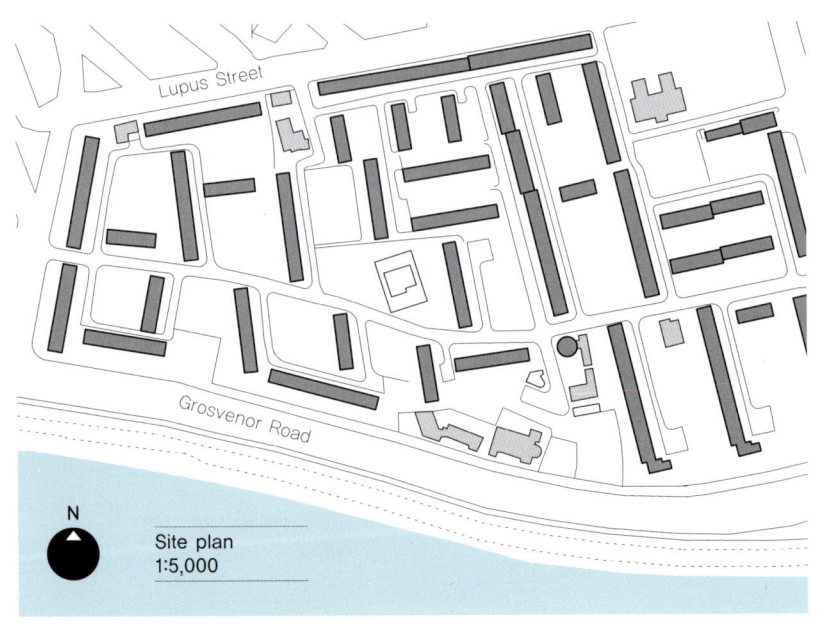

Lupus Street

Grosvenor Road

N

Site plan
1:5,000

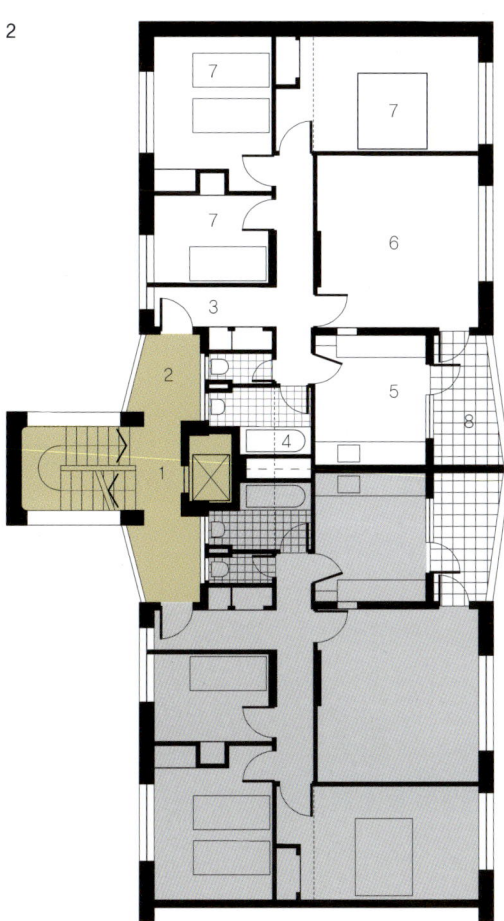

1 Top-floor plan, one
   and two-bedroom flats
2 Typical floor plan,
   three-bedroom flat

1 Stairs and lift
2 Porch
3 Entrance/hall
4 Bathroom/WC
5 Kitchen
6 Living room
7 Bedroom
8 Private balcony
9 Escape stairs

3 Section 1:200

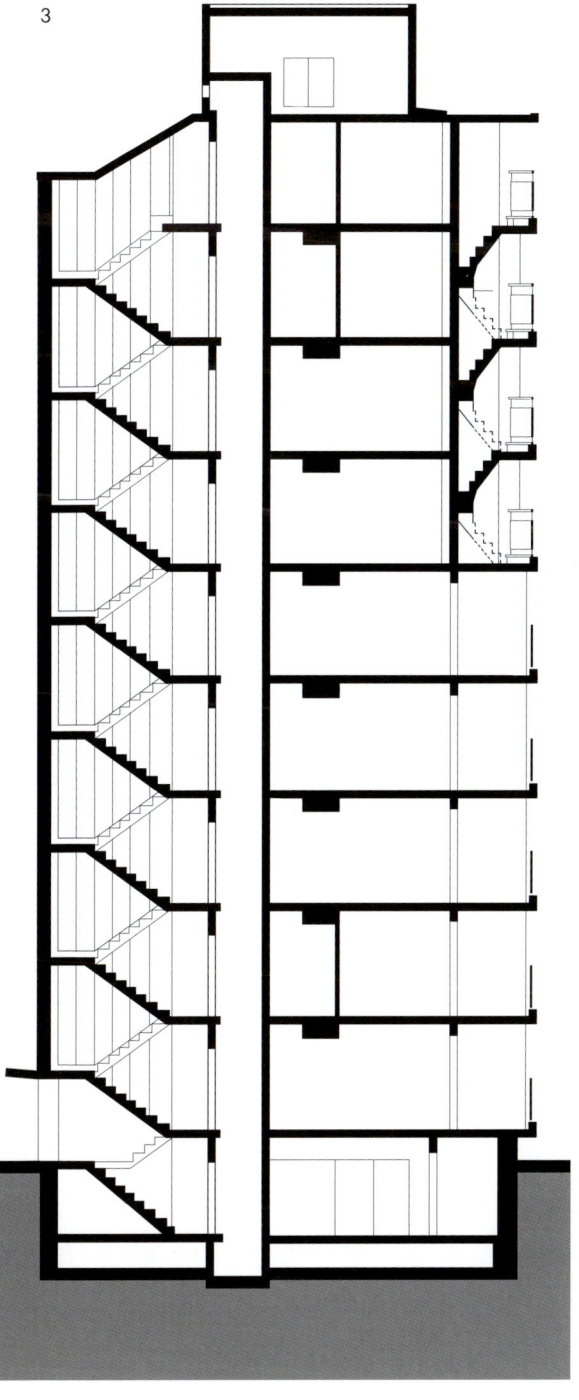

Golden Lane Estate

Chamberlin, Powell and Bon
London, UK, 1952-62

1952년에서 1962년까지 10년 동안 건축된 진 골든 레인 주거단지Golden Lane Estate는 세 가지의 빌딩 타입을 구성한다. 첫 번째 유형은 가족들을 위해 건축한 4층과 6층의 아파트로 복층형 주택으로서, 공지 공간과 어린이 놀이터에 가까이 있다. 이 건물은 내력벽을 사용했으며, 콘크리트 바닥 위에 목재를 사용했다. 두 번째 빌딩 유형은 커튼월과 밝은 노란 유리패널을 사용한 16층의 고층 타워이다. 독신이나 아이가 없는 부부를 위해 각 층마다 방이 2개 있는 주호를 8개씩 배치했다. 마지막 세 번째 유형이 고스웰 로드Goswell Road를 따라 부지의 경계에 건축한 크레센트 하우스Cresecnt House이다. 크레센트 하우스의 1층에는 상업시설이 있다.

저층부는 2층 또는 3층의 복층형 주택이다. 이 복층 주택은 1층이나 2층 외부 발코니를 통한 접근이 가능하다. 빌딩의 외부로 돌출된 벽돌 뒤에는 두 개의 출입구가 있고, 프라이버시를 위해 우묵하게 들어간 공간이 있다. 진입 발코니와 발코니를 내다볼 수 있는 부엌의 채광효율을 높이기 위해서 그릴을 사용했다. 이는 발코니를 침실의 높이와 다르게 배치하기 위한 의도이기도 하다. 폭 4m의 비교적 좁은 공간에도 불구하고, 부엌과 거실 사이에 있는 2층 높이의 천정고를 갖는 계단실의 유리는 충분한 공간감을 준다. 바깥으로 확장된 벽은 주호를 확실하게 구분하는 파사드를 만든다. 골든 레인 주거단지는 르 꼬르뷔지에가 제안한 도시 계획 아이디어를 영국에서 처음으로 적용했다는 점에서 큰 의의가 있다. 런던의 핵심지역으로, 뉴 타운에 대한 이상과 늘어나는 교외화의 대안으로 도시 재개발의 가능성을 보여주는 계획이라는 점에서 의의가 있다. 이곳의 다양한 주거 타입은 수영장, 커뮤니티 센터, 놀이터 등과 같은 주민을 위한 커뮤니티 편의시설을 제공하며, 생활의 즐거움을 더해 준다. 고층 타워를 주변의 저층 건물과 함께 배치함으로써 입주자와 이웃 주민들에게 강한 아이덴티티를 심어준 단지가 바로 골든레인 주거단지이다.

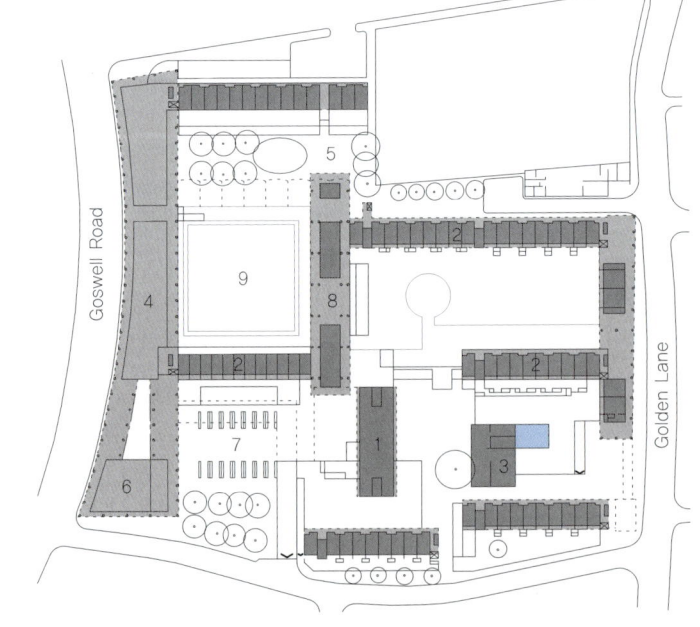

Site layout 1:2,500

1 16-storey tower block
2 Slab blocks with flats or maisonettes
3 Community centre
4 Shops
5 Playground
6 Pub
7 Pedestrian courtyard with garages underneath
8 Sports courts and gym
9 Sunken court

Opposite left: 16–storey tower block with slab block in foreground

Opposite right: Lower–level interior of a maisonette

1

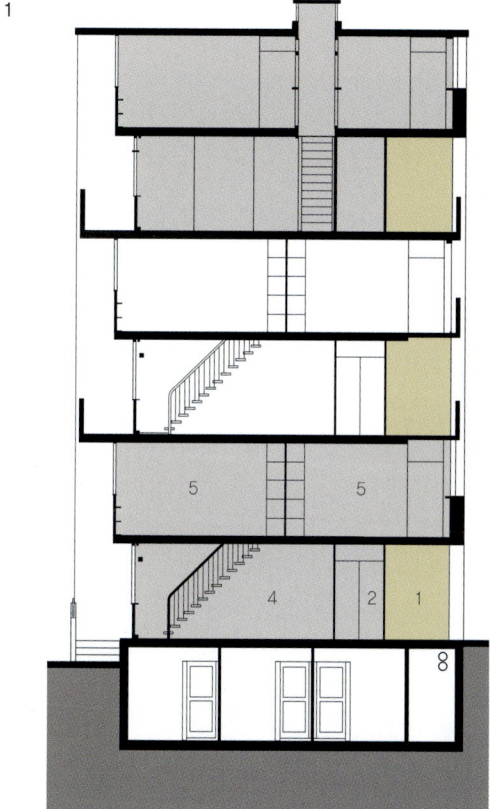

2

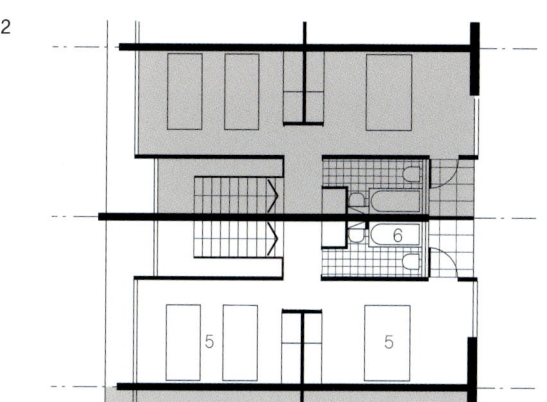

3

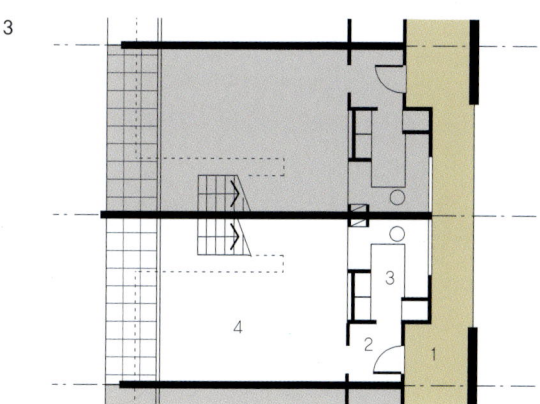

1   Section through typical slab block 1:200

Plans of typical maisonette 1:200

2   Upper–floor plan
3   Lower–floor plan

1   Access gallery
2   Entrance
3   Kitchen
4   Living
5   Bedroom
6   Bathroom

Casa de la Marina

José Antonio Coderch, 1913-84

Barcelona, Spain; 1951-54

ISM해양사회협회 Instituto Social de la Marina이 지역 어부들과 그 가족을 위해 건축한 까사 드 라 마리나Casa de la Marina는 바르셀로네타Barceloneta 부두 주변에 있다. 이 건물은 단지 끝에 있으며, 파사드는 건물의 3면을 보여주도록 구성했다. 이 건물에는 지상 바닥에서 높게 띄워져 계획된 1층과 반지하공간이 있다. 반지하공간에는 상업공간, 관리 사무실, 창고 등이 있다. 지붕선을 따라 뒤로 후퇴하여 건축한 지붕층에는 두 개의 스튜디오 아파트와 테라스가 있다. 2층에서 7층은 중앙 계단을 중심으로 구성한 주택이 있다.

수직수평과 사선이 만드는 '파도모양' 의 파사드는 평면에서도 동일하게 적용된다. 작은공간을 좀더 크게 보이기 위해 이 건물은 복잡한 방법을 사용한다. 건물과 평행하게 설치된 파티션은 거실과 침실을 나누는 역할을 한다. 외관상 무작위하게 설정한 것처럼 보이는 각도를 갖는 파티션은 복잡한 공간의 조합을 만든다. 입구에서 가장 먼 곳에 있는 거실은 대각선 방향으로 접근이 가능하다. 그리고 문 앞 한쪽 구석에서도 바깥을 내다 볼 수 있다. 한 각도의 통로를 따라 부엌과 테라스에 이를 수 있으며, 침실과 욕실로 접근하는 복도는 따로 있다. 침실은 로지아로 향하는 문과 연결되어 있다. 솔리드 판넬과 굴뚝, 거실의 루버는 입면을 구성한다.

코데르치는Coderch는 평면에 사선을 사용한 이유는 기능적인 측면을 고려한 것이라고 했다. 이 프로젝트에 내재된 특별한 아이디어로 루버의 사용, 지중해식 전통 셔터, 평면 개발 등을 꼽을 수 있다. 바르셀로나의 컴포지터 바흐Compositor Bach, 1985, 마드리드Madrid의 지라솔Girasol, 1966, 바르셀로나의 라스 코처스las Cochers와 같은 코데르치가 대규모 주거 프로젝트에서 사용했던 평면을 이 프로젝트의 평면 개발에 응용했던 것이다.

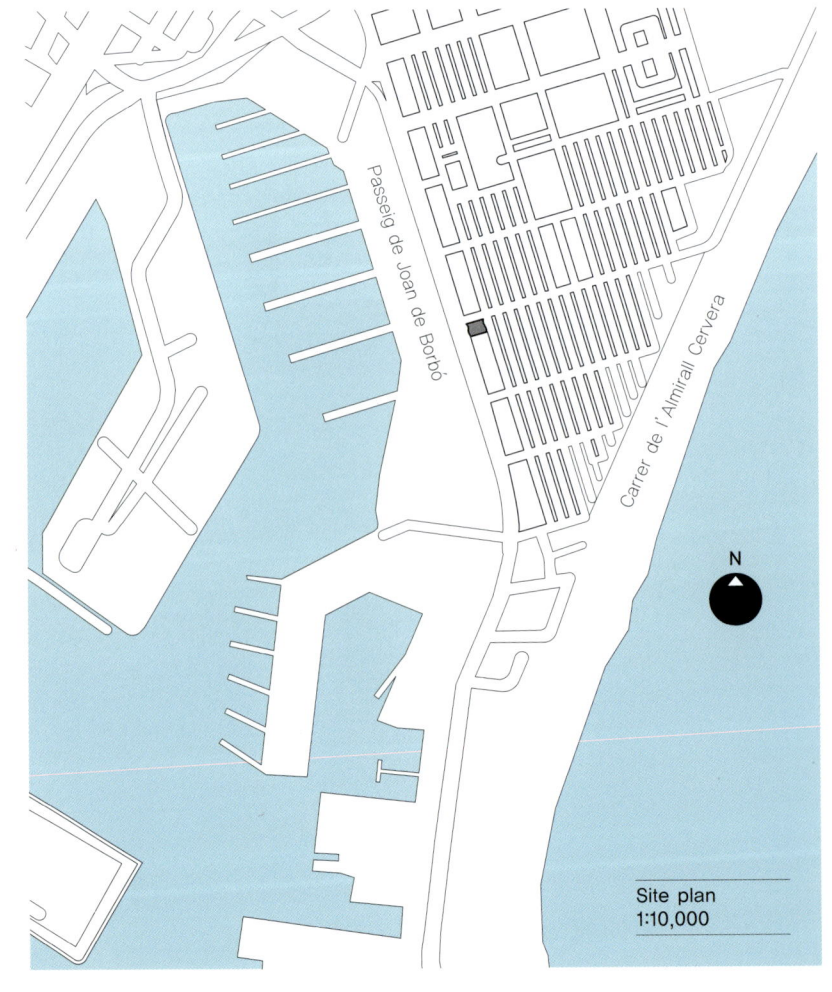

Site plan
1:10,000

1

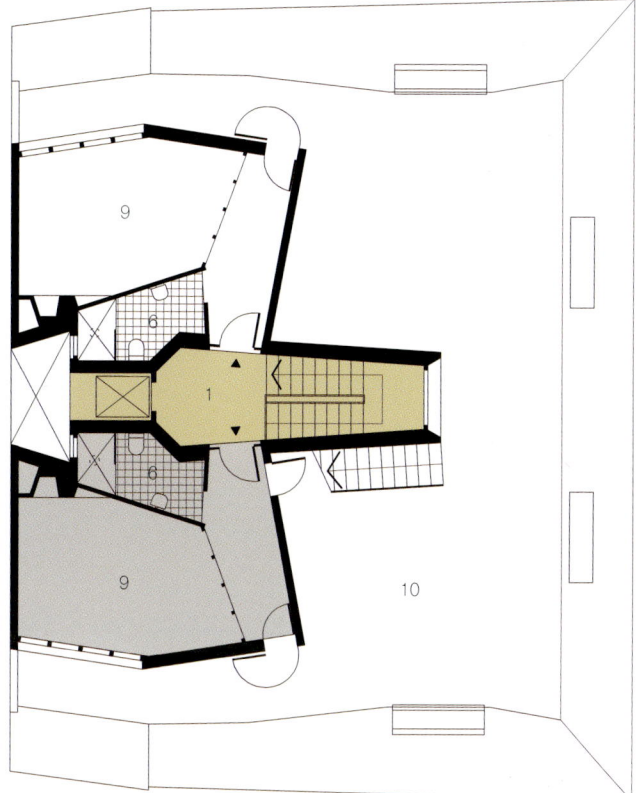

2

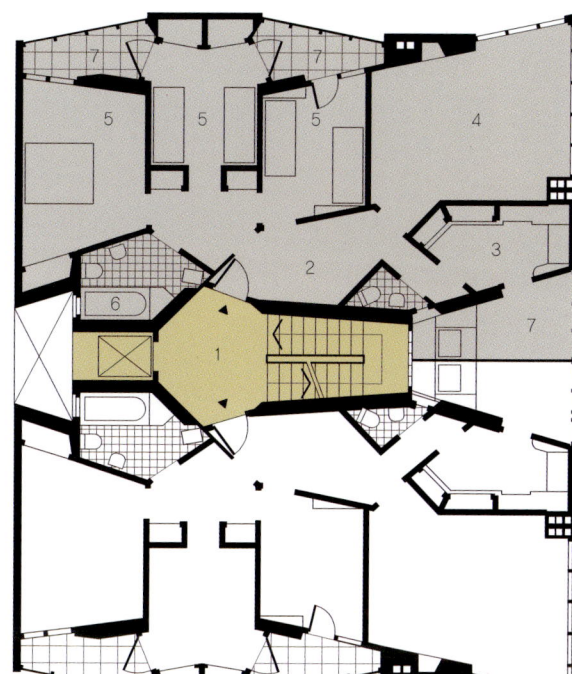

3

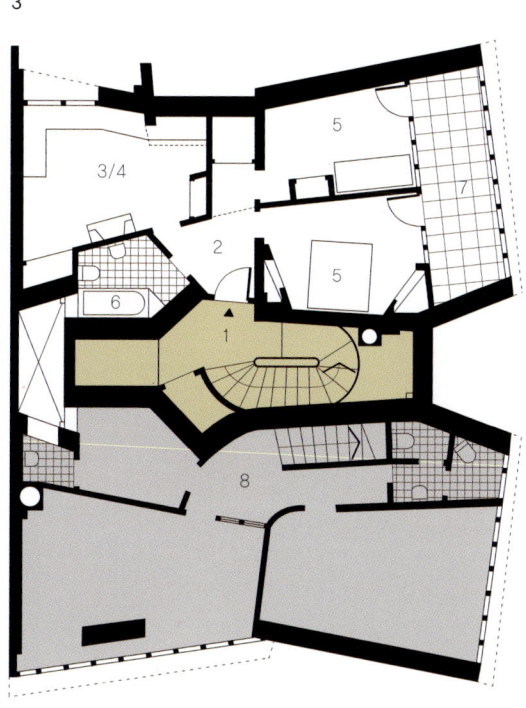

4

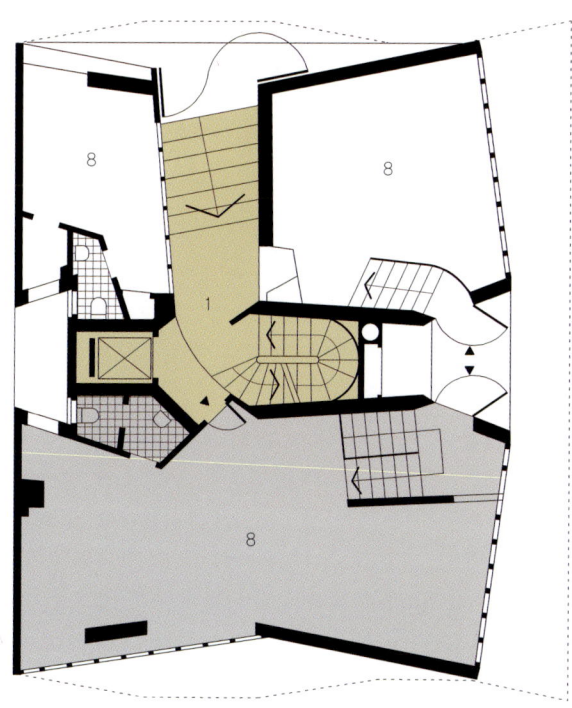

1 Attic floor plan 1:200

2 Typical upper–floor
plan 1:200

3 Upper–ground–floor
plan 1:200

4 Lower–ground–floor
plan 1:200

1 Stairs and lift
2 Entrance/hall
3 Kitchen
4 Living
5 Bedroom
6 Bathroom
7 Loggia/terrace
8 Commercial/retail
  spaces
9 Studio/bedsitting room
10 Roof terrace

Worker's Housing

Giancarlo De Darlo, 1919-2005

Baveno, Italy; 1950-53

1950년 설계 경기에서 당선된 데 카를로De Carlo의 첫 번째 독립 프로젝트는 밀란의 변두리에 있는 세스토 산 지오반니의 50인의 근로자용 아파트 단지였다. 이 건물 계획을 위해서 카를로는 논리적이며 이성적인 디자인 접근법을 사용했다. 양 끝의 큰 아파트 사이에서 동일한 모양의 세대들이 선형의 블록을 구성하며, 세대로 접근할 수 있는 발코니는 북쪽에 면해 있다. 선형의 블록은 복잡함과 소음을 줄이기 위해 메인 블록에서 분리되어 있다. 주변의 풍경을 볼 수 있는 개인용 발코니는 남쪽에 있다. 카를로는 가능한 한 최고의 공간과 최대의 프라이버시를 제공하려 했다. 그러나 이 프로젝트를 완성하고 나서, 카를로는 거주자들이 세대를 어떻게 구성하는지 발견했고, 이에 따라 그는 주택 디자인에 대한 전체적인 접근법을 바꾸었다. 1954년 카사벨라를 쓰면서, 카를로는 개인 발코니에서의 전망을 세탁물이 가리는 것을 목격했다. 또한 사람들은 이웃 사람과 지나가는 사람을 보기 위해 북쪽에 면한 발코니에 앉는다는 것을 알았다. 그는 사회적 커뮤니케이션이 건물의 향, 녹지, 채광과 프라이버시만큼이나 중요하다는 결론을 내렸다.

이성적이고 논리적인 접근에 대한 이러한 의문점은 카를로가 도시 또는 조직의 시스템에 대한 생각에 중점을 두게 했다. 이러한 이성적이고 논리적인 접근은 형태와 구조에서 발전한 모더니즘의 유형이나 시스템의 결과였다.

카를로는 이러한 접근법을 바베노 프로젝트에서 처음으로 입증했다. 이 프로젝트는 FIEBuilding Promotion Fund가 발주한 설계 경기와 관련된 다수의 디자인 연구를 발전시킨 것이다. 설계 경기에서 평면이 결정되지 않은 공사 전에 거주자와 상담해야 한다는 디자인 지침이 있었다. 대지의 위치는 가변적이고 유형학적인 접근이 가능한 개발자가 결정했다. 이러한 모순을 다루면서 카를로는 새로운 유형에 대한 다수의 연구를 발전시켰다. 첫째, 기본 건물의 유형을 동일화했다. 둘째, 주택의 유형을 개발했다. 셋째, 대상 부지를 조사했다. 그리고 마지막으로 대지 위에 새로운 건물들을 그룹지어 배치했다. 어떻게 기본 세대를 다양한 방법으로 조합하고

변경할 수 있는지를 다양한 유형으로 보여주었다. 바베노 프로젝트는 석조로 된 2층 높이의 경사지붕이 있는 목재 건물이다. 바베노 프로젝트에는 분명하게 구분된 6개의 세대가 있으며, 세대는 2호 조합이다. 또한 건물들로 둘러싸인 공용의 오픈 계단을 갖는다. 각 세대에는 거실과 식당, 2개의 방, 부엌과 욕실이 있다.

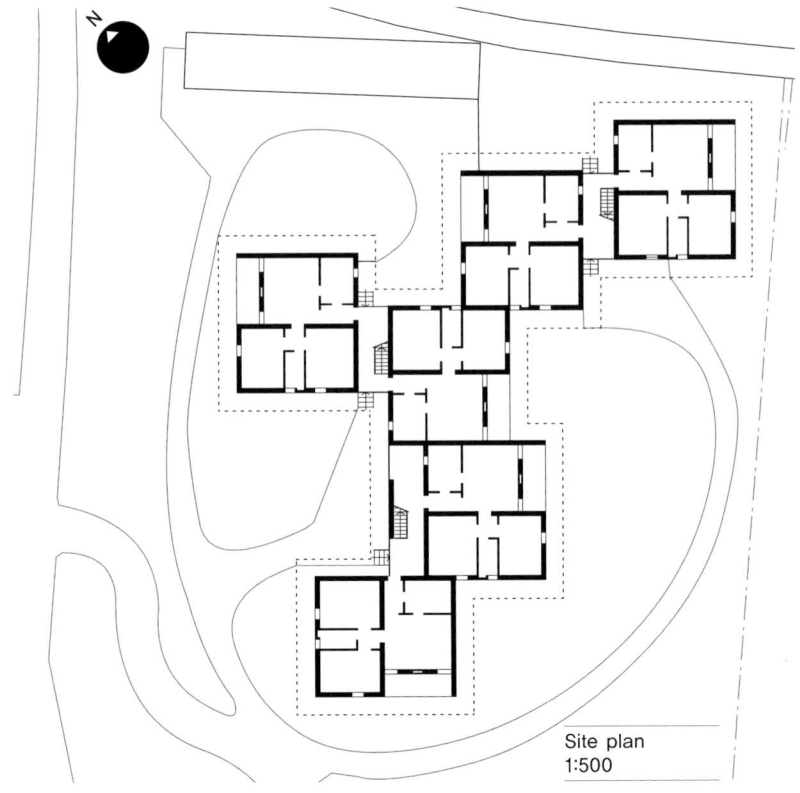

Site plan
1:500

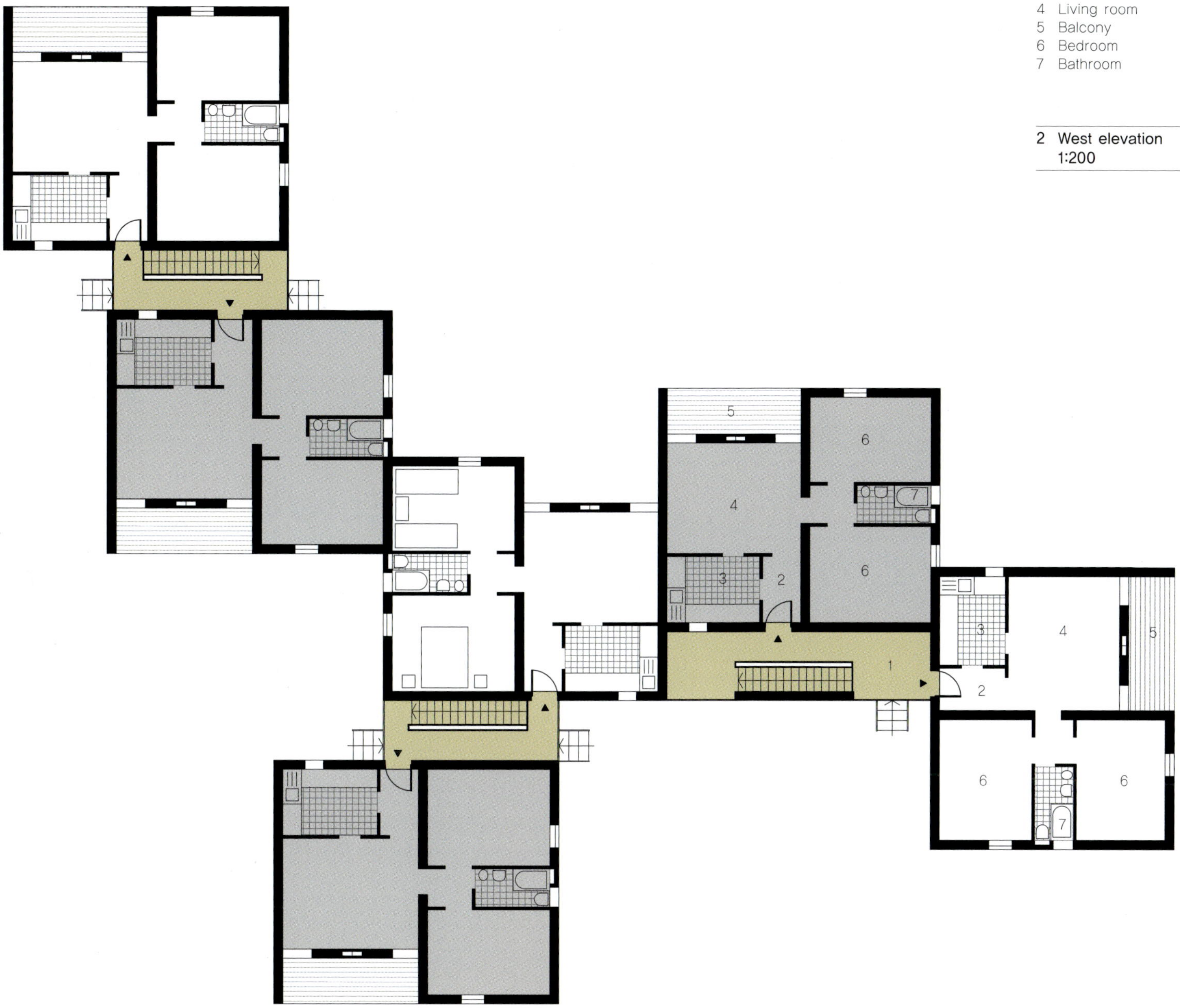

1 Upper–floor plan
1:200

1 Shared circulation
2 Entrance hall
3 Kitchen
4 Living room
5 Balcony
6 Bedroom
7 Bathroom

2 West elevation
1:200

1

2

860-880 Lake Shore Drive

Ludwig Mies van der Rohe, 1886-1969

Chicago, Illinois, USA; 1951

"이 엄청난 높이에서 평지의 바닥으로 내려오는 유리창의 효과는 위대하면서도 놀랍다." 1958년에 발간된 프레데릭 기베르드Frederick Gibberd의 모던 플랫 Modern Flats에 인테리어 사진작가가 남긴 글이다. 1950년대 건축한 스틸과 유리로 된 26층짜리 두 개의 타워, 860-880 레이크 쇼 드라이브860-880 Lake Shore Drive가 주는 강렬한 인상을 두고 표현한 말이다. 이 두 개의 타워는 정확히 계산된 치수의 스틸 프레임과 유리 시스템으로 유명하다. 사무실 빌딩에 널리 사용되었던 스틸 프레임과 유리 시스템은 20년간 고층빌딩의 새로운 건축 어휘가 되었다. 대지의 형상과 상관없이 삼각형의 부지 위에 26층 건물 두개가 직교해 있다. 이 건물은 두말할 것 없이 모더니즘을 세계적으로 보여 준 최고의 건물이다.

비록 두 건물의 크기, 외관, 공사방법은 다르지 않지만, 평면 계획은 서로 다르다. 두 건물 모두에는 중앙 계단과 승강기 통로, 복도가 있다. 그리고 부엌, 화장실, 벽장은 홀의 입구 중앙부에 배치되어 있다. 거실의 주변 공간을 비워 놓은 것은 전망이나 채광을 좋게 하기 위해서이다. 북쪽 타워의 각 층에는 2개의 방66㎡이 있는 8개의 세대가 있다. 5개의 방133㎡이 있는 4개의 세대는 남쪽 타워에 있다. 지하 2층을 포함한 저층에는 개인 창고, 주차장과 응접실, 세탁실과 급속냉장고와 같은 공유 공간이 있다. 평면 계획은 원래 오픈 플랜open plan을 차용했으며, 작은 파티션으로 부엌과 화장실을 가렸다. 그러나 전통적인 레이아웃을 선호하는 개발자의 의지에 따라 평면은 재계획되었다.

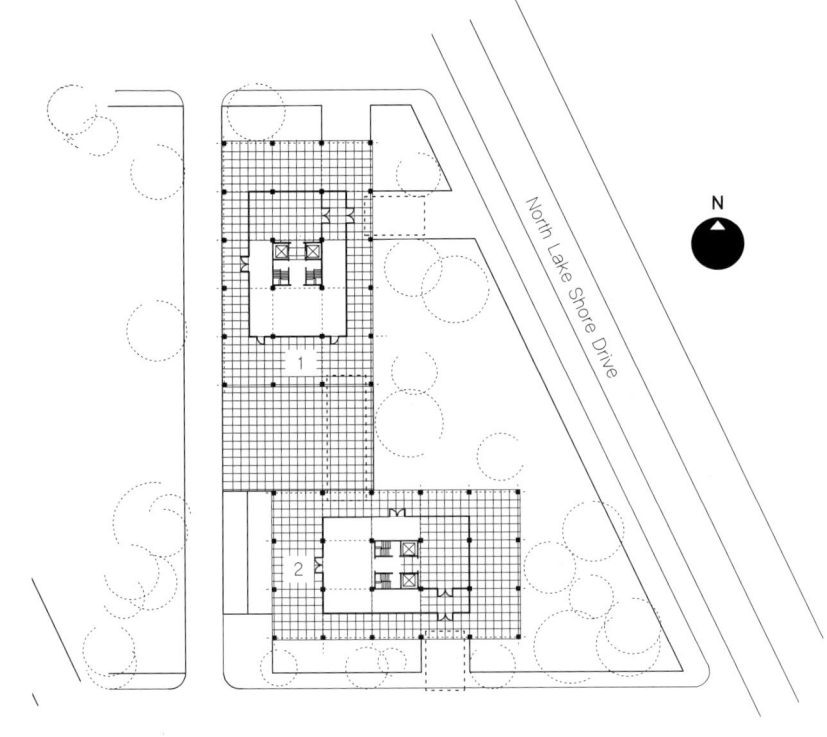

Site plan 1:1,000

1 North building
2 South building

1

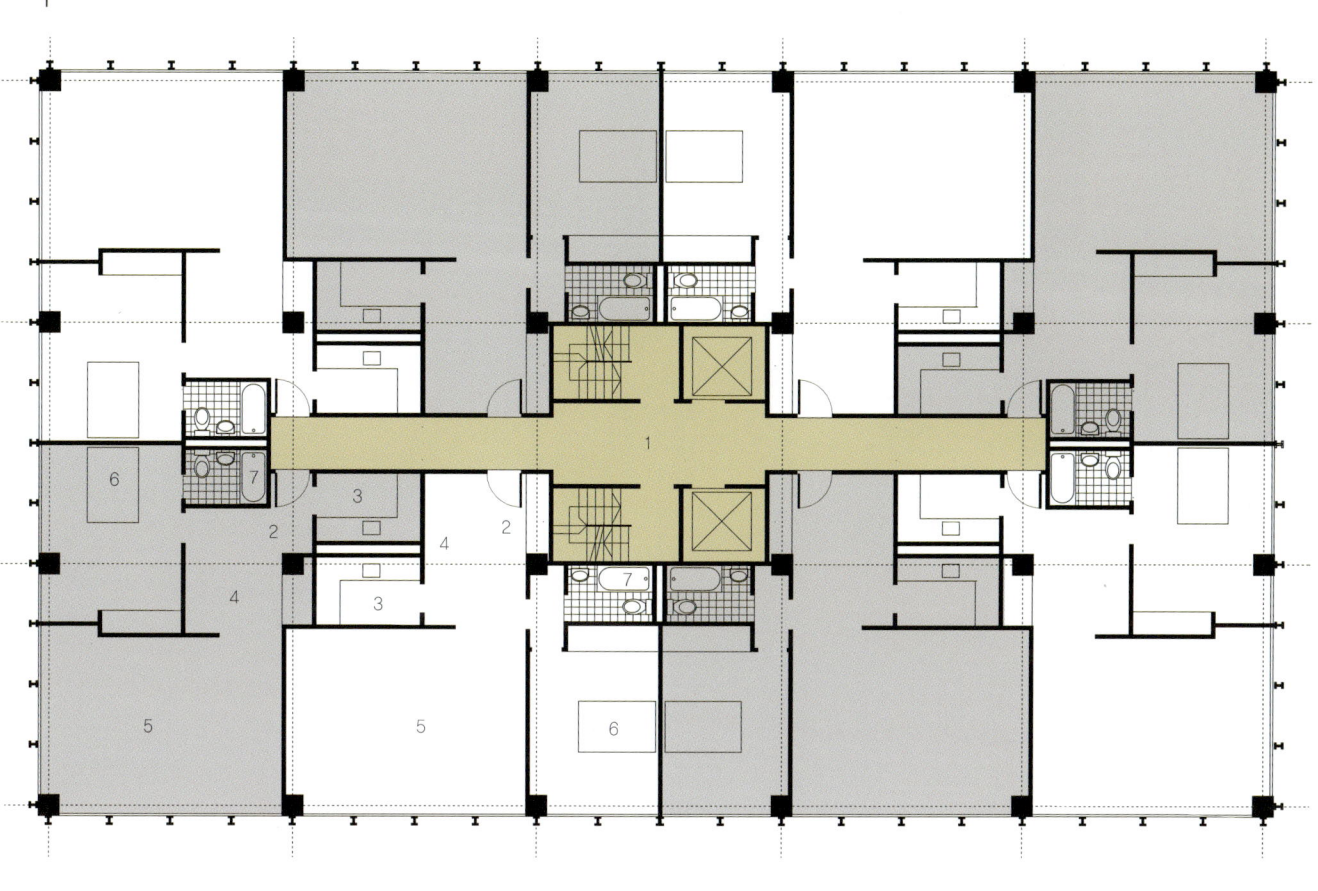

2

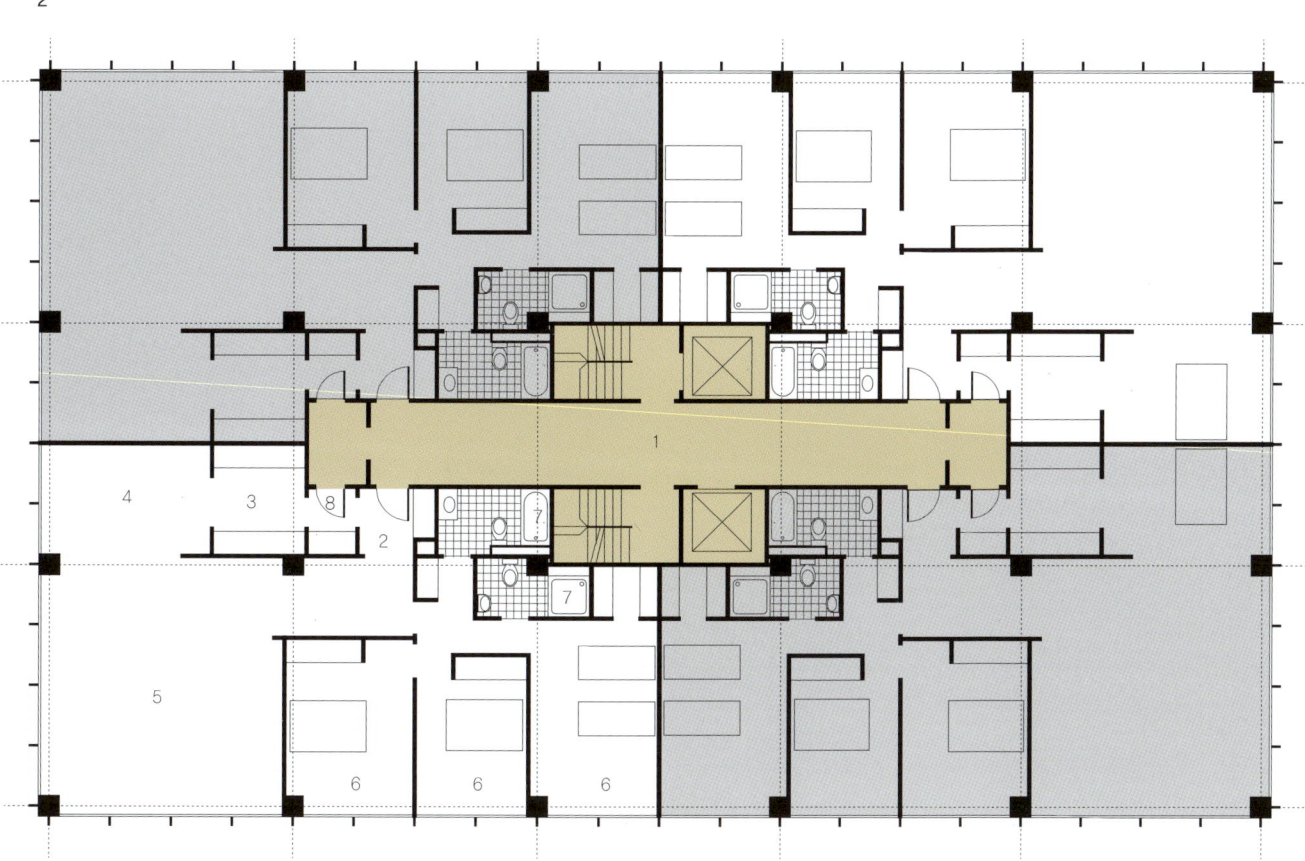

1   North building
    typical floor plan
    1:200

2   South building
    typical floor plan
    1:200

1   Access corridor, stairs
    and lifts
2   Entrance/hall
3   Kitchen
4   Dining space
5   Living room
6   Bedroom
7   Bathroom
8   Service hall

Price Tower

Frank Lloyd Wright, 1867-1959

Bartlesville, Oklahoma, USA; 1956

프라이스 타워Price Tower가 건설될 당시, 건축 평론가들은 라이트Wright가 거론한 고층 빌딩과 도시 경관에 대한 이론에 주목했다. 뉴욕에 있는 세인트 마크 타워St Mark's Tower, 1929, 시카고 타워Chicago Towers, 1930, 브로드에이커 시티 Broadacre City, 1934 등과 같은 라이트의 이전 고층 건물 프로젝트들은 모두 캔틸레버 슬라브를 지지하는 중앙 코어방식이었다. 프라이스 타워의 건축을 기념하여 출판된 책들에서 라이트는 나무를 이용한 은유적 상징성을 사용했다. 나무는 생존과 꽃피움을 상징한다. 라이트는 숲이 없는 다른 미국 도시에 밀집되어 있는 타워들과 다른 건물을 지으려고 했다. 이러한 생각에 따라 바틀즈빌Bartlesville 타워는 낮은 도시를 내려다 볼 수 있게 지어졌으며, 오클라호마Oklahoma 초원을 배경으로 설정했다.

주거와 오피스 공간 모두를 포함한 첫 번째 프로젝트라는 점에서 프라이스 타워의 가치는 매우 크다. 바람개비 모양의 사각형 4분의 1이 복층 아파트이며 나머지 4분의 3이 사무실이다. 거실과 부엌은 아파트 1층에 있고, 2층에는 침실과 화장실이 있다. 복층에는 침실을 닫거나 거실을 열수 있는 목재 셔터가 있다. 평면 계획은 120도 또는 60도의 각을 이루는 다이아몬드 형태를 기본으로 했다. 라이트가 이러한 각도를 사용한 이유는 이 각도를 통해 공간을 쉽게 구성할 수 있기 때문이다. 주택 내에 있는 모든 가구와 파티션은 주문 제작한 것이다. 서비스와 환경을 통제할 수 있도록 개발했다. 라이트는 자동 엘리베이터, 냉방용 파이프, 덕트를 넣을 수 있는 콘크리트 핀fin을 계획했다. 광택성 외벽에는 색 유리를 끼웠으며, 수직 루버도 설치했다. 루버는 태양을 차단하고 비바람을 막는 역할을 한다. 고층건물을 위한 공학적 지식과 디자인 개발 측면에서 이 건물의 기여도는 크다. 경량구조는 건물의 경제성을 높이는 역할을 했다. 그러나 이 건물은 근대적 사고의 측면에서도 많은 영향을 미쳤다. 라이트는 "프라이스 타워가 프라이버시, 안전성과 미적 측면 모두를 수용하는 건물이다." 라고 말한다.

길 모퉁이의 140×50m의 대지에 세워진 프라이스 타워에는 사무실과 주거를 위한 별도의 진입로와 지하 주차장이 있다. 2배 높이의 출입구는 관리실과 사무실 쪽으로 이어져 있고, 지붕은 식물로 덮여 있다. 펜트 하우스는 건물 소유주, 해롤드 프라이스Harold Price를 위해 계획한 공간이다. 외부 테라스와 식당은 프라이스의 직원들을 위해 마련된 공간이다.

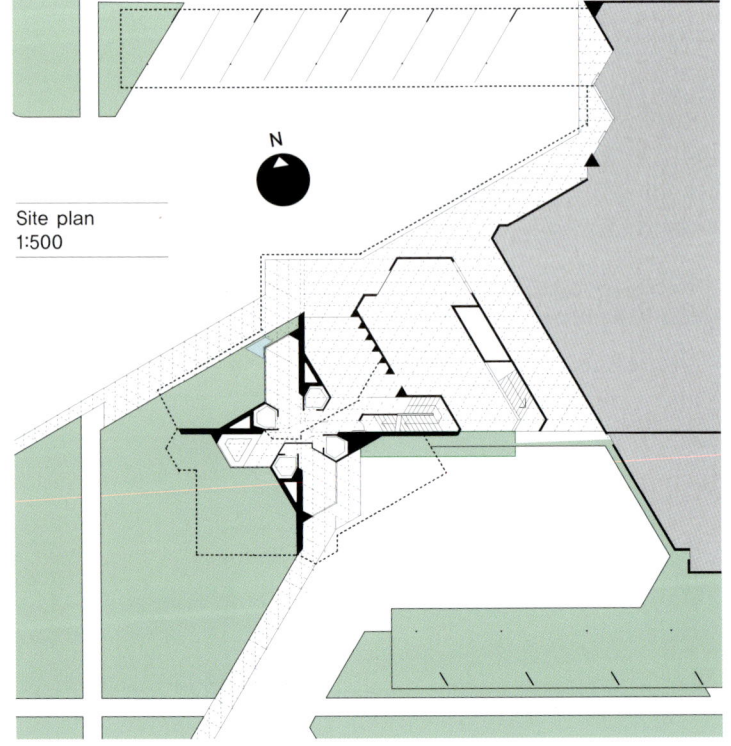

Site plan
1:500

N

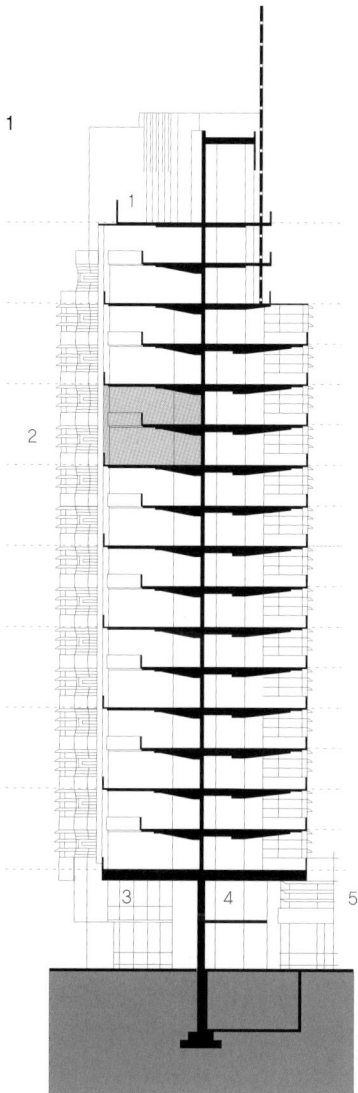

1 Section 1:500

1 Roof terrace
2 Duplex apartment
3 Double–height entrance
   to office
4 Entrance to apartments
   with mezzanine gallery
5 Two–storey building
   beyond with planted
   roofs

**2 Penthouse floor plan
1:200**

1 Lift
2 Roof terrace
3 Entrance lobby
4 Planting

**3 Typical floor plan
1:200**

**4 Mezzanine floor plan
1:200**

1 Kitchen
2 Entrance
3 Dining
4 Living
5 Lift
6 Offices
7 Void over living space
8 Bathroom
9 Bedroom

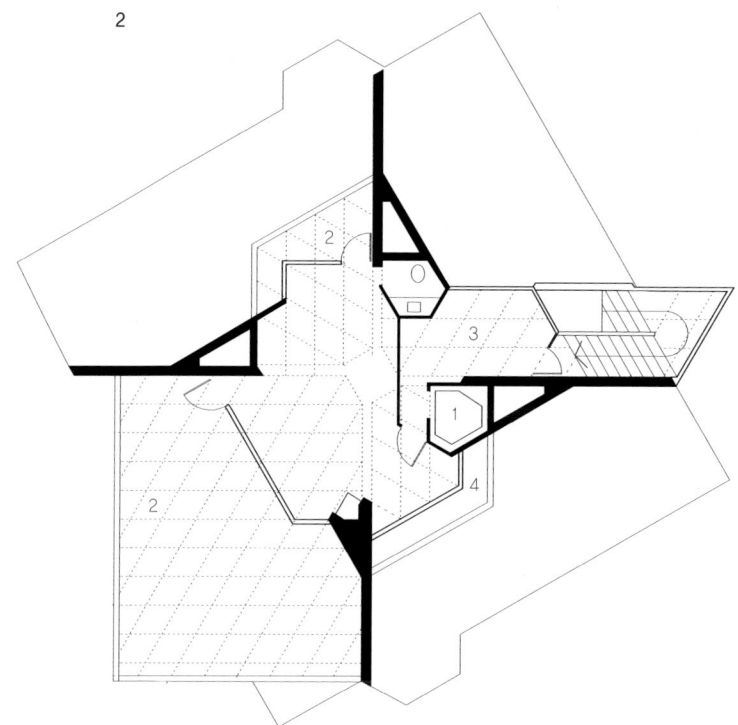

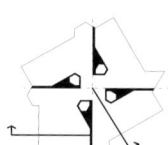

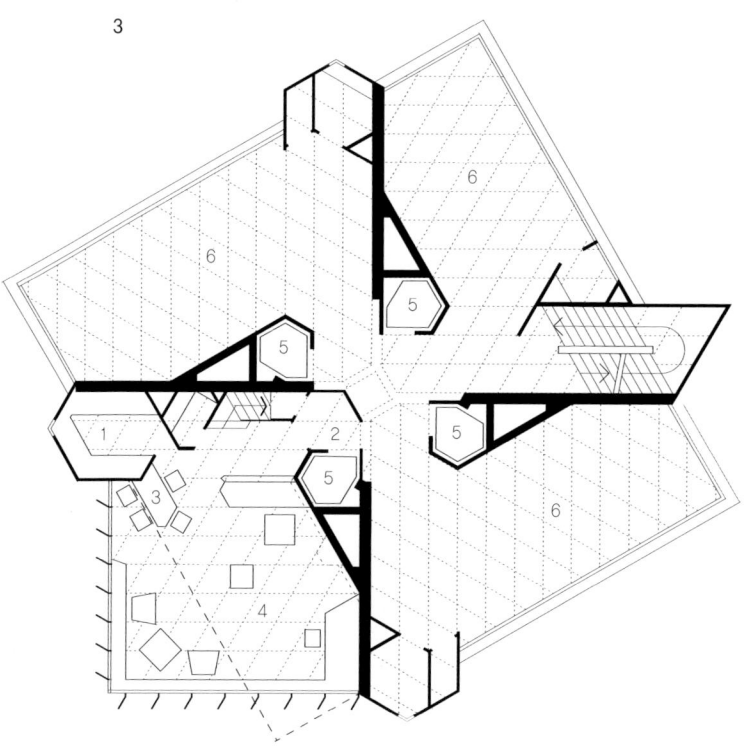

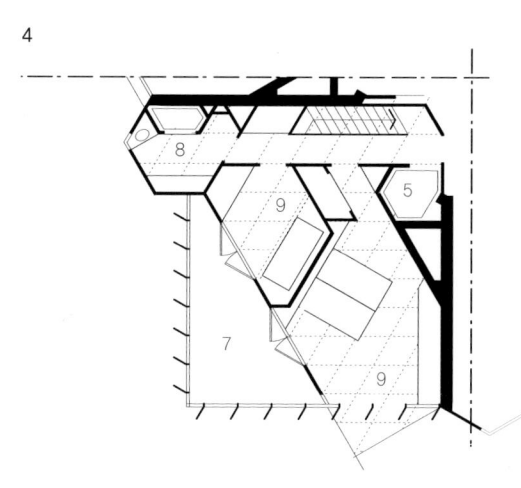

Keeling House

Denys Lasdun, 1914-2001

London, UK; 1958

이 프로젝트는 빈민가를 재정비하고 전쟁으로 파괴된 건물을 재건하기 위한 실험성이 강한 프로젝트이다. '클러스터 블록Cluster blocks'의 작은 공간은 기존보다 쉽고 효율적으로 세대를 구성하기 위한 의도에 따른 것이다. 1960년 5월호에 게제된 아키텍추럴 리뷰Architectural Review에 따르면 클러스터라는 용어는 지리학자 케빈 린치Kevin Lynch와 건축가 앨리슨Alison과 피터 스미슨Peter Smithson이 제안한 이론에 뿌리를 둔다.

　　건축가들은 모더니즘의 보편적 원리를 건축에 적용하는 것에 대해 의문을 가졌었다. 그리고, 기존의 도시 형태와 좀 더 긴밀하게 연계시키는 방법을 모색했다. 도시의 조직은 건축과 도시 계획에서 중요한 개념이다. 도시의 조직을 구성함에 있어 도시를 구성하는 요소들을 어떻게 조합하느냐는 매우 중요하다. 도시의 조직을 결정짓는 클러스터의 아이디어는 지역의 특별한 장소나 개별적인 건물을 위해서도 모두 중요하다. 스미슨은 1957년 아키텍처럴 리뷰 11월호에서 '사회적인 그룹'이 구체화된 형태로 나타난 것이 클러스터라고 말한다. 예를 들어 클러스터는 노동자 계층의 거리와 같이 인식 가능한 이웃을 나타낸다.

　　런던의 이스트 엔드East End, 우스크 거리Usk street의 트레베리언 하우스 Trevelyan House, 1952와 클레어데일Claredale 거리의 킬링 하우스Keeling House 등과 같은 클러스터 형 블록들은 동시대의 주거 문제에 대한 해결안을 주는 것처럼 보인다. 첫째, 자체 인식되는 클러스터 블록을 전반적으로 감소시키는 역할을 한다. 둘째, 클러스터는 주변 환경과의 조화를 유도하면서 조망을 제공한다. 셋째, 클러스터는 거주자들에게 강화된 사생활을 보장한다. 킬링하우스의 서비스는 수직 코어 중앙부에서 제공한다. 개별의 주거를 연결하는 것이 브리지이다. 8개의 스튜디오가 있는 한 층을 제외하면 모든 주호가 복층으로 구성되어 있다. 한 건물은 한 층당 두 세대를 구성하고 있다. 중앙을 중심으로 4개의 건물이 한 그룹으로 묶여 있고 두 세대가 브리지 하나를 공유한다. 최대한 많은 빛을 유입시키기 위한 채광

계획을 평면에서 가장 비중있게 다루었다. 1층에는 난방용 기관실과 전기실을 배치했으며, 자전거 보관소와 세탁건조실을 설치했다.

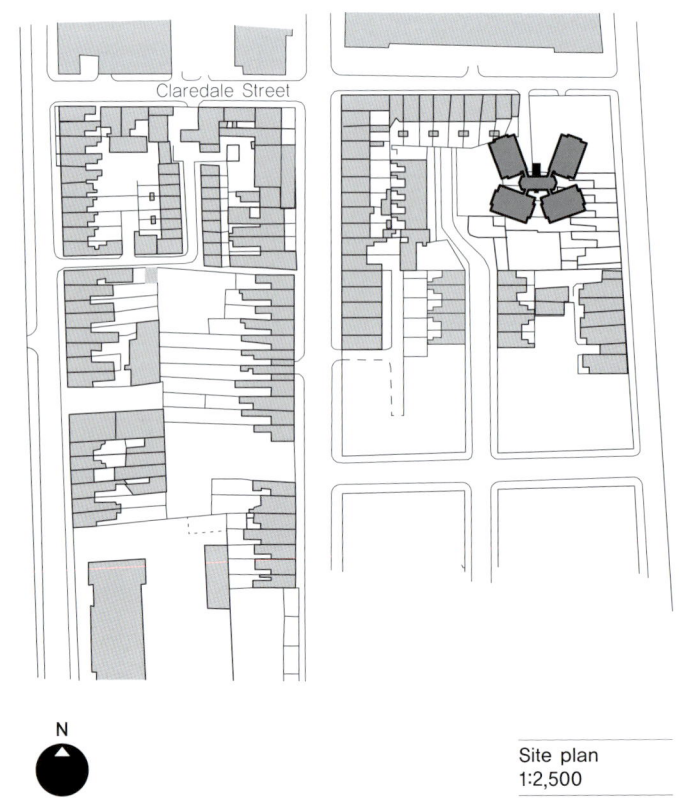

N

Site plan
1:2,500

1 Part section 1:200

1 Public balcony
2 Fire escape
3 Private balcony

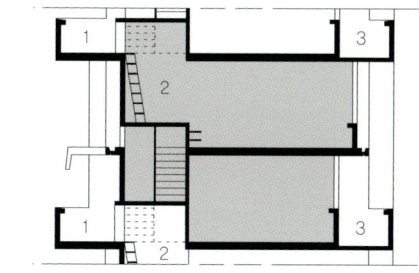

Plans of maisonettes
1:200

2 Upper level
3 Lower level

1 Access balcony
2 Entrance/hall
3 WC
4 Kitchen/dining
5 Living
6 Private balcony
7 Bathroom
8 Bedroom
9 Fire escape

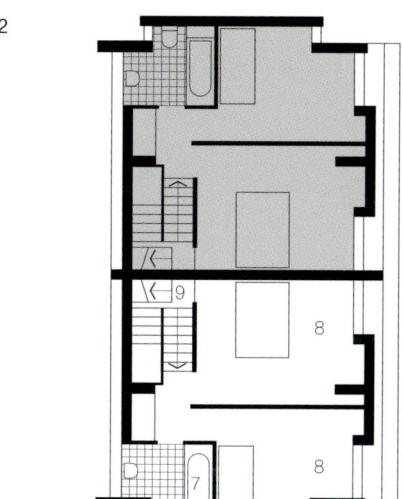

Plans 1:500

4 Upper level of
  maisonettes, levels
  2, 4, 7, 9, 11, 13, 15
5 Lower level of
  maisonettes, levels
  1, 3, 6, 8, 10, 12, 14
6 Ground-floor level

1 Fuel stores
2 Boilers
3 Electricity substation
4 Tenants' store rooms
5 Main stair
6 Bin stores
7 Rubbish chutes
8 Bridge
9 Access gallery
10 Drying platform

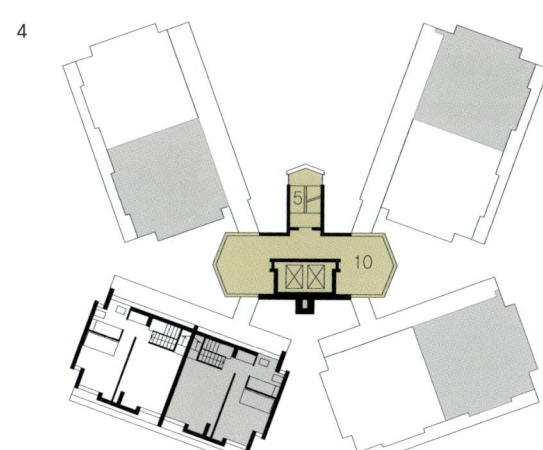

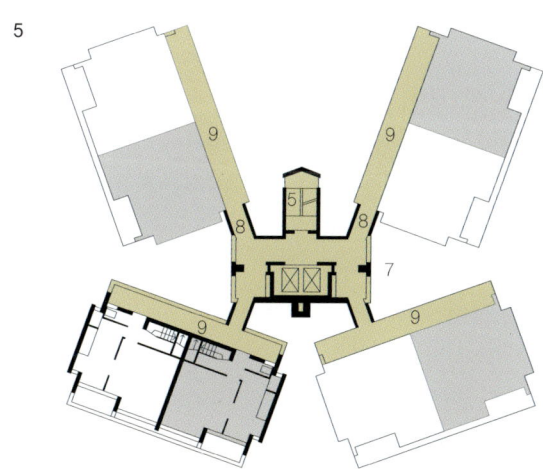

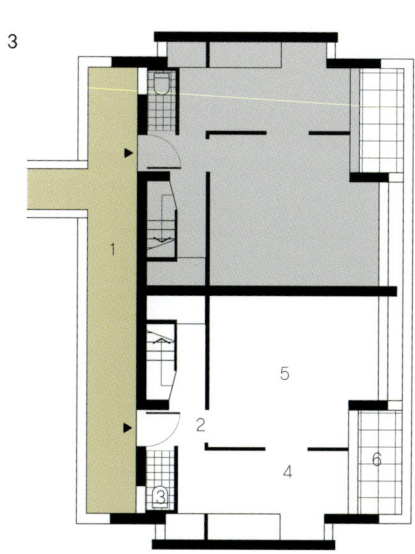

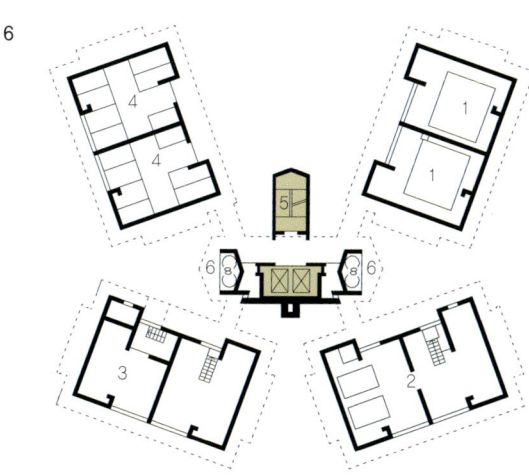

Harumi Apartments

Kunio Maekawa, 1905-86

Tokyo, Japan; 1958

노보루 카와조에Noboru Kawazoe는 1958년 이 건물의 가장 중요한 특징으로 콘크리트를 사용한 점을 피력한다. 카와조에는 콘크리트의 영구성 때문에 콘크리트를 자연적으로 만들어지는 돌이라고 했다. 카와조에는 콘크리트를 경관의 일부, 건물과 구별되는 것, 내부 공간에 배치되는 대상이라고 생각했다. 물론 콘크리트를 '뉴 브루털리스트New Brutalists' 의 관점에서 논의해 볼 수도 있을 것이다. 뉴 브루털리스트는 영국의 젊은 건축가가 사용한 용어이다. 스미슨Smithsons은 콘크리트를 미학적인 관점보다 윤리적인 관점에서 보려고 했다. 윤리적인 관점에서 건축을 재해석한다는 것은 스타일과 상징성의 관점에서 건축을 보지 않는 것이다. 간단히 말하자면 그것은 노출 콘크리트와 관련이 있다. 노출 콘크리트는 르꼬르뷔지에Le Corbusier가 마르세이유 집합주택p.82-85에서 사용한 프랑스 단어 '베통 브뤼beton brut' 에서 유래되었다. 마르세이유 집합주택은 하루미 아파트보다 십년 전에 지어져 이 건물에 영향을 미쳤다. 하루미 아파트는 구조적인 면과 빈 공간을 채우는 면에서 특징이 있다. 이 건물은 지진을 대비하고 바닷물에 의한 부식과 강풍을 고려하여 지은 빌딩이다. 마에가와Maekawa는 이 아파트를 두고 튼튼한 사회 기반시설이라고 말한다. '빌딩은 배경' 이라고 생각하는 건축가의 생각이 이 건물을 통해 나타났다. 이것은 일본 건축가 켄조 단케Kenzo Tange 와는 다른 생각이다. 켄조 단케는 걸려진 세탁물이 아파트의 외관을 망친다고 생각했다. 그러나 세탁물은 삶과 인간행위의 흔적이다. 마에카와는 이것들을 말하지 않고서 건축을 이야기할 수 없다고 말한다.

하루미 아파트의 슬라브 블록은 일본주택회사의 지원금으로 건축했던 최초의 고층 건물이라는 점에서 주목할만했다. 디자인은 기본 평면 유형부터 6~7가지로 변형된 시범적 평면을 개발하는 것에 초점을 맞추었다. 초반에 결정된 대부분의 사항은 실용적이었고, 지진과 계절의 영향을 받지 않아야 하며, 고도를 제한하고, 2개 이하의 승강기 수를 유지한다는 것이었다. 각 3층마다 복도를 두어서 최소한의 동선을 만든다는 결정은 계단을 특이하게 배치하게 만들었다. 이와 같은 공간의 구성은 나머지 공간을 융통성 있게 계획할 수 있는 가능성을 열어 놓았다. 출입구의 위쪽이나 아래쪽에 있는 계단참은 두 세대가 공유한다. 이것은 한 쌍을 이루어 창고를 구성하는 분리 벽을 만들었다. 두 개의 다다미를 최종 단계에서 적용했다. 거실과 주방공간처럼 길고 좁은 복도와 분리된 계단 벽을 따라 각각 화장실, 샤워실, 저장공간을 설치했다. 갤러리 층Gallery level에 있는 아파트는 남측에 다다미 방이 있고, 주방과 거실의 역할을 하는 복도는 진입 출입구가 있는 북측에 있다. 통행 복도는 건축가의 의도에 의해 거리로 이용될 수 있도록 넓게 계획되었다. 이곳에서 아이들이 뛰어 놀 수 있으며, 이웃과 소통할 수 있다.

Opposite left: Exterior

Opposite left: Exterior

Opposite right: Tatami
room (right) and living
space (left)

1 Typical corridor floor
   plan 1:500

2 Typical non-corridor
   floor plan 1:500

3 Section 1:200

Apartment plans 1:200
4 Non-corridor (above)
5 Corridor

1 Access gallery
2 Stairs up to floor above
3 Stairs down to floor
   below
4 Entrance
5 Kitchen/dining space
6 Shower/WC
7 Tatami room
8 Balcony

Beacon Street Apartments

The Stubbins Associates

Boston, Massachusetts, USA; 1959

보스톤Boston의 비컨Beacon 거리에 있는 17층의 78세대 아파트는 1959년에 지어졌다. 이 아파트는 옵아트op art를 차용했다. 이 건물의 외관은 정체된 이미지가 아니라 움직이는 착시현상을 일으키는 이미지이다. 돌출된 베이bay는 인접건물의 형태와 창문의 치수를 고려하여 결정했다. 보스톤에서 가장 오래된 고급 주거지역 중의 하나인 비컨 언덕에 있는 이 아파트는 고품격의 넓은 주호를 제공한다. 스터빈스 어소시에이트Stubbins Associate의 휴 스터빈스Hugh Stubbins Jr는 이 건물의 건축가이다. 스터빈스는 1978년에 지어진 45도 각도의 첨탑이 있는 뉴욕의 씨티콥 센터Citicorp Center와 같은 상업 프로젝트, 1933년에 건축된 요코하마 랜드마크 타워Yokohama Landmark Tower로 유명한 건축가이다. 하지만 그는 상업건물에 비해 주거건물에서는 덜 유명한 편이다.

비컨 스트리트 빌딩에는 3개의 수직 이동 코어가 있다. 이렇게 나뉘어진 수직 통로는 복도를 공유해야 하는 필요성을 감소시켰다. 매 3층마다 있는 복도는 2세대가 공유하며, 3개 층의 평면은 반복된다. 규칙적인 기둥 그리드는 평면을 9개로 동일하게 나누고, 남동쪽에 면해 있는 침실들이 기둥 사이에 균등하게 배치된다. 북서쪽에는 거실과 발코니가 있다. 발코니에서는 찰스 강Charles River을 내려다 볼 수 있다. 인접 세대간 소음을 줄이기 위해 이중벽 구조와 코르크 절연체를 사용했다. 부엌과 욕실은 평면 중앙에 있다. 복도가 없는 층에서는 아파트의 깊이를 모두 사용한다. 아파트 크기는 서로 마주보고 배치되어 있는 방의 개수와 구조적 공간의 수에 따라 결정된다. 매 3층마다 있는 진입 복도는 양 옆에 주호가 있는 중복도의 형태를 띠며, 3개의 리프트와 계단 코어를 연결시켜 준다. 또한, 이를 통해 창고 공간과 2개의 단층 세대와 1개의 복층 세대로 접근할 수 있다. 대형 평형의 세대는 가사도우미와 자영업자를 위한 별도의 출입 문을 갖는다. 지하 3개 층에 걸쳐 있는 주차장은 세대당 1대의 주차 공간을 제공하기 위한 것이다.

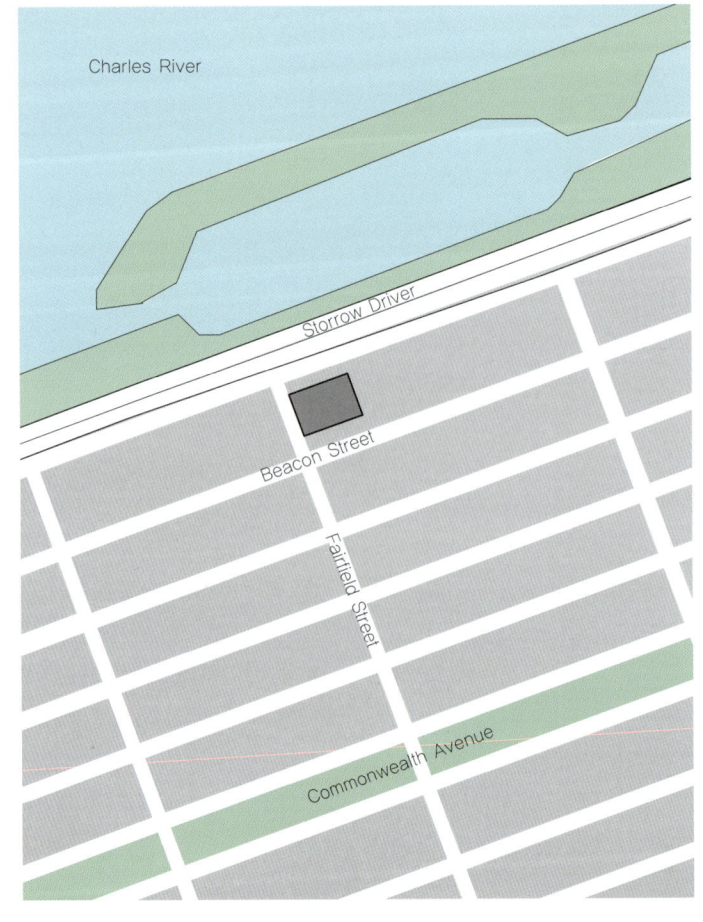

N

Site plan
1:5,000

1

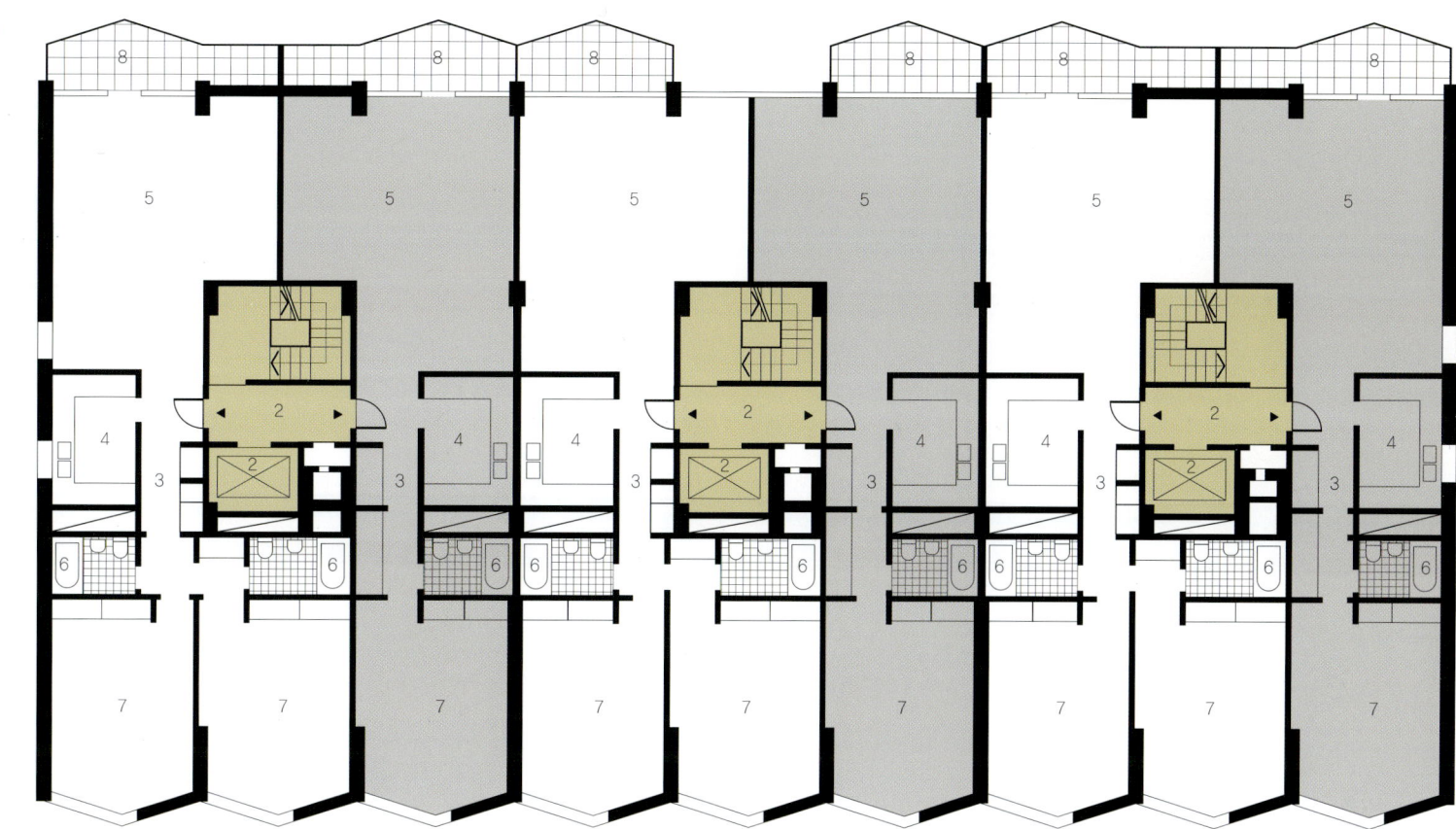

1	Typical above corridor floor plan 1:200	1	Access corridor	5	Living/dining
2	Typical corridor floor plan 1:200	2	Stairs and lifts	6	Bathroom
		3	Entrance/hall	7	Bedroom
		4	Kitchen	8	Balcony

2

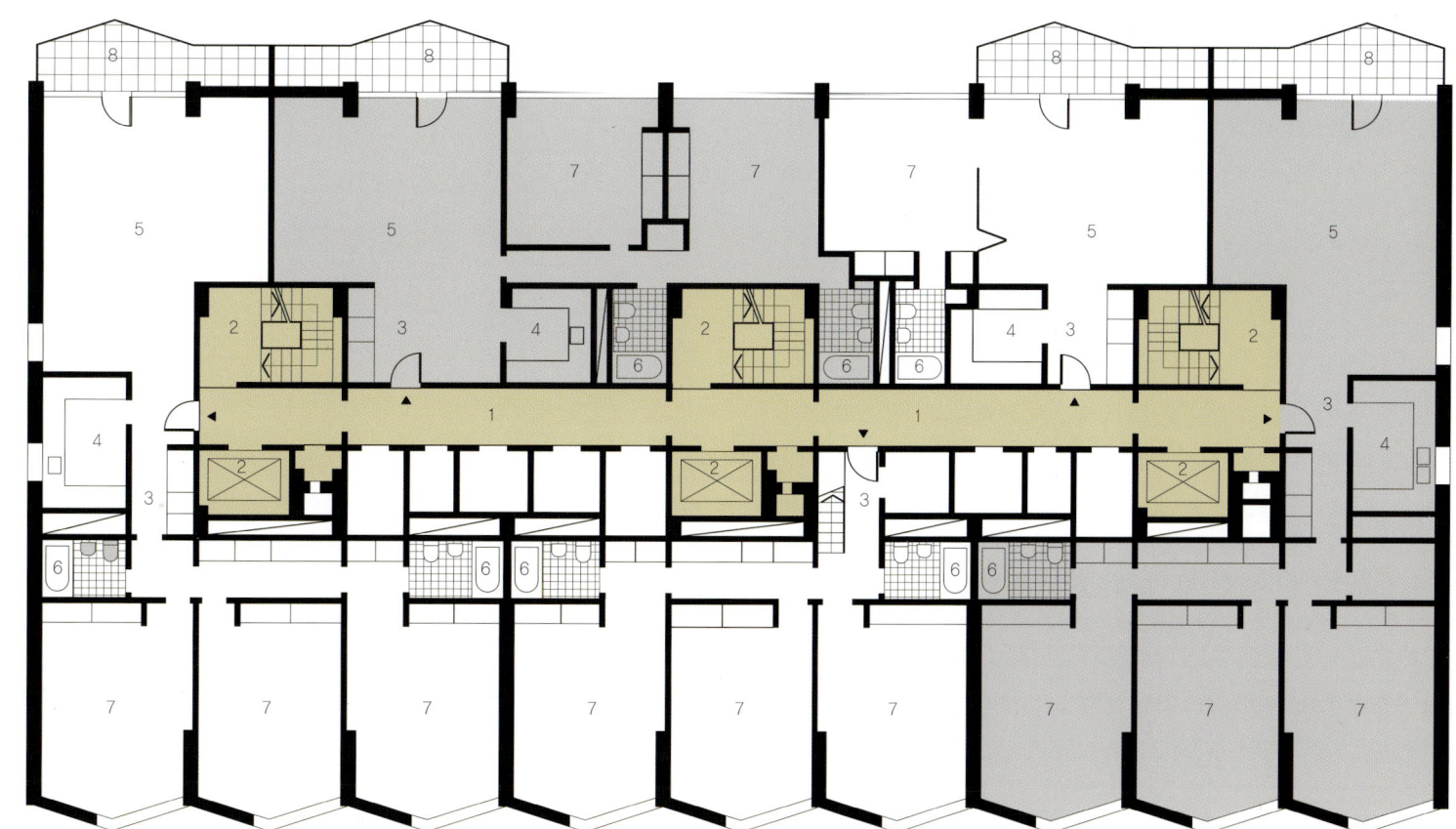

Hansaviertel Apartments

Alvar Aalto, 1898-1976

Berlin, Germany, 1957

한사비에르텔 아파트는 알바 알토의 첫 번째 고층주거 프로젝트이다. 1957년 폭격된 장소에 건축되었고, 이 작품은 베를린 국제 빌딩 전시회에 출품되었다. 이 전시의 기획 의도는 새로운 건축 형식의 잠재성을 모색하려는 것이었다. 따라서 전통보다는 현대적인 부분에 집중했다. 예를 들어, 소비에트와 나치 시대의 스타일을 표방했던 전통주의와는 뚜렷한 차이를 보이는 새로운 것을 찾았다. 알토는 다양한 주거 타입을 적용한 건물에 공원 같은 분위기를 연출하기 위해, 1층 주택과 타워 블록을 도입했다. 르 꼬르뷔지에, 그로피우스, 미스, 반 덴 브로이크엔 베이크마 등은 이 전시회를 운영했던 건축가들이다. 물론 이들은 1927년 바이젠호프 프로젝트에 참여했던 건축가들이기도 하다.

알토는 중앙 계단과 리프트 주위로 한 층에 10개의 주택을 조합하는 독창적인 계획을 세웠다. 10개의 평면은 하나의 평면을 여러 방향으로 회전시켜 얻었다. 건축가는 평면에서 보이는 것처럼 발코니 라인을 약간씩 변화시켜 수평성을 왜곡시키고 형태에 변화를 주었다. 건물은 옥외 통로와 두 블록 사이 쪽으로 경사진 필로티 위에 들어 올려져 있다. 지하에는 창고, 세탁소, 빨래 건조실이 있고, 쓰레기 버리는 것은 각 층의 리프트 옆에 있다. 세대 평면에서 알토는 중앙에 다목적 거실을 배치했다. 그가 중앙에 거실을 배치한 이유는 마당이 있는 주택 때문이다. 깊이가 느껴지는 발코니 혹은 로지아는 거실을 옥외공간으로 확장시키는 역할을 한다. 발코니는 침실과 식당에서도 접근할 수 있다. 알토는 파티오와 같은 발코니를 통해 친밀감이 느껴지는 사적 공간을 연출하였다. 한사비에르텔 아파트는 알토의 성공작임에 틀림 없다. 그 이유는 실내공간을 질적으로 향상시키고, 거주자의 개성을 존중한 계획을 보여주었기 때문이다. 알토는 순수하게 형태적 관점에서 보면 이후 진행된 프로젝트에서 더 많은 성공을 거두었다. 알토는 규모는 작지만 1년 후 브레멘에 완공된 노이어 반Neue Vahn 타워에서 파동적인 형태를 이전보다 적극 도입했다. 팬Fan과 같은 형태의 진입로를 노이어 반 타워에서 선보인 것이다.

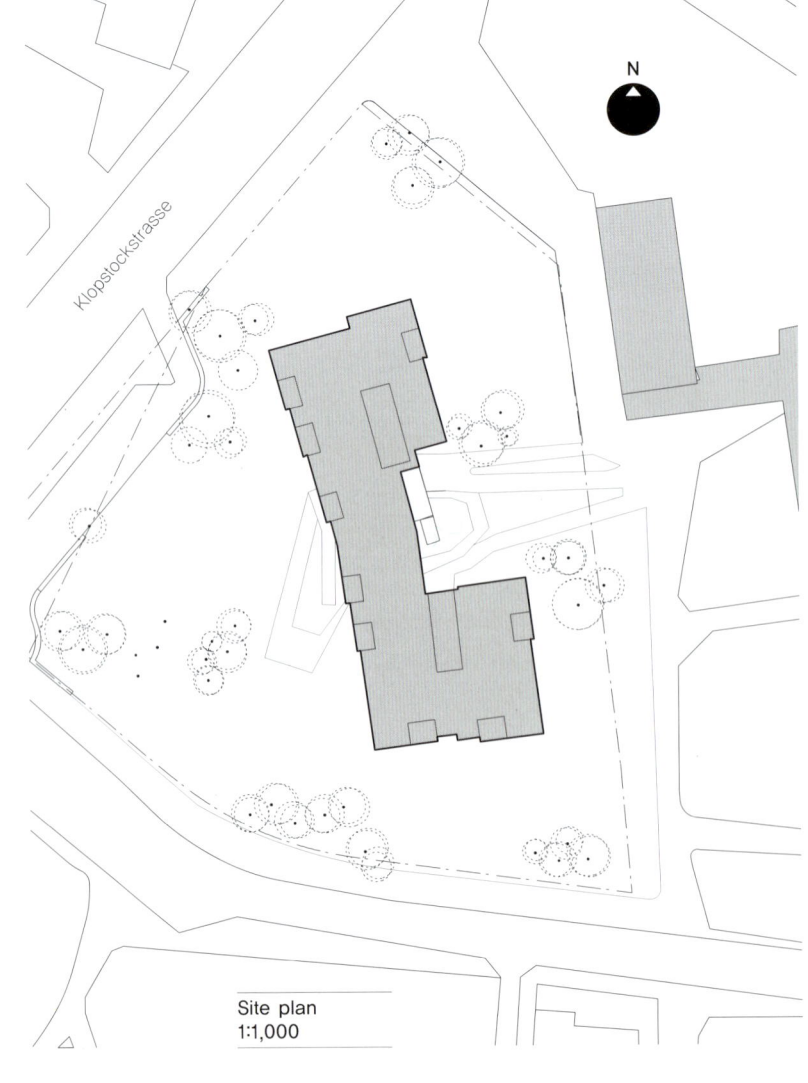

Site plan
1:1,000

1

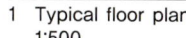

1 Typical floor plan
   1:500

1 Access stairs and lift
2 Three−bedroom flat
3 One−bedroom flat
4 Studio flat

2 Part typical floor plan
   1:200

1 Access stairs and lift
2 Entrance/hall
3 Kitchen
4 Dining
5 Living room
6 Loggia
7 Bedroom
8 Bathroom

2

Far left: View from the south-west

Left: Interior of studio apartment

Hansaviertel Tower

Van den Broek en Bakema

Berlin, Germany; 1960

폭격으로 피해를 입은 베를린의 한사Hansa지역의 프로젝트에는 알토, 그로피우스, 르 꼬르뷔지에와 니마이어를 비롯해 50명 이상의 건축가들이 동참했다. 한사 지역을 재건축할 수 있었던 계기는 1957년 국제 건축 전시회the International Building Exhibition가 있었기 때문이다. 이 단지에서 공급한 주택은 3000호 정도 로서, 슬라브 아파트, 타워 아파트, 저층 테라스 주택이 이 단지에 세워졌다. 15층 높이의 반 덴 브로이크 엔 베이크마Van den Broek en Bakema가 설계한 타워는 사이트에 있는 6개 건물 중 하나였다. 이 건물은 20×24m 크기의 정사각형에 가 깝고, 일반적으로 사용하는 좌우대칭의 형태를 사용하는 대신 복잡한 평면과 비 대칭의 입면을 사용했다.

폭 6m의 2침실 아파트가 타워를 구성한다. 서쪽에서 동쪽에 이르는 건물의 깊이는 20m이다. 73세대 중 48세대가 2침실 아파트이다. 2침실 아파트의 면적 은 85m²이다. 한사비에르텔 타워Hansaviertel Tower의 계단형 단면 계획은 르 꼬 르뷔지에의 유니떼의 단면 계획처럼 컴팩트하다. 계단 한쪽 면은 거실과 연결되 며 반 층 정도 높은 다른 면은 침실과 연결된다. 아파트도 이와 동일한 구성을 보 이지만, 2개의 아파트가 쌍을 이뤄 방향을 달리한다. 서쪽과 동쪽의 입면에서 거 실을 볼 수 있다. 전체의 폭을 차지하는 로지아가 침실 층의 아랫부분이나 윗부분 에 직접 면해 있다. 두 아파트 사이에 있는 통행 복도와 인접하는 평면의 절반 깊 이는 스튜디오 아파트가 차지하고 있다. 전체에서 24개를 차지하는 스튜디오 아 파트는 33m²의 크기이다. 이것은 부엌과 떨어진 거실이 있는 스튜디오 아파트의 한 단면을 보여주는 것이다. 엘리베이터와 계단은 건물 중앙에 있다. 6개의 계단 과 통행 복도는 북쪽과 남쪽 방향으로 이어진다. 북쪽 끝에 있는 두 번째 계단은

비상 피난계단의 기능을 한다. 남쪽 끝에 있는 2층 높이의 오픈 테라스는 복도 안 쪽까지 빛을 끌어 들이면서도 동적인 입면 효과를 주는 요소이기도 하다. 1층에 는 유모차와 자전거 보관소, 경비실 등이 있다. 또 지붕 층에는 어린이 놀이터가 있다.

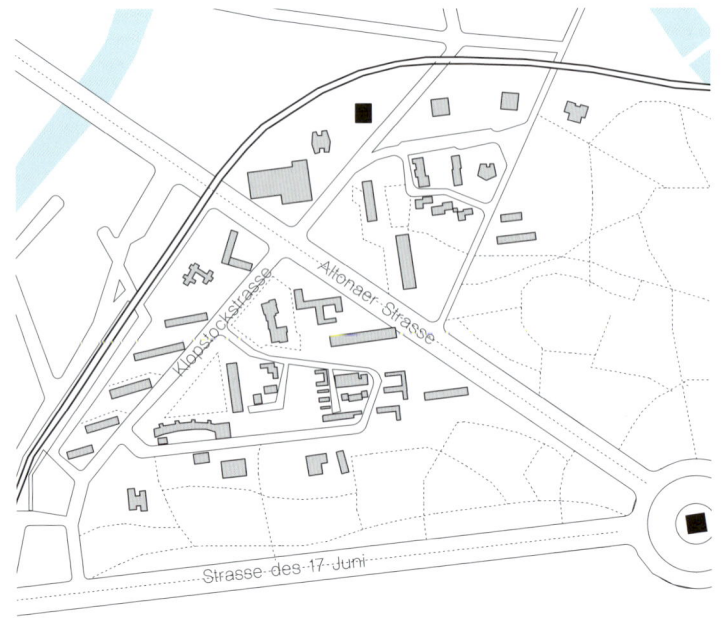

Site plan
1:10,000

N

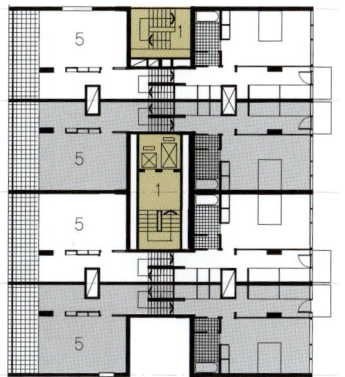

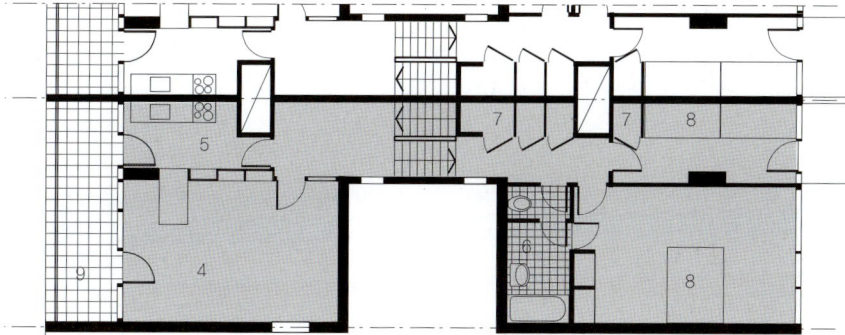

Plans at 1:500

1 Upper–level two–
   bedroom split–level
   flat
2 Middle/access–level
   studio flats
3 Lower–level two–
   bedroom split–level
   flat

1 Circulation/lifts/stairs
2 Access corridor
3 Double–height shared
   terrace
4 Studio flats
5 Two–bedroom split–
   level flats (upper level)

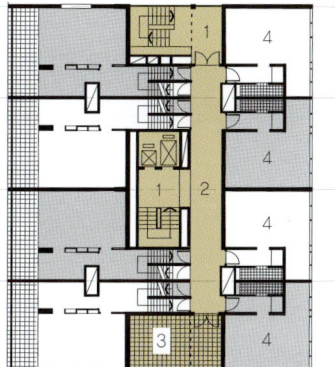

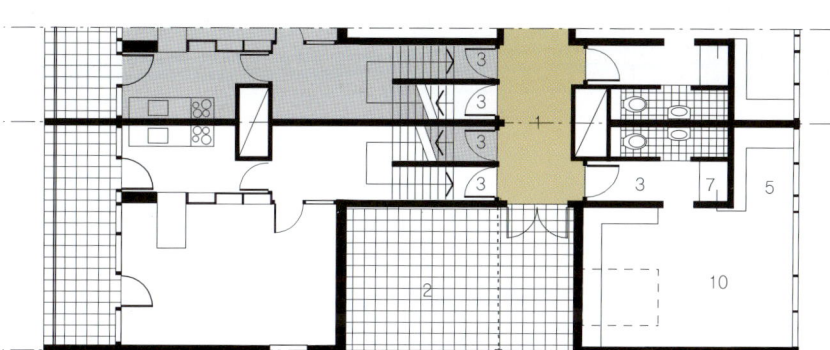

Part Plans 1:200

4 Split–level two–
   bedroom flat
5 Access level with
   studio flat (on right)

1 Access corridor
2 Shared terrace
3 Entrance/hall
4 Living/dining
5 Kitchen
6 Bathroom/WC
7 Store room
8 Bedroom
9 Balcony/loggia
10 Bedsitting room

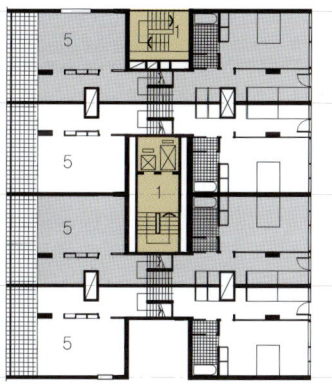

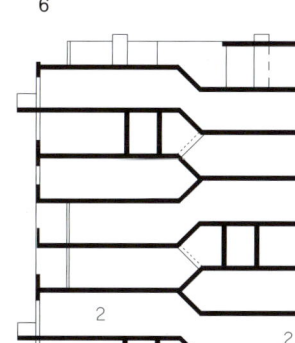

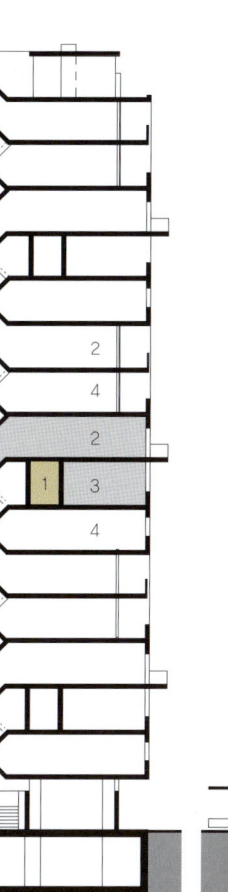

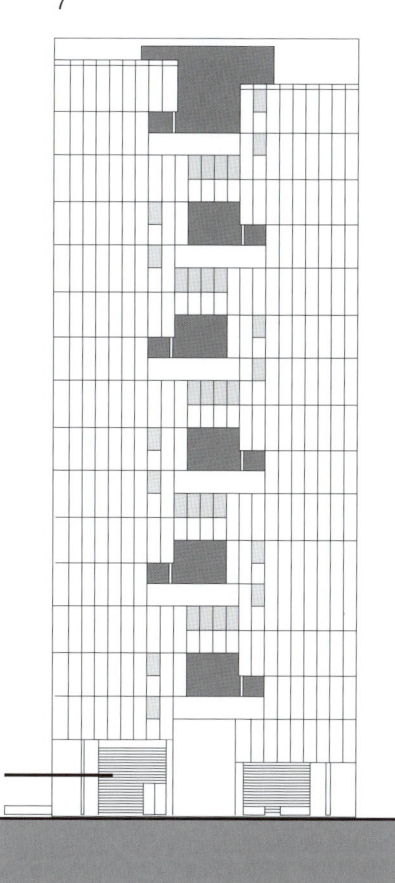

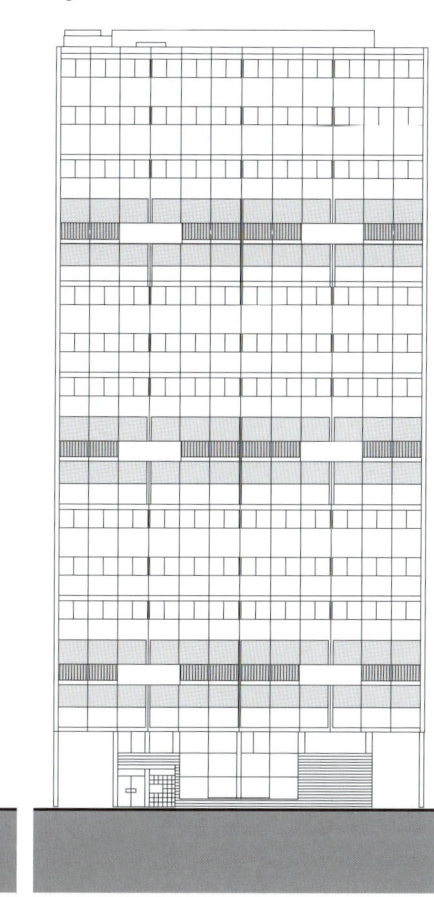

6 Section 1:500

1 Access corridor
2 Upper two–bedroom flat
3 Studio flat
4 Lower two–bedroom flat

7 South elevation 1:500

8 West elevation 1:500

Bellevue Bay Flats and Houses

Arne Jacobsen, 1902-71

Klampenborg, Denmark; 1961

벨레뷰 베이Bellevue Bay 프로젝트는 슬래브 블록과 단층 아트리움 주택과 같이 주택을 두 개의 다른 유형으로 구성한다. 두 주택 모두 평면의 길이가 깊고, 거실 공간을 구성하는 방법이 유사하다.

　　슬래브 블록 아파트는 계단과 승강기를 포함해 건물의 길이를 모두 사용했다. 슬래브 블록 아파트는 2침실 아파트의 2호 조합으로 되어 있으며, 계단은 이두 세대의 중앙에 놓여 있다. 욕실과 화장실, 부엌가구는 평면에서 구석진 부분의 중심에 배치되어 있다. 세대의 파사드에는 일조와 조망에 유리한 발코니가 있고, 거실은 파사드 가까이에 있다. 현관과 침실 앞 작은 공간과 함께 거실 한쪽은 이동 동선의 일부로 사용된다. 평면 중심에 있는 거실에는 난로가 있고, 라운지의 역할을 한다. 거실은 흰색 벽돌로 마감되어 있고, 일체형 난로와 나무를 쌓아 두는 공간이 있다. 가장자리에 설치한 고정 의자는 공간의 분위기를 만들며 레벨 차이를 느끼게 하는 요소로 작용한다. 주방을 앞쪽이나 뒤쪽에 배치하고, 침실 수에 변화를 줌으로써 평면을 가변화시킬 수 있다. 어두운 색으로 마감된 유리 창 프레임과 발코니는 건물이 후퇴되어 있는 듯한 효과를 연출한다. 건축가는 이 건물에서 수평적 요소를 강조한다.

　　안마당이 있는 주택의 평면 또한 깊다. 입구는 주차장과 안마당을 지나 뒤쪽에 있다. 넓은 복도를 통해 욕실과 침실을 분리한다. 세대 뒤쪽에 있는 주방과 거실부터 집 앞쪽에 있는 부분들까지 복도를 통해 나누며 그룹 짓는다. 난로가 있는 거실 대신에 이 집에는 마당이 있다. 이곳의 마당은 여름에 때로는 거실처럼 사용할 수 있다. 거실 앞에는 평면 전체 넓이와 비슷한 크기의 정원이 있다.

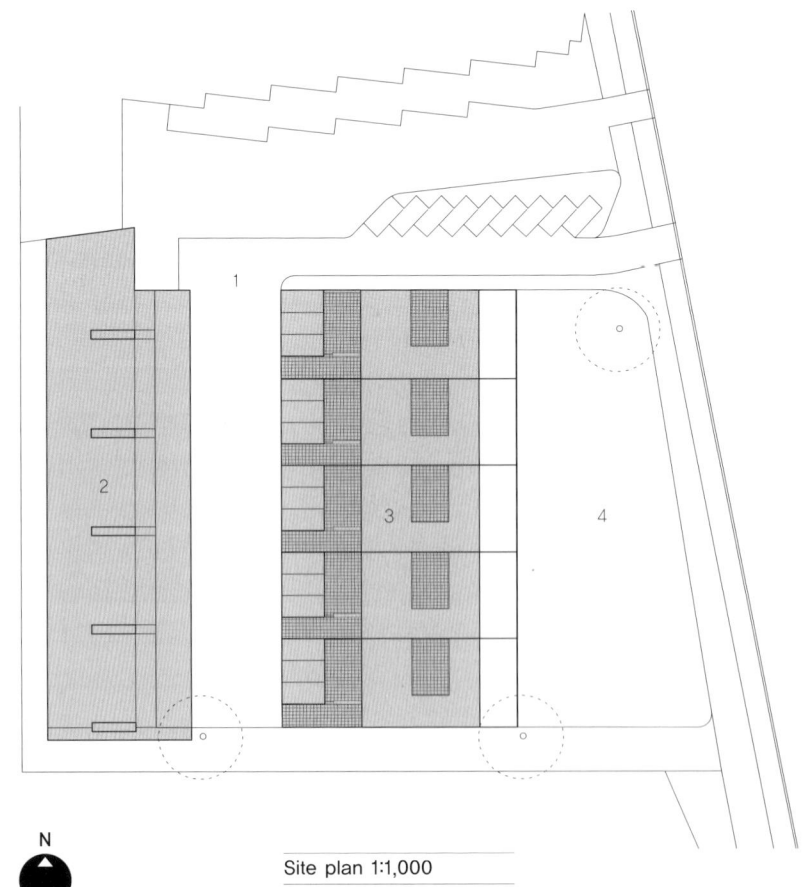

N

Site plan 1:1,000

1　Driveway and parking
2　Block of flats
3　Single storey courtyard
　　houses
4　Shared garden

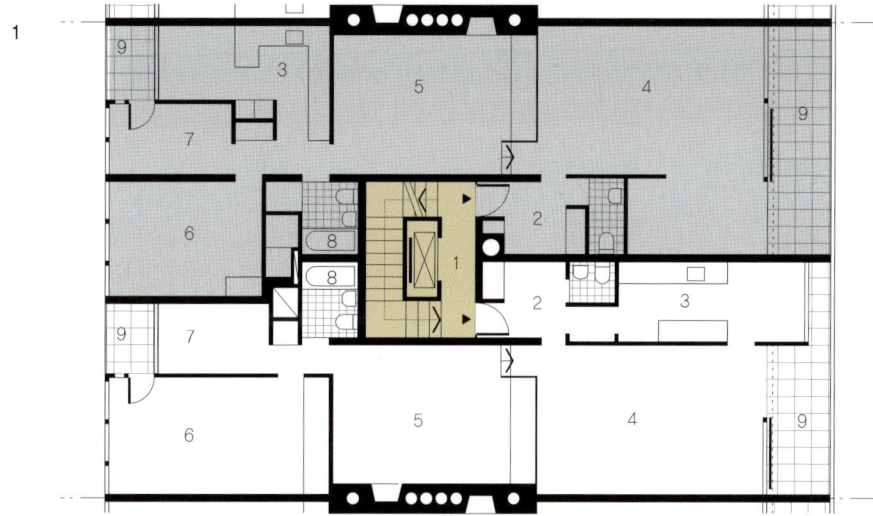

1 Plan of typical flats
   1:200

1 Access stair and lift
2 Entrance/hall
3 Kitchen/dining
4 Living room
5 'Fireside' living room
6 Bedroom
7 Study/bedroom
8 Bathroom/WC
9 Balcony

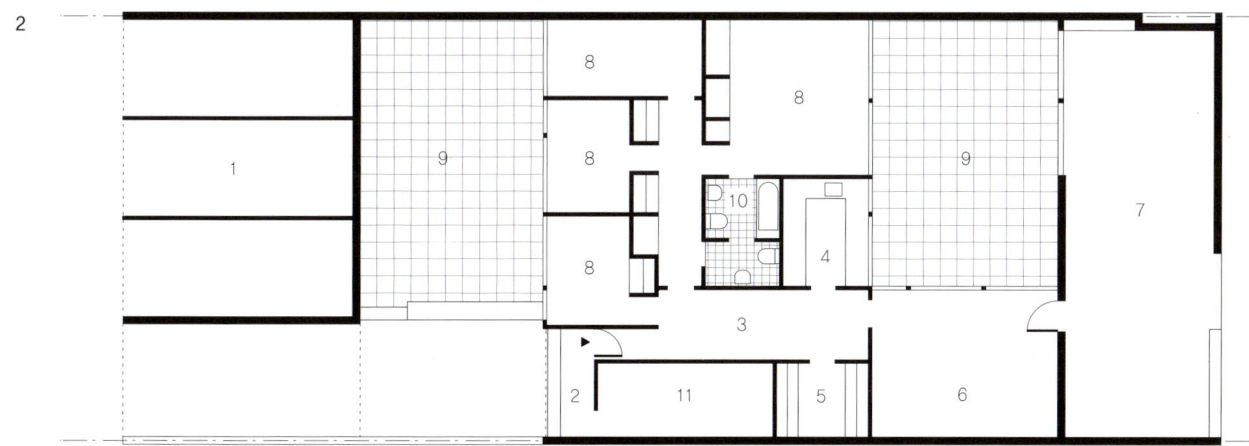

2 Plan of courtyard
   house 1:200

1 Parking
2 Entrance
3 Hallway
4 Kitchen
5 Cupboard
6 Dining
7 Living
8 Bedroom
9 Courtyard
10 Bathroom/WC
11 Store room

Halen Housing

Atelier 5

Berne, Switzerland; 1955-61

할렌Halen에 있는 테라스 하우스는 아뜰리에 5Atelier 5 그룹의 창립자인 에르빈 프릿츠Erwin Fritz, 사무엘 거버Samuel Gerber, 롤프 헤스테르버그Rolf Hesterberg, 알프레도 피니Alfredo Pini가 설계했다. 이 건물은 주택 외부 디자인에 중요한 영향을 미친 몇 안 되는 프로젝트 중 하나이다. 이 건물에는 건축사에 중요하게 기여한 두 가지 특징이 있다. 첫째는 단지의 형태에 대한 것이고, 둘째는 테라스 하우스의 우수디자인 프로토타입을 개발한 것이다. 단지의 형태는 가로와 광장, 안마당과 같은 전통적인 주변 지역의 속성을 이용했다. 장소가 갖는 특색과 아이디어를 이용해 형태를 만들었다.

건물 형태는 거주자들이 식별할 수 있도록 디자인했다. 두 가지의 기본적인 테라스 하우스 타입 중 하나는 공유 벽까지 3.8m 넓이의 수직 계단이 있고, 다른 하나는 4.7m 넓이의 평행 계단을 갖고 있으며, 두 주택 모두 3층이다. 건물은 각각의 타입 안에서 약간의 변화가 가능하다. 예를 들면, 침실을 추가하거나, 지붕 테라스를 두거나, 아뜰리에 혹은 화장실을 추가해서 변화를 줄 수 있다.

남쪽의 경사지는 주택과 면해있고, 79채의 주택 모두가 같은 방식으로 동쪽을 향하고 있다. 사이트 동쪽에는 수직 슬로프와 정원이 있고, 건물의 입구는 북쪽에 있다. 차들은 주택의 경계공간에 주차할 수 있으며, 보행자들은 계단과 계단 사이에 있는 보도로 통행한다. 가운데는 광장의 형태로 오픈되어 있으며, 소규모 가게들이 있는 상가와 작은 스튜디오와 두 개의 침실이 있는 아파트가 있다.

이 계획을 성공했다고 보는 이유는 주택 디자인의 고질적인 문제였던 '프라이버시'와 '커뮤니티'라는 서로 상반된 요구를 효과적으로 해결했기 때문이다. 건축가들은 단지의 높은 밀도를 이용하여 그 두 가지를 모두 만족시키려고 했다. 거주자의 접근에 대해 적당한 프라이버시를 확보하면서 주택의 깊은 평면과 정원의 높은 벽을 최소한으로 줄였다. 방음을 위해 벽의 두께를 두껍게 하여 겹벽을 만들었고, 중앙난방방식을 적용했다. 이 주택은 각각의 주민들이 주주가 되는 협동조합의 형태로 운영된다. 도로, 도보, 오픈 공간, 수영장, 세탁장, 관리인의 집, 주차장을 포함한 토지는 주주들 모두의 공동 재산들이다.

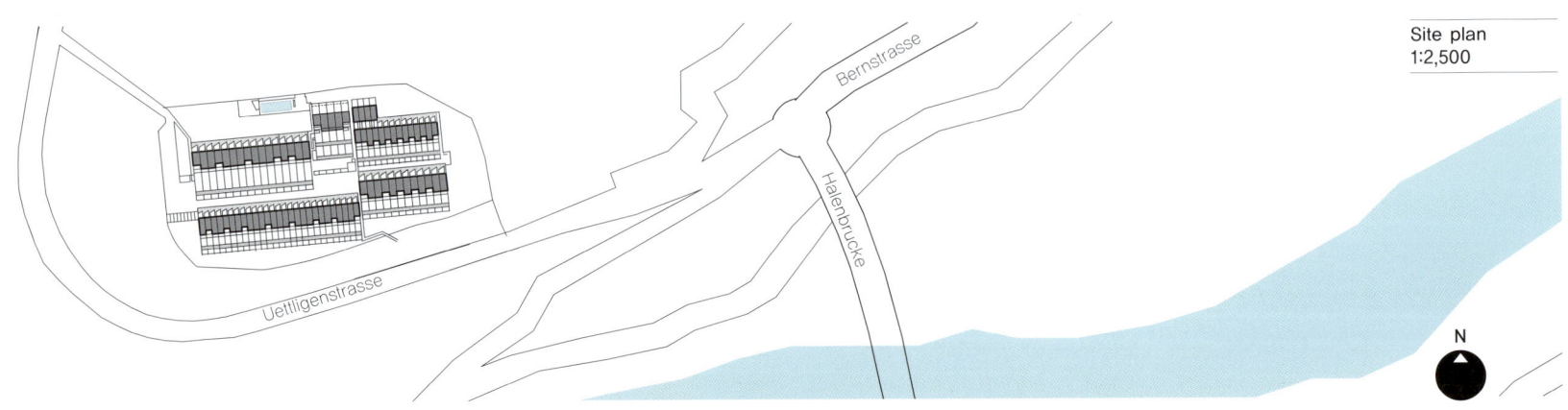

Site plan
1:2,500

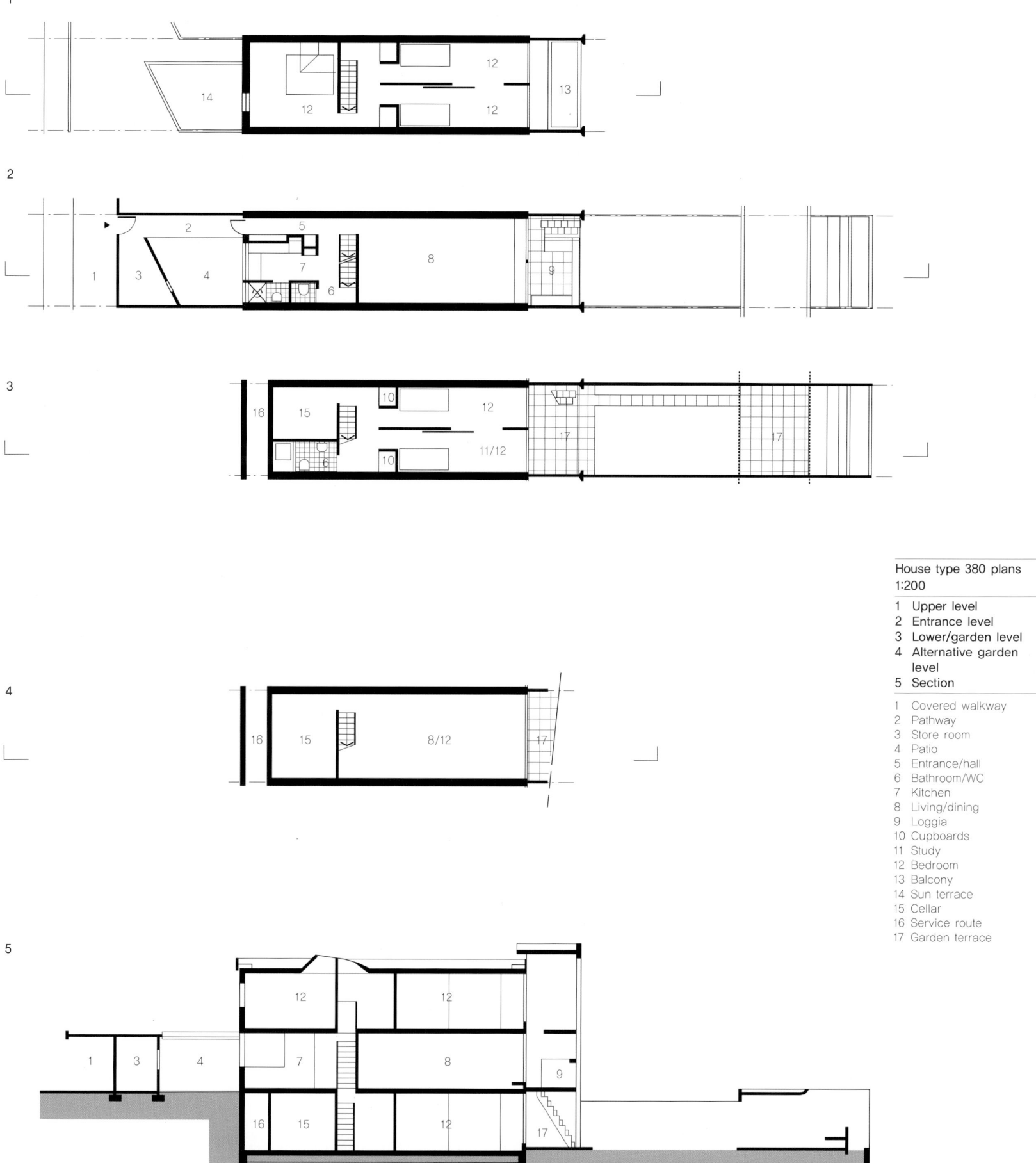

1

2

3

4

5

House type 380 plans
1:200

1 Upper level
2 Entrance level
3 Lower/garden level
4 Alternative garden
  level
5 Section

1 Covered walkway
2 Pathway
3 Store room
4 Patio
5 Entrance/hall
6 Bathroom/WC
7 Kitchen
8 Living/dining
9 Loggia
10 Cupboards
11 Study
12 Bedroom
13 Balcony
14 Sun terrace
15 Cellar
16 Service route
17 Garden terrace

6 Site plan 1:1,000

1 Access road
2 Parking
3 Petrol
4 Square
5 Shops and coffee
   house
6 Heating plant
7 Swimming pool and
   sports area
8 Houses type 12
9 Houses type 380

7 Section 1:1,000

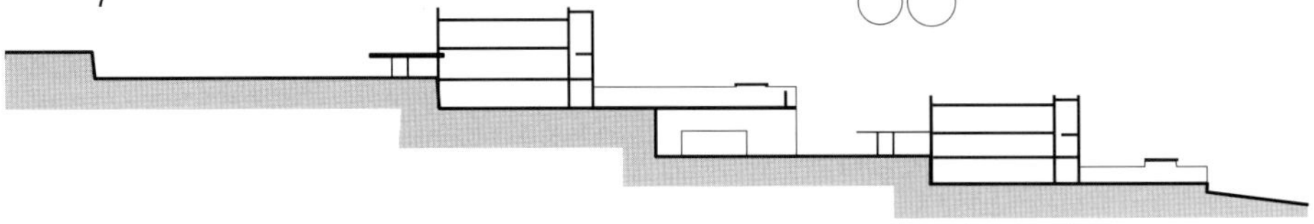

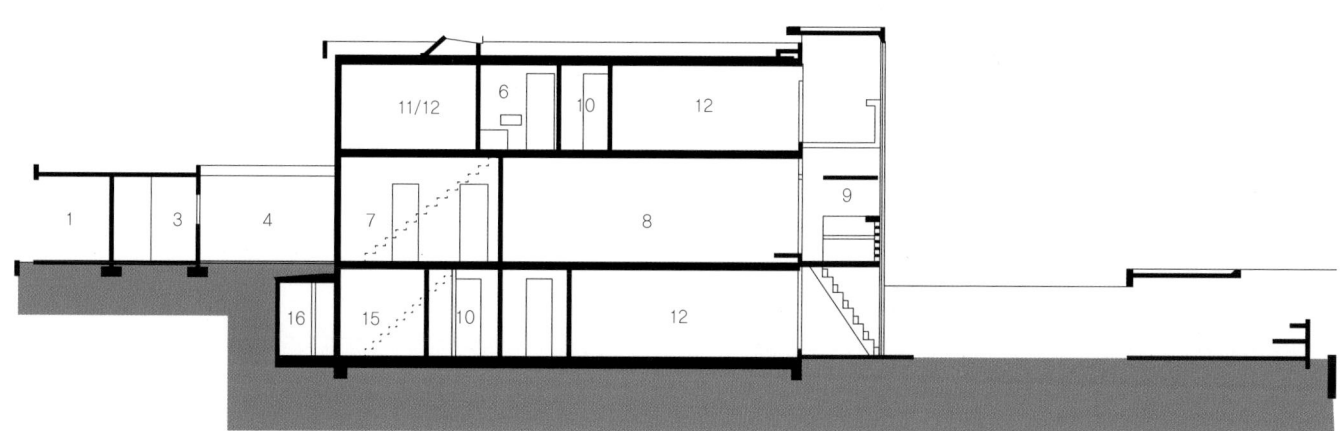

8

House type 12 plans and
section 1:200

8 Alternative upper
  level
9 Upper level
10 Entrance level
11 Lower/garden level

1 Covered walkway
2 Pathway
3 Store room
4 Patio
5 Entrance/hall
6 Bathroom/WC
7 Kitchen
8 Living/dining
9 Loggia
10 Cupboards
11 Study
12 Bedroom
13 Balcony
14 Sun terrace
15 Cellar
16 Service route
17 Garden terrace

12 Section 1:200

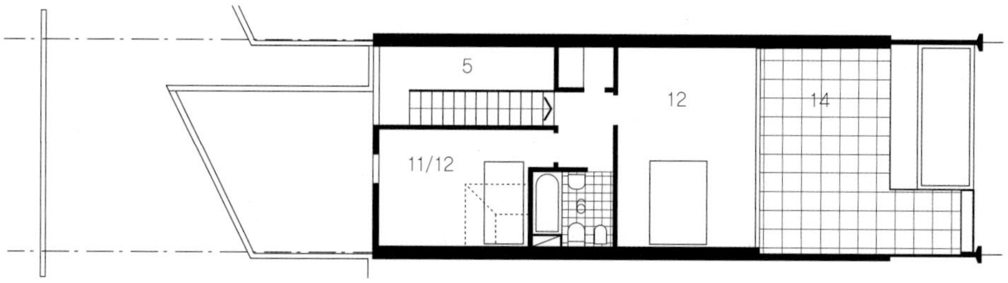

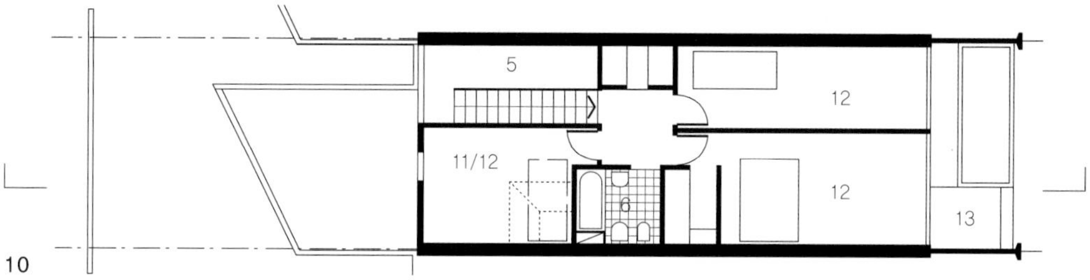

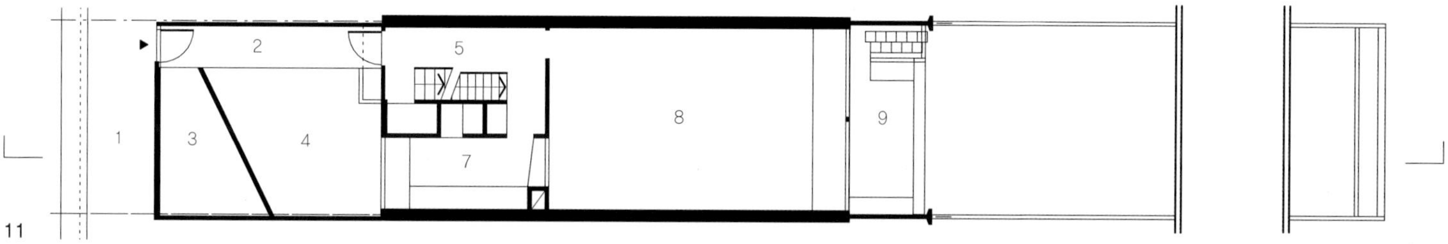

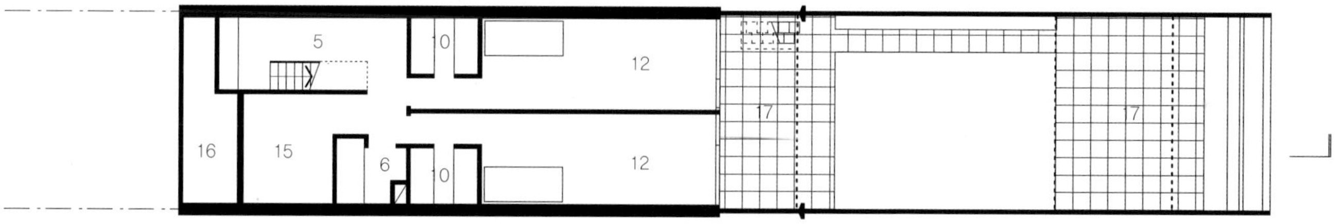

Tapiola Housing

Aulis Blomstedt, 1906-79

Espoo, Finland; 1954

아우리스 블롬스테드Aulis Blomstedt는 1950년대와 1960년대에 걸쳐 성공한 전문가이자 핀란드 아카데미의 대표였다. 그는 1958년부터 1966년까지 헬싱키 대학의 건축과 교수였고, 같은 기간 미국 세인트 루이스 미주리St Louis Missouri에 있는 워싱턴 대학의 초빙교수로서 재직했다. 또한 핀란드 건축협회Finnish Association of Architecture가 의뢰하여 1941년 표준화 기구Standardization Institute를 세웠다. 더욱 중요한 것은, 그가 근대 건축물에 관한 다양하고 색다른 테마를 다룬 평론가였다는 것이다. 1941년부터 1945년까지, 그는 핀란드의 건축의 리뷰인 아르키테디Arkkitehti의 편집자였고, 헬싱키 CIAMCongrès International d' Architecture Moderne, the International Congress of Modern Architecture 그룹이 1958년 설립한 푀이유 인터네셔널 아키텍처feuille internationale d' architecture의 편집자이기도 했다. 푀이유 인터네셔널 아키텍처는 훗날 르 까레 블루Le Carre Bleu 라는 잡지가 되었다. 이 잡지들은 이론과 물질적 표현 사이에 존재하는 관계를 건축적 형태, 기능(사회적인 용어에 있어서), 구조 등의 세가지 관점으로 강조했다. 블롬스테드의 글과 출판되지 않은 메모장에서 발췌한 글은 스콧 풀리Scott Poole가 알바알토Alvar Aalto와 아울리스 블롬스테드에게 헌정하는 '필란드의 신건축New Finnish architecture, 1991' 이라는 책에 수록되었다.

그러나 블롬스테드는 알토보다 좀 더 객관적인 방식으로 건축에 접근했고,

모듈화된 시스템을 적용하여 미학과 사회적 관계를 바탕으로 한 이론을 발전시켰다. 그는 조립식 구조시스템 케노Kenno를 디자인했고, 사람의 신체와 음악적 화성을 기초로 한 캐논 60Cannon 60이라 불리는 자신만의 모듈러 시스템 버전을 만들었다. 이것은 1961년에 르 까레 블루에 처음 소개되었다. 그는 합리주의적 원칙을 주택 프로젝트 디자인에 적용했다. 이것은 헬싱키 교외에 있는 에스뽀 정원Espoo Garden의 일부와 타피올라Tapiola의 다중심성multi-centred에서 나타난다.

알토의 작업과는 대조적으로, 블롬스테드의 빌딩들은 정밀한 치수 체계와, 통상적인 배치, 정밀함을 바탕으로 한 규격화된 요소를 따른다. 이는 모더니즘의 이상인, 산업적으로 건축한 건물을 향한 건축가의 의지를 반영하는 것이다. 이러한 간단함과 명료함을 타피올라 건물에서 볼 수 있다. 건물의 대부분을 같은 원리를 사용하여 조금씩 변형시킨 것이다. 아파트의 구조벽은 일반적인 간격인 3.6m 또는 5.6m로 배치되어 있다. 가로의 중심에 있는 창고와 화장실은 건물의 일직선 상에 놓여져 있으며 양측에 거주 공간이 있다. 다른 크기의 주호는 세분화 된 공간을 결합하고 있다. 4층 또는 5층 높이의 건물에는 승강기가 없다. 계단실은 건물 전면으로부터 튀어 나와 있고, 계단참 중간의 한쪽에는 창문이 있다. 길이가 긴 로지아loggia와 발코니들이 있는 것으로 미루어 보아 각 주호마다 외부 공간이 있다는 것을 알 수 있다.

Opposite left:
Karhunpojat block

Opposite right:
Riistapolku block

1

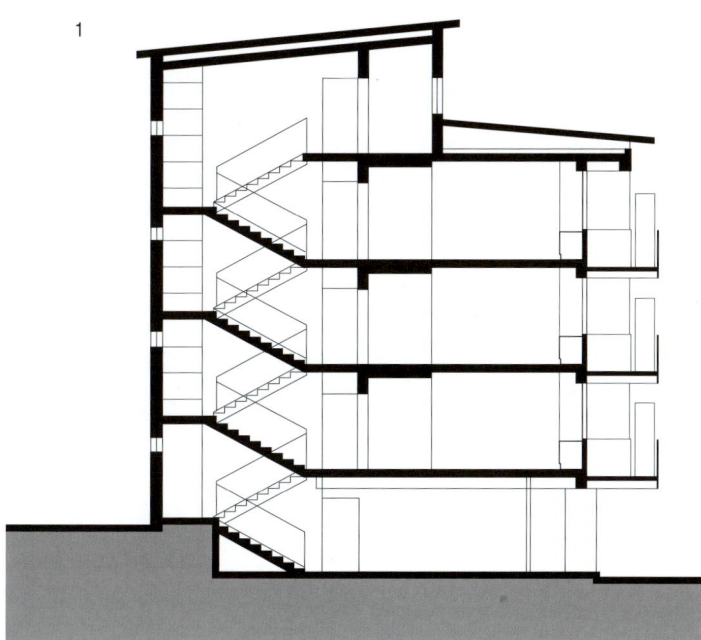

1 Section 1:200

2 Part typical floor plan
1:200

1 Stairs and circulation
2 Entrance/hall
3 Kitchen
4 Dining
5 Living
6 Bedroom
7 Bathroom
8 Balcony

3 Part top-floor plan
1:200

1 Stairs and circulation
2 Entrance/hall
3 Kitchen
4 Living/dining
5 Bedroom
6 Bathroom

2

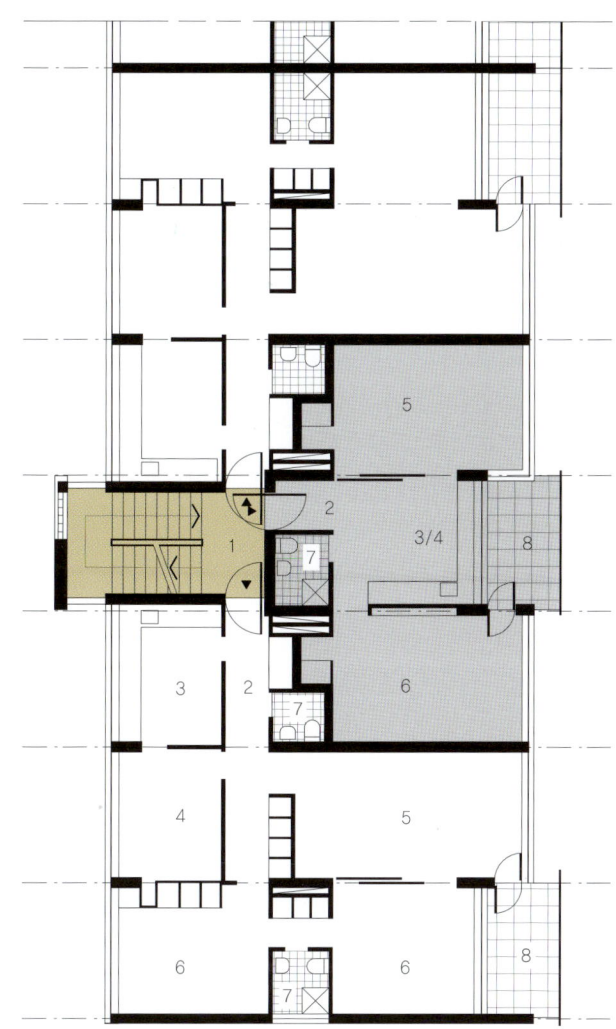

3

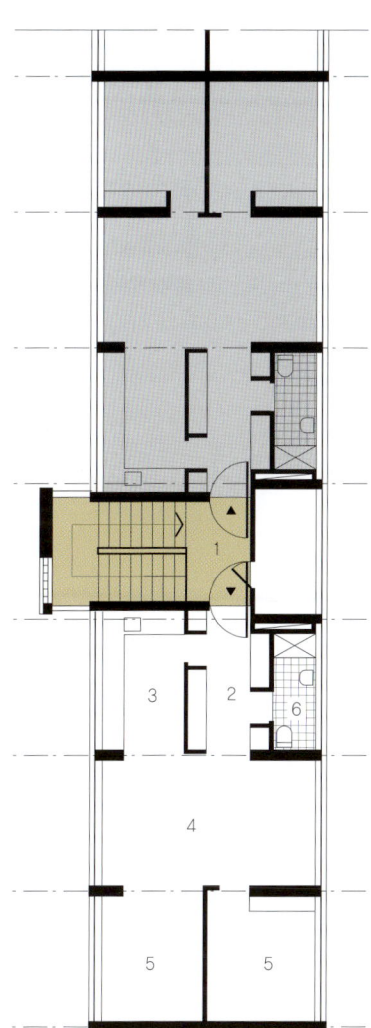

Alternatives

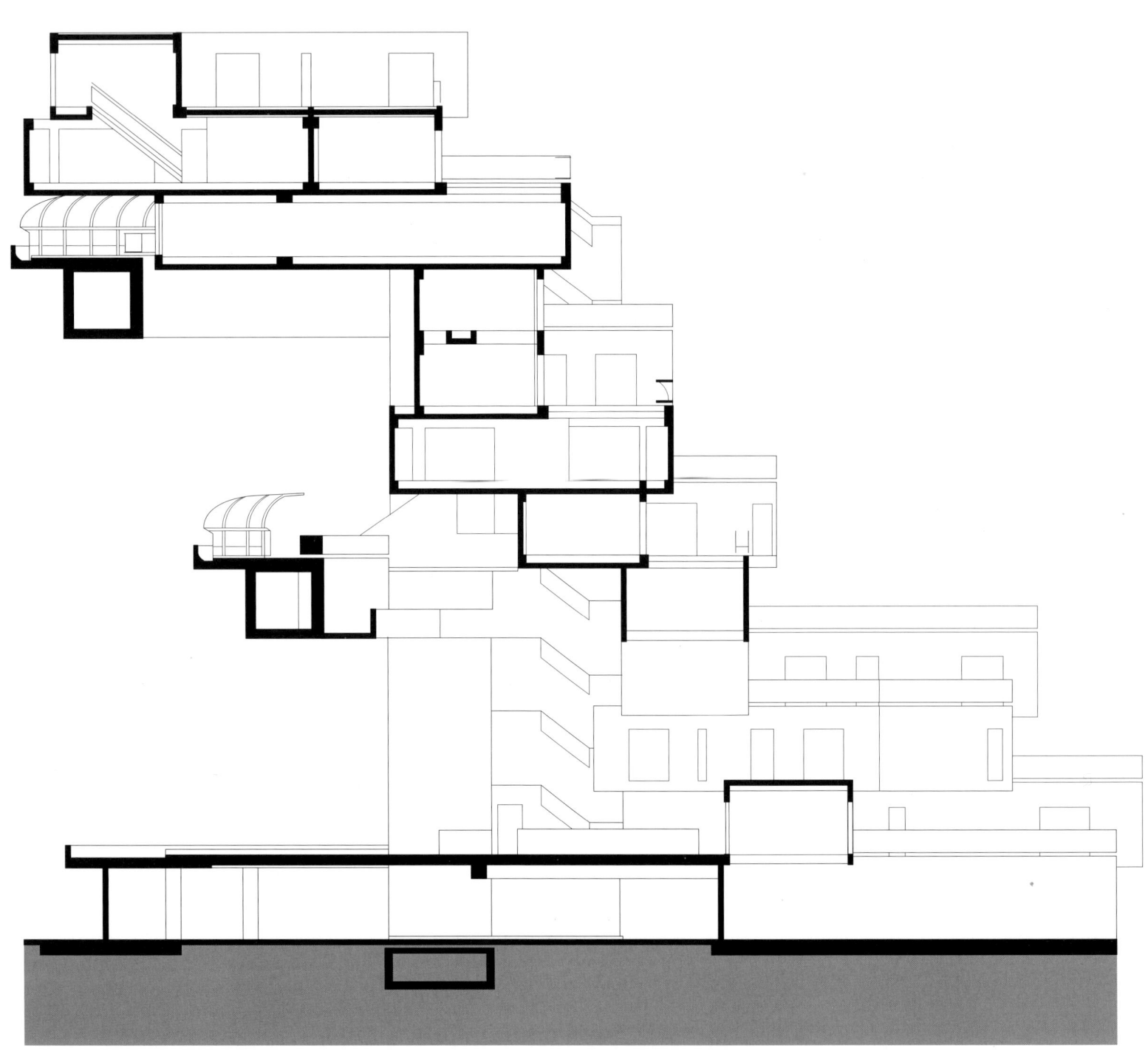

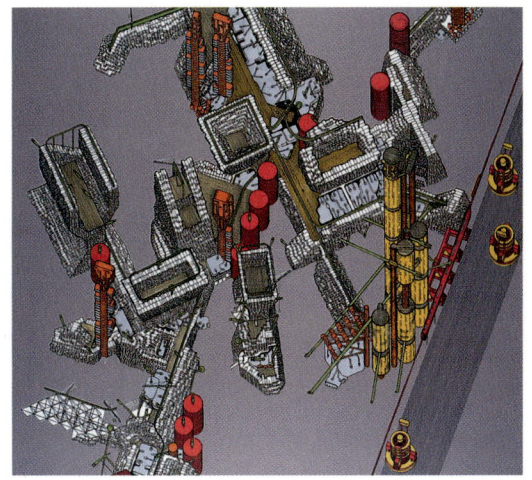

Plug-in City

Aircraft Carrier City

1960년대와 1970년대는 건축에 대해 깊은 생각을 했던 시기이다. 왜냐하면 모더니즘의 아이디어에 의한 작업에 대해 불만이 증가하고 있던 시기였기 때문이다. 당시 모더니즘은 사회, 경제적인 측면에서 보았을 때, 존재 이유를 잃어버렸는지도 모른다. 특히 유럽에서는 이전 세기와는 달리, 재건축의 필요성을 불러일으킨 세계 2차대전이 발발하게 되면서, 더 이상 프로젝트를 진행하고 건물을 건축하는 것을 기대할 수 없었다. 그러나 비록 많은 건물들을 실제로 건축하지는 않았지만, 젊은 건축가들은 자신만의 이론을 계속 발전시켜 나갔다. 많은 프로젝트들은 모더니즘의 원칙에 대해 문제점을 제기했고, 이전 계획과 지적으로 표현한 보수성을 비판했다. 건축가들은 이러한 작업에서 도시는 고정되지 않고 안정적인 환경을 만들 수 없다는 생각을 받아들였다. 대신 평면은 변화에 의해서가 아니라 도시 환경에 아이덴티티를 주며 끊임없이 변화하는 요소들을 날실과 씨실처럼 융합할 필요성이 있다고 생각했다. 역사적인 사례가 점점 중요해지고 있던 시기에, 젊은 건축가들은 새로운 도시를 이전의 도시처럼 정적이고 고정적이지만 다이나믹한 장소로 생각할 수 없는 것에 대해 의문을 가졌다.

아키그램Archigram이 1964년 영국에 설계한 플러그인 시티Plug-in City에서는 거주자가 정한 어느 곳에서든지 이동형 건물을 플러그에 연결할 수 있다. 전체 도시는 머무를 수 있는 장소를 찾을 때까지 기계로 만든 다리를 이용하여 이동할 수 있다. 이것은 도시에서 건물을 세울 공간이 부족했다는 것을 대표적으로 보여준다. 아키그램에게 영향을 받은 건축가 그룹인 아키줌Archizoom이 이탈리아에 1969년에 설계한 노 스탑 시티No Stop City에서는 도시를 '공장'이나 '슈퍼마켓' 같은 상업 모델로 설명하며, 반디자인anti-design적인 입장을 취했다. 수퍼스튜디오Superstudio의 일 모뉴멘토 컨티누오Il monumento continuo에서는 서서히 다가오는 글로벌화를 예측했다. 이 제안에서는 전 지구를 뒤덮는 완전하게 정형화된 연속적 그리드grid를 생각했다. 오스트리아에 있는 한스 홀라인Hans Hollein의 설계에서는 건물을 조경의 요소로 사용한 르 꼬르뷔지에Le Corbusier의 건축 개념을 패러디하여 보여주었다. 조경landscape 프로젝트로 볼 수 있는 에어크래프트 커리어 시티Aircraft Carrier City에서 홀라인은 1964년 그가 찍었던 대지 사진들을 참고했다. 홀라인은 건물을 모두 없애고 대지의 형상 자체가 건축이라는 선언을 했다. 이 선언은 '모든 것이 건축이다.'라는 주장을 보완해 주는 것이었다.

이 시기에 건축하여 영향력을 미치며 남아있는 많은 프로젝트들은 그 당시에도 아주 중요했다. 프로젝트에서 디자인과 아이디어를 만드는 다양한 방법을 발견했고, 이것은 그동안 만연해있던 순수 모더니즘과 분명한 차이를 보였다. 형태를 만드는데 있어 기하학을 사용하려는 관심이 늘어났으며, 모더니즘과 관련한 외관의 정형화를 피하려고 했다. 이러한 경향은 특히 아파트의 스케일과 반복에 초점을 맞추었다. 시카고에 건축한 버트랜드 골드버그Bertrand Goldberg의 마리나 시티Marina City, p.122-123는 평면에 거대한 원형을 사용했으며, 꽃잎과 같은 곡선형태의 발코니를 설계했다. 해리 세이들러Harry Seidler가 시드니에 설계한 블루스 포인트 타워Blues Point Tower, p.128-129는 동일 평면을 고정된 코어주위에서 반층 레벨 차이마다 90도 회전시켜 외관을 조정했다. 기쇼 구로카와Kisho Kurokawa의 나가킨 캡슐 타워Nagakin Capsule Tower, p.142-143는 고정된 내구적인 사회 기반시설과 유동성 있는 거주 공간pods에 대한 대표적인 아이디어를 보여준다. 리카르도 보필Ricardo Bofill이 바르셀로나에 설계한 월든 7Walden 7 프로젝트는 '수직의 미로'로 설명하는데, 세대를 공용 극장 주위에 있는 다용도의 공간으로 생각했다. 모셰 사프디Moshe Safdie가 설계한 해비타트 67Habitat 67, p 134-135은 모듈화와 조립식 건축에 대한 아이디어를 실험했던 대표적인 건물이다.

모더니즘의 아이디어를 더욱 발전시키는 방법을 찾기 위해 알도 로시Aldo Rossi와 카를로 아이모니노Carlo Aymonino가 밀라노에 설계한 갈라라테세 Gallaratese housing, p.154-155 주택에서는 슬래브 블록을 그룹화하는 공간디자인의 기법을 보여준다. 에르노 골드핑거Erno Goldfinger는 서로 비슷한 발

프론과 트렐릭 타워Balfron and Trellick Tower, p. 138-39의 두 건물에서 평면과 동선 배치를 개선했다. 고층건물을 '아메리칸 빌딩 타입'으로 활용한 미국의 몇몇 주에서는 여러 오피스 빌딩 때문에 생긴 도심 공동화 현상을 해결하기 위한 대안으로 다용도 건물을 개발할 수 있도록 조닝에 관한 법zoning law을 완화시켰다. 이것은 맨하튼에 SOMSkidmore Owings & Merrill이 설계한 올림픽 타워Olympic Tower, p.146-147와 같은 건물처럼 광장 주변의 활동을 활성화시키기 위한 고려였다. 프렌티스 & 챈 올하우젠Prentice & Chan Ohlhausen은 브롱스Bronxs가에 있는 트윈 파크 노스웨스트Twin Parks

Northwest, p.136-137 타워에서 다양한 크기의 플랫과 듀플렉스duplexes 주호의 점유 밀도를 일반적인 수준보다 높이기 위해 벌집 형태의 세포형 평면을 개발했다.

1970년대의 공동 주택에서는 모더니즘의 형식적인 제약을 탈피할 수 있는 대안을 만드는 것에 집중하여, 건물의 내부 배치에 중점을 두는 방향으로 선회했다. 늘어나는 여가 시간과 변화하는 가족 구조에 따라 거주자들은 공간을 어떻게 사용할 것인가에 대한 의문점들이 생겨났다. 근대운동Modern Movement을 지지했던 스미스Smithson은 건축가들이 근대운동을 금욕주의적으로 보고, 많은 사람들을

위해 내려진 결정에 대한 타협안을 부정적으로 보는 시각을 반대하지 않았다. 이를 위해 그들은 명확한 형태 언어를 제시했다. 이것은 거주 방법의 변화Changing the Art of Inhabitation에 출판된 런던 이스트 앤드의 로빈 후드 가든Robin Hood Gardens의 계획에서 볼 수 있다.

같은 시기에 영국에서는 거주자와 임대주 모두에게 고층 다용도 건물의 인기가 급격하게 떨어졌다. 그래서 그것을 다른 건물 타입으로 바꾸는 것이 필요해졌다. 1960년대에 캠브릿지 대학교의 레슬리 마틴Leslie Martin과 라이오넬 마치Lionel March가 진행한 연구에서는 어떻게 저층 건물의 계획이 고층

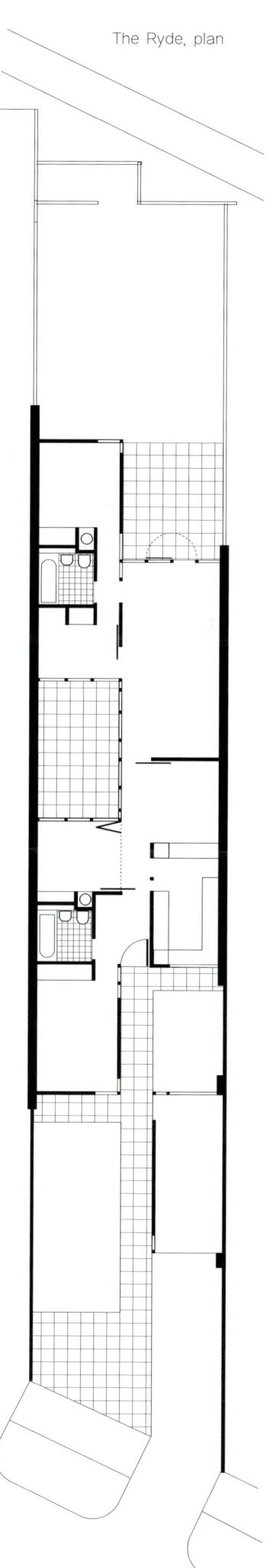

건물의 높은 주거밀도를 대신할 수 있는지를 보여주었다. 1972년 출판된 도시 공간과 구조Urban Spaces and Structure에서는 아이디어 개념 모델을 사용하여 테라스 하우스나 타워 블록에 비해 중정 주택이 더 높은 밀도를 제공할 수 있음을 보여주었다. 핍펜 랜달Phippen Randall과 팍Parkes이 하트필드Hatfield에 설계한 라이드The Ryde, p.132-133는 테라스 하우스를 단층 중정 주택으로 설계한 새로운 모습을 보여준 모범적인 본보기이다. 더군다나 이 건물은 공공 소유 클럽의 멤버가 되려는 거주자들에게 일관성 있는 공공 그룹인 단지를 성공적으로 소개했다. 덴마크의 프레덴스보그Fredensborg에 있는 요른 웃존Jorn Utzon의 배케드라겟Bakkedraget, p. 130-131 중정 주택과 알바로 시자Albaro Siza가 포르투갈에 설계한 퀸타 다 말라구에이라Quinta da Malagueira, p.156-157 패티오 하우스는 서로 공통점을 갖는다. 이 프로젝트들에서는 다양한 방식으로 거주가 가능하도록 가변성을 고려한 다양한 기본 평면 타입을 개발했다. 또한 늘어나는 가족의 변화를 반영하기 위해 미래에도 거주가 편안하게 이루어질 수 있도록 설계했다.

Far left: Exterior of the two towers

Left: Detail of curved balcony segments

Marina City

Bertrand Goldberg, 1913-97

Chicago, Illinois, USA; 1964

60층 쌍둥이 건물인 마리나 시티Marina City를 1964년에 완공했을 때, 이 건물은 전 세계에서 가장 높은 콘크리트 건축물이었다. 21~60층이 아파트인 이 빌딩은 가장 높은 주거용 건물이었고, 대담하고 실험적인 주택이었다. 그 시기 건축가들과 도시 계획가들은 도시의 미래를 위해 새로운 고밀도 주거 형태를 찾고 있었다. 타워의 베이스인 1, 2층은 특이점이 없는 일반적인 구조이다. 두 개의 도시 블록은 상업공간과 700개의 보트가 정박할 수 있는 공간을 통합하고 있었으며, 이 위에 스케이팅 링크, 오디토리움, 16층의 오피스 블록을 세웠다. 900대를 주차할 수 있는 공간은 두 타워의 내부에서 총 18층을 차지한다. 각 층은 나선형의 램프로 연결되어 있다. 골드버그Goldberg는 거주 공간과 상업지역을 분리하는 조닝 문제에 대한 개선책으로 '도시 안의 도시city within a city' 이론을 제안했다. 이것은 낮 시간과 밤 시간을 한 건물에서 보내도록 두 공간을 '교대shift' 시키는 평면 방법이다.

타워 내부의 분할과 아파트 내부 레이아웃에 대한 접근은 간단하다. 순환 평면은 건물의 향을 고려하더라도 특별한 조건과 변화가 없는 일관된 디테일과 계획이 가능하다는 것을 의미한다. 지름 10.7m의 코어 구조로 된 각 타워의 중심부에는 승강기와 계단이 있으며, 모든 서비스 시설이 있다.

중심으로부터 입면까지 방사형으로 배치한 기둥들은 공간을 16개의 구획으로 나누고 있다. 전면 유리창 너머에 반원의 발코니들을 외부로 돌출시켜 계획했다. 아파트로의 출입은 각 층의 승강기를 둘러싸고 있는 순환 복도를 통해 이루어진다. 부엌과 욕실은 세대 입구 로비 뒤에 두었으며, 거실은 입면에 가까이 배치했다. 가장 작은 세대는 하나의 구획으로 구성했다. 큰 세대는 다른 구획 전체를 추가하거나 절반을 추가했다. 비록 어떤 세대는 임대용으로 계획했지만, 모든 세대에서 독립적으로 난방과 온수를 사용할 수 있다.

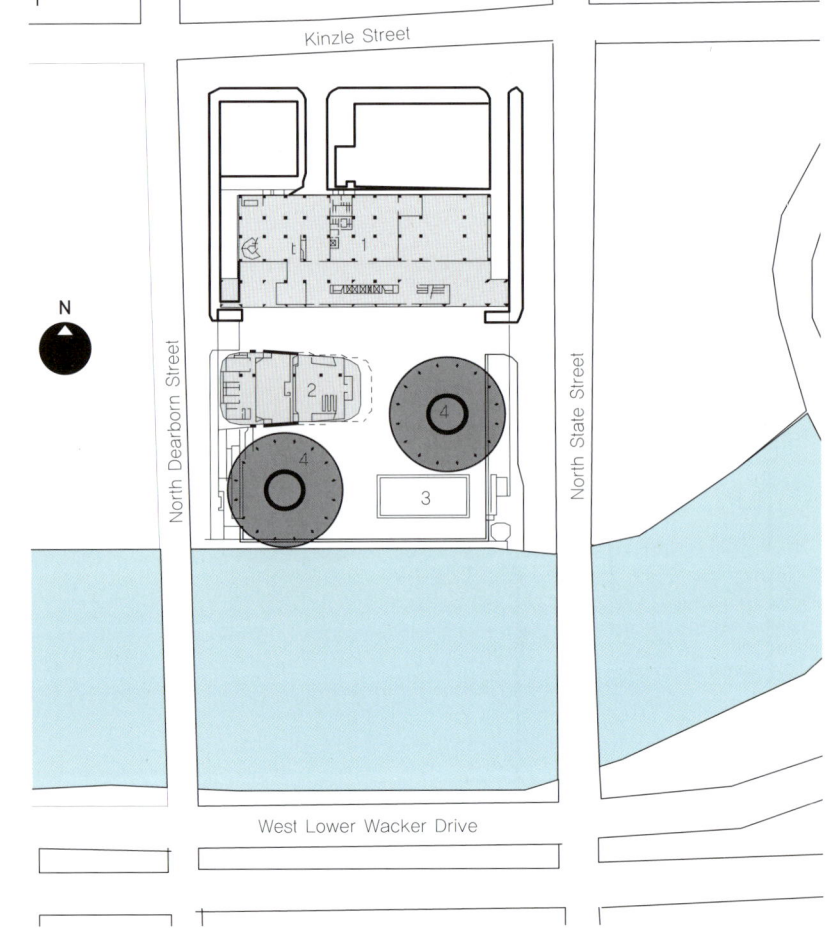

2

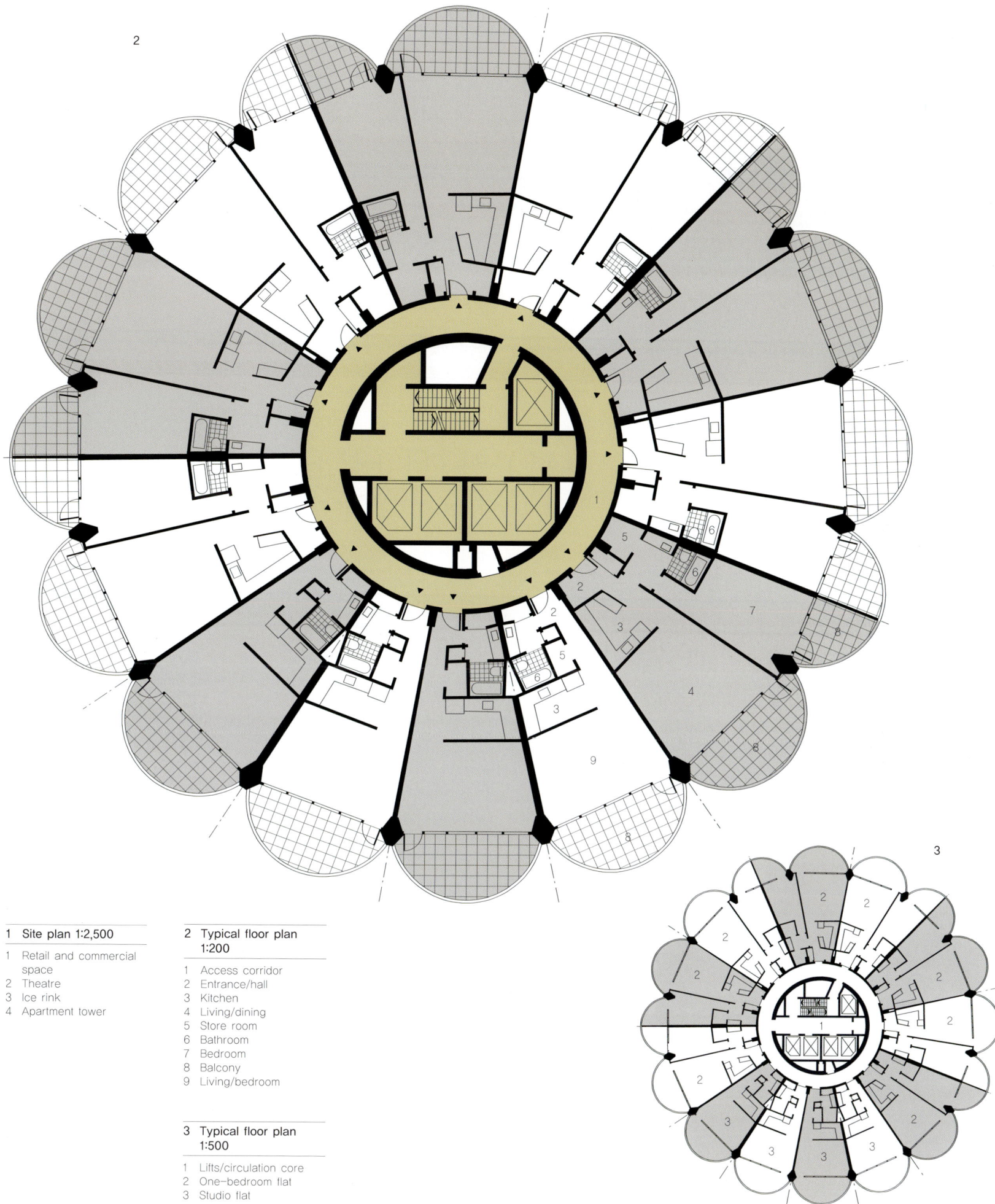

3

1 Site plan 1:2,500

1 Retail and commercial
  space
2 Theatre
3 Ice rink
4 Apartment tower

2 Typical floor plan
  1:200

1 Access corridor
2 Entrance/hall
3 Kitchen
4 Living/dining
5 Store room
6 Bathroom
7 Bedroom
8 Balcony
9 Living/bedroom

3 Typical floor plan
  1:500

1 Lifts/circulation core
2 One-bedroom flat
3 Studio flat

Lafayette Park Apartments

Ludwig Mies van der Rohe, 1886-1969

Detroit, Michigan, USA; 1963

50주년 기념일을 맞이한 라파예트 파크Lafayette Park의 도심 재생 프로젝트는 미국의 가장 성공적인 재생 프로젝트 중 하나이자, 대표적인 모더니스트 건축물의 사례이다. 이 프로젝트에서는 6.5 헥타르의 조경 공원으로 둘러싸인 21층의 타워 블럭과 1~2층의 테라스하우스를 담고 있다. 디트로이트의 중심부와 가까운 이곳은 황폐한 슬럼 지역을 대체하고, 도시 중심으로 사람을 끌어들여 지역을 재생하려는 계획이었다. 허버트 그린왈드Herbert Greenwald가 대지를 구입하고 개발했다. 허버트 그린왈드는 건축가이자 계획가인 루드빅 힐버쉐이머Ludwig Hilbersheimer와, 미스 반 데어 로에와 함께 일하는 조경 건축가인 알프레드 캘드웰Alfred Caldwell을 초대했다. 이 사이트에는 세 가지 측면에서 주요 연관성이 있다. 동쪽에는, 쇼핑센터의 반대 쪽으로 두 개의 아파트가 있고, 서쪽에는 남북 방향으로 타운 하우스가 있으며, 주변에는 컬데삭culs-de-sac을 배치했다. 반면에 중앙의 작은 길에는 개방된 정원과 학교, 편의 시설들이 들어서 있다. 결정적으로, 집과 공원들은 선큰 도로와 주차 공간들 위에 건축했다.

　　모더니즘의 주된 사상은, 구조와 아파트 그리고 타운 하우스의 디테일 속에서 지속되었다. 두 건물 모두 모더니즘의 콘크리트 구조를 갖고 있으며, 알루미늄 혹은 스틸에 옅게 채색한 유리 구조를 갖는다. 타운하우스는 미스가 많이 작업했던 프로젝트는 아니다. 두 타입 모두 오픈 플랜으로 부엌과 욕실을 중앙에 배치했으며, 2층 주택은 거실의 계단을 통해 위로 올라가게 계획했다. 평범하게 계획된 위층에는 세 개의 침실과 하나의 욕실이 있다. 세 침실에는 불규칙한 공유벽이 있다. 모든 주택의 지하층에는 레크리에이션 룸을 배치했다. 단층 주택의 거주자들은 뒤쪽에 벽으로 둘러싸인 개인 중정을 추가적으로 갖는다. 주차장은 주택에서 떨어진 곳에 모아 배치했는데, 주택의 출입문까지 연결되는 보행자 골목과 만난다. 건축 재료들 중에서 단 한 가지 다른 것은 벽 끝의 벽돌 쌓기이다.

Site plan 1:2,500

1 Two-storey terraced houses
2 Single-storey terraced houses
3 Parking

Rivard Street

Joliet Place

Two-storey houses
1:200

1 Lower-floor plan
2 Upper-floor plan

1 Entrance/hall
2 Kitchen
3 Dining
4 Living
5 Bedroom
6 Bathroom/WC

3 Single-storey houses
1:200

1 Entrance/hall
2 Kitchen
3 Dining
4 Living
5 Bedroom
6 Bathroom/WC

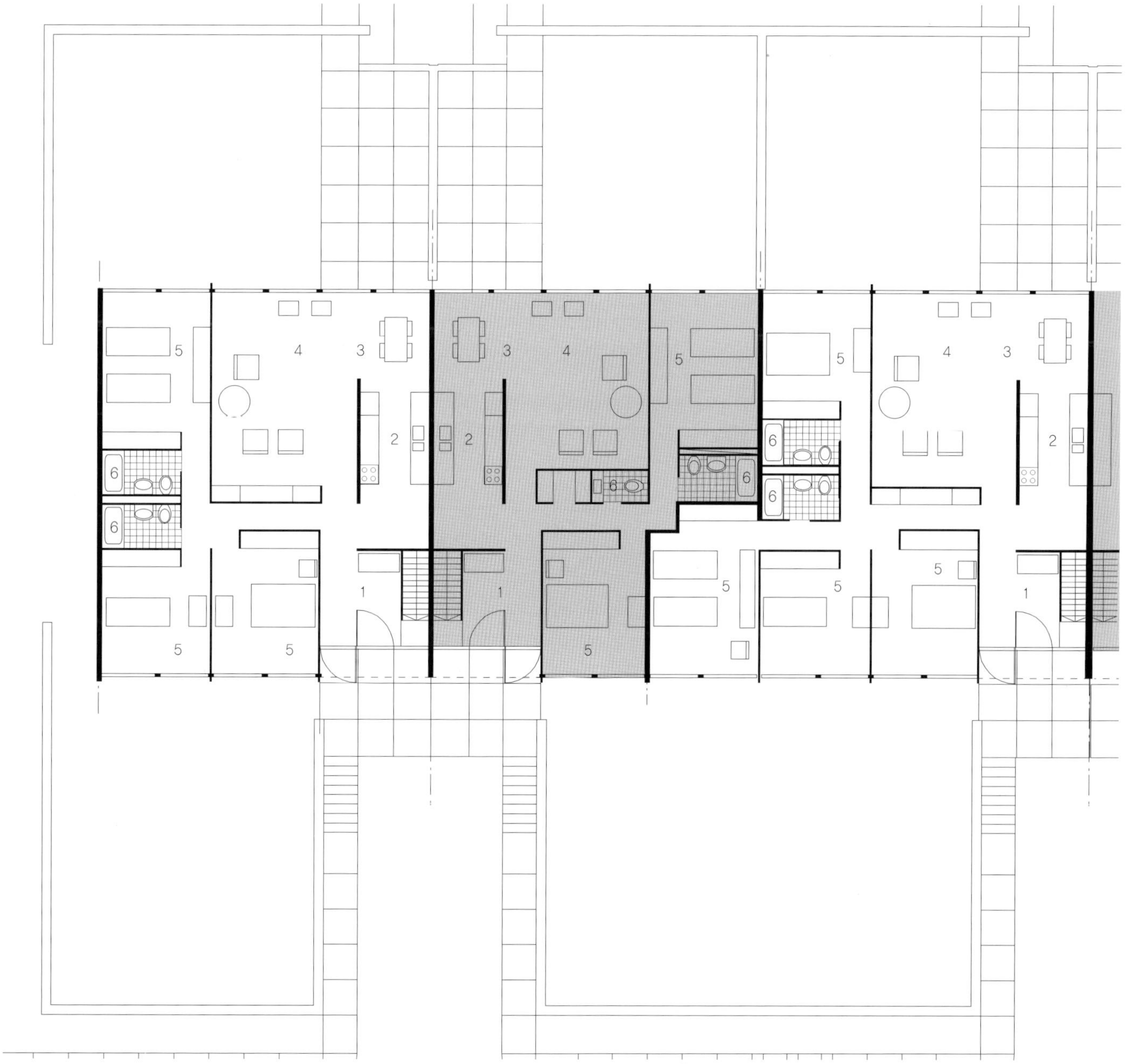

Peabody Terrace

Sert, Jackson & Gourley
Cambridge, Massachusetts, USA; 1964

이 건물을 세웠던 1964년 당시, 하버드 대학의 주거용 건물인 피바디 테라스 홀 Peabody Terrace hall은 디자인 상을 수상했다. 이 건물은 저층과 고층 타워 사이에 있는 명확한 구분을 없애 두 형태를 결합했기 때문에 많은 호평을 받았다. 프로그레시브 아키텍쳐Progressive Architecture에서 1974년 발표한 평가에 따르면, 이 복합 빌딩은 중요하다. 왜냐하면 그들은 '누구에게나 적용 가능한 새로운 스케일을 만들었기 때문이다.' 모더니즘의 명쾌함과 오픈 스페이스 대신, 이 주택 단지는 가로변으로 오픈 스페이스를 공유하는 형태를 구성했다. 중정은 사적인 것임에도 불구하고 정면의 강과 가로를 둘러싸며 투과성을 유지했다. 건축 프로그램은 500세대와 300대의 주차공간, 회의실, 그리고 결혼한 학생들과 그 가족들의 요구를 충족시키는 육아실과 운동장을 원칙적으로 포함했다. 서트, 잭슨 & 고울리Sert, Jackson & Gourley는 건물을 건축하는데 필요한 예산에 맞추기 위해 기존의 슬래브 블록을 제안하는 것 대신, 전체 계획에 반복적으로 적용할 수 있는 표준 모듈을 사용하는 여섯 개의 아파트를 제안했다.

모듈은 3 베이bays 넓이에 3층 높이이다. 계단실은 중앙에 있고, 복도를 통해 중간층에만 있는 엘리베이터와 연결된다. 다른 타워들과는 다리를 이용하여 연결된다. 경제적인 동선시스템을 위해 3분의 2세대가 블록의 전체 깊이를 차지하고 있으며, 그 결과 좋은 일조와 환기를 가질 수 있다는 것을 의미한다. 거주하는 학생들은 아이들과 유모차를 가지고 정기적으로 들어오고 나가기 때문에 이 시스템이 덜 적합할 수도 있다. 아파트는 분리된 세대 벽 사이가 3.43m로 매우 작으며, 천장은 2.26m로 낮다. 각 주호에는 공간을 최대한으로 활용할 수 있도록, 빌트인built-in 식기장과 조리대, 그리고 책상을 구비하고 있다. 벽은 원래 흰색으로 칠했는데, 중심 공간으로 돌출한 부엌과 욕실의 파티션은 대담한 색으로 칠했다. 입면은 전체 디자인에서 중요한 부분이다. 바닥에서 천장까지의 높이인 창문들을 빨강색과 초록색으로 칠한 환기구와 구별했다. 복도는 북쪽 또는 동쪽 입면에 있고, 발코니는 서쪽이나 남쪽 입면에 있다. 동쪽 측면에 걸려있는 발코니와 서쪽에 있는 태양 빛을 가리는 조절 가능한 루버louver와 같이 풍부하고 다양한 입면은 내부 배치의 표준화된 단순성과 대비되는 것이다.

1　Part plan typical floor
　　with corridor 1:200
2　Part plan typical non-
　　corridor floor 1:200

1　Access corridor
2　Stairs
3　Entrance/hall
4　Living
5　Kitchen
6　Bathroom
7　Bedroom
8　Balcony
9　Lifts
10　Study

Blues Point Tower

Harry Seidler and Associates

Sydney, Australia; 1961

블루스 포인트 타워가 세워진 1961년에는 25층의 이 빌딩이 시드니에서 가장 높은 주거 빌딩이었다. 이 빌딩은 콘크리트 프레임을 사용하여 경제성을 확보했다. 2개의 방이 있는 가장 큰 세대는 78m²이고, 스튜디오는 31m²이다. 거의 정사각형으로 꽉 차게 구성한 평면 중심에 수직 동선이 있고, 중앙 집중형 복도가 있다. 세대 내부의 모든 욕실 벽에는 기계 환기 시스템을 내장했다. 각 층에는 7개의 세대가 있고, 가장 위층에는 세탁실과 건조실이 있다. 돌출 발코니 대신, 거실에는 외부 난간과 천장 끝까지 열리는 프랑스식 창문들을 두었다. 세대 사이 최소 1m 깊이의 공간 쌓기를 해야 하는 화재 법규를 피하기 위해 층별로 번갈아 가면서 90도로 회전시키는 독창성을 발휘했다. 이것은 입면에 독특한 특징을 주었으며, 다양한 전망과 일조를 갖는 세대를 구성하는데 기여했다.

블루스 포인트 타워는 건축 후에 큰 관심을 끌었지만, 많은 비판도 받았다. 그것은 이 건물의 위치 때문이었으며, 다른 한편으로는 세이들러의 명성 때문이었다. 이 사이트는 세계에서 가장 규모가 큰 대지 중 하나일 것이며, 맥마혼 McMahon 반도의 끝에 있어, 건너편 시드니 항구를 바라보는 전망이 뛰어난 사이트이기도 하다. 공원 용지로 지정되었기 때문에, 해안선의 다이나믹한 암석 절벽과 함께 자연 그대로의 상태를 보존하고 있다. 이 타워는 전체 10개 이상의 건물 중에서 첫 번째로 건축했기 때문에 주목을 받았다. 타워 건너편에 있는 베네롱 포인트와 시드니 오페라하우스에서 이 타워를 잘 볼 수 있다. 세이들러가 입면을 다루는 방식은 합리적이다. 형태는 최상층의 명확한 결정으로 아주 분명해졌다. 최상층의 세탁실와 탱크실은 단단한 벽으로 둘러싸여져 있다. 세이들러는 하버드로 공부하러 가기 전에 영국과 캐나다에서 공부했고, 그로피우스 밑에서 요셉 앨버스와 함께 교육 받았다. 오스카 니마이어, 마르셀 브로이어와도 함께 작업했다. 시드니에서 활동한 1948년부터 그는 절제된 미학과 합리적인 디자인 새로운 건축을 호주에 도입했다. 블루스 포인트 타워는 이것을 분명하게 증명하는 동시에,

유럽 스타일의 유산임을 보여준다. 하지만 이보다 더욱 중요한 것은, 이 빌딩이 전통적인 시드니의 방갈로와 전원주택을 탈피하여 고밀도, 초고층 아파트로 전환하는 출발점을 만들었다는 것이다.

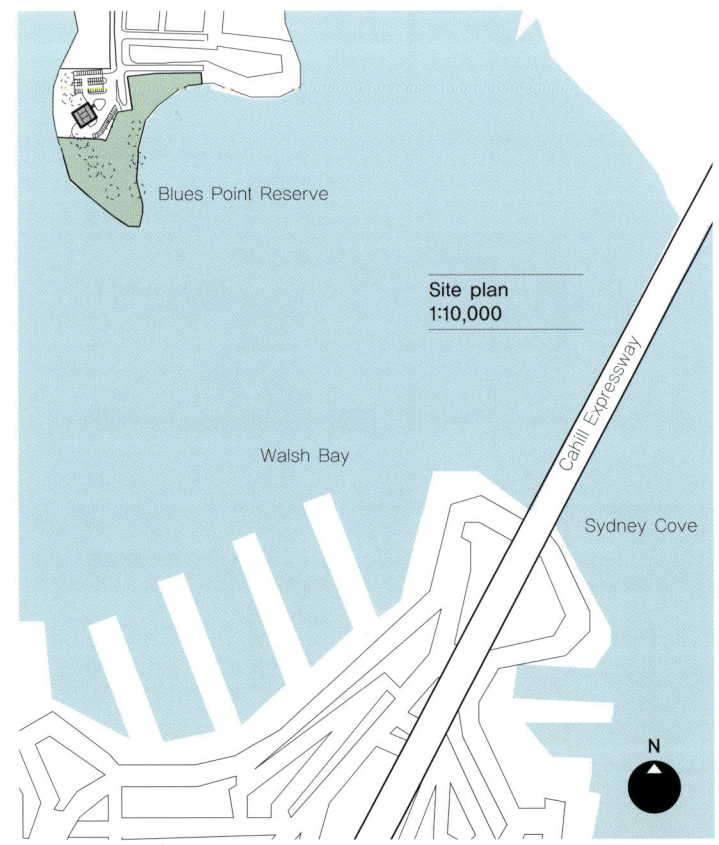

Blues Point Reserve

Site plan
1:10,000

Walsh Bay

Cahill Expressway

Sydney Cove

N

Opposite left: The tower seen from across the bay

Opposite right: Front façade

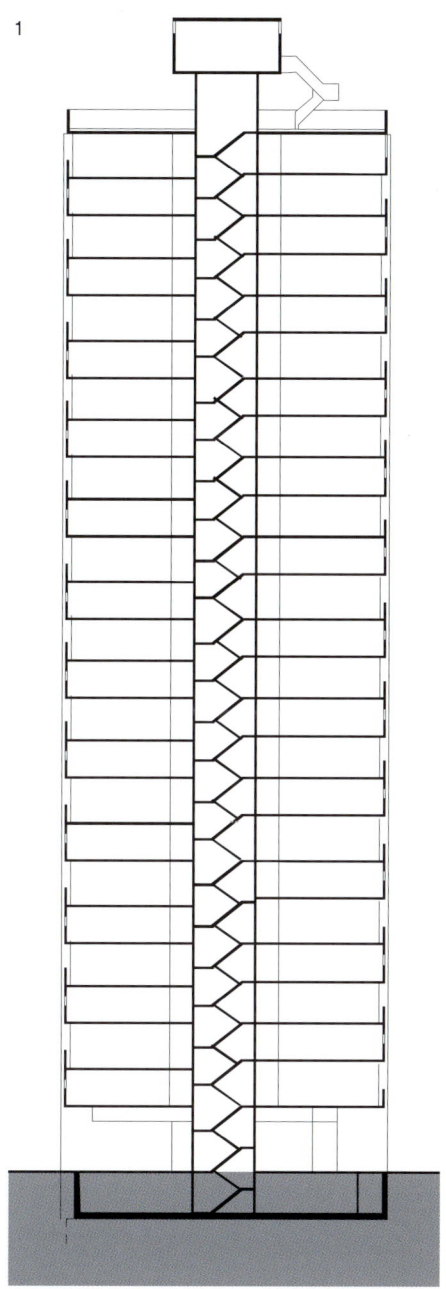

1

2

3

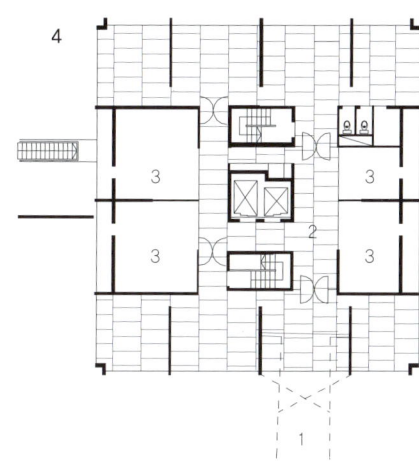

4

1 Section 1:500

2 Typical floor plan 1:200

1 Corridors and stairs
2 Entrance/hall
3 Kitchen
4 Living/dining
5 Bedroom
6 Bathroom
7 Closet

3 Plan at alternate floor levels 1:500

1 Two–bedroom flat
2 One–bedroom flat
3 Studio flat

4 Street–level plan 1:500

1 Entrance portico with canopy over
2 Lobby
3 Shop units

Bakkedraget Housing

Jørn Utzon, 1918-

Fredensborg, Denmark; 1963

웃존은 스웨덴의 건축가인 에릭, 헨리 앤더슨과 일하면서 에린버그의 타운 센터의 설계경기를 제출했던 1954년, 이미 주택 유닛 디자인에 대한 아이디어를 갖고 있었다. 이 디자인은 각 층에 4개의 세대가 있는 14층 아파트에 대한 것이었다. 아파트는 평행하게 배치했는데, 발코니 쪽이 같은 방향이며, 주변 풍경을 조망할 수 있다. 세대의 1층은 하늘보다는 땅을 향한 전망에 포커스를 맞추었다. 웃존에게 가장 중요한 것은 단위 세대가 디자인의 출발점이 되어야 했다. 개별적인 유닛을 조합시키는 아이디어는 웃존의 한 코트야드 하우스에서도 나타난다.

프레덴스보그에서, 중정은 수직으로 만나는 두 개의 매스가 만든다. 정사각형에 가까운 평면은 가족 생활의 일반 활동에 초점을 둔다. 이 건물은 거주자의 요구를 만족시키기 위해 다양한 방식으로 구성한 자연스러운 공간을 제공했다.

중정은 집의 기본적인 특징을 바꾸지 않고 식사 공간, 작업장, 아이들을 위한 운동장이나 정원으로도 사용할 수 있다. 건물의 두 부분에는 중정 쪽으로 창문이 있으며, 한쪽에는 거실이 있고 다른 한쪽에는 침실이 있다. 간결한 벽돌과 작은 창문들로 구성된 집의 외관은 내부 활동에 대해 작은 실마리만을 제공한다. 가족 구성원이 증가하면서 생기는 요구를 수용하기 위한 디자인 아이디어는 스케네 주택 설계경기에서 처음으로 개발한 것이다. 그리고 몇 년 후 이 아이디어는 프레덴스보그에 은퇴자 주택을 개발하기 전, 헬싱고의 킹고 주택에서 실현되었다. 이 주택에서 오픈 플랜에 기초한 테라스 하우스, 경사지붕 아래 2층 높이의 거실과 같은 기본 주택 타입의 몇 가지 다양성을 선보인 것이다.

1

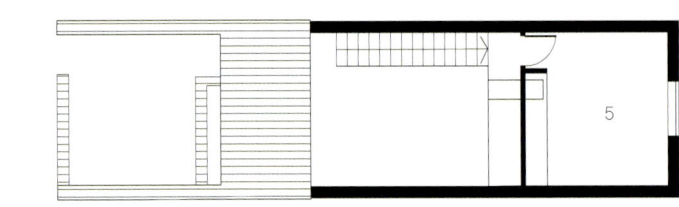

2

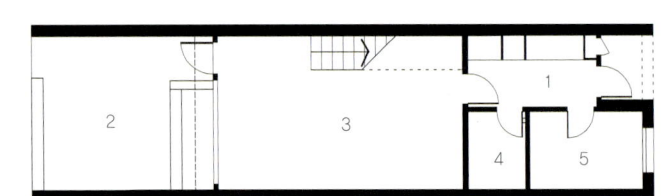

3

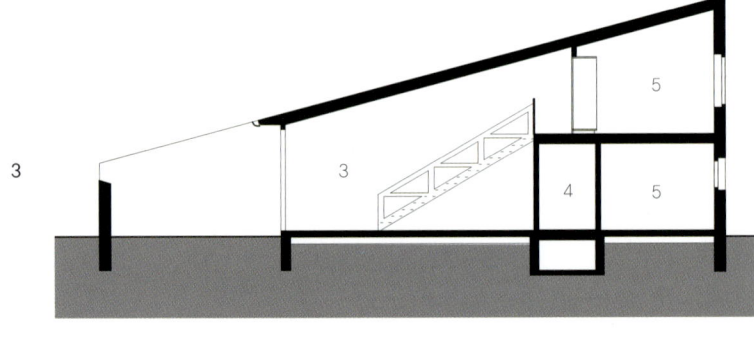

4

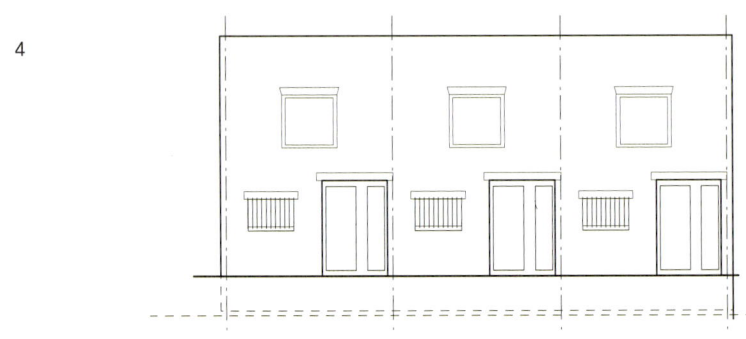

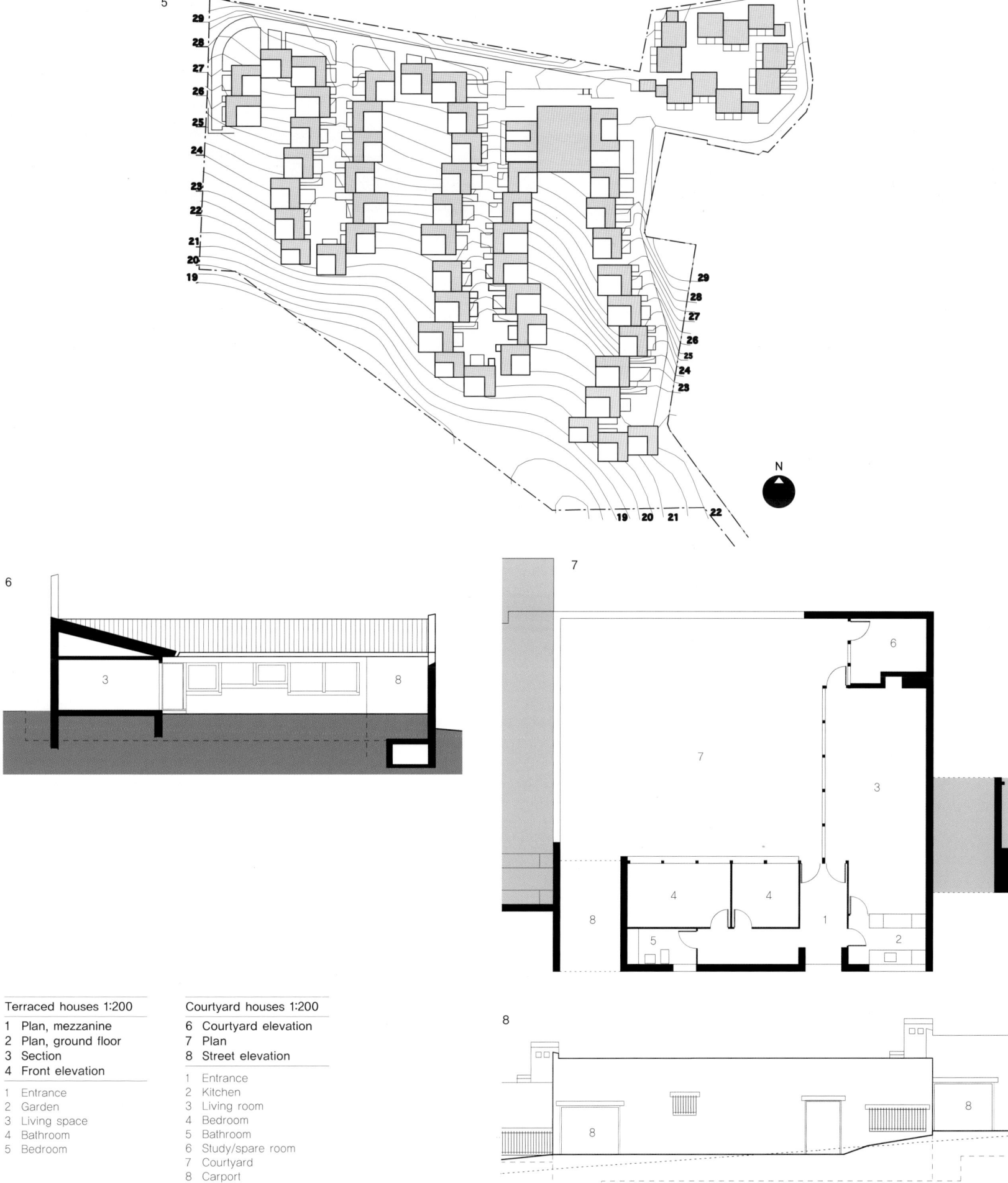

5   Site plan 1:2,500

Terraced houses 1:200

1 Plan, mezzanine
2 Plan, ground floor
3 Section
4 Front elevation

1 Entrance
2 Garden
3 Living space
4 Bathroom
5 Bedroom

Courtyard houses 1:200

6 Courtyard elevation
7 Plan
8 Street elevation

1 Entrance
2 Kitchen
3 Living room
4 Bedroom
5 Bathroom
6 Study/spare room
7 Courtyard
8 Carport

The Ryde

Phippen Randall and Parkes

Hatfield, UK; 1966

28개의 단층 테라스 하우스는 남쪽에서 동쪽으로 완만하게 경사진 길고 좁은 대지에 있다. 접근로는 개인 대지의 한쪽 면을 따라서 있다. 이 건물들은 코카인 하우징 소사이어티의 협력 사업의 일환으로 건축했다. 코카인 하우징 소사이어티는 1962년에 선구자인 마이클 베일리가 설립했다. 마이클 베일리는 기능과 미적인 면에서 동시대의 요구를 충족시킬 수 있는 새로운 주거의 모델을 개발하려고 생각했다. 거주자의 직업에 맞추어 지은 라이드는, 미팅과 공동 행사에 사용하는 커뮤니티 하우스와 테니스 코트, 운동장, 공동 정원, 방문자들을 위한 원룸을 포함한다. 주택은 경사 대지를 따라 지어져서 건물의 바닥 레벨이 경사를 따라 내려간다. 이 주택은 주변에 있는 경사 지붕으로 된 2층 주택들과는 달리 밖에서 안을 거의 볼 수 없다. 단층 건물들은 주변을 둘러싸고 있는 관목 숲 보다 조금 더 높으며, 돌출한 경계벽, 어둡게 착색된 창문 목재, 문의 프레임들만 보인다.

경계벽은 똑같이 6.8m 떨어져 있고, 집들은 각각의 규모에 따라 깊이가 달라진다. 긴 축의 한쪽 면에는 거실이 있고, 다른 면에는 침실과 욕실을 배치했다. 욕실은 모두 동일하고, 침실은 하나 혹은 두 개의 표준 사이즈가 있다. 작은 방의 파티션들은 넓은 슬라이딩 도어와 접이식 스크린을 통해 거실까지 열릴 수 있는 가변성을 확보했다. 깊은 평면의 중앙에는 빛을 끌어들이는 천창이 있으며, 큰 주택에는 전면 유리창이 있는 중정이 있다.

많은 생각을 하여 인테리어 시설을 계획했다. 모든 침실과 출입구 홀에는 옷장이 있고, 주방과 식당 사이에는 찬장이자 작업장이면서 음식을 내는 파티션이 있다. 또한 밖과 안에서 모두 접근할 수 있는 주방 출입문 옆으로 서비스 유닛이 있다. 계량기는 밖에서 읽을 수 있고, 주방의 쓰레기통도 밖에서 비울 수 있으며, 우유 배달원이 밖에서 우유병을 바꿀 수 있다. 전체적인 마감과 디테일은 단순하다. 구조 블록에는 페인트칠을 했고, 목재 파티션에는 니스 칠을 했다. 문과 수직 슬라이딩 알루미늄 창문들은 목재의 프레임을 갖는다.

Site plan 1:2,500

1 Shared garden/ playground
2 Tennis court
3 Garages
4 Community house

N

Opposite left: Street elevation

Opposite right: Garden elevation

1

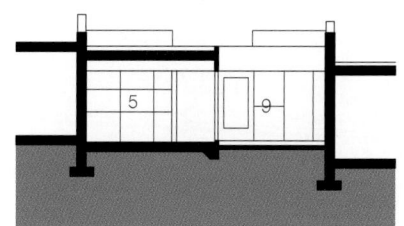

2

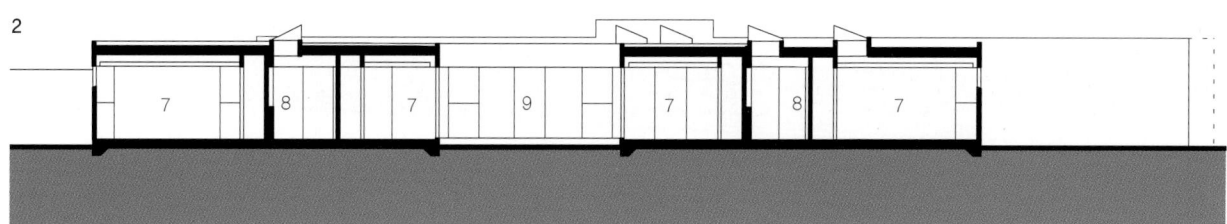

3

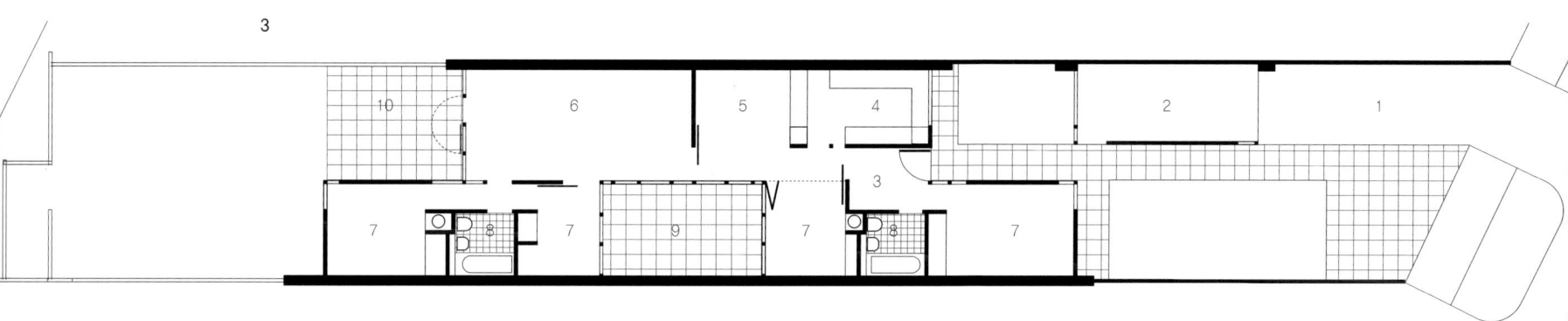

4

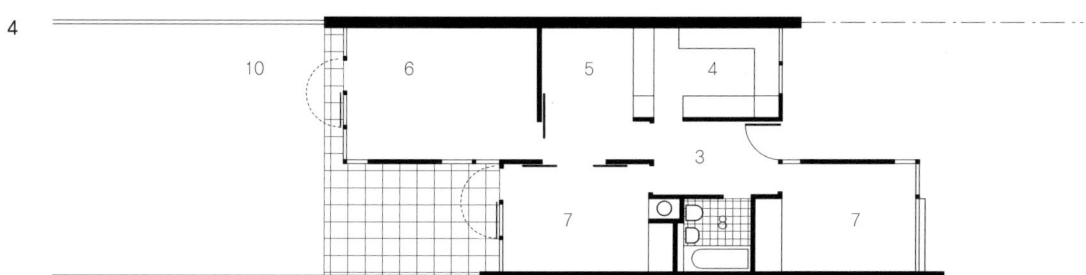

5

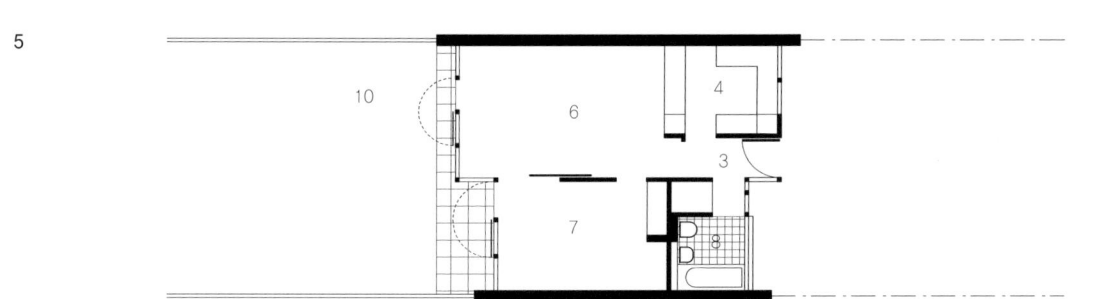

1 Cross–section 1:200
2 Long section of four–bedroom house 1:200

House plans 1:200
3 Plan of four–bedroom house
4 Plan of two–bedroom house
5 Plan of one–bedroom house

1 Driveway/parking
2 Garage
3 Entrance/hall
4 Kitchen
5 Dining
6 Living
7 Bedroom
8 Bathroom
9 Patio
10 Private garden

Habitat 67

Moshe Safdie, 1938-

Montreal, Canada; 1967

너무나 눈에 띄는 이 실험 주택은 국제 엑스포 67의 상징적인 건물이 되었다. 이 건물의 컨셉은 맥길McGill 대학에서 발전시켰으며, 67년 몬트리올 엑스포는 쓰레기 매립지인 이 사이트에 대단히 실험적인 건물을 지을 수 있는 좋은 기회를 제공해 주었다. 이 프로젝트에서 주택의 타입, 형태, 건설에 있어서 관습적인 것을 거의 찾아볼 수 없다. 건축가는 현대 기술의 적용과 모터카 산업 방식과 같은 매스의 생산에 더욱 관심이 있었다. 주호는 조립식으로 미리 만들어진 세로 11.7m × 가로 5.3m × 높이 3m의 유닛 콘크리트 박스들로 만들었다. 이 박스에는 유리섬유 소재의 화장실과 각종 설비, 서비스 시설들을 설치했다. 그 후에 유닛을 주 구조체에 하나 위에 다른 하나를 쌓아 올리는 방식으로 끼워 넣었다. 세 개의 피라미드 형태를 띠는 이 단지에는 상부 레벨의 오픈 데크나 보행자용 가로로 올라갈 수 있는 엘리베이터 코어가 있다. 세 피라미드 구조는 평면상 구부러져 있으며, 피라미드는 브리지로 연결된다. 명확한 파사드도 없고, 배치의 분명한 일관성도 없으며, 공간의 명확한 위계도 없다. 세대의 조합을 통해 두 개, 세 개, 네 개의 침실을 만들었으며, 유닛 내부에서 다양한 레이아웃과 크기를 가지는 복층 세대를 구성했다. 일부 세대는 복층의 거실을 갖는다. 모든 유닛들은 아래 세대의 지붕을 테라스로 갖는다.

현재까지도 발생하는 조립식 건물에 대한 문제가 이 프로젝트에서 발생했다. 당초 계획했던 1,000유닛이 아닌 354개의 유닛을 건축했기 때문에 이 건물은 재정적인 면에서 성공적이지 못했다. 그러나 조립식 아파트를 지으면 건축비를 줄일 수 있다고 예상했었다. 다양한 방식의 유닛 조합은 표준화된 유닛 조합에 비해 더 많은 일을 만들었으며, 경제성이 없었다. 설비는 유닛의 무게와 크기 때문에 부분적으로 복잡하게 되었다. 또, 후 설치 작업이 다량으로 남아 있어 표준화의 수준을 비난하는 사람이 많았다. 외부에 설치된 진입 데크는 몬트리올의 겨울 날씨를 고려하지 않은 부적절한 계획이었다.

Site plan
1:2,500

N

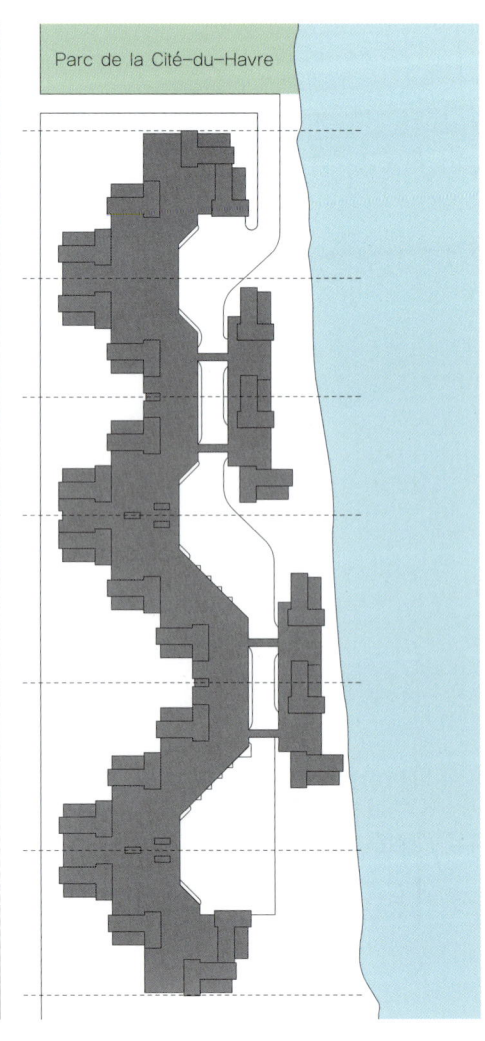

Parc de la Cité-du-Havre

avenue Pierre DuPuy

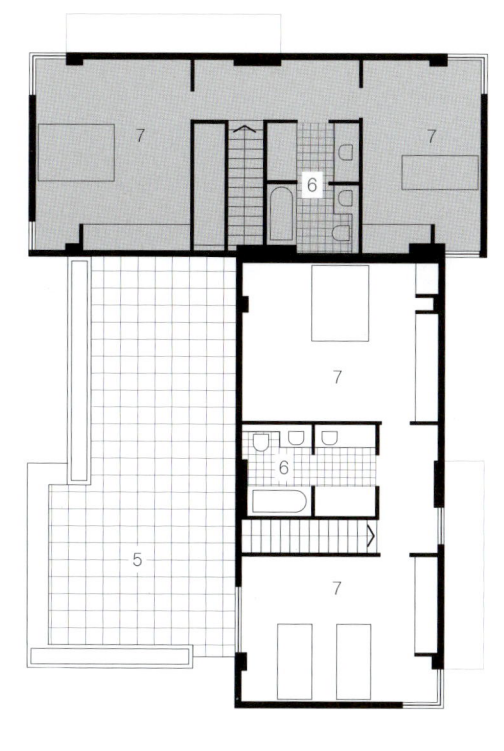

1

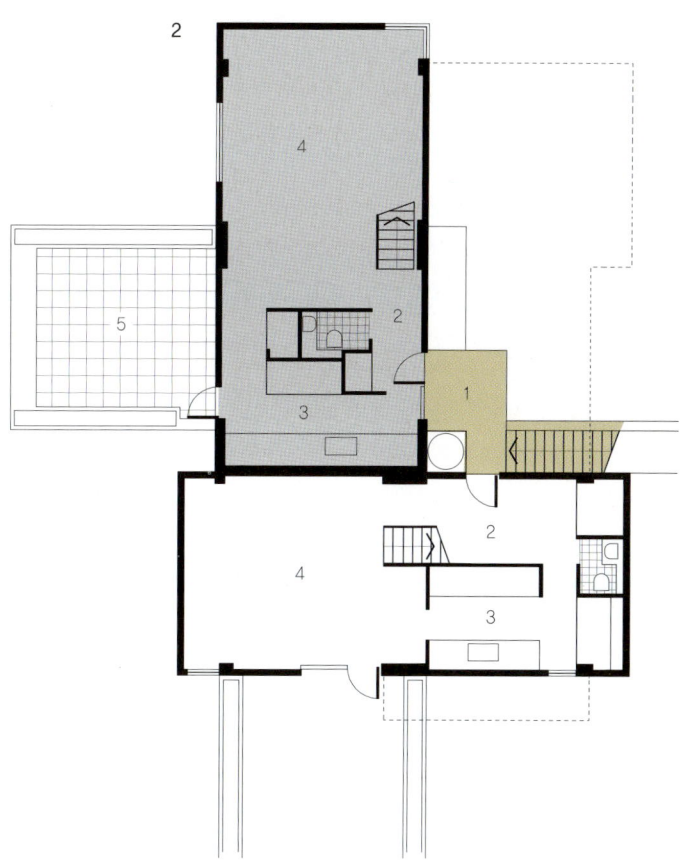

2

Typical apartment plans
1:200

1 Upper-level two-
   bedroom duplexes
2 Lower-level two-
   bedroom duplexes
3 Lower-level three-
   bedroom duplex
4 Upper-level three-
   bedroom duplex

1 Access gallery
2 Entrance/hall
3 Kitchen
4 Living/dining
5 Terrace
6 Bathroom
7 Bedroom

5 Part section 1:500

3

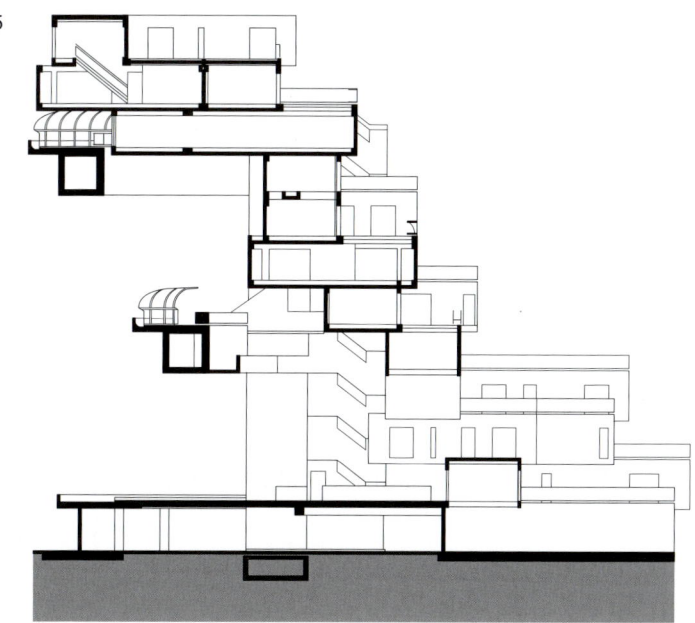

5

Twin Parks Northwest Site 4

Prentice & Chan, Ohlhausen
New York, New York, USA; 1970

노스웨스트 사이트 4Northwest Site 4는 프렌티스 & 챈, 올하우젠Prentice & Chan, Ohlhausen이 설계한 두 프로젝트 중 하나이다. 뉴욕 도시 개발공사가 브롱스Bronx의 트윈 파크Twin Parks에 13의 대지에 걸쳐 개발한 대형 프로젝트의 일부분이다. 건축가는 가난하고 복잡한 주변환경을 갖는 저소득층 임대 주택을 설계하면서 실용성을 가장 중요하게 생각했다. 이들은 다른 프로젝트에서 사이트 Site 5 에서 11까지 새로운 공공 오픈 스페이스가 있는 U자형 건물을 계획했다. 반면, 사이트 4에서는 광장의 한 면을 막는 단순한 직사각형 형태의 타워를 계획했다. 바위언덕 위에 있는 이 건물은 보행자들이 언덕 위로 오르고, 옆 길로 내려가는 지름길의 필로티 위에 세워졌다. 빌딩은 간결한 외관을 띠고 있다. 외관에서 모듈을 느낄 수 없으며, 돌출부와 발코니를 설치하지 않았다. 입면의 재료나 질감의 변화도 없다. 기본 크기의 단 두가지 창을 적절하게 조합시킨 것이 이 건물의 유일한 장식이다.

　　19층 타워의 내부에서, 건축가는 좀 더 정교하고 독특한 설계를 보여줬다. 건물의 평면은 벌집과 유사하다는 느낌을 준다. 평면 중앙에 있는 두 개의 엘리베이터와 주계단은 부분적으로는 다르지만, 매 3층마다 평면의 전체 길이를 차지하는 중앙복도로 연결된다. 아파트의 크기는 스튜디오에서부터 방이 1~5개인 것까지 다양하다. 또 단층형과 복층형의 세대가 있다. 대부분의 아파트에서처럼, 중앙복도의 양 옆에는 주호 내 설치된 계단과 욕실이 있고, 거실은 외부 입면과 가까운 곳에 있다. 이 주거는 최소 공간 기준을 만족시킬 수 있게 계획했다. 거실을 확장하기 위해 부엌을 거실의 일부분으로 보거나, 거실에서 접근할 수 있도록 했다. 평면은 매 3층마다 반복된다. 매 3층마다 복도가 없어서 모든 세대는 건물의 전체 깊이를 모두 사용할 수 있었으며, 위층으로 바로 접근할 수 있다. 따라서 비록 방이 작아졌지만, 세대 내부 동선은 다른 층의 방과 방 사이의 늘어난 거리만큼의 넓은 면적을 커버할 수 있다. 이것을 통해 거주자는 공간감을 느낀다.

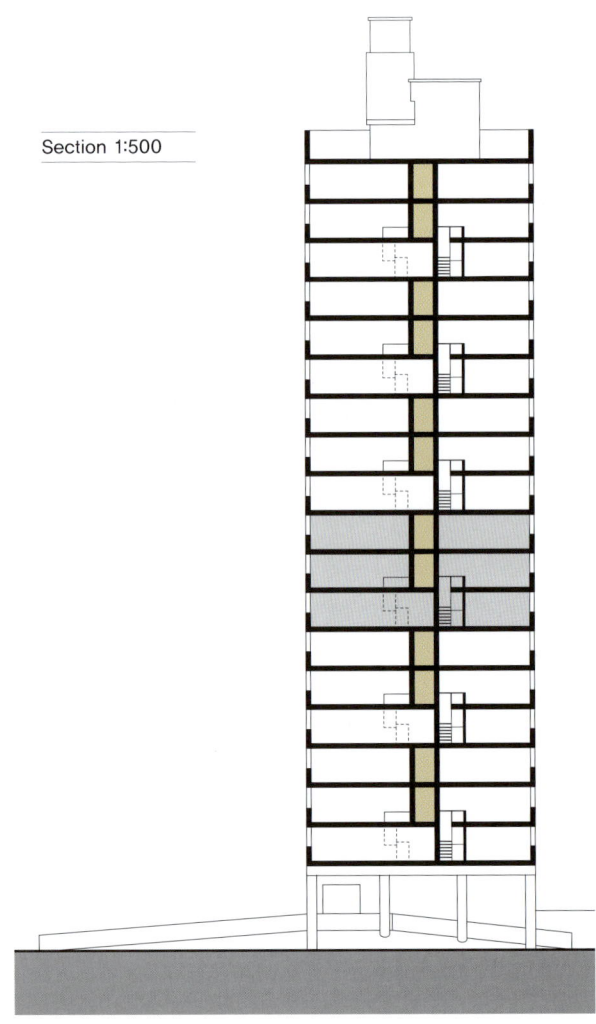

Section 1:500

Floor plans 1:200

1 Upper-level floors
   4, 7, 10, 13, 16 and 19
2 Middle-level floors 3,
   6, 9, 12, 15 and 18
3 Lower-level floors 2,
   5, 8, 14 and 17

1 Corridors and stairs
2 Entrance/hall
3 Kitchen
4 Living room
5 Bedroom
6 Bathroom/WC
7 Studio flat
8 Stairs to lower/upper
   level of duplex
9 Store room

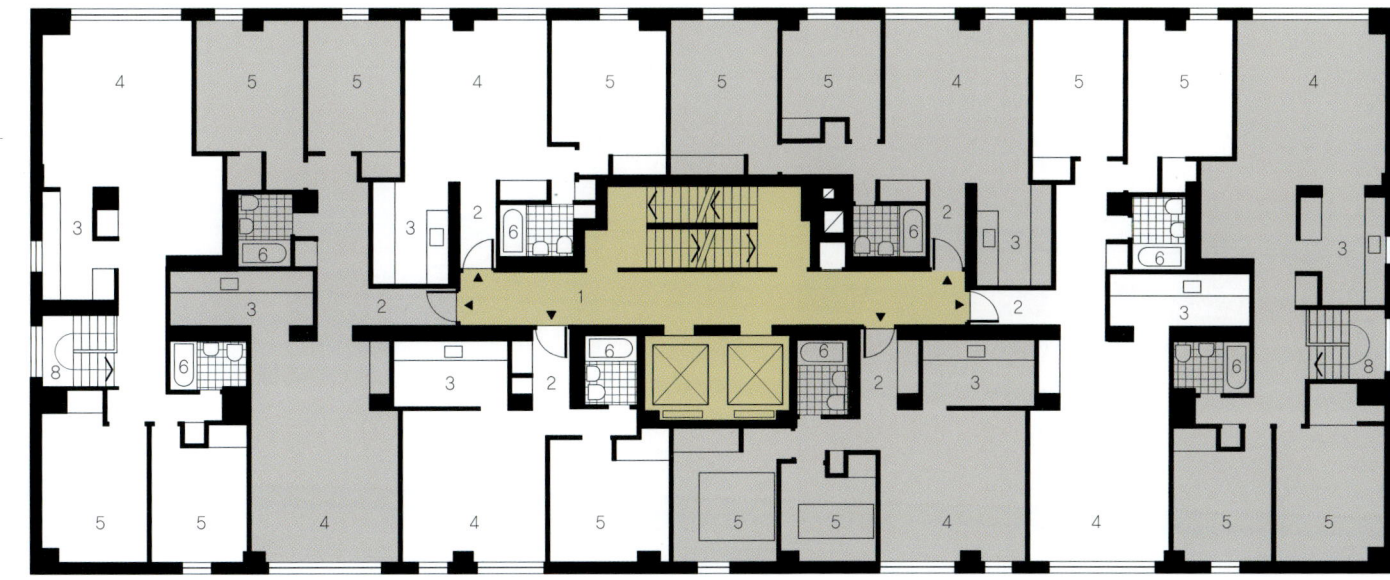

1

2

3

Balfron and Trellick Towers

Ernö Goldfinger, 1902-87

London, UK; 1968/1972

제임스 던넷James Dunnatt과 가빈 스템프Gavin Stamp에 따르면, 골드핑거 Goldfinger의 전후 작업에서 얻은 가장 두드러진 성과는 건물에 프레임을 표현한 것이다. 합리주의자이며 국제적인 산업 개념을 가졌다고 설명할 수 있는 골드핑 거는 구조와 재료의 표현을 가장 중요하게 생각했다. 초기작품인 윌로우 로드 테 라스 하우스Willow Road terraced houses ,1938가 좋은 예다. 건축가는 안쪽으로 후퇴한 창과 돌출된 베이 같은 상반된 모델링 장치를 사용했다. 그러나 콘크리트 프레임을 분명하게 표현하지는 않았다. 과장된 크기의 철제와 건물선에서 후퇴한 파사드, 판유리를 모서리의 넓은 면에 사용하는 것 모두 그가 2차 세계대전 전에 사용했던 요소들이다. 1936년에 건축된 애보트 토이샵abbott toyshop은 이것을 보여주는 사례이다. 골드핑거는 독특한 포탈 프레임portal frame 그리드와 함께 1950년대 런던학교에 사용할 목적으로 콘크리트 조립 시스템을 개발했다. 주택 조합이 의뢰한 리젠트 파크 로드Regent Park Road, 1954 아파트는 각 층 2호 조합 이며, 콘크리트 프레임을 사용했다. 거주자의 선택을 주장했던 골드핑거가 2호 조합 아파트에 프레임 구조를 사용한 것도 내부배치에 가변성을 확보하여 거주자 의 선택의 폭을 높이려는 의도를 보여준 것이다. 침실은 다른 주호에 포함될 수도 있으며, 거주자는 작은 부엌과 거실/다이닝룸이 있는 세대와 부엌/다이닝룸 그리 고 작은 거실이 있는 세대 중 하나를 선택할 수 있었다.

골드핑거는 1920년대 처음으로 주택을 설계했다. 1929년에 필리페빌 Philippeville이 의뢰하여 처음으로 설계한 주택을 1933년 CIAM 학회에 전시했 다. 그는 부엌디자인에 대한 연구를 1928년, L'organistion Menagére에 출간했 다. 이외에도 그는 자신의 디자인 원칙을 '주택, 부엌, 이웃의 계획' 등의 저술서 를 통해 출간했다. 그는 지역에서 처음으로 명성을 얻었던 주택 프로젝트라고 볼 수 있는 애부츠 랭글레이Aboots Langley에서 복도로 둘러싸인 '공중 가로Street-in-the-air'를 디자인했다. 애부츠 랭글레이는 1956년 왓포드 의회Watford Council가 의뢰한 것이었다. 골드핑거는 이 프로젝트에서 르 꼬르뷔지에의 '실내 거리rue interieure' 개념을 발전시켜 매 3층마다 아래, 위에 있는 2인 또는 4인 가족용 세대로 접근할 수 있는 복도를 계획했다. 9층에 오픈 스페이스를 두고 나 무를 심으려 했지만, 지역의회는 이를 허용하지 않았다. 그래서 이것을 4층으로 대체하여 재설계했다. 이 아이디어는 1968년 런던 자치 의회가 의뢰한 이스트 런 던의 밸프론Balfron 타워에서 실현되었다. 1972년 수도의 반대편에 건축된 트렐 릭Trellick 타워는 밸프론 타워를 모델로 매우 비슷하게 세워진 건물이다. 엘리베 이터 타워는 이 건물에서 독특한 요소이다. 엘리베이터 타워를 소음 문제 때문에 주동과 떨어져 건축했으며, 매 3층마다 브리지로 주 건물과 연결된다. 콘크리트 표면과 긴 창, 보일러실, 타워 최상층에 솟아 있는 굴뚝은 험악한 요새와 같다. 두 빌딩이 차지하는 공간은 전반적으로 같다. 트렐릭 타워는 외관의 프로포션을 변 화시켜 디자인을 개선했다. 4층을 추가하여 층수를 늘렸으며, 일반적인 건물의 그리드에서 수평으로 분할하는 퍼블릭 발코니를 저층에서 높은 곳으로 이동시켰 다. 모서리에 있는 세대에는 창문과 발코니를 남쪽과 주 입면에 설치했다. 엘리베 이터 타워는 메인 건물보다 가볍게 보이게 하려고 회전시켰다. 전기 설비에 대해 서는 기술적 개선이 있었으며, 이중 유리를 원칙적으로 설치했다. 이와 같은 개선 은 건물이 철도와 인접해 있기 때문에 중요한 것이었다. 내부는 다른 공동 주택 프로젝트와 비교해 넓은 편이다. 이것은 당시 영국에서 사용했던 파커 모리스 Parker Morris의 최소기준을 넘는 것이었다. 건물의 전 깊이를 차지하는 이 주거 단지는 2인, 4인, 혹은 6인을 위한 단층 또는 복층형 주택으로 구성되어 있다. 남 쪽에 면한 폭 6.75m의 발코니는 예외적으로 넓은 구조 베이이다. 이 때문에 세대 의 내부 공간은 매우 밝고 개방된 느낌과 멋진 전망을 제공한다.

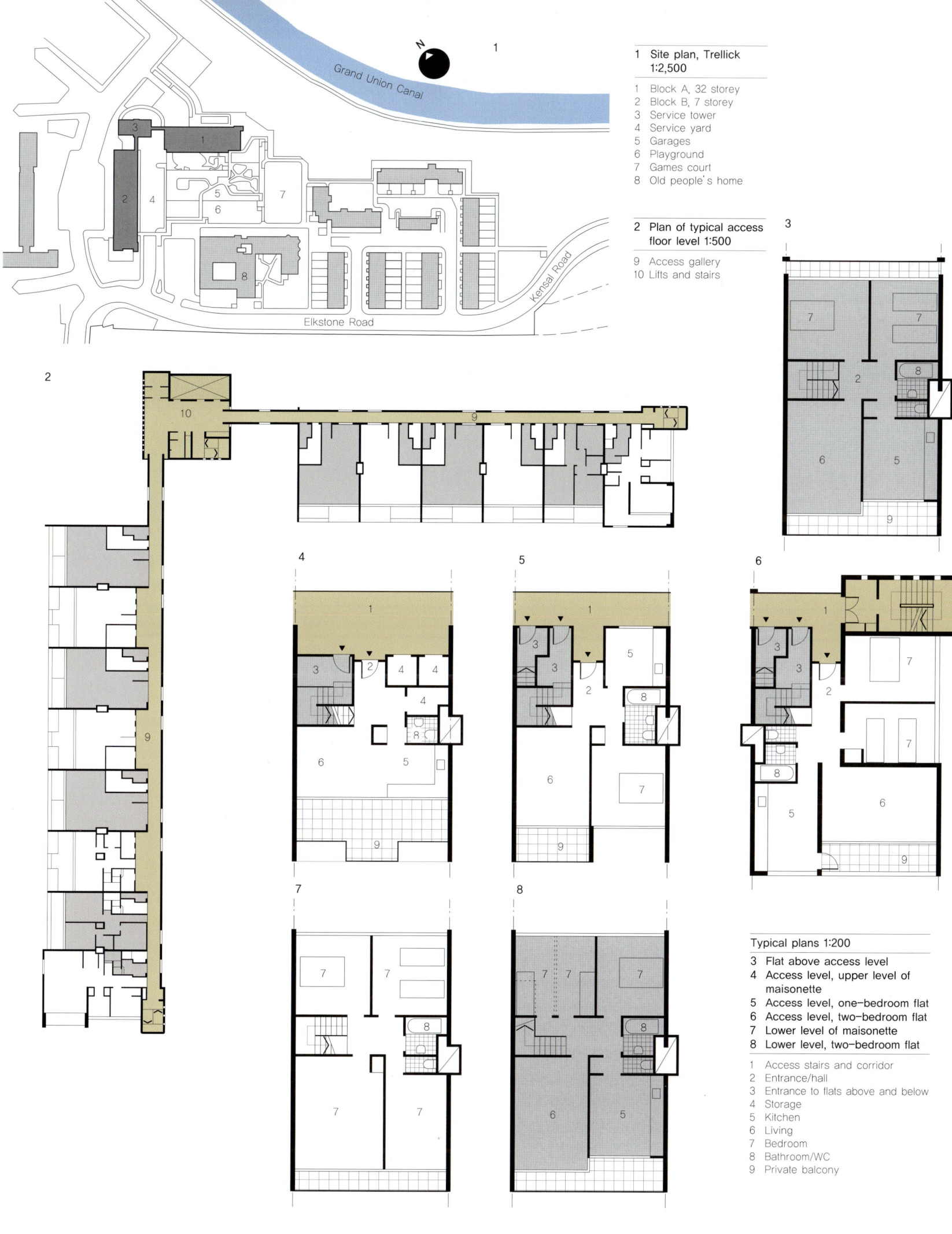

Grand Union Canal

N

1

1 Site plan, Trellick
   1:2,500

1 Block A, 32 storey
2 Block B, 7 storey
3 Service tower
4 Service yard
5 Garages
6 Playground
7 Games court
8 Old people's home

2 Plan of typical access
   floor level 1:500

9 Access gallery
10 Lifts and stairs

Kensal Road

Elkstone Road

2

Typical plans 1:200

3 Flat above access level
4 Access level, upper level of
   maisonette
5 Access level, one-bedroom flat
6 Access level, two-bedroom flat
7 Lower level of maisonette
8 Lower level, two-bedroom flat

1 Access stairs and corridor
2 Entrance/hall
3 Entrance to flats above and below
4 Storage
5 Kitchen
6 Living
7 Bedroom
8 Bathroom/WC
9 Private balcony

Robin Hood Gardens

Alison and Peter Smithson, 1928-93/1923-2003

London, UK; 1972

이 주거가 세워진 부지는 런던 이스트 끝의 비교적 혼잡한 지역으로, 주도로가 3면을 둘러 싸고 있다. 동쪽에는 템즈강에서 시작된 블랙월 자동차 터널이 있다. 서쪽에는 간선도로가 아이슬 도그Isle of Dogs에 접해 있다. 북쪽에는 런던 도심으로 가는 A13 도로가 있다. 단지의 양 끝에서 두 개의 슬래브 블록이 남북방향으로 배치되어 중앙 안쪽으로 물결모양의 녹지공간을 만든다. 이 녹지공간은 효과적으로 소음을 차단하여 거주자들에게 조용한 오픈 공간을 제공한다. 스미슨은 이를 통해 조경을 개선하려는 아이디어를 보여주었다. 스미슨은 전쟁 전 시대에 영국에 지어졌던 개인주택과 다른 축척을 조경에 사용하여 새로운 도시형태를 만들었다. 이들은 1972년 건축 디자인 잡지에 수록된 기사를 통해 야심적이면서도 개괄적인 자신들의 견해를 명백히 밝히고 있다. 기사의 주요내용은 다음과 같다. "새로운 도시스케일의 광장을 만드는 것은 다수의 언덕을 만드는 것과 같다. 전체 사회와 연결된 거주자를 고려한 주거를 디자인해야 한다. 주택에서 이러한 것들은 중요하다."

건축가는 단순한 발코니의 개념을 넘어선 오픈 데크에 큰 비중을 두고 설치했다. 오픈 데크는 두 개 블록의 가로 쪽에 설치되어 있다. 오픈 데크는 유모차를 끌다가 두 사람이 서서 이야기를 나누어도 통행에 방해를 주지 않을 정도로 충분한 폭을 갖는다. 게다가, 데크에서 수직으로 출입구로 들어가는 길에는 식물이나 꽃을 심을 수 있는 쉴 수 있는 작은 공간이 있다. 출입문을 통해 복층 아파트 안으로 들어가면 윗층 또는 아래층으로 갈 수 있다.

계단과 수직으로 놓인 부엌과 다이닝룸은 입구와 같은 층에 있다. 위층과 아래층의 침실은 조용한 곳에 있으며, 거실은 시끄러운 가로변에 있다. 정원이 있는 1층 주호는 길에서 직접 진입이 가능하다. 다른 한쪽에는 지하주차장으로 가는 문이 있다. 213개의 아파트는 영국 파커 모리스의 최소 공간 기준을 충족시킨다. 거주자가 공간을 점유하는 방식은 건축가에게 중요했다. 부엌이나 침실에 이동가

능한 벽장을 설치했다. 실내에서 쉽게 창문청소를 할 수 있게 건축가는 배려했다. 세탁장, 창고나 소각장과 같은 장소에까지 쾌적성을 부여했던 것이다.

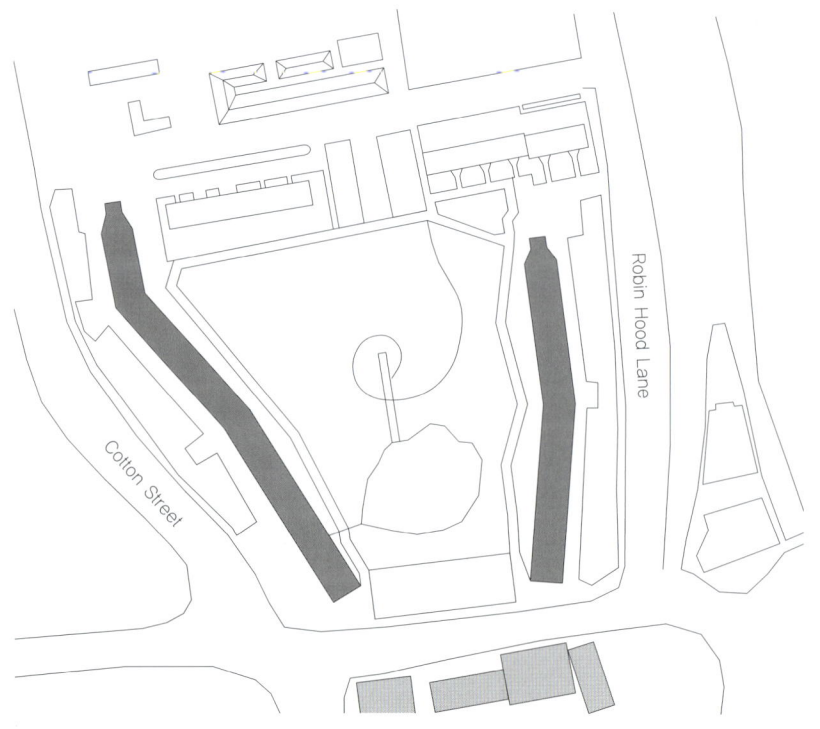

N

Site plan
1:2,500

Opposite left: East block

Opposite right: West block

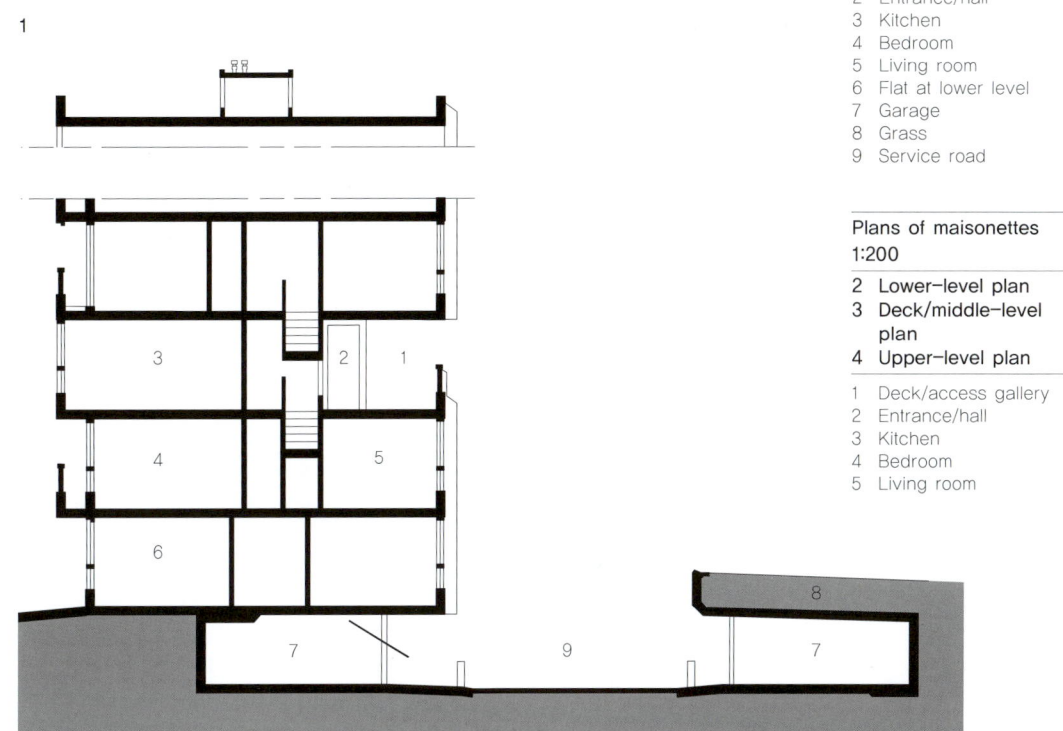

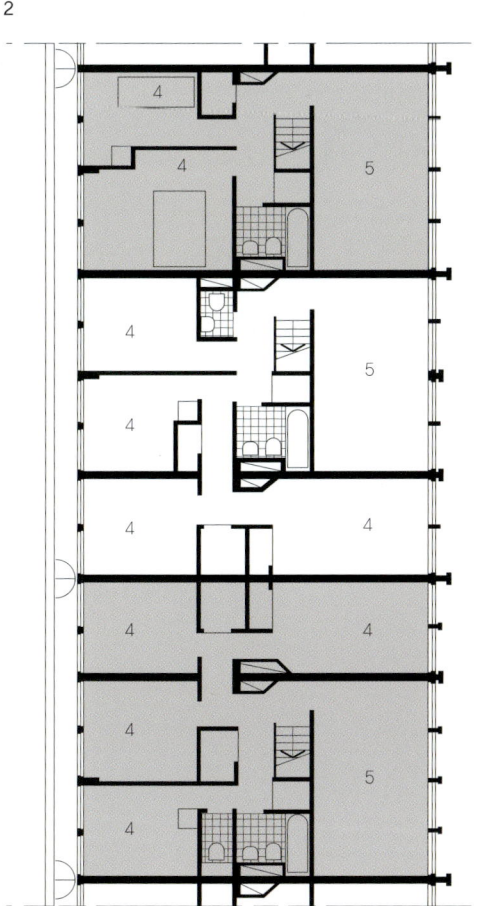

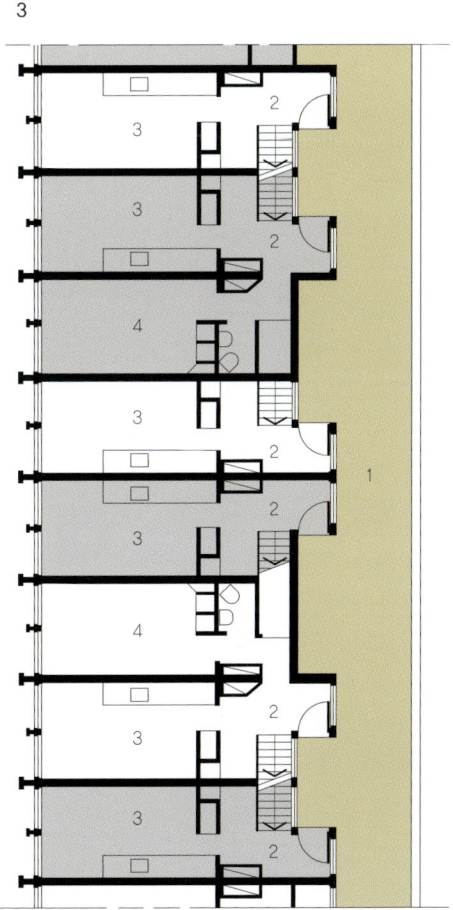

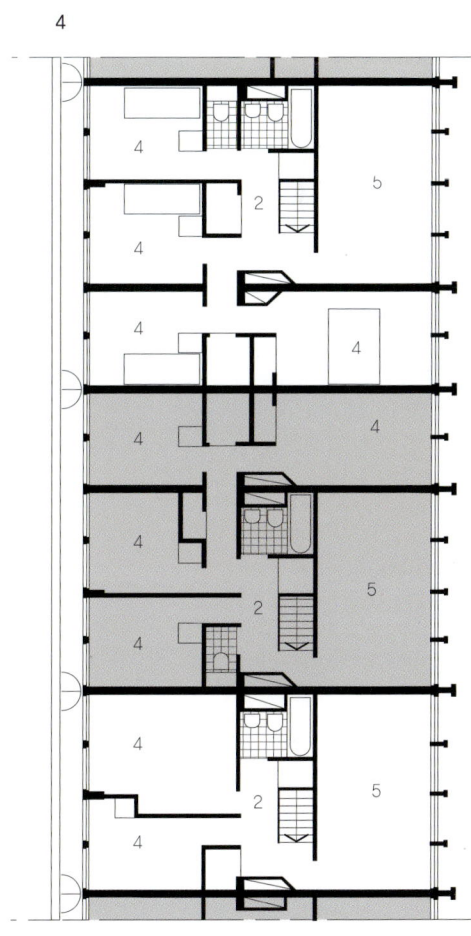

Nagakin Capsule Tower

Kisho Kurokawa, 1934-2007

Tokyo, Japan; 1971-72

나가킨 캡슐타워The Nagakin Capsule Tower는 일본 메타볼리즘Metabolism을 대표하는 작품일 것이다. 메타볼리즘은 건축을 고정되거나 정지된 대상으로 보지 않고, 계속 성장하고 변할 수 있는 잠재력을 가진 대상으로 본다. 이러한 개념을 잘 보여주는 것이 구로가와Kurogawa가 전통적인 건축을 떠나 새로운 방법으로 설계한 캡슐 타워이다. 이 빌딩은 두 개의 부분으로 나누어 생각할 수 있을 것이다. 하나의 요소는 고정된 구조 타워이다. 구조 타위는 엘리베이터와 계단, 서비스 시설을 포함하고 있으며, 철골과 콘크리트로 건축되었다. 두 번째 요소는 개인 주거박스이다. 공장에서 경량 철골로 제작한 주거박스는 현장으로 옮겨져 수퍼스트럭처Superstructure에 부착된다. 주거박스는 세대라기보다는 시설에 가깝다. 독신자들을 위해 지은 이 아파트는 회사원을 위한 임시 거처가 되었다.

1층에는 출입구 로비와 다목적 홀이 있고, 계단과 엘리베이터를 통해 두 개의 타워로 접근할 수 있다. 많은 비즈니스 거주자들은 2층에 있는 몇몇 상업공간에서 음식과 서비스를 받을 수 있다. 타워를 중심으로 나선형으로 캡슐을 배치했기 때문에, 매 계단참마다 세대의 입구가 있다. 두 타워를 연결하는 다리는 6층에만 있다. 세대의 내부에 가구와 설비를 모두 갖추고 있다. 욕실은 입구 옆 코너에 있고, 침실은 입구 반대편 끝에 있다. 벽의 나머지 부분은 수납공간과 냉장고, 시청각기기, 계산기, 책상과 같은 부수적인 기구를 놓는데 사용한다. 모든 캡슐은 2.5×4m 바닥과 2.5m 높이로 모두 동일한 크기이다. 그러나 입구의 위치에 따라 내부 배치는 조금 다르다. 세대 내에는 기본적으로 에어컨 설비를 갖추었으며, 1.3m 직경의 큰 창문을 통해 채광을 했다.

구로가와는 다른 프로젝트에서도 캡슐을 사용했다. 그 중에서도 나가노 모리주미코Mor-izumikyo의 캡슐하우스 KCapsule House K는 4개의 캡슐을 고정 요소에 부착했다. 여기에서 캡슐은 거실과 아뜰리에를 포함하고 있었다.

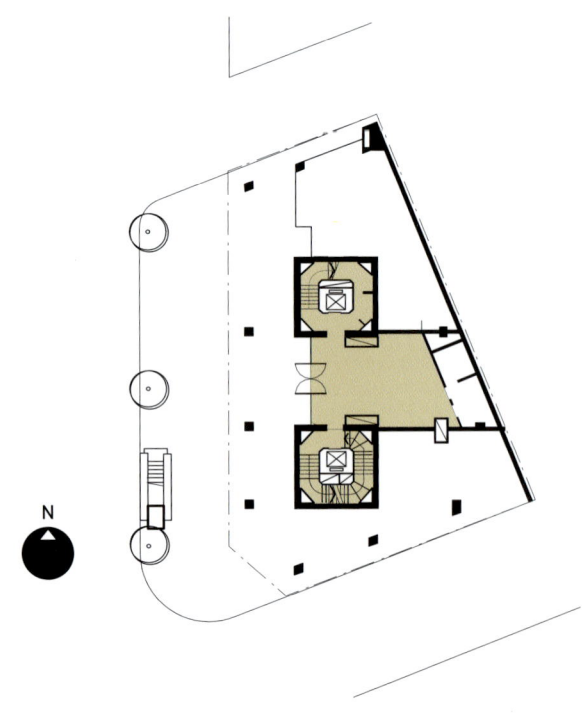

Ground-floor
plan 1:500

1

1   Circulation tower
2   Bridge connecting
    towers
3   Fire escape
4   Studio/pod

3   Part floor plan 1:100

2

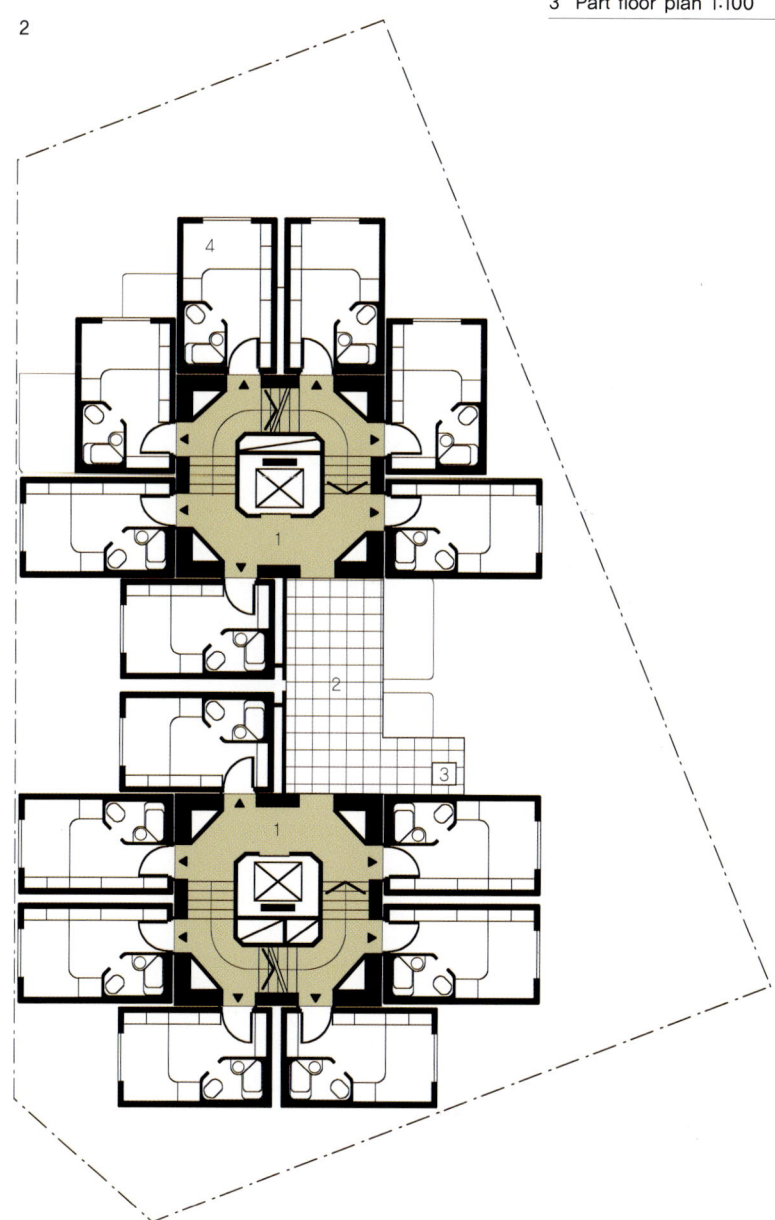

3

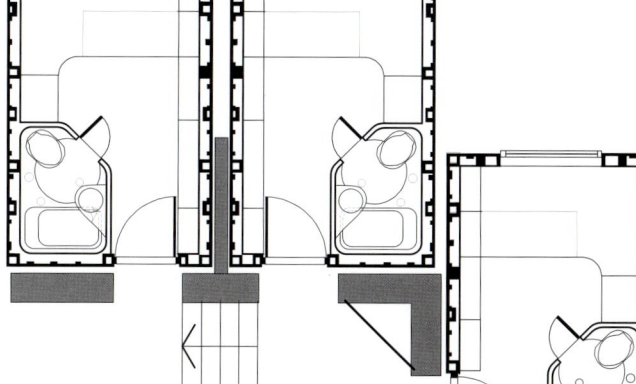

University Centre Housing

Giancarlo De Carlo, 1919-2005

Urbino, Italy; 1973-83

데 카를로De Carlo는 잽 베이크마Japp Bakema, 알도 반 아이크Aldo van Eyck, 스미슨Smithson, 조지 캔딜리스Georges Candilis와 샤드락 우즈Shadrach Woods 와 함께 팀 XTeam X, 1956-1977의 멤버이다. 카를로는 지금까지보다 더 넓은 시 야에서 건축을 해석했다. 특히, 도시환경 속에서 일어나는 삶의 관점에서 건축을 보았다. 전통적인 방식으로 주택과 디자인을 접근하는 것에 대해 많은 의문을 던 졌다. 특히 최소 주거와 경제적 생산에 대한 답을 얻고자 했다. 그는 "우리는 가능 한 한 왜 주택이 저렴해야 하는지를 알아야 할 권리가 있다."고 말한다. 카를로는, 특정 대지에 부합하는 건축물을 개발하는 핵심 건축의 이론과 역사적 맥락과 동 시대 사회를 얼마나 잘 이해하느냐에 따라 건축비가 달라진다고 생각했다. 2개국 어로 출간되는 저널인 '스파찌오 에 소체타Spazio e Societa, 1978-2000'와 '국제 건축 및 도시 디자인 실험실the International Laboratory of Architecture and Urban Design ILAUD, 1974-2004'에서 카를로가 발표한 이러한 이슈를 다루었다.

카를로의 주거 프로젝트의 대표작이라고 볼 수 있는 우르비노Urbino 대학의 기숙사는 초기 작품들과는 다르게, CIAM의 이상을 매우 부합시키고 있다. 카를 로는 부지와 위치의 관계성을 중요하게 생각했다. 그래서 시각적 또는 형태적 시 스템보다 유기적인 시스템을 중시했다. 카를로의 아이디어는 여러 단계를 거쳐 10여 년 동안 발전했다.

우르비노 프로젝트는 매 단계마다 형태적으로 다른 공간으로 구성했다. 그 러한 공간 구성은 사람과 공간 사이, 주택 사이의 상호 관계의 복잡성을 기초로 한 것이다. 주민과의 사회적 교류나 거주자의 동선은 개인 주택만큼이나 중요했다.

첫 번째 단계인 콜레지오 델라 콜레Collegio della Colle, 1966의 학생방 배치 에서는 화환 같은 방법을 채택했다. 복도를 통해 중앙의 공용 건물로 갈 수 있다. 이후 3단계의 발전과정을 거치면서, 카를로는 이 첫 건물을 더 큰 도시의 일부에 서 주변으로 발전하는 도심 같은 공간으로 해석했다. 나중에 지은 세 개의 대학의 중심에서 가장 가까운 곳에 있는 콜레지오 델 아킬로네Collegio dell Aquilone도 비슷한 형태이다. 또 이 건물은 언덕의 지형을 따라 곡선으로 배치했다. 이와는 대조적으로, 콜레지오 델라 트리덴테Collegio della Trindente에는 중앙의 광장 piazza에서 외각으로 방사형으로 펼쳐진 3개의 직사각형의 건물로 된 강력한 기 하학적 배치가 있다. 단면상에서 공용 공간은 3층 높이의 공간과 겹쳐지며, 발코 니에서 공용 복도를 내려다 볼 수 있다.

콜레지오 델라 벨라Collegio dela Vela는 아주 복잡한 건물이다. 언덕의 경 사를 따라 건물은 계단식의 단면을 갖고 있으며, 각 층마다 식재를 한 루프 테라 스roof terrace가 있다. 동선시스템은 빽빽이 들어선 천정등이 있는 복도와 나선 형의 계단을 주축으로 한다. 전반적인 공간 배치는 쉽게 이해할 수 없으며, 도시 에서 하는 것처럼 방문자와 거주자가 스스로 길을 찾아야 한다. 이 건물은 아틀리 에 5 헬렌 에스테이트Atelier 5 Helen estate, p.112-115와 몇 가지 공통점을 갖는 다. 사각형의 콘크리트 건물 형태와 테라스, 조밀하게 심어진 식재는 쉽게 생각할 수 있는 공통점이다. 또한 개별적인 주택 디자인 보다는 시간에 따른 역사적인 진 화의 관점을 염두에 두고 전체적인 디자인에 접근했다. 거주성의 개념을 제안했 다는 것도 이 두 건물 사이에 존재하는 공통점이다.

Opposite left: Collegio della Vela

Opposite right: Collegio dell' Aquilone

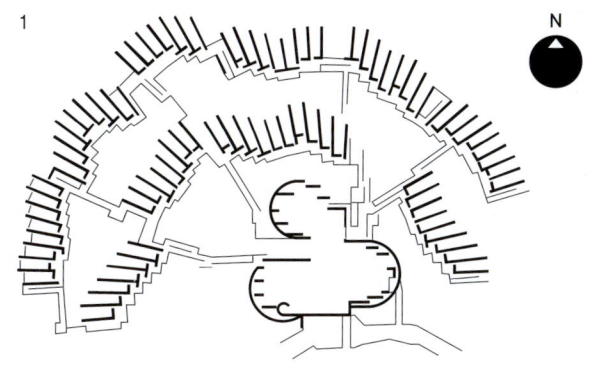

1

N

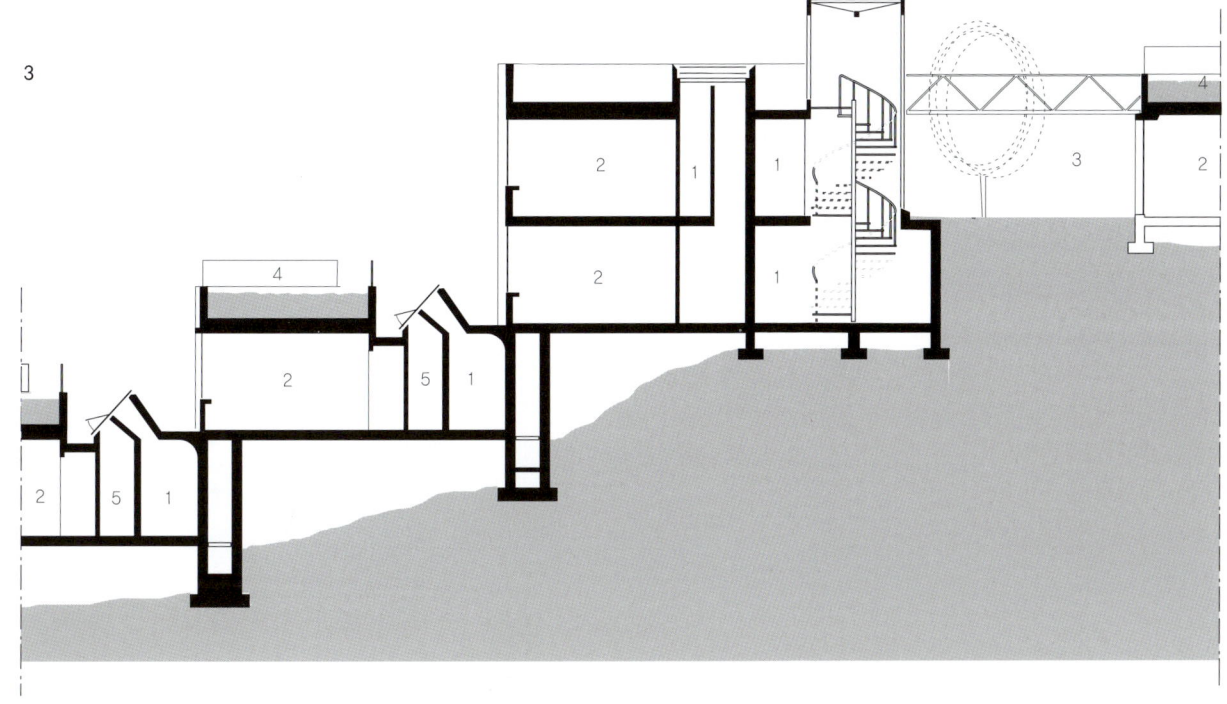

2

3

1 Collegio della Colle
Site layout 1:2,000

2 Collegio della Colle
Part typical plan
1:200

1 Corridors/stairs
2 Entrance/cupboards
3 Study/bedroom
4 Shower/WC

3 Collegio della Vela
Part typical section
1:200

1 Corridors/stairs
2 Bedroom
3 Garden
4 Roof garden
5 Service zone

Olympic Tower

Skidmore, Owings & Merrill

New York, New York, USA; 1976

2개 층에는 소규모 상점이 있고, 17개 층의 사무공간, 30개 층의 주거 공간이 있는 올림픽 타워Olympic Tower는 상업 지역인 뉴욕 5번가Fifth Avenue에 있다. 이 건물은 뉴욕시에 건축된 첫 번째 복합건물이다. 1970년대 초반에 도시계획법이 발효되자, 뉴욕의 도시계획가들은 상업, 사회, 문화 활동을 복합한 생동감이 넘치는 도시를 만들기 위해 노력했다. 맨하탄의 미드타운에 생긴 많은 상업시설은 뉴욕의 역사적인 쇼핑 거리인 5번가와 성 패트릭 성당St Patrick's Cathedral의 지속적인 생존력을 위협하는 것처럼 보였다. 오피스 개발에 부분적으로 상업공간과 주거공간을 포함시키는 개발자에게는 인센티브를 주었다. 올림픽 타워는 레지덴셜residential 빌딩에서 제공하는 호텔식 서비스와 부대시설을 제공하는 새로운 시도를 했다. 레스토랑은 물론이고, 거주자들에게 식사 서비스를 제공했으며, 여행 예약을 돕는 안내인이 있었고, 전자 보안 시스템과 비상발전시스템도 갖추고 있었다. 이 건물은 '젯-셋 유니테 포 맨하튼Jet-Set unite for Manhattan'으로 홍보되었는데, 그것은 이 건물의 프로그램이 르 꼬르뷔지에Le Corbusier의 수직 도시vertical city 아이디어와 공통점이 많았기 때문이다. 그러나 판매를 촉진하기 위해 디자인한 이 건물의 문제점은 실상 최상류층을 위한 상아탑이라는 냉소적인 비판을 상당 부분 받아들여야 했다.

이처럼 많은 비난이 있었음에도 불구하고, 아파트의 분양은 성공적이었다. 가로변에서 아파트는 사무실과는 구별되는 로비를 갖고 있었다. 사무실 로비는 보행자 거리의 지붕을 덮는 층고가 2층인 복도의 한 부분이다. 건축가는 이 공간을 '가든 랜드스케이프garden landscape'라고 부른다. 이 공간에는 폭포가 있으며, 51번가와 52번가의 입구를 연결하는 기능이 있다. 이 건물은 형태와 재료, 건축 구성의 관점에서 주변의 환경과의 관계를 전혀 고려하지 않았다. 5번가 쪽의 입면은 후퇴set-back시키지 않아 가로변으로 돌출하는 형태를 갖는다. 개별 세대는 2.7m의 높은 천정고를 갖는다. 바닥부터 천정에 이르는 유리창은 시내 쪽으로

장관을 이루는 전망을 제공한다. 각 층은 8호 조합이다. 각 세대는 2개의 침실과 욕실, 샤워실, 화장실을 포함한다. 찬장은 중앙 복도로 향하는 벽을 구획하는 역할을 한다. 거실과 침실은 입면 쪽에 가까이 있다. 건물 모서리에 있는 더 큰 세대의 드레싱룸은 침실과 욕실을 연결한다. 끝에 있는 부엌은 조그만 식사 공간을 포함할 정도로 충분히 크다.

Ground floor plan 1:1,000

1 Entrance to apartment building
2 Entrance to offices
3 Retail units

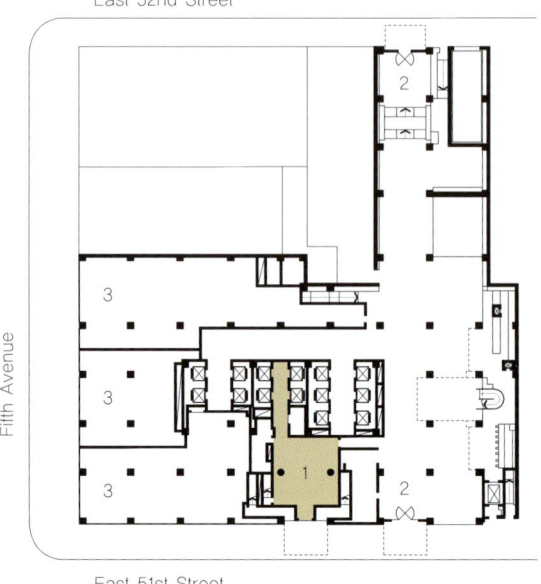

N

1 Part typical floor plan
1:200

1 Access corridor
2 Entrance gallery
3 Kitchen
4 Living/dining
5 Dressing room
6 Bathroom
7 Guest WC
8 Bedroom

2 Typical floor plan
1:500

3 Section through
ground floor 1:500

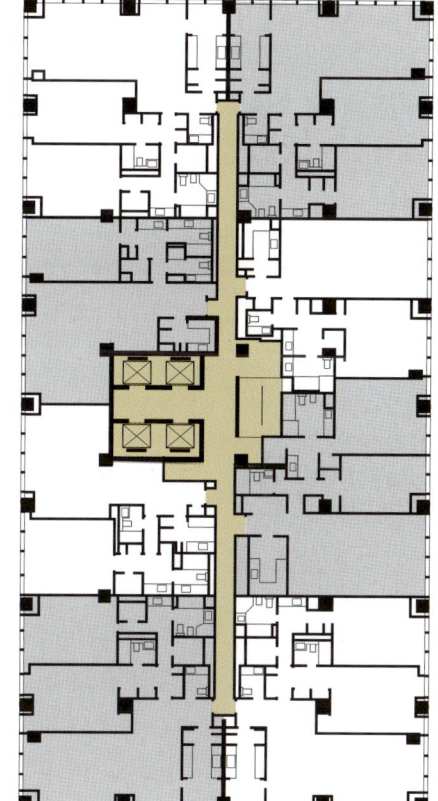

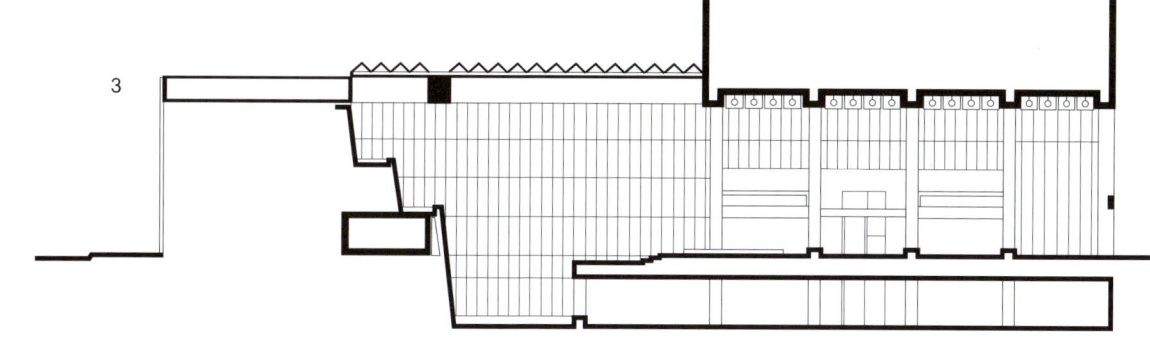

Walden 7

Ricardo Bofill, Taller de Arquitectura

Barcelona, Spain; 1974

웰든 7은 새로운 형태의 도시 주거에 대한 톨러Taller 스튜디오의 아이디어를 실현한 첫 번째 프로젝트이다. 보필Bofill은 이 아이디어를 모나코 주거 현상설계에서 처음으로 도입했으나, 당선되지는 못했다. 그 후 보필은 마드리드 도시설계에서 이 개념을 더욱 거대한 스케일로 적용했다. 모나코 공모전의 드로잉에서 보필은 '개인을 위한 시간과 모두를 위한 시간' 그리고 '행복은 문화적 가치' 의 두 가지 슬로건을 내세웠다. 그것은 개인공간을 가변성있게 사용하자는 것과 개인공간과 공용공간과의 긴밀성을 확보하자는 것이었다. 주거는 다기능적이며 다양한 활동을 위해 사용될 것이다. 예를 들어, 사무실, 상점, 야구나 유도 같은 활동을 위한 공간과 영화, 음악, 조명등을 위한 공간을 공공광장 주변에 그룹을 지어 배치할 수도 있을 것이다. 사람들은 활동에 어떻게 참여하는지, 직접 참여할 것인지 아니면 관망할 것인지 선택할 수 있다. 다기능의 개별 세대는 폐쇄적으로 계획할 수도 있으며, 시간이 지남에 따라 변하는 가족들의 요구를 수용하기 위해 다른 세대와 결합할 수도 있을 것이다.

보필은 버려진 시멘트 건물이 있는 바르셀로나 외곽에 세운 웰든 7 프로젝트에서 아이디어를 현실화했다. 건축가들이 '수직적 미로' 라고 부른 이 건물에는, 446개의 세대가 있으며, 또 7개의 실내 파티오나 중정이 있다. 건물 외관은 붉은 색 점토타일로 마감했다. 내부 정원은 풍부한 색채와 패턴의 광택있는 세라믹으로 마감했다. 건물 안의 빈 공간에는 돌출된 곡선 발코니와 다른 층의 수직 동선 코어로 연결시키는 다리가 있다. 옥상층에는 2개의 수영장이 있고, 1층에는 바와 상점이 있다. 평면은 모듈을 기본으로 구성하며, 모듈은 30m²의 사각형이다. 평면은 1개의 단위모듈에서 4개 모듈의 세대까지 다양하며, 복층형 세대를 포함한다. 세대의 가장 독특한 특성은 '컨버세이션 피트conversation pit' 이다. 거실 중앙에 선 큰 공간과 한쪽에 테이블과 다른 한편에 침실을 설치한 것이다. 싱글 또는 스튜디오 모듈에서 욕실은 독립된 방에 둘러싸여 있기보다 거실과 떨어져 있다.

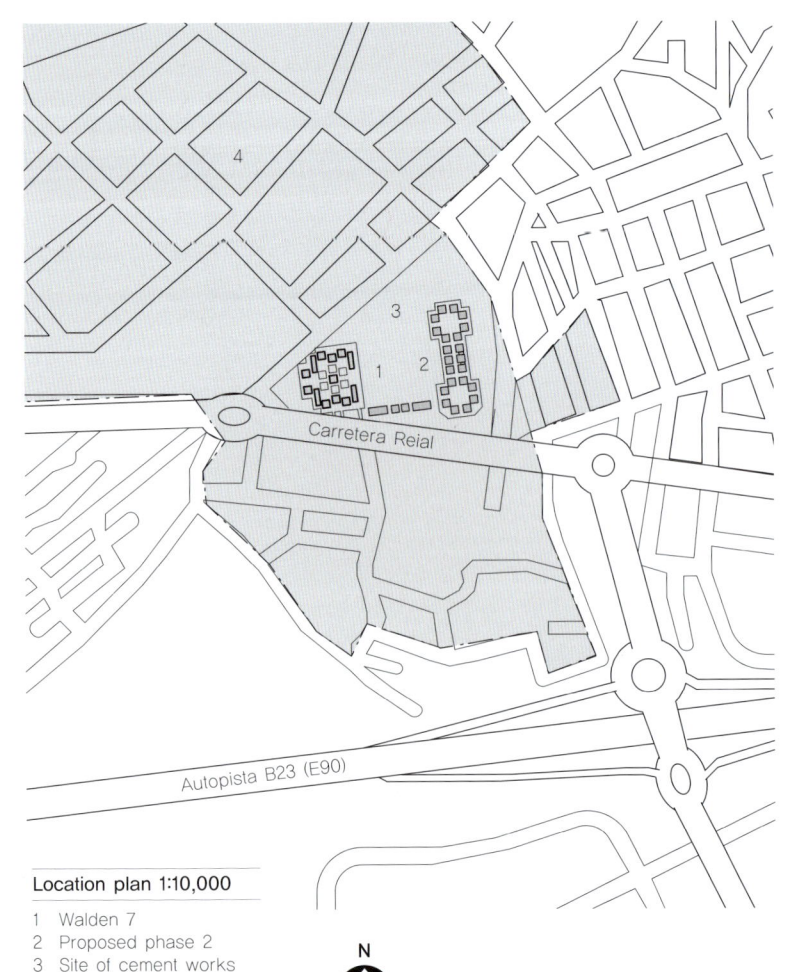

Location plan 1:10,000

1   Walden 7
2   Proposed phase 2
3   Site of cement works
4   South-west industrial
    district

N

1

2

3

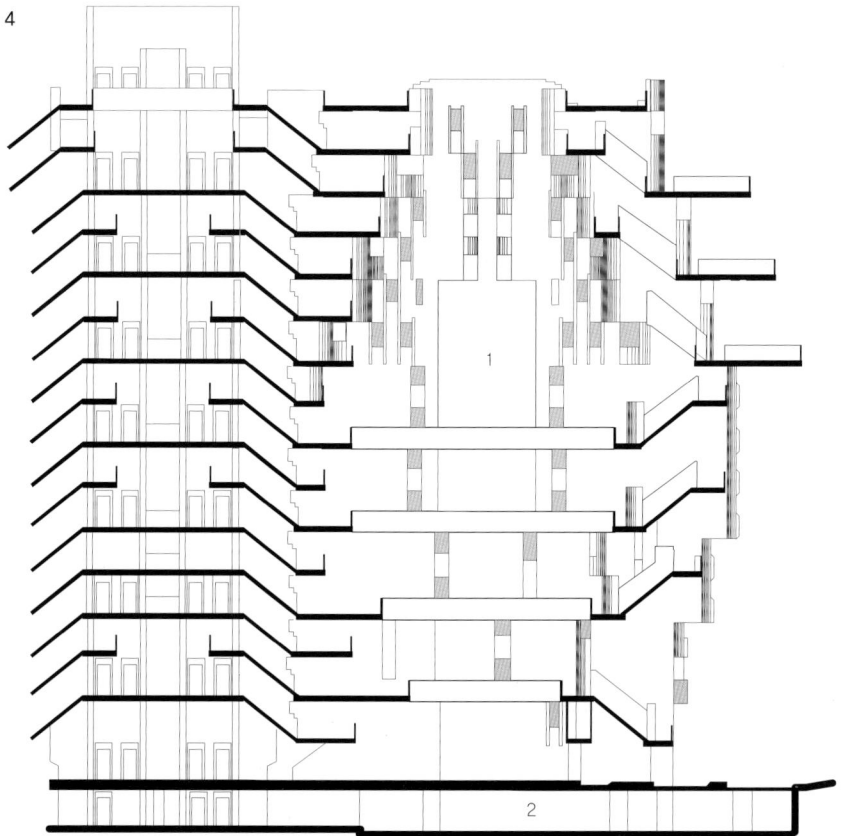

4

Plans of typical
apartments 1:100

1 Three-bedroom flat
2 One-bedroom flat/
  studio
3 Section/elevation of
  one-bedroom flat

1 Sunken floor
2 Divan
3 Movable table/ worktop
4 Fixed table/worktop
5 Kitchen
6 Bath/WC

4 Part typical section
1:500

1 Atrium
2 Basement parking

Emmanuel Benaki Street Apartments

Atelier 66 (Suzanna Antonakakis, 1935- and Dimitris Antonakakis, 1933-)

Athens, Greece; 1973

엠마뉴엘 베나키Emmanuel Benaki가로에 있는 4개의 주택과 사무공간이 있는 작은 건물은 4명의 거주자가 함께 지은 건물이다. 따라서 주어진 사회적 관습보다 개인과 가족의 요구를 충족시키기 위해 시작된 건물이다. 그럼에도 불구하고 이 건물의 설계는 건축가가 말한 '전통적인 접근이 아닌 새로운 전략' 이라는 5가지 요점의 '성명서manifesto' 를 담고 있다. 두 번째 특징은 주택과 거리를 연결하는 중요한 공간인 공용 동선공간과 출입구이다. 곡선의 외부 계단은 건물 전면에서 잘 보인다. 이 곡선 계단은 빛이 잘 드는 계단참과 하부 거리를 연결하며, 좁고 어두운 공용 복도가 생기지 않도록 한다. 세 번째 특징은 모호하고 분명하지 않은 외부공간에 관한 것이다. 이러한 공간은 사용되지 않고 방치될 수 있으므로 피해야 할 공간이다. 이것은 나무와 꽃을 심은 공용정원으로 대체해야 한다. 나머지 두 가지 특징은 아파트 각 세대의 개인공간의 배치와 관련된 것으로, 내외부의 혼합과 가변성을 보여준 것이다. 평면의 전체 깊이에 걸쳐 있는 거실을 포함하여 공간들은 대부분 양쪽으로 오픈되며, 양쪽에 창문이 있어 채광과 통풍이 가능하다. 공간 사용의 가변성에서 중요한 것은 사적 공간과 손님을 위한 공간 사이의 불필요한 구분을 피하는 것이다. 그리고 많은 주택설계에서 흔히 나타나는 좁은 발코니와 같은 너무 작아 쓸모 없는 공간을 피하는 것이다. 넓어서 내부공간을 확장한 것처럼 보이는 이 주택의 발코니는 거실과 연결된다.

평면의 복합성에 3차원의 풍부함을 더하는 단면은, 4개 중 3개의 세대를 다른 층으로 확장시킨다. 3층과 4층의 세대는 다른 층에 서재 또는 작업실을 갖는다. 4층 세대는 루프 테라스로 둘러싸인 다락방에 서재를 가지며, 3층 세대는 아래층 출입구 옆에 서재를 갖는다. 1층에 있는 세대는 두 개 층의 높이를 차지하는데, 중앙에는 2층 층고의 거실이 있다. 거실에는 침실 층에서 두 계단을 연결시키는 다리 같은 복도가 교차한다. 계단은 외관에서 위아래층의 발코니를 연결한다.

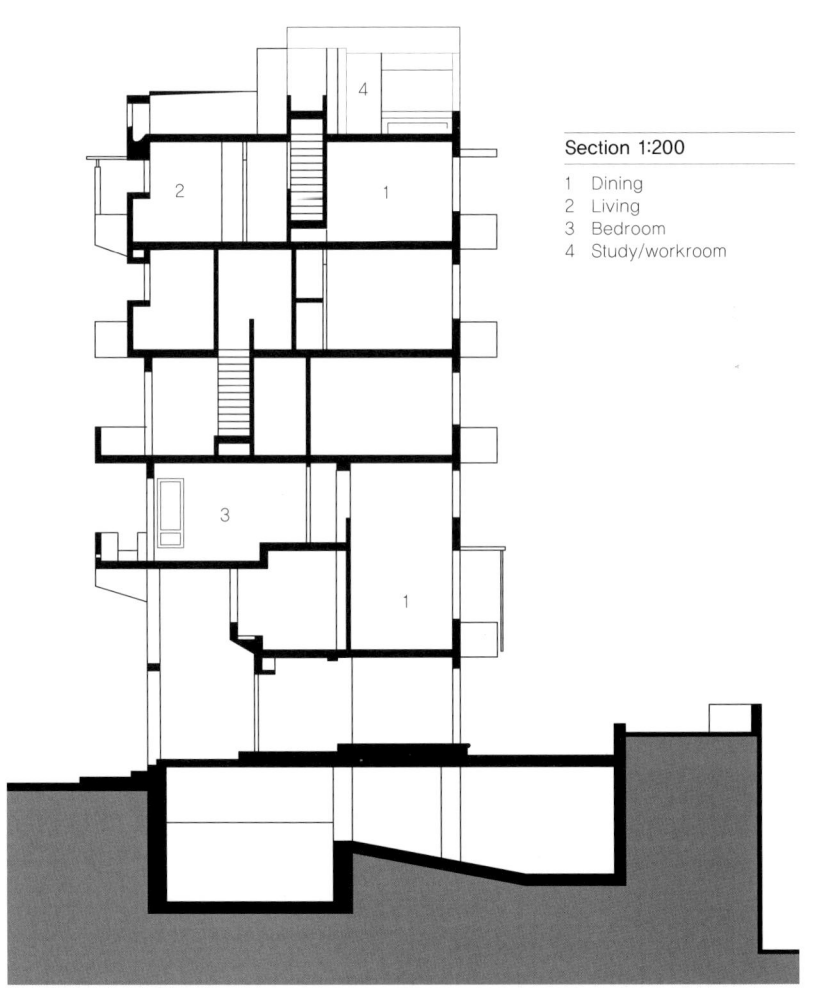

Section 1:200

1 Dining
2 Living
3 Bedroom
4 Study/workroom

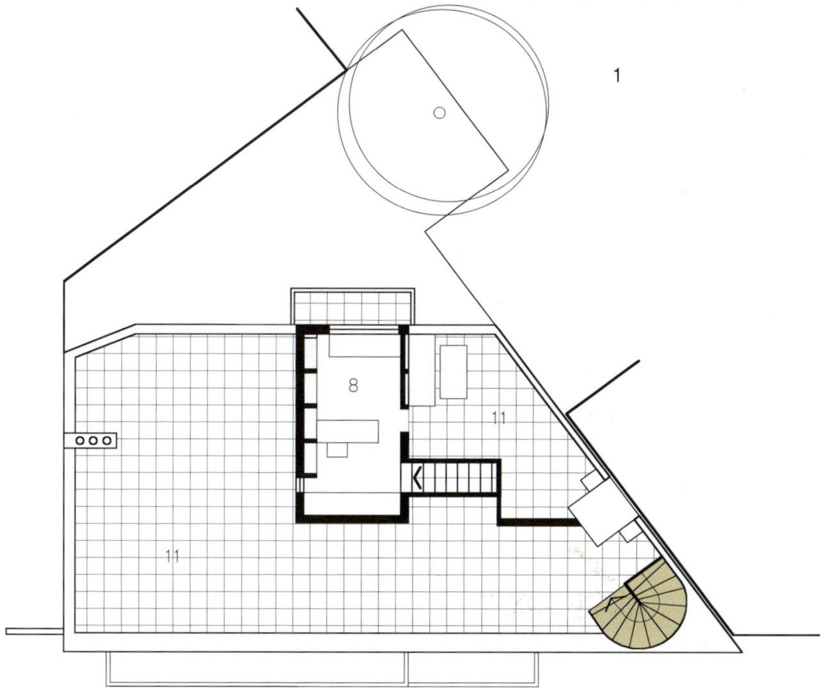

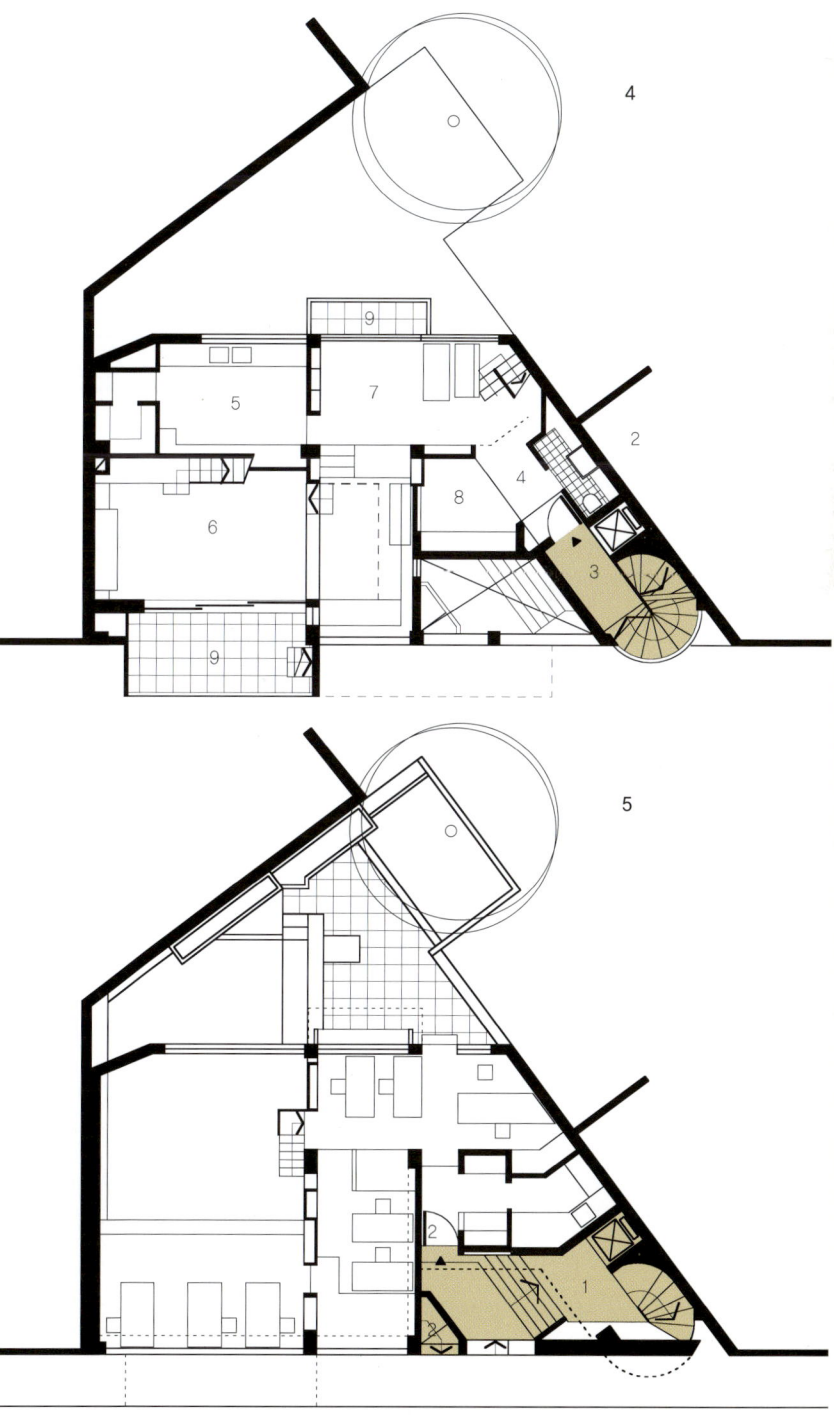

Floor plans 1:200

1 Roof
2 Fourth floor
3 Upper first floor
4 First floor
5 Ground floor

1 Entrance to apartments
2 Entrance to offices
3 Stair lobby
4 Entrance/hall
5 Kitchen
6 Living
7 Dining
8 Study/workroom
9 Balcony
10 Bedroom
11 Roof terrace

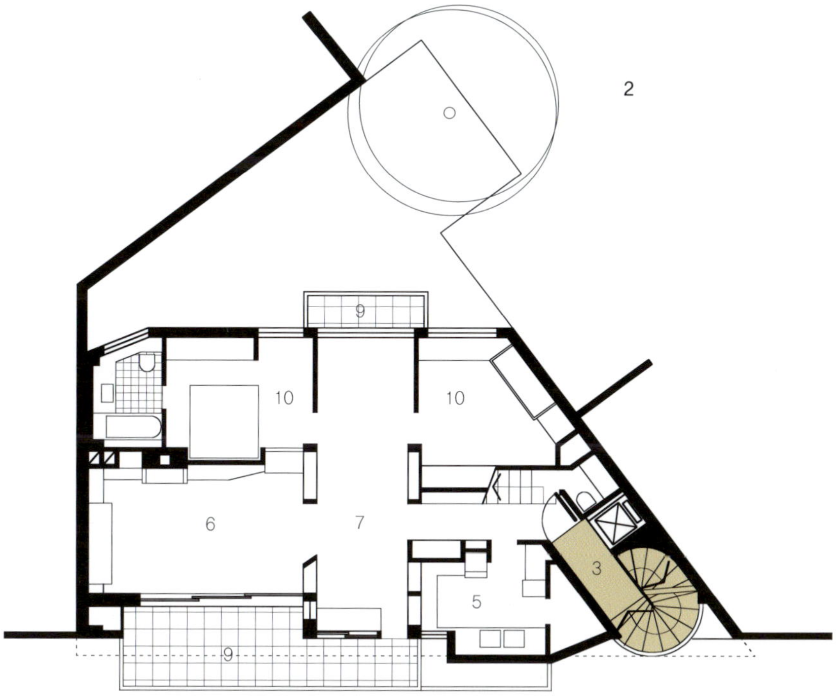

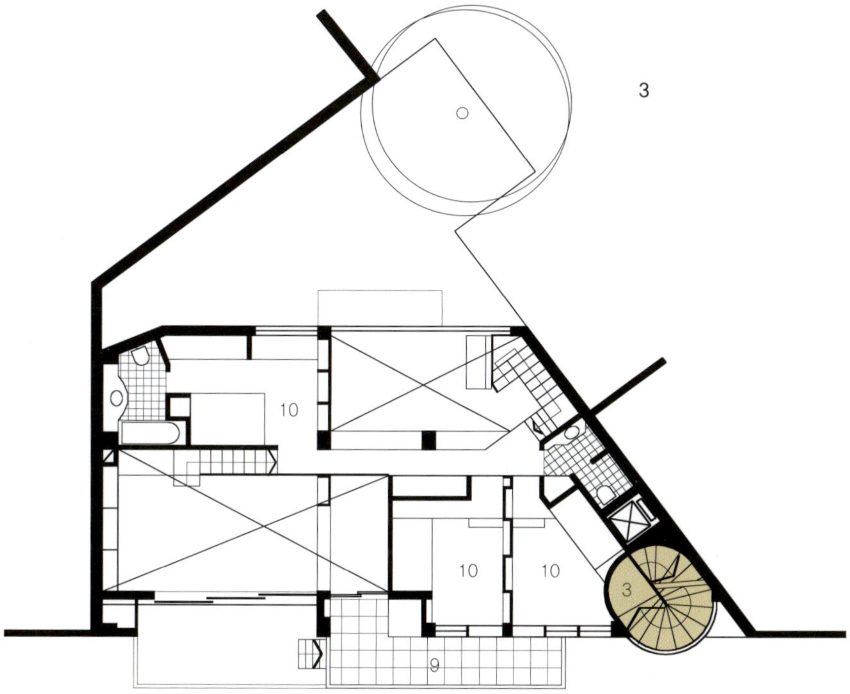

Housing on Calle Doña María Coronel

Cruz y Ortiz Arquitectos

Seville, Spain; 1976

칼레 도나 마리아 코로넬Calle Dona Maria Coronel 프로젝트에서 크루즈 와이 오르티즈Cruz y Ortiz는 전통적인 세빌리안식 파티오patio를 건물의 구조와 관계없이 정형화되지 않은 연속적인 곡선 형태로 변형했다. 이 곡선 형태의 경계 주변에 주거공간을 계획했으며, 중정은 활동에 중점을 둔 공간으로서 계획했다. 가로에서 연결된 주 출입구를 지나 보행자와 자동차 모두 접근이 가능하다. 이러한 중정의 형태는 땅의 25퍼센트를 개발하지 않고 유지하는 요구를 따른 것이며, 이는 세빌 중심부의 전체 인구밀도를 줄이기 위한 지역 재생과 도시 개발 전략의 일환으로 만든 것이다. 각 층의 세대는 3호 조합이고, 각각에는 4개의 방이 있다. 각 세대의 평면 배치는 건물의 복잡한 경계에 맞추어 설계했다. 한 세대는 가로를 내려다 보며, 다른 세대는 중정과 두 개의 작은 광정lightwell을 내려다 보는 침실과 부엌이 있다. 세대 내의 동선 공간은 침실과 욕실로 연결하는 현관 통로와 개별 로비를 포함한다. 발코니는 없지만 파티오가 있고, 옥상 층에는 모든 거주자들이 접근할 수 있는 테라스가 있다. 파티오에는 여름철에 과열을 줄이기 위해서 천으로 만든 차양을 옥상 층에 설치했다.

1996년 프링스턴Princeton 출판사가 출간한 논문의 도입부에서, 라파엘 모네오Rafael Moneo는 쿠르즈 와이 오르티즈의 도나 마리아 코로넬의 중정 디자인을 "탁월한 용기의 실행"이라고 말했으며, 이 건축물을 "하나의 종합적인 스타일을 제공한다."고 말했다. 첫 번째 프로젝트인 이 건물을 완성한 이후 크루즈 와이 오르티즈는 상업공간과 공공건물뿐만 아니라 매우 다양한 종류의 주택을 디자인했다. 대표 사례로서 마드리드의 캐러밴첼Carabanchel, 1989 프로젝트가 있다. 이 건물은 3층의 높은 계단 형태로 도시 블럭을 재해석했다. 타시스Tharsis의 안달루시안 마이닝 빌리지Andalusian mining village, 1992의 교외에 개발한 1.5층 높이의 단독 주택을 위한 새로운 유형의 디자인도 소개했다. 이후, 이들은 스페인 외에 암스테르담과 로테르담과 마스트리흐트에 주거 프로젝트를 완성했다.

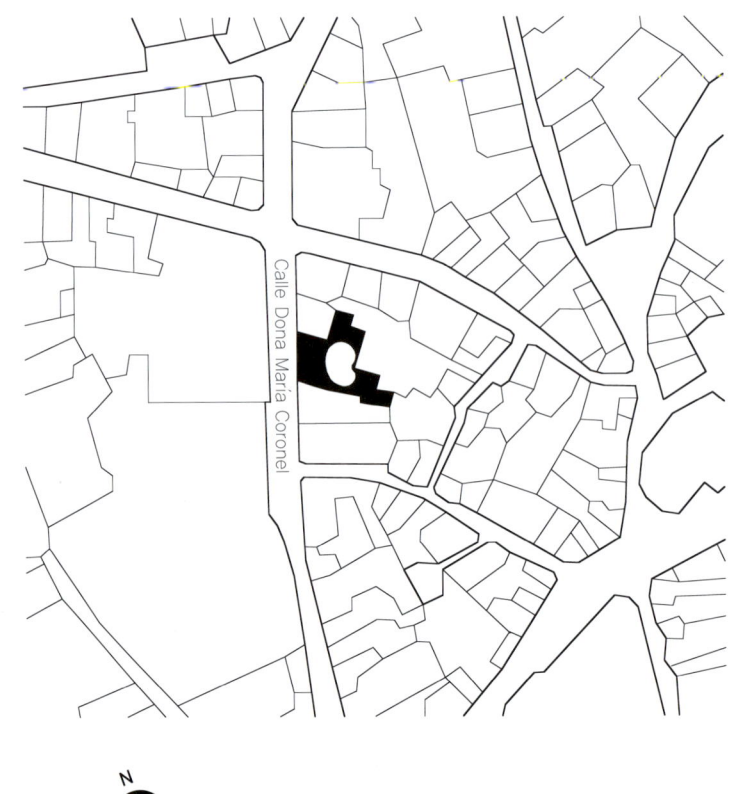

Calle Dona Maria Coronel

N

Site plan 1:2,500

Opposite left: Courtyard
elevation

Opposite right: Internal
courtyard

1

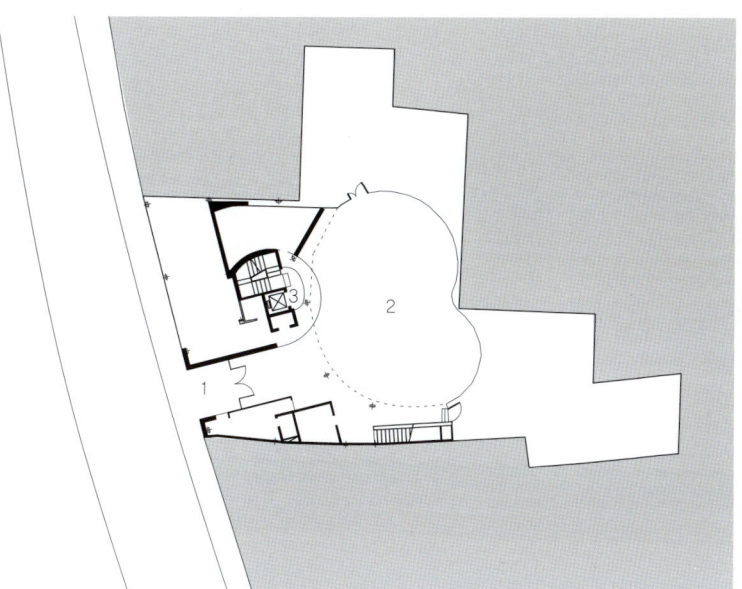

1 Ground-floor plan
   1:500

1 Entrance from Calle
   Doña Maria Coronel
2 Patio
3 Lifts and stairs

2 Typical upper-floor
   plan 1:200

1 Patio/courtyard
2 Access stairs/lift
3 Entrance/hall
4 Kitchen
5 Living
6 Bedroom
7 Bathroom
8 Lightwell

2

Gallaratese Housing

Aldo Rossi (1931-97) with Carlo Aymonino (1926-)

Milan, Italy; 1974

알도 로시Aldo Rossi는 이탈리아 신합리주의자neo-Rationalists와 관계가 있다. 알도 로시는 1973년 밀란 트리엔날레Milan Triennale에서 합리주의 건축 전시회의 카달로그의 서문으로 '도시의 건축The Architecture of the City, 1996' 을 썼다. 디자인에 대한 합리주의의 유형학적 접근은 다른 것들과의 관계를 통해 직접적 기술, 분석, 분류를 가능하게 했다. 그러나, 신 합리주의자들이 초기 합리주의자와 파시스트Fascist시대의 밀란의 젊은 건축가들로 구성된 그루포 7Gruppo 7과 구별된다는 것은 중요하다. 그루포 7는 '유형types' 을 창조하기 위한 접근 방법으로 고대 로마를 연계시킨 강력한 국가적 상징을 재창조하는 것을 생각했다.

　　로시는 너무나 권위적이고 경제성을 중시하는 1950년대 모더니즘Modernism 의 기능주의를 탈피하는 건축의 자주성을 추구했다. 그는 건축을 도시 환경의 핵심으로 보았으며, 도시 유형으로 가로avenue, 광장piazza, 거리street를 모델로 사용했다. 카를로 아이모니노Carlo Aymonino와 공동 작업한 갈라라테제 Gallaratese 프로젝트는 반드시 따라야 할 주택 개발을 향한 새로운 패러다임을 찾는데 중요한 계기였다. 이 프로젝트를 위한 첫 건물을 아이모니노가 설계했다. 아이모니노가 설계한 삼각형 형태의 대지에는 반원형의 원형극장에서부터 외부를 향해 방사상으로 퍼지는 중앙복도가 있는 3개의 긴 사각형 빌딩이 있다. 중앙의 축에 평행한 건물은 4번째 건물로서 알도 로시가 설계했다. 오픈 스페이스에 고독하게 서 있는 건물이라는 1950년대 모더니즘의 평범한 접근법에 직접적으로 대항하여, 건축가들은 이 대지에서 건물들을 서로 연결했다. 건물의 연결 지점에서 자연스럽게 커뮤니티 공간을 만들었으며, 이곳에 공용 공간과 상업 공간을 디자인했다. 복잡한 모듈을 갖는 아이모니노 건물 외관은 진한 갈색이다. 이 건물은 로시의 삭막한 흰색의 깨끗하고 매끄러운 건물과 대조적인 배경을 만든다. 건물은 거의 200m의 길이에 12m 깊이이며, 2m 폭의 넓은 복도가 있다. 이 건물은 세대 너비인 고정된 7.2m 그리드를 사용한다. 기준 세대에는 벽장을 설치한 넓은

현관 홀이 있으며, 큰 욕실이 있다. 그 반대쪽에는 거실로 통하는 작은 부엌이 있다. 로지아loggia는 반대편 입면에 있다. 1층에는 빌딩의 길이만큼의 아케이드를 설치했다.

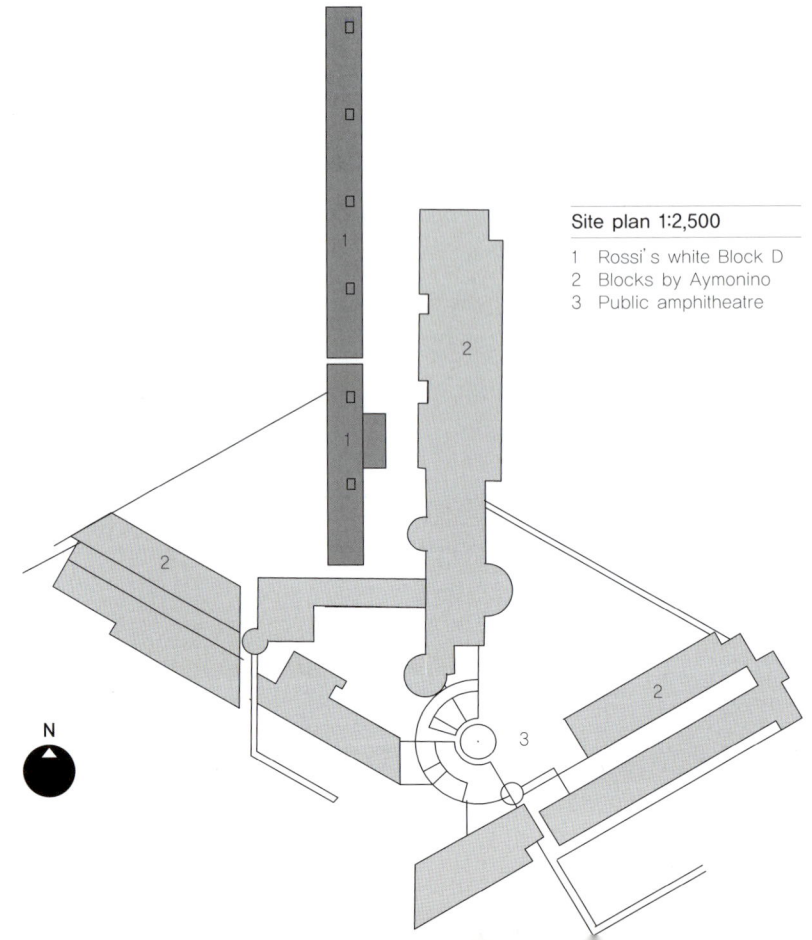

Site plan 1:2,500

1 Rossi's white Block D
2 Blocks by Aymonino
3 Public amphitheatre

N

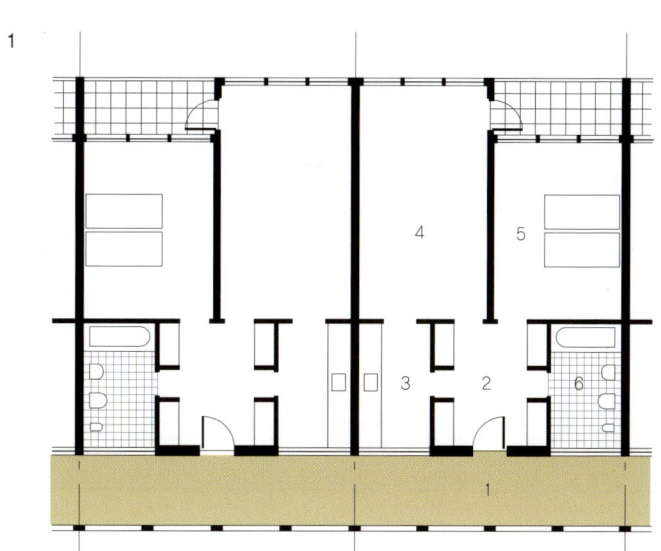

1   Plan of typical one-
    bedroom apartments
    1:200

    1   Access gallery
    2   Entrance/hall
    3   Kitchen
    4   Living
    5   Bedroom
    6   Bathroom
    7   Loggia

2   West elevation
    1:1000
3   Part east elevation
    1:500
4   Part plan second-floor
    level 1:500

    1   Access gallery
    2   One-bedroom flat
    3   Three-bedroom flat

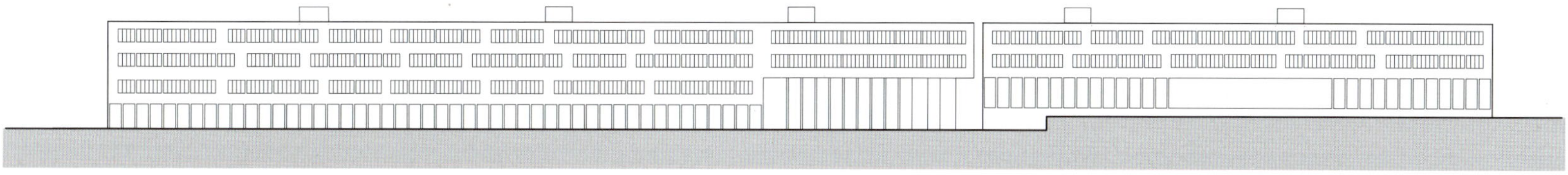

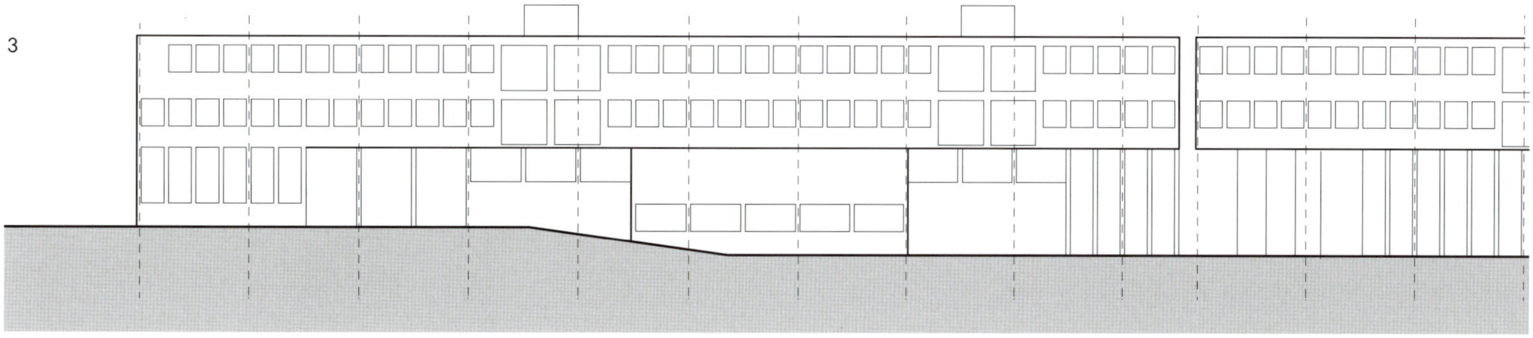

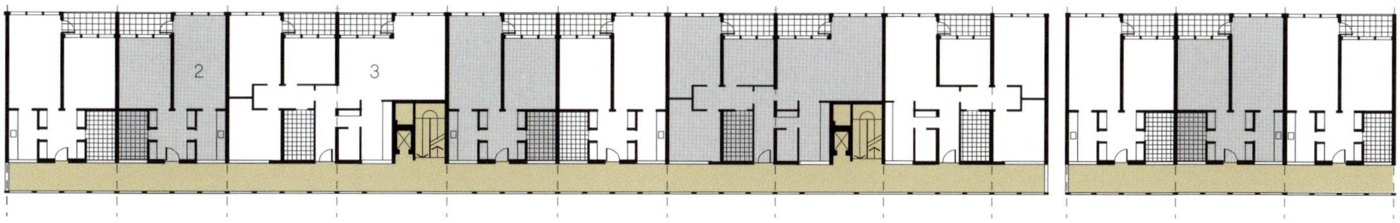

Quinta da Malagueira Housing

Álvaro Siza Vieira, 1933-

Évora, Portugal; 1977

이 단지에서 도입한 백투백back-to-back테라스 하우스는 흔하게 볼 수 있는 디자인은 아니다. 주동은 길이 12m, 폭 8m의 직사각형 주호로 구성되어 있으며, 두 가지의 기본 파티오 하우스patio house타입이 있다. 타입 A는 길게 접한 입구쪽에 테라스를 갖고 있으며 타입 B는 뒤쪽에 테라스를 갖고 있다. 6m폭의 길을 사이에 두고 이 열의 백투백back-to-back 테라스 주택들이 서로 마주보고 있다. 디자인의 동질성을 깨뜨리고 있는 것은 구불구불한 '지름길'인 보행로이다. 경사지를 고려하여 수평적으로 중첩시킨 매스도 변화를 주는 요소이다. 이러한 원리를 단지 전체의 주거군들에 적용했다.

주거군과 주거군 사이에는 공개공지를 설치했다. 두 가지 평면 타입에서 1층의 평면 구성은 동일하다. 주거공간의 크기는 2층에 몇 개의 방을 더 설치하느냐에 따라 결정된다. 주택의 크기는 원 베드룸one-bedroom에서 2개의 욕실을 갖는 파이브 베드룸five bedroom에 이르기까지 다양하다. 원 베드룸 주택에는 지붕 테라스가 있으며, 파이브 베드룸 주택은 복층의 단면을 구성한다. 주택 입구에 있는 파티오는 1층의 방에 채광을 제공한다. 천창은 욕실과 기타 실내공간에 빛과 통풍을 공급한다. 길에 면해 있는 주택의 외벽은 직선의 연속성을 갖는다. 이와 같은 벽의 연속성을 깨고 있는 요소가 정원과 연결된 출입문이다. 길에 직접 면하는 이 벽에 창문을 설치하는 것을 최소화했다. 지붕 테라스는 개별주택에서 각각 독립적으로 접근이 가능하다. 가변성은 이 주거단지에서 가장 중요한 핵심 개념이다. 미래에 생길지도 모르는 집의 수리나 확장공사를 고려하여 가스, 전기, TV, 전화선 등의 모든 서비스를 하나의 덕트에 통합시켰다. 남쪽 포르투갈의 에보라 Evora 교외에 있는 이 주택을 흰색 치장 스타코로 마감했다. 이 집은 토속 농가인 알렌테주Alentejo와 유사하다. 1960~1970년에 유럽 교외에 많이 지어졌던 고층 콘크리트 건물과 큰 대조를 보이는 주택이 바로 이 주택이다.

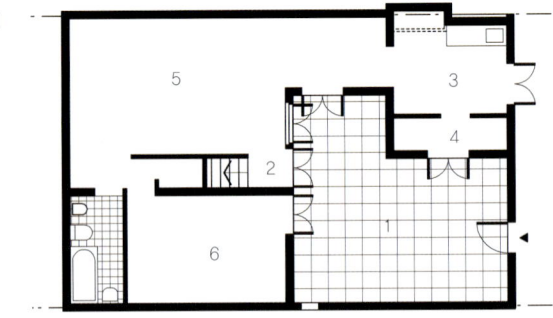

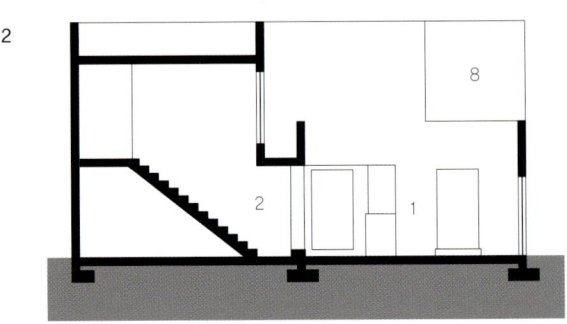

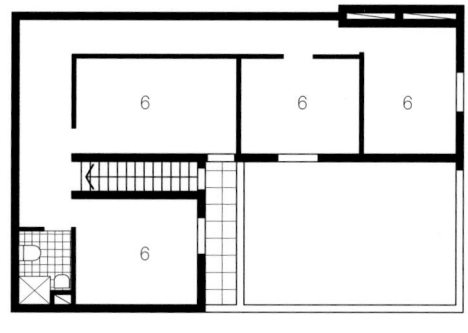

Plans of two courtyard
houses 1:200

Type A courtyard at
front

1 Ground-floor plan
2 Section
3 Three variations of
   first-floor plan
4 First-floor roof terrace

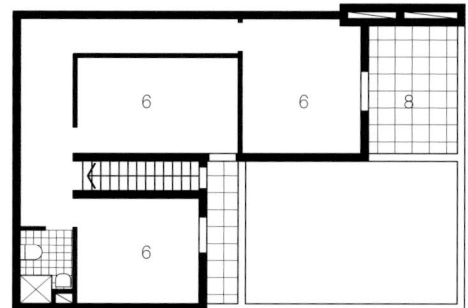

Type B courtyard at rear

5 Three variations of
   first-floor plan
6 First-floor roof
   terrace
7 Ground-floor plan
8 Section

1 Courtyard/patio
2 Entrance
3 Kitchen
4 Laundry
5 Living
6 Bedroom
7 Bathroom
8 Roof terrace

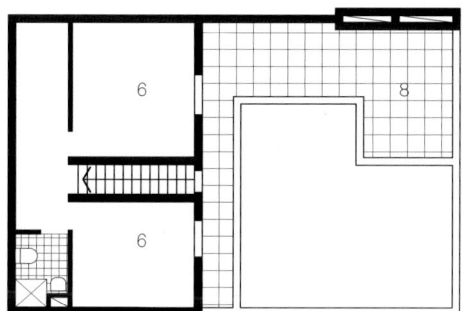

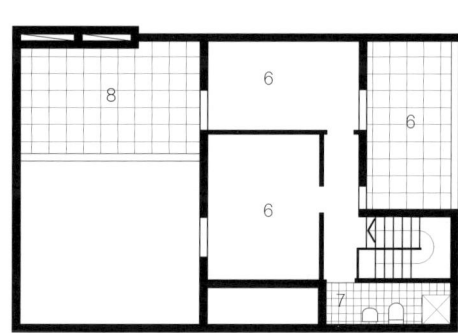

4

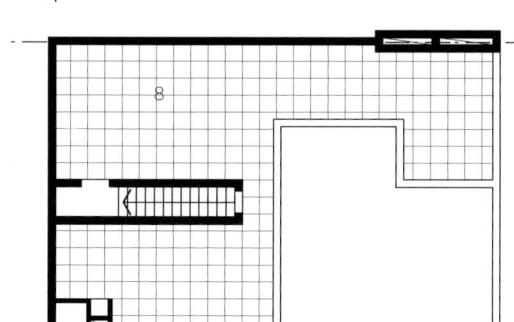

6

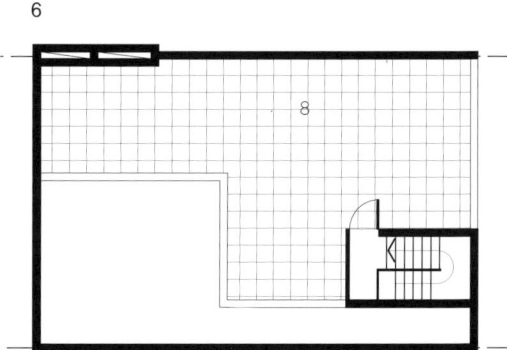

7

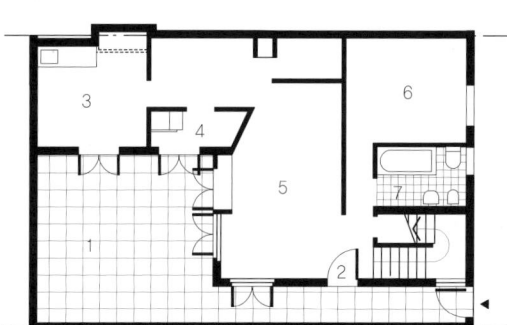

8

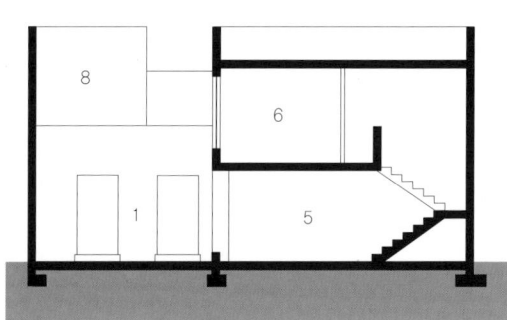

Post–Modernism

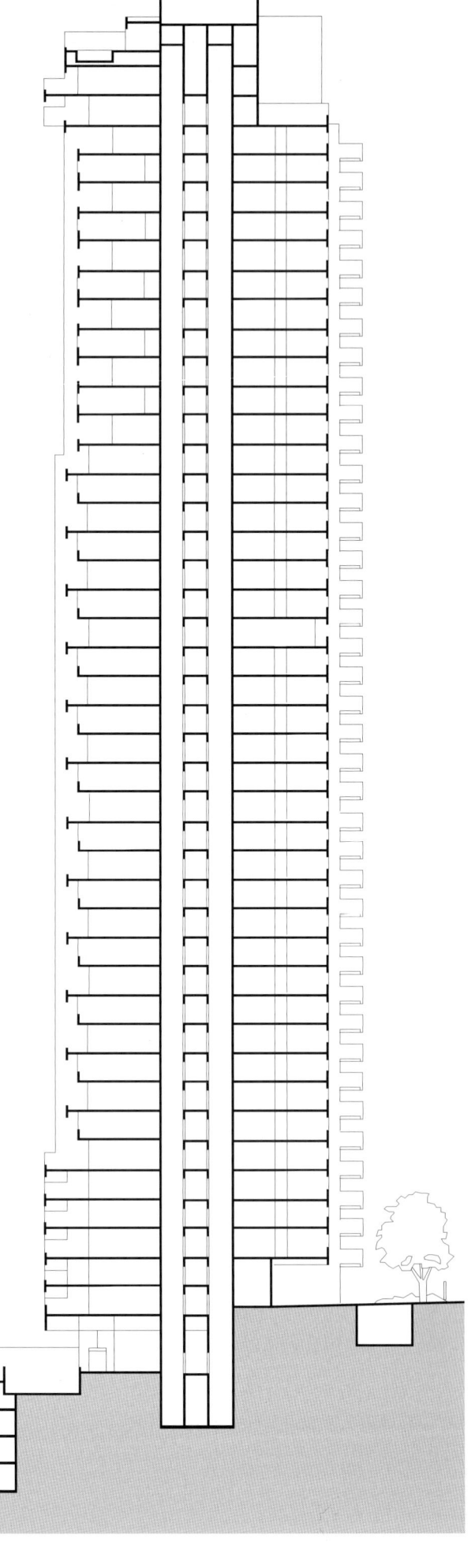

IBA Berlin residential blocks on Rauchstrasse, by Hans Hollein (left) and Rob Krier (right), both 1985

1980년대, 서독일과 프랑스는 수 차례의 주거계획을 통해 새로운 건축 계획을 실행했다. 요셉 파울 클라이후스Josef Paul Kleihuses의 계획 아래 과거 시대와 당시 그 시대의 영향을 받아 주거디자인, 도시계획, 국제전시관을 베를린에 재건했다. 폭발 때문에 무질서해진 도시를 재건하고 새로 만드는 계획의 일환으로 각기 다른 세 가지 조정안을 만들었다.

새로운 도시 모델들은 전통적 도시양식과 모더니즘에서부터 발전되어 왔다. 클라이후스는 정통도시구획에 있어서 삶의 공간에 대한 유형과 방향을 재정의했으며, 건축적 검증을 거쳐 지속성을 위한 구획을 구상했다. 결과적으로 그 분야에서 국제적으로 저명한 전문가들의 인정을 받아 계획의 타당성을 다시 한번 증명했다.

찰리 검문소Checkpoint Charile 부근에 있는 피터 아이젠만Peter Eisenman이 설계한 코흐스트라쎄Kochstrasse의 코너 하우징Coner Housing, p.162-163은 땅의 역사와 근원을 보여주기 위해 압도하는 기하학적 형태의 충돌을 도입했다. 찰리 검문소는 1990년까지 서독 사람들이 동독으로 가는데 이용했던 검문소이다. 루쬬우플라츠Lutzowplatz에 있는 웅거스의 주택Unger's Housing, p.164-165을 보면 도시 테라스의 외관과 빌라 뒤편의 공용 공간을 조금 더 실용적으로 재창조했음을 알 수 있다. 프랑스 타운과 도시 전역에 걸쳐, 위성타운과 교외의 개발을 지속했다. 이곳에서는 더 이상 19세기의 주거 모델을 답습하지 않았던 것이다. 그럼에도 불구하고, 포스트모더니즘 건축은 고립되어 있고, 과장되어 있으며, 악명 높은 모더니즘 슬래브 대신 장소성과 정체성을 갖는 건물을 지으려고 하였다. 이러한 목적을 위해서 건축가들은 모더니즘 주거 프로젝트의 추상적 이상주의를 버렸다. 또 완벽하고 효율적인 평면에 대한 집착도 버렸으며, 역사적 사례를 통해 과거의 연속성을 모색했다.

이를 실천하기 위한 방편으로 건축가들은 입면에 대한 관심을 가졌다. 마르네 라 발리Marne-la vallee에 앙리 시리아니Henri Ciriani가 설계한 노이지 Ⅱ Noisy Ⅱ, p.170-17 주거는 건축가들이 보여준 여러 주거 디자인의 한 사례이다. 리카르도 보필Ricardo Bofill과 앙리 고댕Henri Gaudin도 주거 디자인을 했던 건축가이다. 이 프로젝트는 파리 교외의 도시 환경을 재창조하려는 프로젝트이다. 보필이 설계한 미르네 라 발리의 아브락사스Abraxas Housing 주거는 노이지 Ⅱ Noisy Ⅱ가 완성된 후 3년 뒤에 건축되었다. 크리스티안 드 뽀잠박Christian de Portzampac이 설계한 루 데 오트 폼Rue des Hautes Formes, p.168-60 주택은 도시공간을 창조한 주거 프로젝트로서 매우 혁신적인 것이었다. 이 주택은 20개국이 넘는 EU 가입국이 참석하는 프로그램 드 아키텍쳐누보PAN, Programmed's Architecture Nouveau 설계 공모의 수상작이기도 하며, 유럽 주거 공모전의 선구자적 역할을 하는 건물이기도 하다.

프랑스 북부에 있는 님Nimes 지역에 장누벨 건축사무소Jean Nouvel et Associes가 건축한 네마우

Abraxas Housing

Atlantis Condominium

서스 프로젝트Nemausus project, p.178-179는 공간에서의 거주성을 확보하기 위해 보다 근본적인 시도를 했다. 누벨Nouvel은 기본적 산업 구성요소들과 저렴한 건축 자재를 선택하고, 마감 시 치장을 배제하는 과정을 통해 개발 비용을 최대로 줄였다. 그 결과 누벨이 계획한 각각의 아파트는 다른 공동 주거 계획들과 비교했을 때, 규모면에서 상당히 큰 모습을 갖게 되었다.

영국에서 비슷한 포스트모더니스트들도 다른 나라의 포스트모더니스트들처럼 가로가 도시환경을 계획하는 물질적인 요소로 작용한다고 생각했다. 런던에 있는 제레미Jeremy와 페넬라 딕슨Fenella Dixon의 세인트 마크 로드 하우징 계획St Mark's Road Housing scheme, p.166-167은 그들이 아쉬밀 Ashmill Street 가로에 두 번째 계획을 설계하는 데 있어 참고자료가 되었다. 차별성 있고, 작은 규모로 20세기 오두막집을 연상시키면서 현대적 형태로 장소성을 구현했다. 이를 통해, 19세기 테라스형 주택을 둘러싸고 있는 전통적인 런던 주택을 어떻게 재창조할 수 있는지를 보여주었다. 또 다른 보기 드문 형식의 테라스 주택 타입으로 콜럼버스Columbus의 과스메이 시걸Gwathmey Siegel이 계획한 백투백 back-to-back 형식의 펜스 플레이스Pence Place, p.180-181가 있다. 평행으로 배치되어 있는 주동들을 보행로와 전면 정원이 분리하고 있다. 주동은 서로 맞물려 있는 세대들로 구성되어 있다.

스웨덴 사람으로 영국에서 태어난 랄프 어스킨 Ralph Erskine은 뉴캐슬Newcastle에 바이커 월Byker Wall, p.174-175을 건축했다. 이것은 정부의 지원을 받아 진행시킨 사회주거 계획이었으며, 1982년에 완공되었다. 이 주택은 지역사회를 대표하는 건물이라는 것을 나타내기 위해서 건물 전체를 화려한 색감의 벽으로 장식했다. 공사가 진행되는 동안 건축가는 현장에서 과정을 지켜보았고, 모든 설계 과정에 주민들을 참여시켰다. 이것은 잉글랜드의 가장 큰 규모의 프로젝트로 남을 것이다.

Byker Wall

Nexus World development

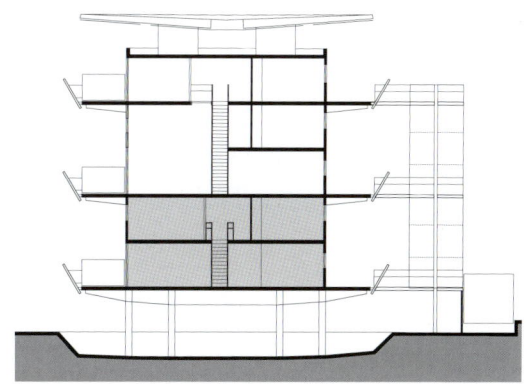

Nemausus, section

이 기간 동안, 사회주거를 위해 타워tower와 슬래브 블록slab-block모델에 대한 재검토를 했다. 그들은 상류층 주택 시장을 위해 도시 조밀도가 낮은 모델을 지속적으로 제공했다.

호주의 시드니에는 해리 세이들러 어쏘시에이트Harry Seidler and Associates가 건축한 43층의 호라이즌 아파트Horizon Apartments, p.190-191 건물이 있다. 저층 건물에서는 작은 여유 공간을 설치하여 공간의 질을 향상시켰다. 유사하게, 미국 도시들에서도 저밀도의 고급 고층 아파트가 주거 건물로 보편화되었다. 마이애미Miami에 아키텍토니카Arquitectonica가 건축한 아틀란티스 콘도미니움Atlantis Condominium, p.172-173은 일반적으로, 앞서 있던 다른 많은 방법들보다 새로움을 대표하는 유형으로 알려져 있다. 10년 후, 아키텍토니카는 일본 후쿠오카에 넥서스 월드Nexus World, p.186-187 개발에 참여했다. 뽀잠박Portzampare, 렘 쿨하스Rem Koolhass, 마크 맥Mark Mack, 스티븐 홀Steven Holl이 프로젝트에 참여했다. 홀Holl과 맥Mack은 바닥의 단차, 두 배 높이의 천정고과 미닫이 문sliding panels을 이용하여 환상적인 평면 디자인을 하였다. 일본 전통 건축의 밝은 색으로 표면을 마감한 유일한 주택이었다.

Corner Housing at Kochstrasse

Eisenman Robertson Architects

Berlin, Germany; 1982-86

코흐스트라쎄의 코너주택Corner Housing at Kochstrasse은 베를린 중심부에 건축된 사회적 배려주택이다. 이 주택은 프리드리스트라쎄Friedrichstrasse와 코흐스트라쎄Kochstrasse의 모서리에 있다. 프리드리스트라쎄는 북남축의 주 도로이다. 베를린 장벽은 이 주 도로를 관통한다. 코흐스트라쎄는 체크포인트 찰리Checkpoint Chailie와 수직으로 만나는 마지막 도로이다. 이 지역은 베를린에 있어 역사적으로 중요한 의미를 담고 있는 장소이다. 설계를 진행하면서 피터 아이젠만Peter Eisenman과 재클린 로버트슨Jacquelin Rovertson은 장소의 역사성을 중시했다. 또한, 이 프로젝트는 모더니즘을 이론적으로 비평한 대표적인 예의 하나이다. 모더니즘 건축은 역사성이나 장소성을 다루는 것을 부정하는 디자인 사조이다. 포스트 모더니스트 건축가들은 상징물을 이용한 기억을 중시한다. 그와 달리 아이젠만과 로버트슨은 '반기억' 의 접근법을 모색했다. 다시 말해, 흔적과 과거구조에서 찾아볼 수 없는 요소 등을 대하는 고고학적 접근을 통해 우리 속에 내재되어 있으나 표현되지 않았던 무언가를 찾으려는 시도를 했던 것이다.

이 건물은 대지의 특수성을 확실히 반영하고 있다. 이것은 베를린의 도로 현황을 1층 평면도에 반영하기 위해 지구표면의 위도와 경도를 사용한 메르카토르 그리드를 사용했다. 메르카토르 그리드는 3.3도의 등간격으로 나뉘어져 있다. 이 그리드 외에 이 프로젝트에서는 관념적 기하학을 건물 중앙 단면에 사용했다. 이에 따라 주 도로에서 보았을 때 건물은 뒤틀려 보인다. 그러나 상층부와 하층부에는 뒤틀림의 왜곡 현상이 없다. 이와 같은 왜곡을 사선의 벽을 보여주는 평면도에서도 확인할 수 있다. 벽의 위치는 지하의 구조와 상상에 의해 만들어진 구조와 연관성이 있다. 벽의 재료는 베를린 벽이다. 또 이 프로젝트에서는 석회석 벽의 그리드를 사용하고 있으며, 다각도로 역사를 사색할 수 있는 공간을 제공하려는 건축가의 의도를 느낄 수 있다. 제한된 예산 때문에 도시 전체에 이와 같은 아이덴티티를 적용하지 못하고 프로젝트의 1단계만을 건축했다.

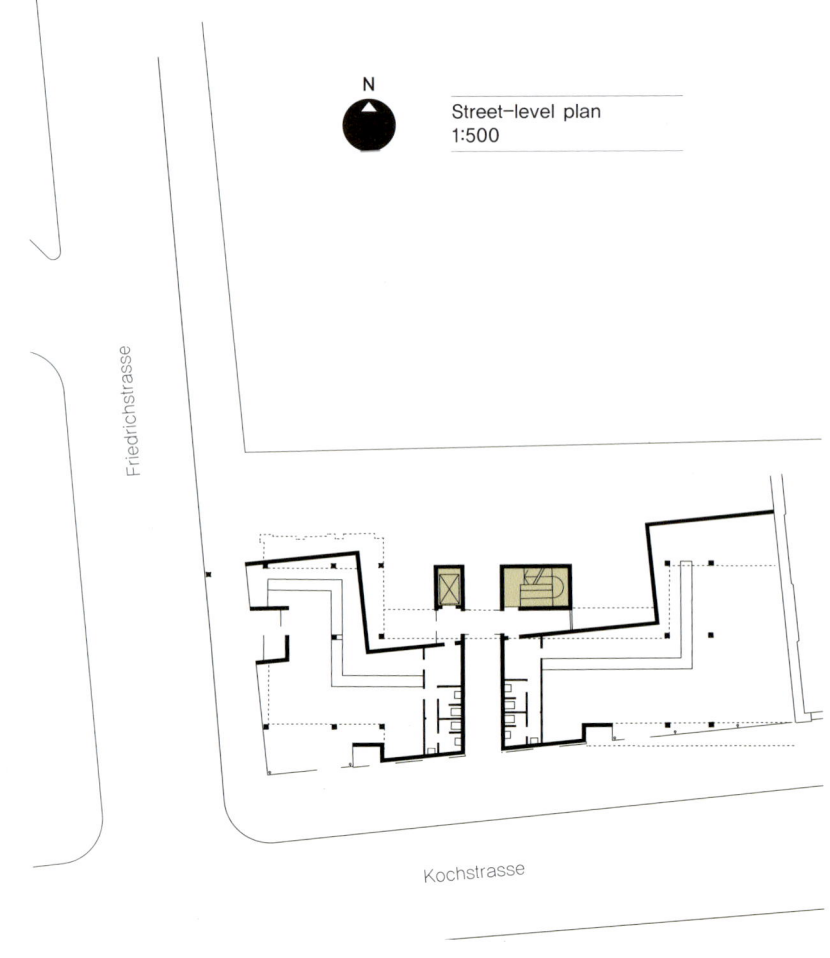

N

Street-level plan
1:500

Friedrichstrasse

Kochstrasse

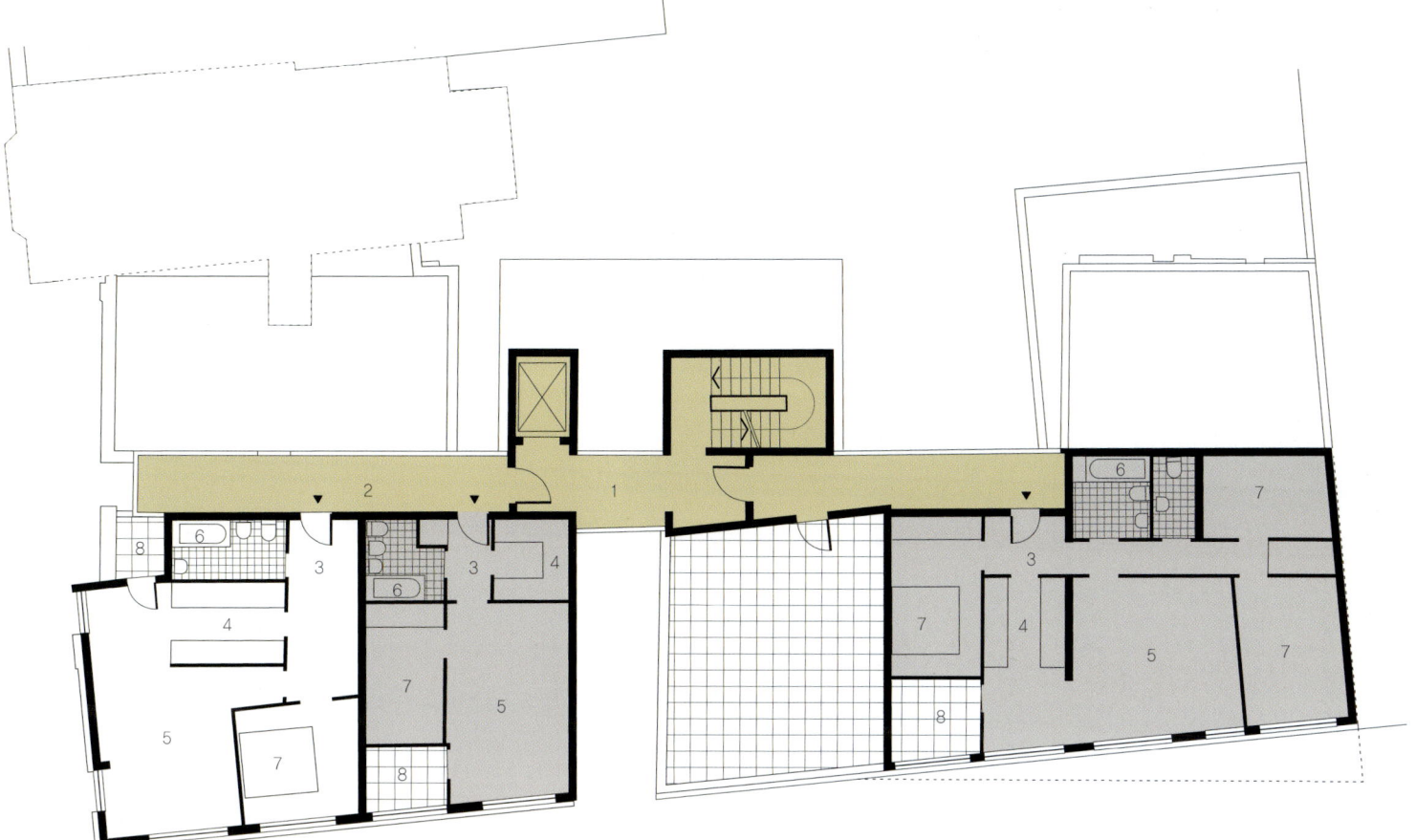

1   Typical floor plan
    1:200

1   Common circulation
2   External access
    galleries
3   Entrance/hall
4   Kitchen
5   Living room
6   Bathroom
7   Bedroom
8   Balcony

Plans of attic duplex
1:500

2   Upper-level plan
3   Lower-level plan

4   Section 1:500

Housing on Lützowplatz

O. M. Ungers, 1926-2007

Berlin, Germany; 1979-83

뤼초우플라츠Lützowplatz 는 제2차 세계대전 이후 새롭게 도입된 교통계획안에 의해 철거되었다. 교통 계획안은 서쪽과 남쪽으로 향하는 도로를 확장시키는 것을 포함하고 있었다. 라운드어바웃을 최소화하고 광장도 가능한 한 없애려는 것이 교통 계획안의 골격이었다. 광장을 구성하고 있던 기존 건물의 일부만이 남아있었다. 웅거스의 주택 디자인은 광장의 일관성을 살리기 위해 서쪽 영역을 복구하는 프로젝트였다. 주동 형태, 방의 향, 그리고 대지 조건, 특히 교통량, 소유 등을 고려하여 단면을 계획했다. 혼잡한 도로 교차로에서 소음이 발생하고 있어서이에 대한 고려가 필요했다.

2개의 영역으로 나뉘어진 이 단지는 새로운 도시의 가로 경관을 만든다. 길게 연속적으로 배치된 동쪽 파사드는 교통을 통제하는 완충 역할을 한다. 이 건물 뒤로 배치된 5개의 빌라는 단지의 영역성을 만드는 기능을 한다. 남북 방향으로 뻗은 도로는 건물과 평행하다. 중앙에서 서쪽으로 주차장이 있다. 주차장으로 진입하는 도로는 어린이들의 놀이 공간과 보행로로 구분되어 있다. 메인 블록에는 계단이 있고, 도로변을 향해 주방이 있다. 거실에서 중앙 정원을 내려다 볼 수 있다. 또한, 저층부에 있는 메조넷 주택에는 개인정원이 있다. 단면은 계단식으로 계획되어 있어 상층부에 테라스를 만든다. 가운데 블록의 빌라에도 동일한 디자인 원리가 적용되었다. 빌라에는 주차장 쪽으로 계단실이 있으며, 1쌍의 메조넷 주택을 구성한다. 지붕 테라스와 거실에서는 중앙 정원을 전망하는 것이 가능하다. 이 주거의 전반적 형태는 유럽의 전형적인 테라스형 주택과 유사하다. 전통적인 유럽의 주거는 가로 경관형 주거이다. 그러나, 이 단지에서는 지붕선의 일관성을 찾아볼 수가 없다. 경사지붕은 빌라나 모퉁이 주택에서만 나타난다. 이 단지에서는 경사지붕 대신 지붕 테라스를 도입했다. 표준 규격의 사각형 창문은 전통 디자인에 나타나는 시각적 위계를 변화시켰다.

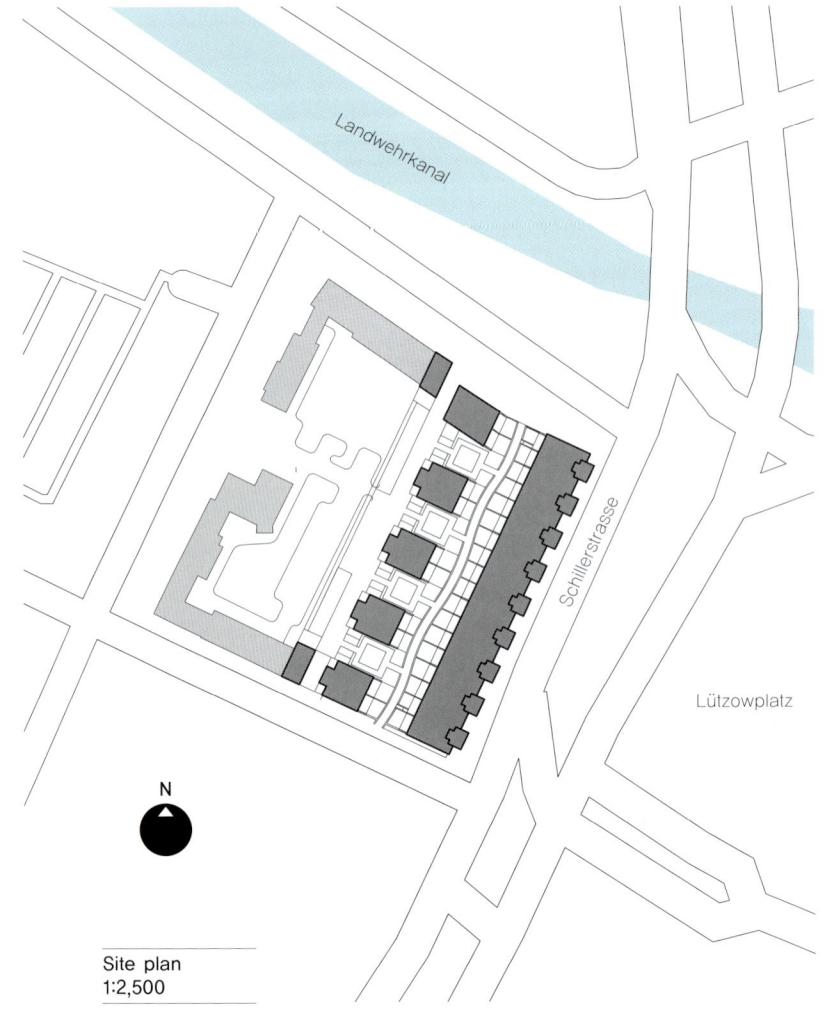

Site plan
1:2,500

1

2

3

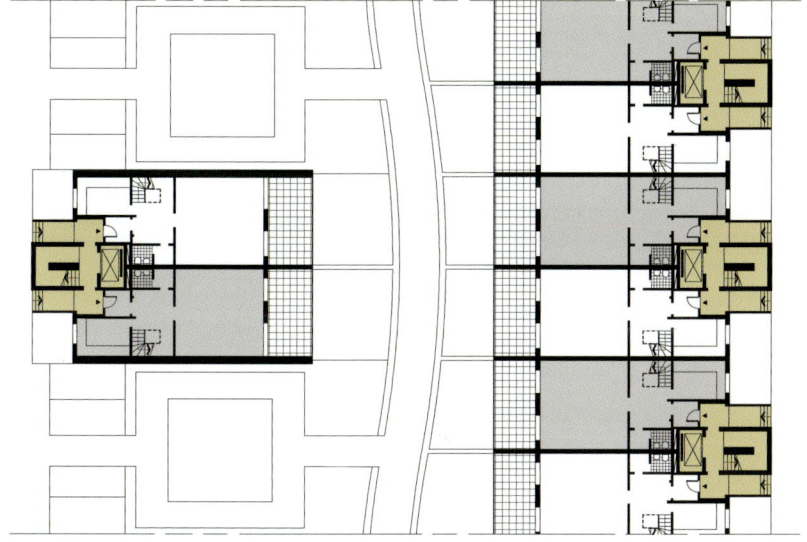

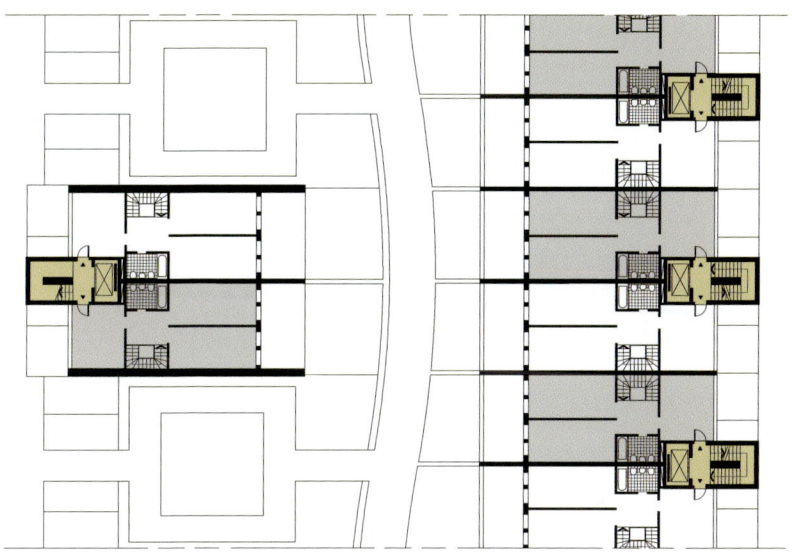

4

Far left: Street view looking south

Left: Front elevation

St Mark's Road Housing

Jeremy and Fenella Dixon, 1939- /1938-

London, UK; 1979

세인트 마크 로드 하우징 프로젝트는 설계 자체보다 테라스 하우스와 같은 유형학적인 측면을 제시한 점에서 매우 가치가 있다. 이 건물을 설계한 제레미 딕슨은 연속된 도로를 따라 적절하게 배치한 건물 입면을 통해 전면의 공공용지와 후면의 개인정원을 건축적으로 구분했다. 잉글랜드 사람들은 1960, 70년대의 타워나 슬래브 블록을 선호하지 않았다. 위와 같은 건물들은 사생활을 보장하지 않으며, 공개 공지가 명확하지 않거나 삭막한 분위기를 만들기 때문이다. 이처럼 명확하지 않은 공개 공지는 거리나 도시 광장 같은 공적 공간도 아니며, 앞마당이나 뒷마당 같은 사적 공간도 분명히 아니다. 건축가들은 이 주택을 디자인하면서 대지의 맥락을 중요하게 다루었다. 그리고 가장 영국적인 테라스 하우스의 유형과 역사적으로 오랜 세월 동안 이어온 전통적인 거리의 패턴을 적용하였다.

이 주택들은 단순하며, '전통적인' 영국식 테라스 하우스이다. 이 주택은 전면과 후면에 방이 있고, 도로와 정원 쪽으로 창문이 있다. 평면상 가장 어두운 중앙에는 계단이 있다. 주택 전면 폭의 반 정도를 확장한 뒷부분에는, 지붕을 뒤로 후퇴시킨 지붕 테라스가 있다. 건축가가 쌍을 만들어 주택들을 배치한 이유는 주변 주택을 고려하여 스케일을 키우려고 했기 때문이다. 지면과 닿아 있는 반 층 높이의 계단을 이용하면 출입문으로 접근할 수 있다. 건물 반지하 세대는 위층 세대의 두 배 면적이다. 코벨쌓기corbels와 장식을 반복적으로 사용한 주택의 외관은 시각적으로 빅토리안풍 주택에 나타난 요소를 많이 보여준다. 그러나, 빅토리안 요소를 그대로 사용하지 않고 그리드와 같은 현대적 디자인 원리를 적용하여 주택의 외관을 재해석을 했다. 테라스는 주택 평면과 비스듬한 각도를 이룬다. 테라스는 배치도 하단에서 보듯 길 모서리에서 작은 평형의 사각형 주택과 만난다. 제레미와 파넬라 딕슨은 향후 아쉬밀 가로 주거 계획을 완성했다. 그들은 테라스형 주택 디자인을 재해석하여 흰 벽토와 붉은 벽돌 그리고 길가의 철제 울타리 등과 같은 런던스러운 디자인을 구현했다.

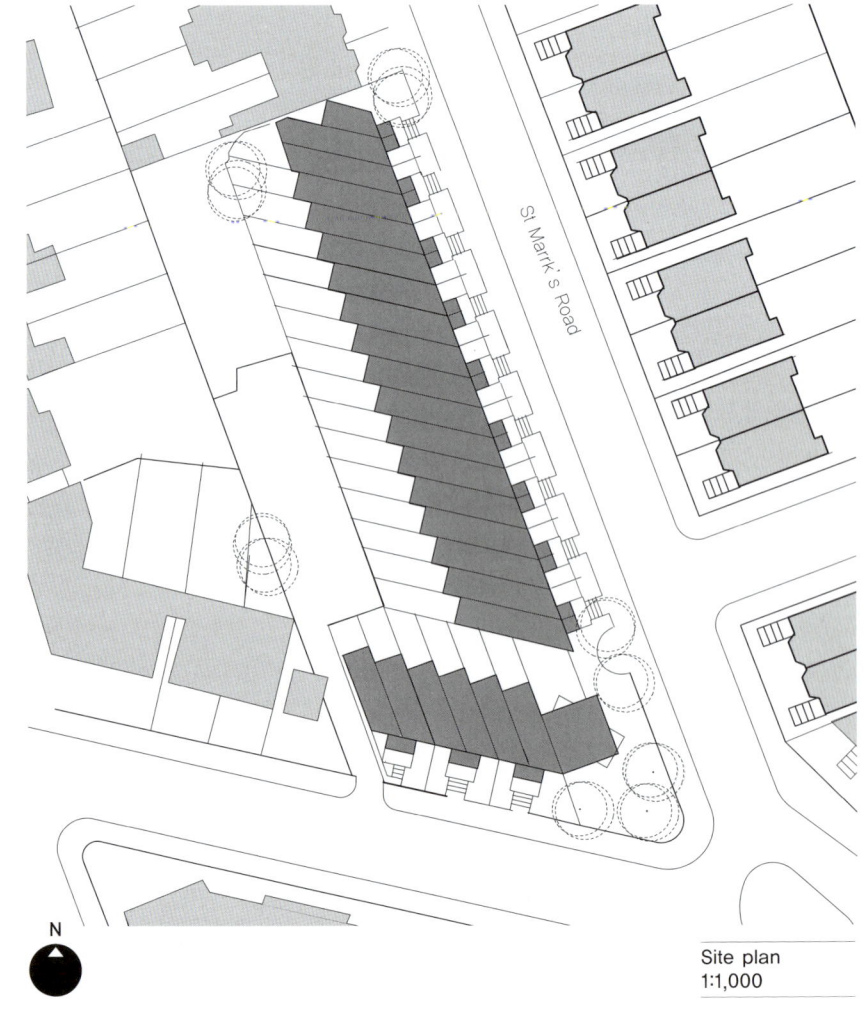

N

Site plan
1:1,000

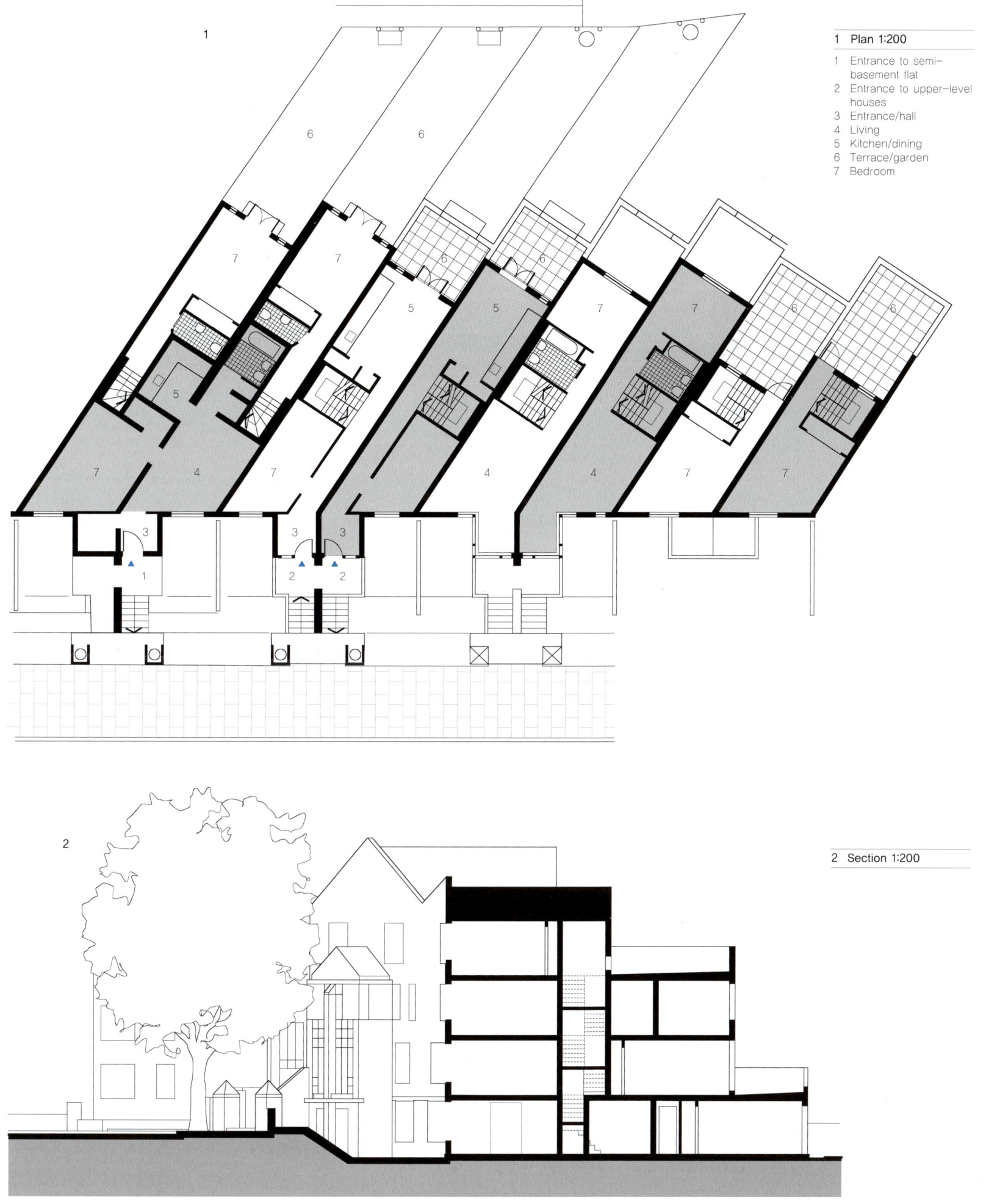

1 Plan 1:200

1 Entrance to semi-
   basement flat
2 Entrance to upper-level
   houses
3 Entrance/hall
4 Living
5 Kitchen/dining
6 Terrace/garden
7 Bedroom

2 Section 1:200

Rue des Hautes Formes

Christian de Portzamparc and Georgia Benamo, 1944- /
Paris, France; 1975-79

이 프로젝트는 1975년 파리 사회 주택국RIVP이 주최했던 설계 경기에 따라 추진
되었다. 새로운 건축을 위한 개혁 프로그램의 일환으로 미쉘 롬바디니가 사회주
택국을 책임 운영하고 있었다. 두 개의 타워는 계획하기에 까다로운 13구의 대지
위에 세워졌다. 그러나, 포잠박과 브나모의 참신한 계획 방법은 현대 주거 건물
디자인의 전환점이 될 것이라는 예상을 하게 만들었다. 프랑스의 전문 건축 저널
인 르 모니테르 아키텍처는 이 프로젝트가 세계 2차 대전 후 지금까지 주택 건축
역사가 보여준 가장 중요한 프로젝트 중의 하나라고 말한다.

　　이 계획안은 독특한 도시 공간을 만들기 위해서 7개의 다양한 빌딩 시리즈
를 계획에 포함시켰다. 이것은 독립된 빌딩이나 가로에 평행하여 건물을 배치하
지 않는 새로운 방법이었다. 단지 내 좁은 길 위에 작은 광장을 만들었으며, 작은
광장 주변으로 고층건물을 세웠다. 코니스 레벨에서 아치와 빔이 건물을 연결하
고 있어서 전체적으로 통합된 느낌을 준다. 1층의 아케이드는 건물을 거리와 통
합하는 역할을 한다. 18개의 다른 평면 타입을 활용하여 총 210개의 세대를 구성
했다. 각 블록에 있는 원형 공간은 정문을 설치하지 않고 내부 동선의 길이를 짧
게 하려는 의도에서 만들어졌다. 입면의 구성은 다양한 실내 레이아웃을 반영하
여 구체화되었다. 건축가는 창의적 인테리어의 질을 높이고, 가로와의 연관성을
극대화하기 위해 다양한 창문 디자인을 사용했다.

　　거의 모든 아파트들은 적어도 두 개 또는 주로 세 개 이상의 창문을 갖는다.
창문은 천정높이까지 이르는 작은 직사각형의 창으로서 로지아 또는 발코니 공간
을 확보하기 위해 안쪽으로 설치하기도 했다. 형태적으로나 입면적으로 뚜렷한
대칭디자인을 피한 것은 대규모 스케일의 건축 프로젝트가 주는 임팩트를 친인간
적으로 보여주기 위한 것이었다. 이와 같이 만들어진 건축 경관은 규모 면에서 주
거의 친밀성을 주는데 효과가 있으며, 도시 공간 속의 공적 공간으로서도 기여할
것이다.

N

Site plan
1:2,500

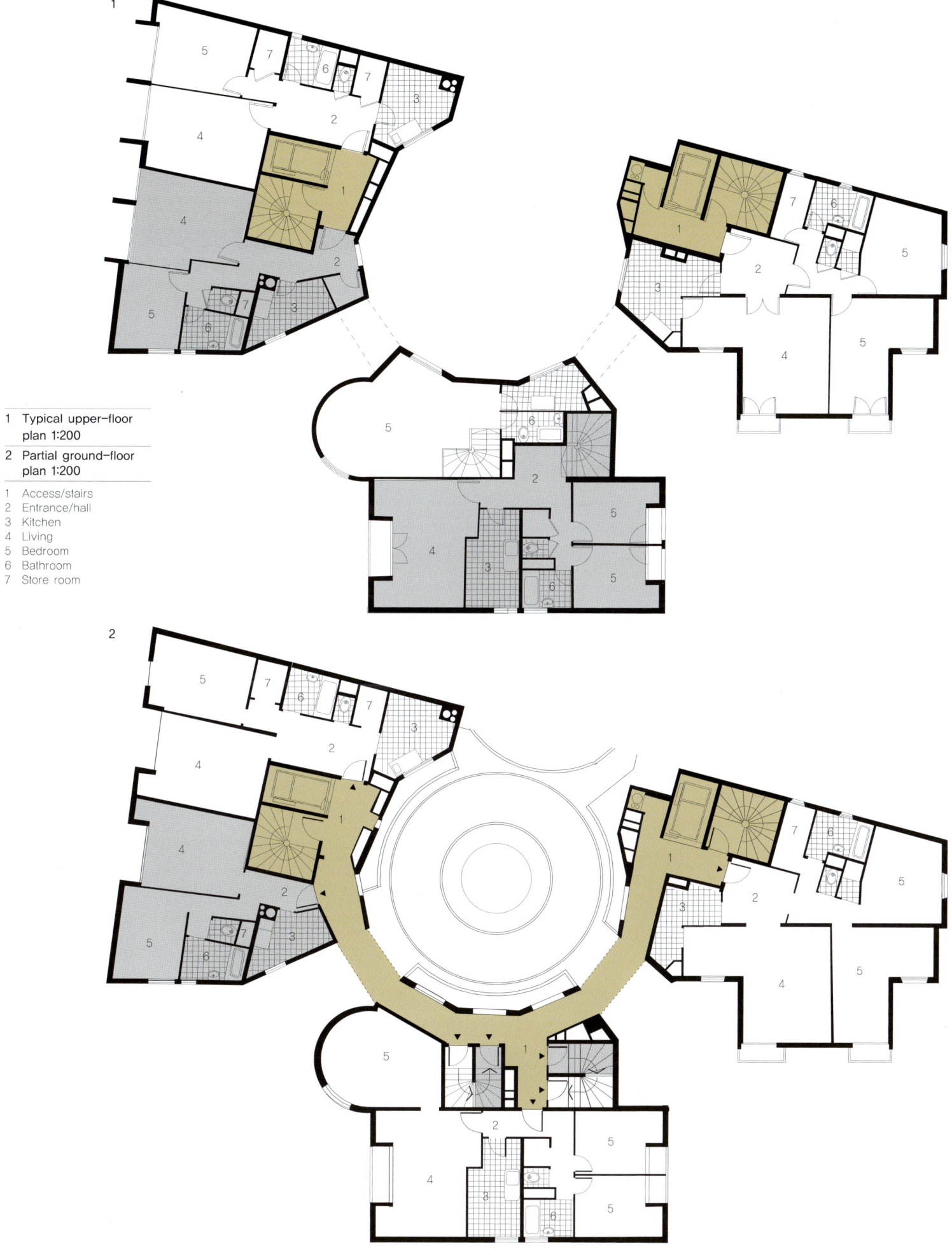

1 Typical upper–floor
  plan 1:200
2 Partial ground–floor
  plan 1:200

1 Access/stairs
2 Entrance/hall
3 Kitchen
4 Living
5 Bedroom
6 Bathroom
7 Store room

Noisy II Housing

Henri Ciriani, 1936-

Marne-la-Vallee, France; 1980

1970년대 대부분의 유럽 중에서도 특히 프랑스에서는, 뉴타운의 빌딩 프로그램에 대한 경쟁이 심했다. 도시 공간에서 자연에 대한 많은 논쟁이 일어난 것이다. 그들은 근대주의자들의 '단지'에 대한 생각을 재평가했다. 그들이 계획한 단지는 주변 건물이나 자연환경을 고려하지 않고 독립적으로 존재해 도시 공간의 질서를 망친다는 비난을 받았다. 몇몇 새로운 타운 계획가들은 근대주의자 이전의 생각들로 곧바로 복귀했으나, 앙리 시리아니Henri Ciriani를 비롯한 다른 사람들은 근대주의자의 원리에 의해 새로운 도시공간을 발전시킬 수 있다고 믿었다. 노이지 Noisy 주택에서, 시리아니는 선형의 근대적 형태를 사용했다. 그러면서도 마르네-라-발리Marne-la-vallee 뉴타운의 지역적 특성을 고려했다. 시리아니는 주변 빌딩이 없고, 인접 단지도 없어 설계를 제약하는 요인이 아무것도 없는 빈 땅에 디자인하기가 어려웠다고 말한다. 앙리 시리아니가 '도시 조각urban piece'이라고 명명한 도시와 주택 사이에 존재하는 도시 영역의 크기를 어떻게 정하느냐 하는 것은 시리아니가 풀어야 할 과제였다. 노이지의 도시 조각은 교차로 주위에 만들어졌다. 북쪽에 면한 긴 블록과 일자 블록 사이에 주 도로가 있다. 긴 블록 남쪽에 수직으로 배치된 두 개의 건물은 T자형의 구성을 만든다. 이 두 블록이 교차하는 지점에 많은 주랑이 있다. 주랑은 건물로 진입하는 현관 기능을 한다. 과거 한때 주 블록의 정면에는 개방 공간과, 건물의 매스를 분절시키는 테라스가 있었다. 개별 타워는 계단실과 동선 공간을 갖고 있다. 주동은 4호 조합의 평면 구성을 갖는다. 세대마다 돌출 발코니를 갖는 주동은 독특한 외관을 구성한다. 다시 말하지만, 시리아니는 근대주의자들의 블록을 사용하면서 주택 내 많은 실들에 채광을 할 수 있는 입면을 특별히 고안했다. 그러면서도 시각적인 효과를 고려해 채색을 하거나 고전적 질서를 채택했다. 이것은 파리의 대도시에 평범하지만 친숙한 진녹색을 사용했던 이유이다.

Site plan
1:2,500

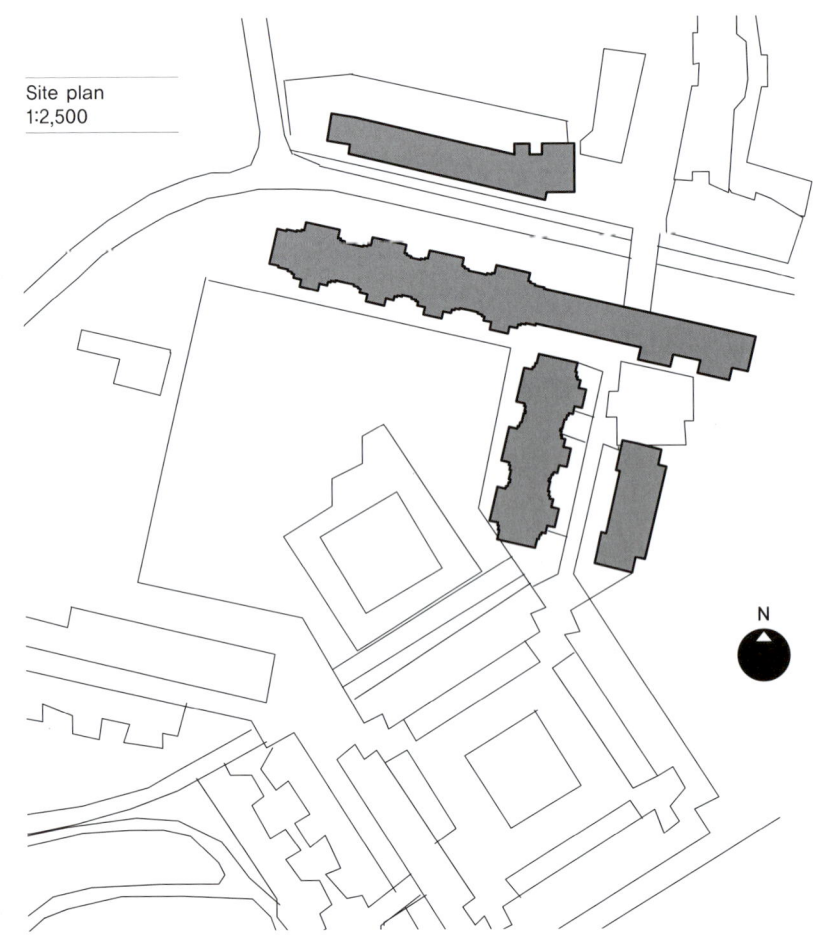

N

1

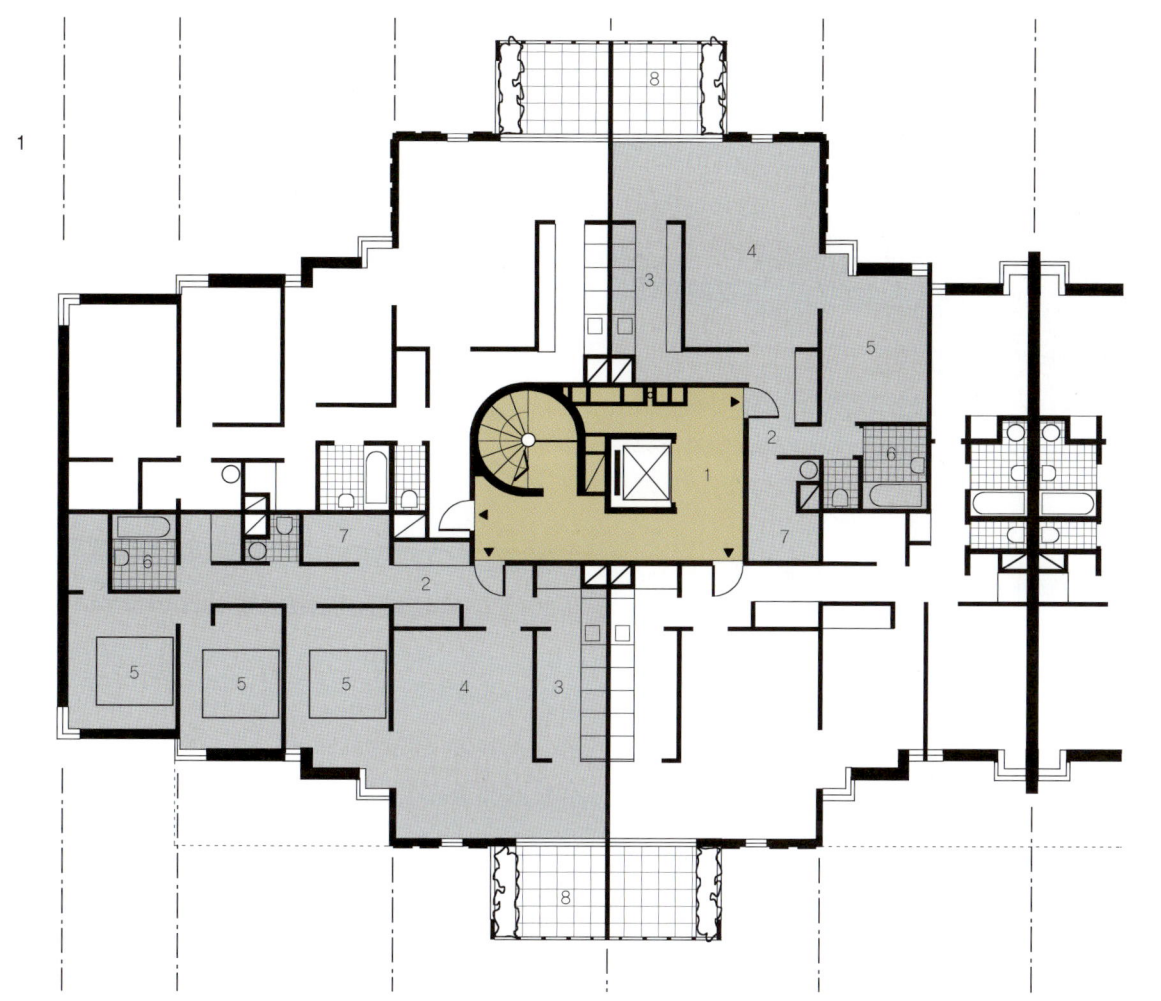

2

1 Part typical floor
plan 1:200

1 Stairs and lifts
2 Entrance/hall
3 Kitchen
4 Living/dining
5 Bedroom
6 Bathroom
7 Store room
8 Balcony

2 Section looking
south 1:200

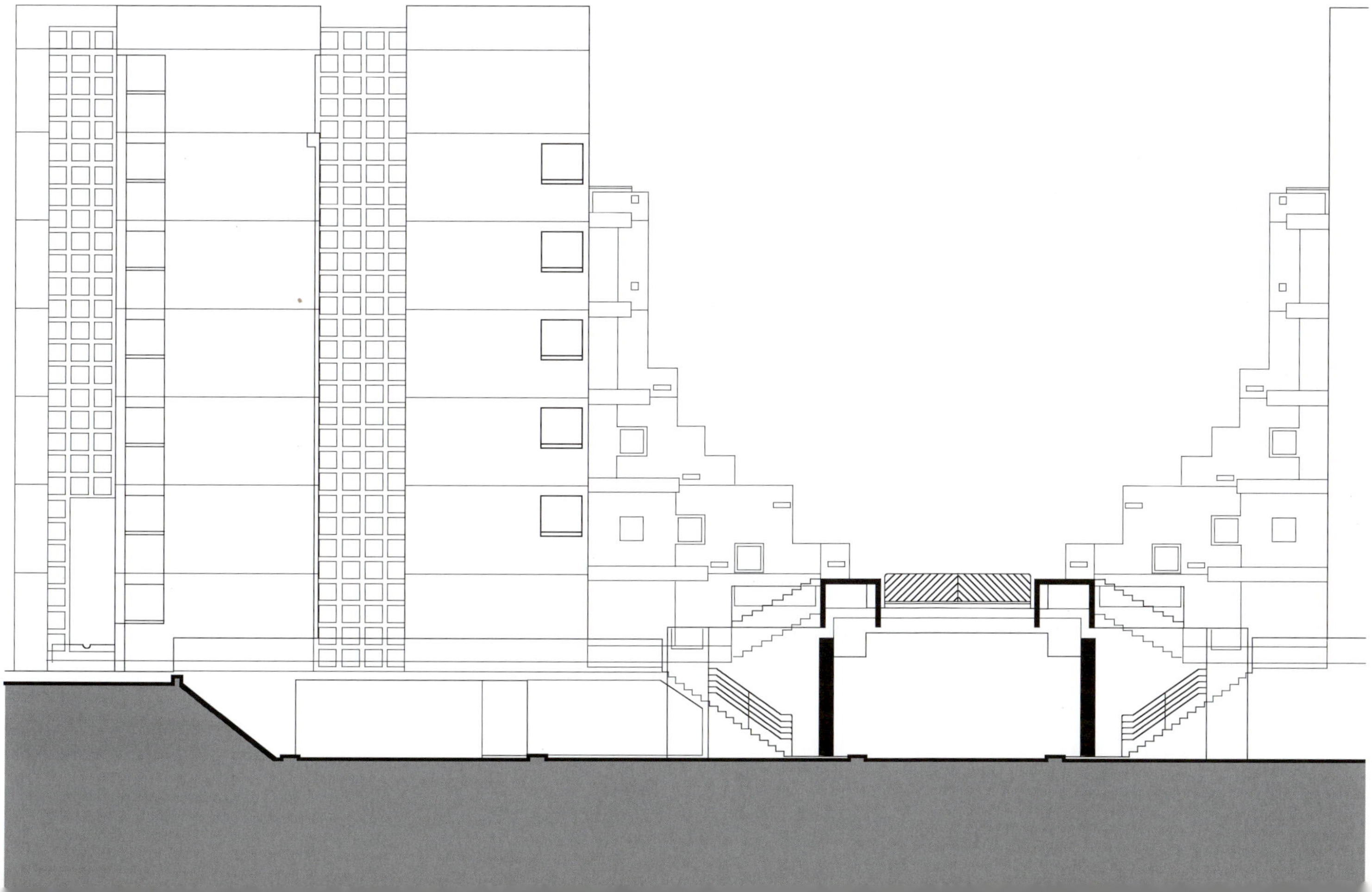

Atlantis Condominium

Arquitectonica

Miami, Florida, USA; 1982

아키텍토니카의 대표인 로린다 스피어와 베르나르도 포트 브레시아는 마이애미 건축에 막대한 영향을 미쳤다. 그들은 단시간에 많은 건물들을 건축하는데 기여했으며 도시에서 인지할 수 있는 그들 고유의 포스트모던 고전주의 양식을 확립했다. 비교적 초기 작품으로 볼 수 있는 아틀란티스 콘도미니엄에서 그들은 건축가로서의 역량을 확고히 하는 가장 대표적인 아파트를 만들었다. 91m×11m의 비교적 단순한 직사각형 형태에서 시작한 이 건물은 비스케인 베이와 길과 수직을 이루며 동서축으로 배치되어 있다. 이 건물에는 흥미로운 요소들이 있다. 베이 끝의 바닥 슬래브는 선박의 상징성을 보여주는 반원이다. 길 쪽으로는 도시의 꼭대기를 상징하기 위해 빨간색의 삼각형 지붕을 설치했다. 노란색의 삼각형 발코니는 북쪽 입면에 돌출되어 있다. 블록 중앙에 4층 높이로 있는 정사각형의 개구부인 '스카이 코트sky court'는 건축가의 파격적 시도이다. 스카이 코트 뒤에 있는 큐브11m×11m×11m에는 노란색 벽이 있다. 큐브는 다른 곳에서 떨어져 나와 붙은 것처럼 건물과 일정 각도를 이룬다. 이 건물은 체육관, 스쿼시 코트, 정원, 테니스 코트, 수영장을 포함하고 있다. 수영장은 건물과 비스듬하게 수직을 이루고 있다. 북쪽 입면에는 전면 반사유리가 있다. 발코니의 드라마틱한 파란색 석재는 남쪽 입면을 구성한다. 프레임과 비스듬하게 각도를 만들어 세운 벽체는 태양광을 막는 역할을 한다.

로비 내부도 외부와 마찬가지로 관념적인 형태와 스케일을 그대로 유지한다. 조각적인 효과를 얻기 위해서 구조적인 것과 비구조적인 것을 혼재시켰다. 기둥은 과장된 크기로 계획되었으며, 출입구 영역을 강조하고 있다. 기둥은 책상이 놓일 위치를 표시하고 있으며, 앉는 공간을 지정한다. 원형과 삼각형 기둥은 구조체일 수도 있으며 단지 배관을 가리는 기능을 하는 요소일 수도 있다. 저층에 개인 정원이 있는 6개의 복층 주택 위에는 90개의 세대가 있다. 2개의 엘리베이터 코어가 6세대를 위해 서비스하고 있다. 모든 세대에 남쪽으로 면한 창문이 있으며, 큰 창문은 북쪽과 남쪽에 모두 있다. 모든 거주자들이 환상적으로 보이는 스카이 코트에 접근할 수 있으며, 이것은 마이애미의 새로운 모더니즘을 상징하는 요소가 되었다.

Site plan 1:1,000

1 Access driveway
2 Entrance
3 Pool
4 Tennis courts
5 Gym and squash courts

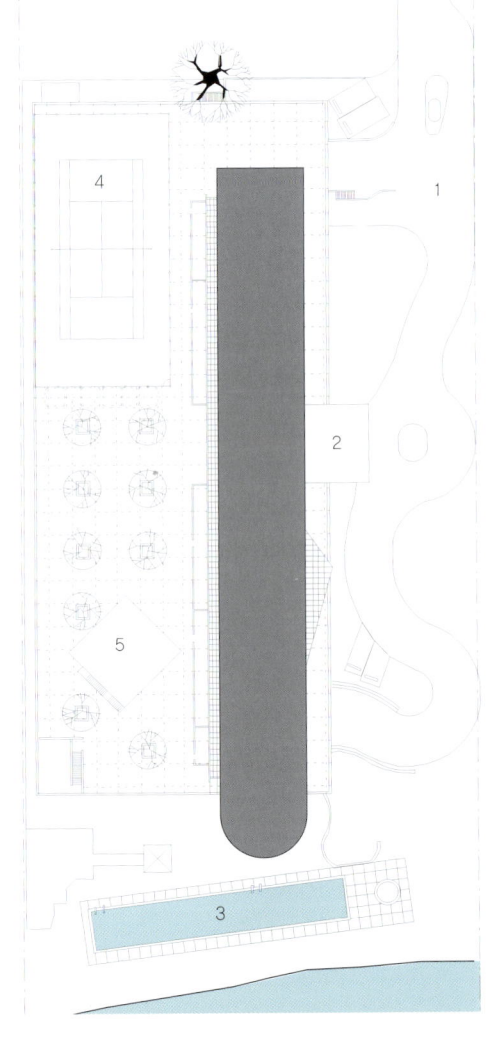

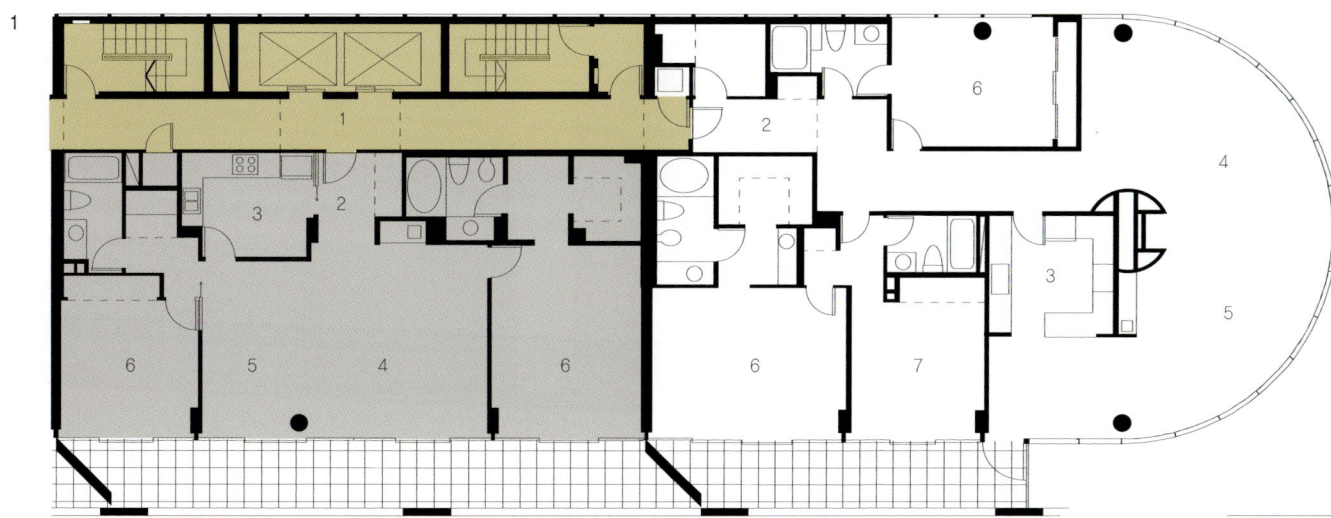

1

2 Plan of lobby 1:200

1 Part plan of typical
   floor 1:200

1 Access corridor
2 Entrance
3 Kitchen
4 Living
5 Dining
6 Bedroom
7 Study/bedroom

2 Plan of lobby 1:200

1 Entrance
2 Reception
3 Lobby/seating area

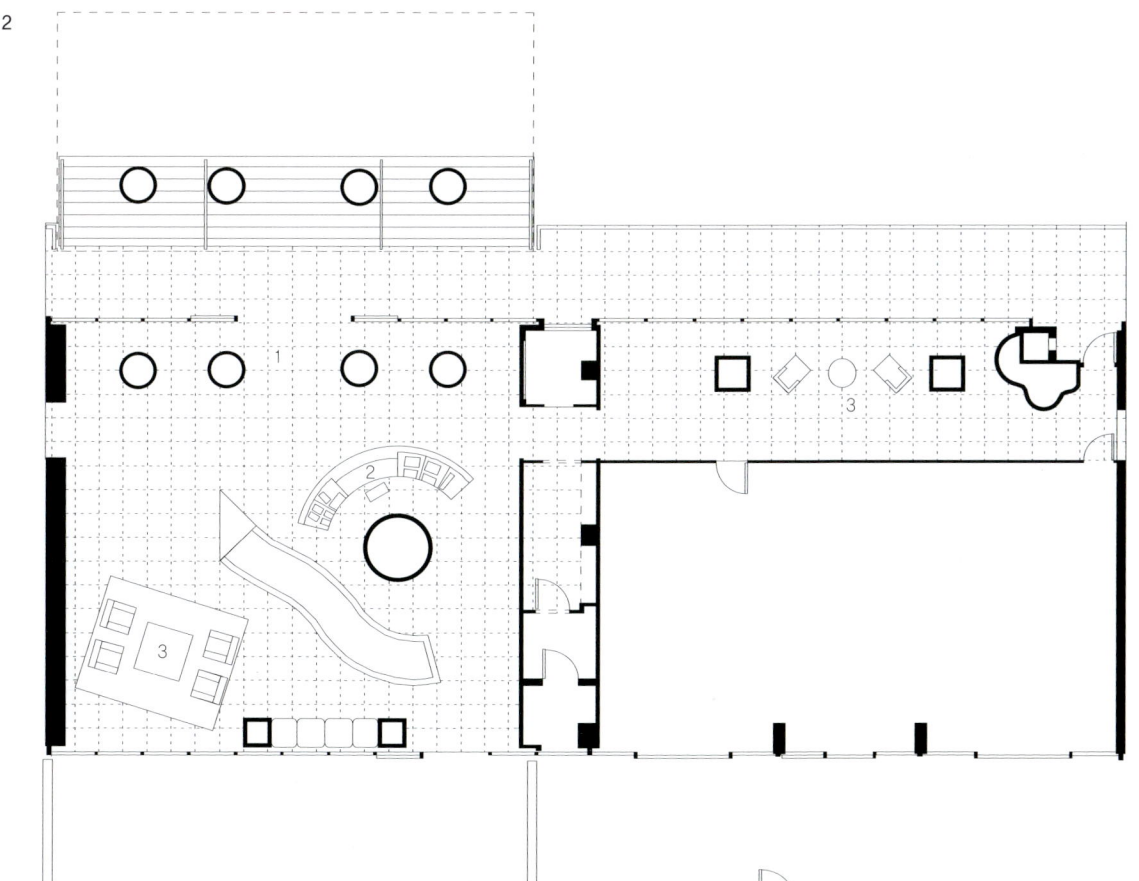

2

Byker Wall

Ralph Erskine, 1914-2005, and Vernon Gracie & Associates
Newcastle-upon-Tyne, UK; 1968-82

랄프 어스킨Ralph Erskine 과 베르논 그래시 사Vernon Gracei & Associates는 뉴캐슬의 바이커Byker 지역 재개발 계획에서 열악한 벽돌 테라스를 없애고 새 주택을 건설해 주거환경을 개선했다. 재개발 계획은 실행하는 과정도 중요하지만 결과물 또한 중요하다. 건축가들이 주택의 사회적 측면뿐만 아니라 지역 커뮤니티에서 파급효과를 고려하여 계획을 세우는 것이 중요하다. 그들은 첫 단계로 48개의 시범 주택을 건축했다. 디자인의 골격을 세우기 위해서 거주자들과 깊이있는 대화를 나누었다. 그 후 사무실에 상주하며 거주자들을 커뮤니티 디자인에 참여시켰다. 강압적이거나 거주자의 현실에 동떨어진 마스터플랜이 아니었다. 건축가들은 '오픈 정책'을 위한 많은 노력의 결과, '커뮤니티 건축'의 모델을 만들 수 있었던 것이다.

바이커 월Byker Wall에는 건물 정체성을 보여준 핵심적인 특징이 있다. 바로 그 특징이 대지의 북쪽 끝을 따라 구불거리는 긴 곡선의 단지를 구성한 것이다. 길게 구불거리는 형태의 모던한 유형의 주택은 르 꼬르뷔지에가 1930년대 알제리에 제안했던 해안선의 곡선을 따르는 곡선 구름다리에서 찾아볼 수 있다. 그리고 아폰소 에드아르도 레이디Affonso Eduardo Reidy가 설계한 페드레굴호Pedregulho, p.86-87 프로젝트에서도 찾아볼 수 있다. 페드레굴호 프로젝트는 경사진 대지의 등고선을 따른 단지의 배치를 보여준다. 바이커에서 눈에 띄는 형태를 제공하고 거주자들이 환경에 쉽게 적응할 수 있도록, 그것은 인접 지하철이나 향후에 건설될 고속도로에서 발생할 과도한 소음의 문제를 해결할 수 있는 기능적인 해법을 포함하고 있었다. 이들이 제안한 형태는 어스킨이 사용한 유형을 기반으로 한 것이었다. 바이커 월에는 자녀가 있는 가족이나 자녀가 없는 가족을 위한 소형주택 모두가 있다. 복층과 목재 프레임으로 된 스플트 레벨split-level의 주택이 80%를 차지한다. 러스킨은 기존 커뮤니티 마을을 재창조하기 위하여 이 주택들을 좁은 길을 따라서 배치했다. 아래층의 복층 아파트와 위층의 작은 유닛을 수직으로 연결하는 블록은 물리적이며, 시각적인 연결을 연출한다. 시각적으로 과감한 형태와 벽돌의 견고성은 색색으로 칠해진 손으로 직접 만든 듯한 느낌의 경량 목재 입면에 의해 상쇄된다.

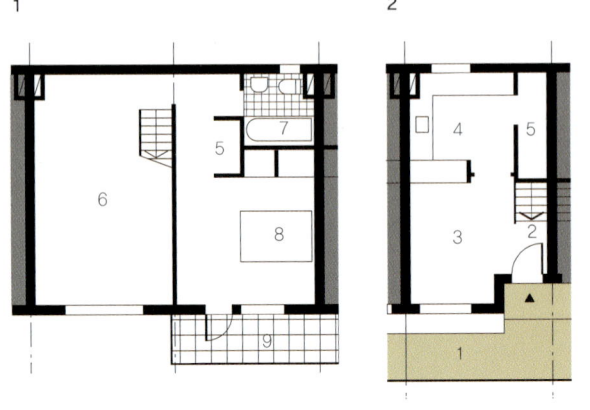

1 2

Perimeter block, plans of
two-person maisonette
1:200

1 Lower level
2 Upper level

1 Access gallery
2 Entrance/hall
3 Dining room
4 Kitchen
5 Store room
6 Living rooom
7 Bathroom
8 Bedroom
9 Balcony

Opposite left: Perimeter block

Opposite right: Detail of timber balconies

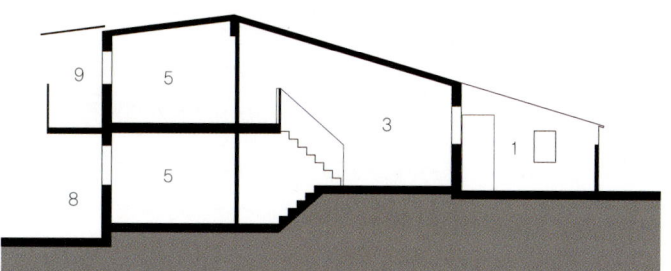

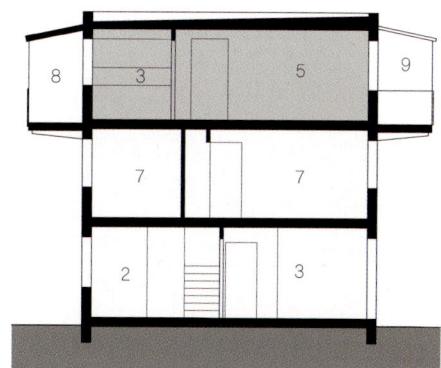

Houses, plans and section 1:200

3 Section
4 Upper floor
5 Lower floor

1 Front garden
2 Entrance/hall
3 Dining room
4 Kitchen
5 Bedroom
6 Bathroom
7 Store room
8 Garden
9 Balcony
10 Living room

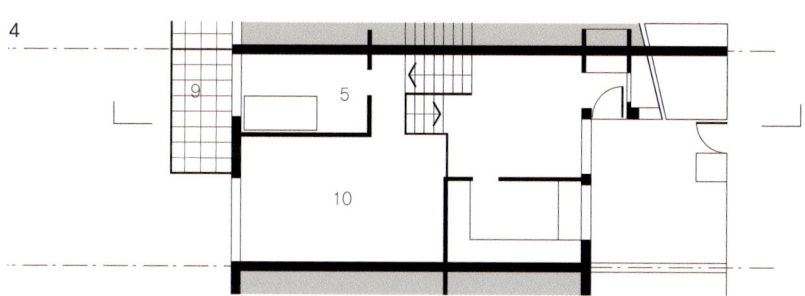

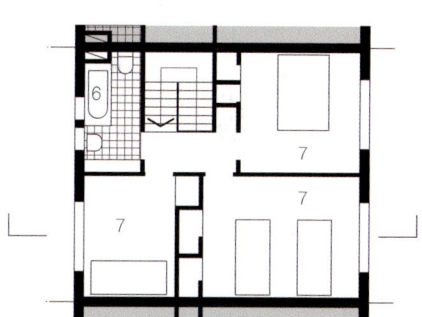

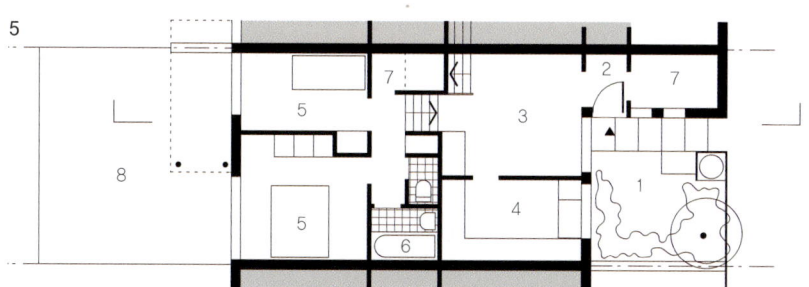

Link block two–person flat and five–person maisonette 1:200

6 Section
7 Second floor
8 First floor
9 Ground floor

1 Entrance/hall
2 Dining room
3 Kitchen
4 Store room
5 Living
6 Bathroom/WC
7 Bedroom
8 Access gallery
9 Private balcony

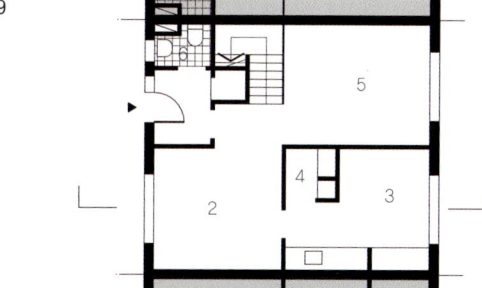

Housing for the Elderly

Steidle + Partner
Berlin, Germany; 1982-87

기존의 구조물을 증축하고 재단장하기 위해, 건축가는 비슷한 크기의 새로운 빌딩을 기존 빌딩에 평행하게 배치했다. 그 다음 두 건물을 아트리움Atrium으로 연결했다. 평행한 두 개의 건물은 농장이 있는 공동 정원을 만든다. 여기에서 눈여겨 볼 것은, 아트리움을 단지 새 건물과 옛 건물을 연결하는 용도로만 사용한 것이 아니라는 점이다. 아트리움은 매 층마다 설치한 정원과 같은 사회적 공간이다. 6도 정도의 경사를 이루는 램프Ramp는 주된 동선 시스템이다. 아트리움의 한쪽 끝에서 다른 끝을 잇는 램프에는 멈춰서 대화할 수 있는 공간이 있다.

　기존의 건물은 주로 두 개 또는 세 개의 방이 있는 아파트로 변경되었다. 아파트의 입구는 후면에 배치했다. 중앙에는, 방 한 개를 갖는 작은 평형의 노인 주택을 배치했다. 노인 주택은 램프에서 접근이 가능하다. 새로 건축된 건물은 3개의 타워동이다. 타워동의 주동 평면은 4호 조합으로 되어 있다. 신축 건물은 모두 1침실 노인주택으로 계획되어 있다. 주호 평면은 거실에 45도의 대각선 벽이 있는 삼각형 평면이다. 욕실과 부엌은 L자 모양의 평면 구조를 갖는다. 거실 대각선 벽의 맞은 편에는 침실이 있다. 주호마다 외부에 면한 로지아Loggia가 있다. 아트리움을 바라볼 수 있게 욕실과 부엌에 설치한 창문에는 프라이버시 보호를 위해 슬라이딩 셔터를 설치했다.

　램프를 설치함으로써 엘리베이터의 사용에 대한 요구를 줄일 수 있다. 램프는 신축 건물과 구 건물의 층을 쉽게 연결하고 휠체어 사용자들이 아파트 전체에 쉽게 접근할 수 있는 배려를 보여주는 것이다. 노출 철제 프레임과 판유리가 있는 지붕의 아트리움은 온실 같은 디자인을 의도하여 계획한 것이다. 이웃끼리 잠시 멈추어 대화하거나, 다른 이웃의 활동을 볼 수 있는 사회적 공간을 설치했다는 점은 이 건물의 주요 특징이다.

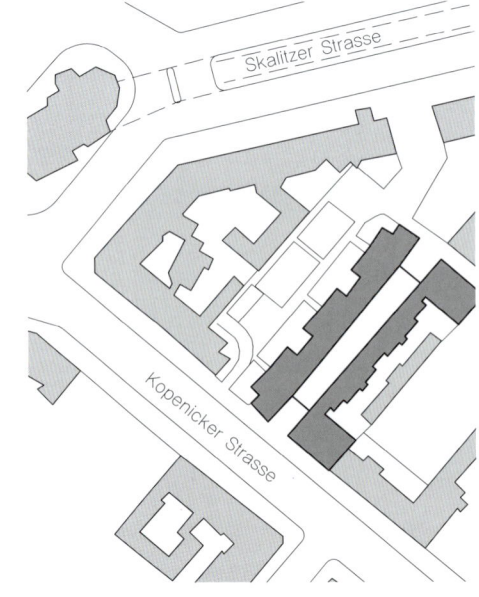

Site plan
1:2,500

Opposite left: New
building

Opposite right: Side
elevation with atrium to
the right

1

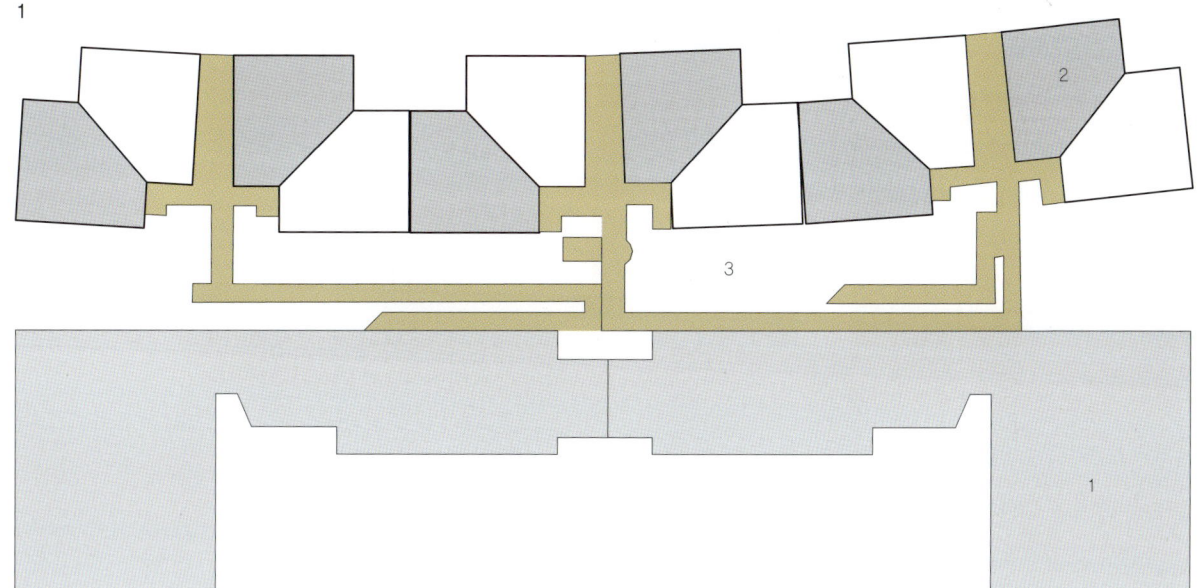

1 Outline plan 1:500

1 Existing building
2 New apartment block
3 Atrium with access
  ramps

2 Long section through
  atrium 1:500

3 Cross–section 1:500

2   3

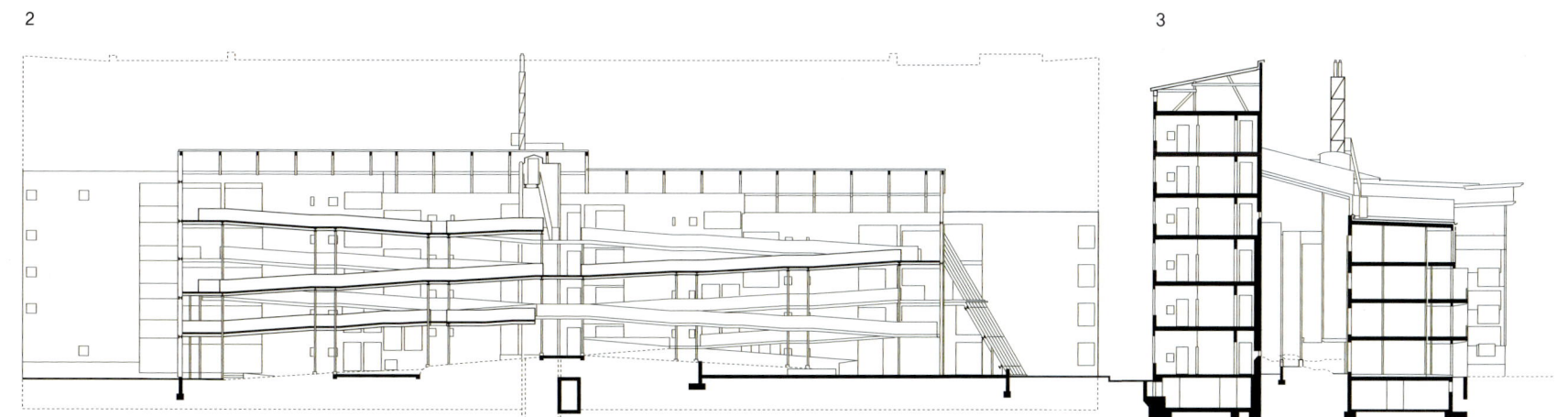

4

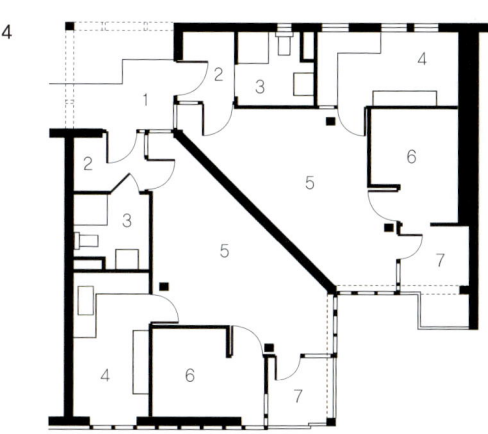

4 Plan of typical
  apartments 1:200

1 Access balcony
2 Entrance/hall
3 Shower/wet room
4 Kitchen
5 Living
6 Bedroom
7 Loggia/winter garden

Far left: North façade

Left: Interior with garage doors opening onto terrace

Nemausus

Jean Nouvel et Associés with Jean-Marc Ibos, Frédéric Chambon and Jean-Rémi Nègre
Nîmes, France; 1985-88

이 프로젝트는 두 개의 건물을 동서축으로 평행하게 배치했기 때문에 한 건물은 북쪽에만, 한 건물은 남쪽에만 면하는 특이한 현상을 보여준다. 프랑스 남부지방의 더운 기후에 이처럼 이상한 배치를 한 이유를, 방의 깊이를 깊게 하고 발코니를 설치한 방법에서 찾을 수 있을 것이다. 북쪽 면에는 출입용 발코니가 있고, 남쪽 면과 똑같은 발코니를 통해서는 옥외 공간과 접할 수 있다. 두 개의 블록은 단순한 콘크리트 프레임의 기둥 구조로 되어 있고, 매 5m마다 벽이 있다. 부분적으로 선큰 공간이 있는 두 개의 건물을 벽이 없는 그늘진 주차장에 세운 필로티piloti가 지지하고 있다.

블록의 외관과 사용된 재료의 타입과 속성은 주변 주택과의 조화를 이루지는 않는다. 대신, 건축가는 다른 종류의 주택을 계획하려고 노력했다. 건물의 물성이 느껴지지 않거나 경량으로 보이는 이유는 구멍이 있는 메탈 난간과 발코니 데크 그리고 계단을 과도하게 사용했기 때문이다. 이 때문에 이 건물의 필로티가 건물을 지지하는 것이 자연스럽게 보인다. 모든 디테일이 자연스럽게 보이는 건물이다. 프랑스 지방에서 일상적으로 볼 수 있는 창문이나 첨단 알루미늄 슬라이딩 문이 있어야 할 남측 입면에, 전면 유리로 된 접이식 차고 문을 설치했다. 침실을 비롯하여 대부분의 내부 파티션들은 유리로 되어 있다. 사무실에서는 일반적인 내부 파티션을 유리로 한 것은 주택에서는 흔한 일은 아니다. 이처럼 재료를 달리 사용하는 것은 이 프로젝트에서 시도된 공간적인 실험이다. 건축가들은 재료의 절약을 주장하며, 아파트의 공간을 최대화시킬 수 있는 마감을 생각했다. 총 114개의 주호를 갖는 이 아파트는 1층, 2층, 3층형의 17개의 주호 유형이 있다. 일반적으로 욕실, 화장실, 주방 시설들을 아파트의 핵심 공간으로 생각한다. 그렇기 때문에 작은 아파트에서는 벽을 따라 관습적으로 배열하는 경우가 많다. 실내의 측면에서 볼 때, 2층 높이를 가로지르는 개방 공간의 계단, 계단참과 연결통로는 채광을 확보하고, 입구에서 발코니 쪽의 전망을 확보해 주는 역할을 한다.

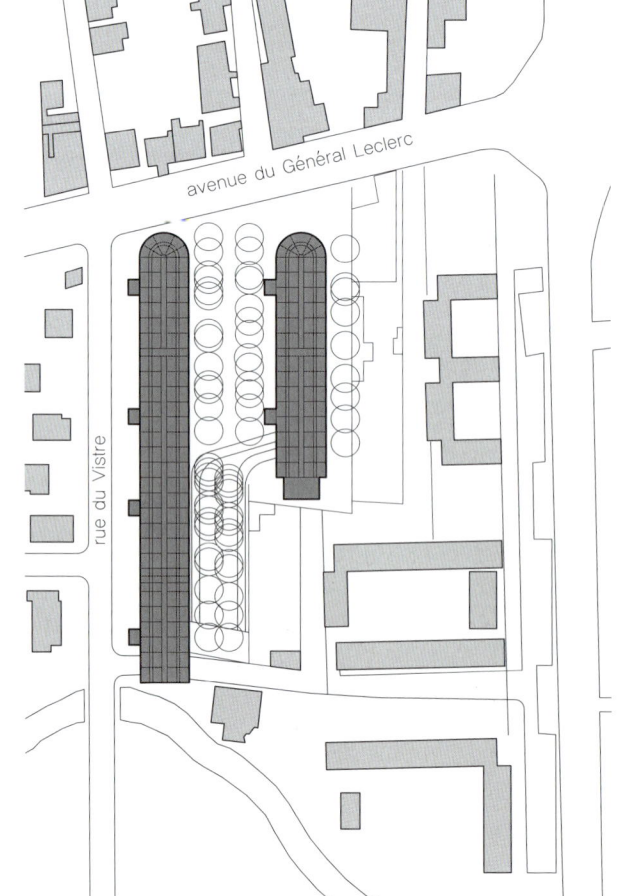

Site plan
1:2,500

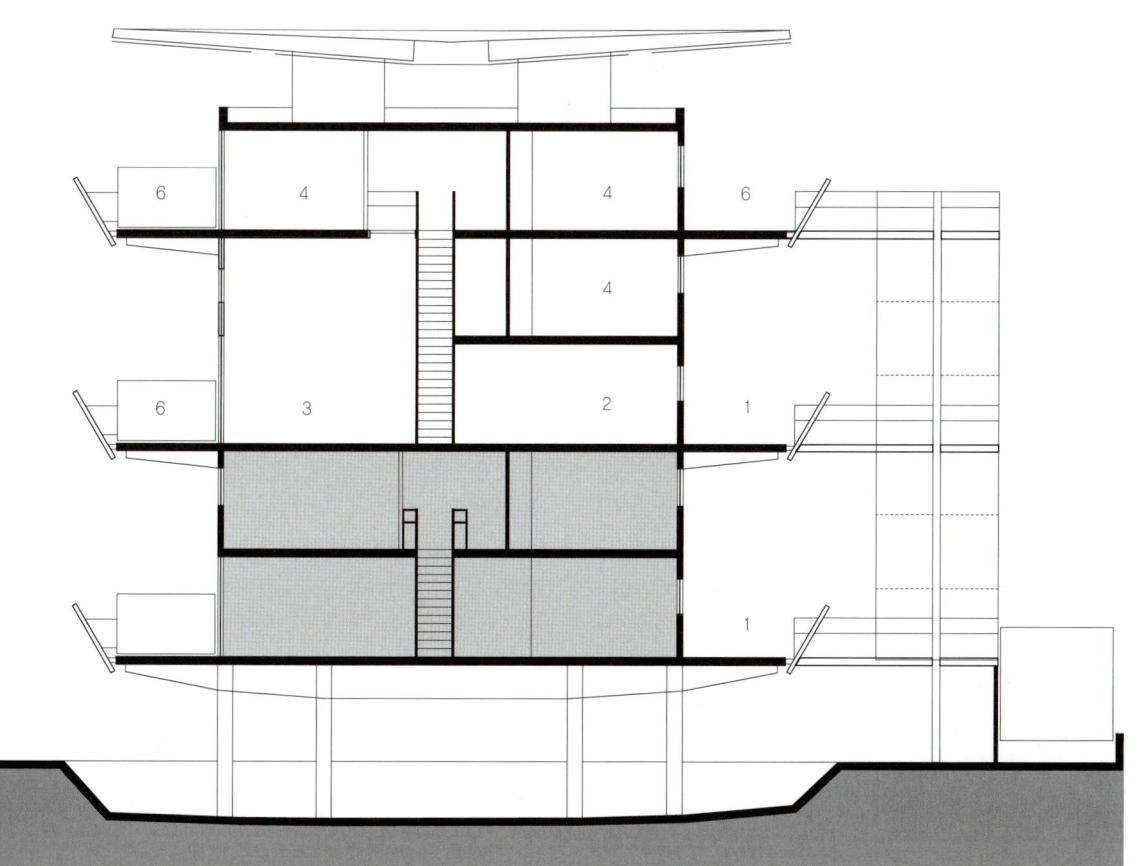

1

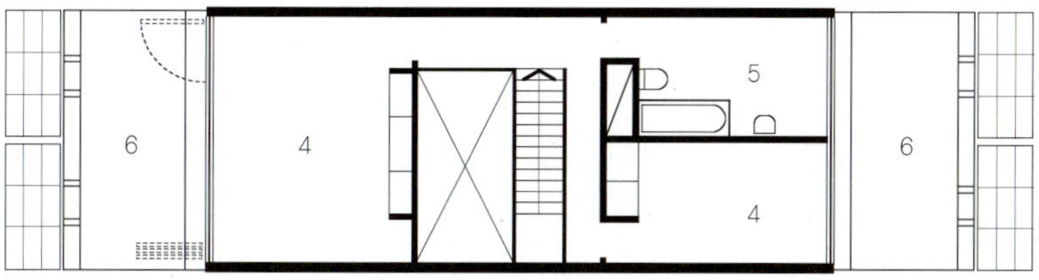

2

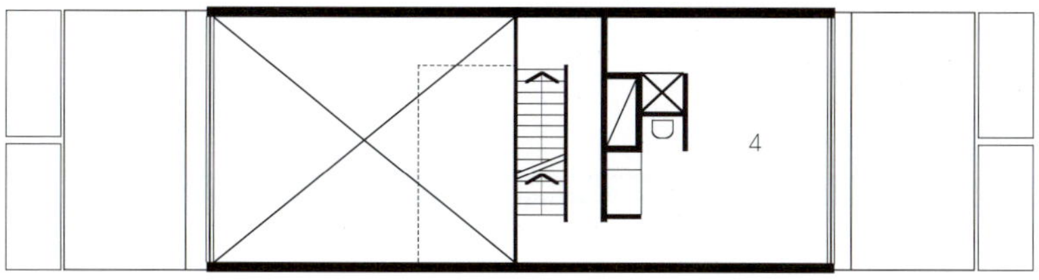

3

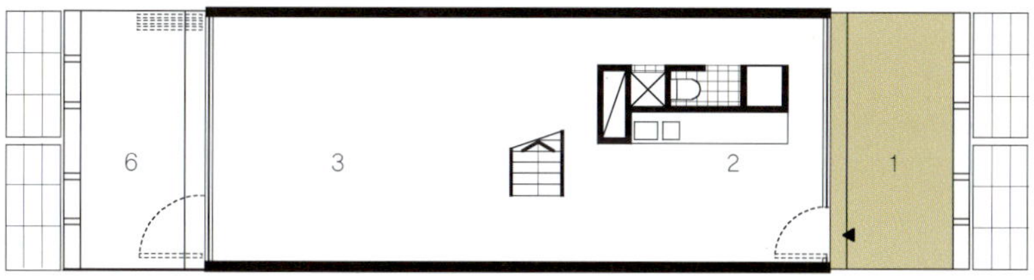

4

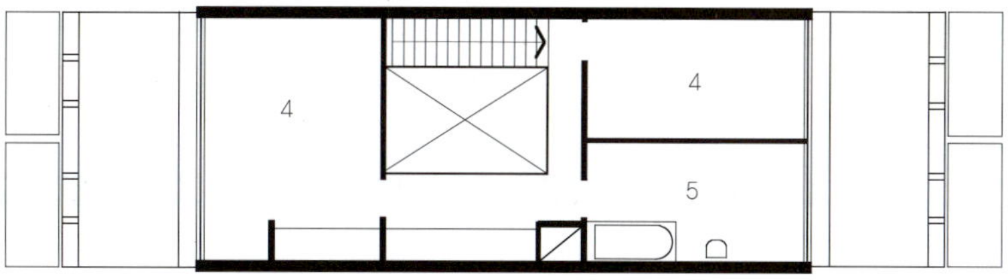

5

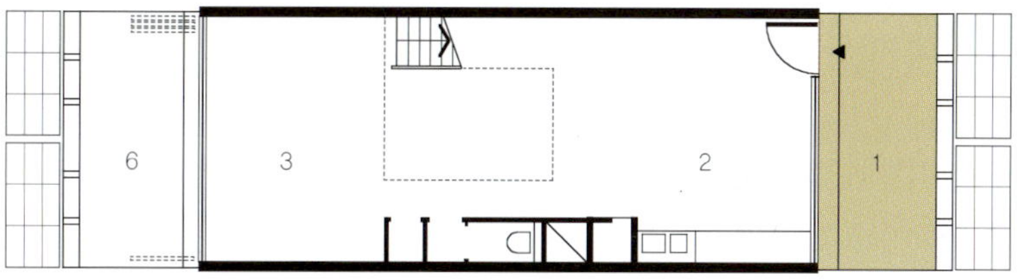

6

Plans of typical triplex
apartments 1:200

1 Upper level
2 Middle level
3 Lower/access level

Plans of typical duplex
apartments 1:200

4 Upper level
5 Lower/access level
6 Section 1:200

1 Access gallery
2 Entrance/kitchen
3 Living room
4 Bedroom
5 Bathroom
6 Private balcony

Pence Place

Gwathmey Siegel & Associates

Columbus, Indiana, USA; 1984

벽과 벽을 서로 맞대고 들어선back-to-back 집들은 흔하게 볼 수 있는 주택은 아니다. 각각의 세대가 세 개의 벽을 공유하고 단 하나의 외벽을 갖게 주택을 계획하는 것은 외벽공사의 비용을 크게 줄일 수 있을 것이다. 이는 경제적으로 주택을 지을 수 있는 방법이다. 그러나 결과적으로 충분한 자연광을 받을 수 없고, 환기의 문제도 있을 수 있다. 그러나 과스메이 시걸Gwathmey Siegel은 이 2층 주택에서 혁신적인 해결책을 발견했다. 그것은 경사지붕의 꼭대기에 개폐 가능한 고창을 두어 공기와 일광을 계단 뒤쪽으로 끌어들이도록 한 것이다.

　1층의 주택 평면은 매우 단순하다. 1층은 한쪽 코너에 부엌을 둔 거실과, 복도, 옷장으로 구성되어 있다. 그리고 2층에는 주택의 가로축을 따라 세 개의 침실이 있고 그 반대쪽에는 욕실이 있다. 단지 내에는 휠체어 사용자를 고려한 주택이 두 개 있다. 이 주택의 평면은 다른 주택에 비해 깊이가 길고 크다. 장애자 주택 외에도 이 단지에는 사무실과 휴게실이 딸린 커뮤니티 건물이 있다. 철길을 따라 놓인 삼각형 모양의 대지에는 모두 40개의 집들이 평행하게 배치되어 있으며, 모두 보행로를 통해서 접근이 가능하다. 주차장은 한쪽 면에 배치되어 있다. 서로 등을 맞댐으로써 얻을 수 있는 다른 장점은 정원을 전면에 배치하고 사적인 공간을 후면에 배치할 수 있다는 점이다. 즉, 정문과 거실은 앞마당, 혹은 중정과 직접적으로 연결되어 있다. 이 앞마당을 삼목판자가 둘러싸고 있다. 이와 비슷한 방법으로 건축가는 대지 전체에 걸쳐 주차장을 가리기 위한 식재, 쓰레기통 가림막과 테라스 사이의 작은 어린이 놀이터 등을 계획했다.

Site plan 1:2,500

1　Parking
2　Children's play space
3　Refuse bins

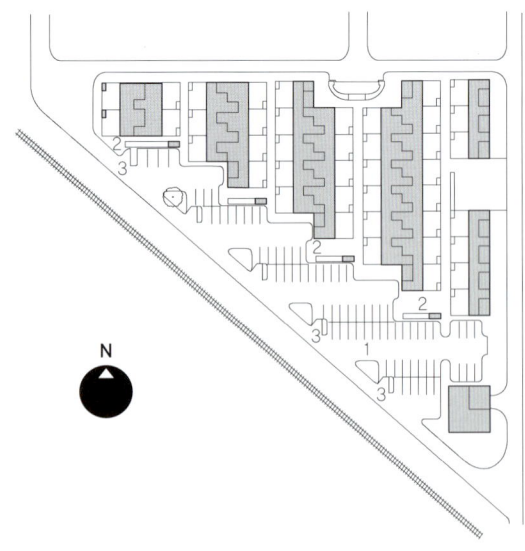

Opposite left:
Pedestrian entrance to
the scheme

Opposite right: Parking
with children's play area
beyond

1   First–floor plan
2   Ground–floor plan
3   Section

1   Front yard
2   Storage
3   Entrance/hall
4   Laundry
5   Kitchen
6   Living/dining
7   Bathroom/WC
8   Bedroom

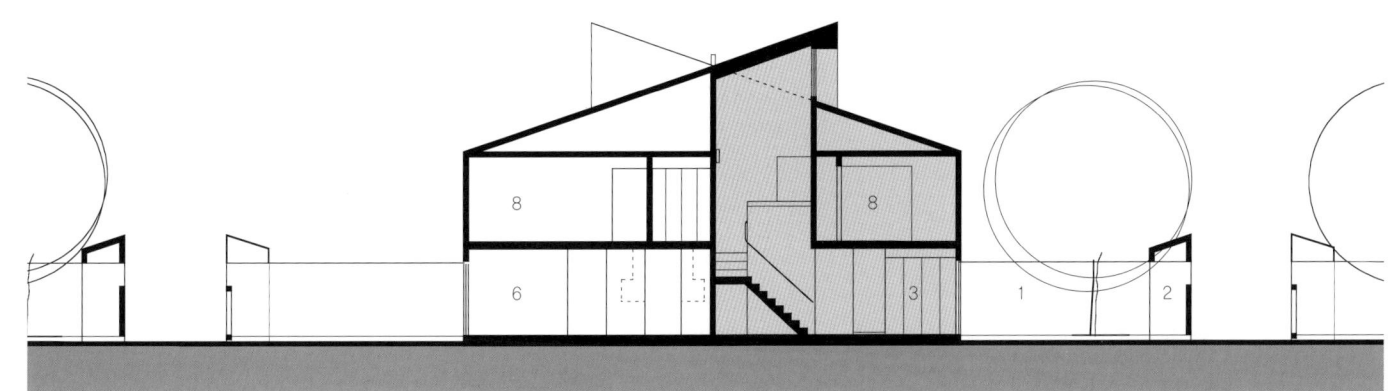

IJ-Plein Housing

OMA

Amsterdam, The Netherlands; 1988

구 조선소로 이용되던 암스테르담의 중심가 맞은편의 아이제이IJ강 남쪽 대지에 아이제이-플레인 하우징IJ-Plein Housing 프로젝트는 오엠에이OMA 건축사무소에서 총괄했다. 이 프로젝트는 총 1,375개의 주거지를 포함하여 공공공간, 놀이터, 학교, 상점들을 포함한다. 일자 평행배치 방식으로 배치된 블록들의 높이는 각기 다르다. 동쪽 중앙의 오픈 스페이스와 서쪽의 3열 도시형 빌라들을 삼각형의 단지에 배치했다. OMA는 밀도를 높이고 새로운 스카이라인을 만들기 위하여 고층건물 계획안을 제안했지만, 지역 주민들의 반대로 처음 계획안을 관철시키지는 못했다.

OMA는 사이트의 동쪽 끝에 두 개의 선형 블록을 꼼꼼하게 계획했다. 두 개의 블록 중 포디엄Podium이 받치고 있는 긴 블록 밑에는 자전거 보관 공간과 수로가 있다. 수로의 가장자리 앞 공간은 원래 작은 상점 공간으로 계획했지만, 최종적으로는 주차장으로 변경되었다. 삼각형의 블록은 커뮤니티 센터이다. 이 건물은 다양한 평형의 주호 유형을 담고 있다. 주호 평면은 비교적 단순하게 되어 있다. 부엌은 대부분 거실 내에 있으며, 욕실과 수납공간은 평면 중앙에 있다. 외부에 면한 발코니가 있는 방은 채광과 통풍이 좋다. 건물 깊숙이 자연광을 유입시켜 밝고 넓은 공간감을 연출하기 위하여, 외벽과 내벽에 판유리를 적극적으로 사용했다. 이 주거단지에 나타난 가장 혁신적인 배치방법은 동선공간과 주거공간의 진입로 계획에서 찾아볼 수 있다. 계단은 수직적으로 배치했다기 보다는 각 층을 통해 쉽게 이동할 수 있게 수평적으로 계획했다고 보는 것이 맞을 것이다. 또한 작은 블록에서는 계단을 건물과 평행하게 배치하고 긴 블록에서는 계단을 건물과 수직으로 배치하여 층마다 설치되는 계단참landing position의 위치를 다르게 했다. 누구나 접근할 수 있게 계획된 최상층의 갤러리 천창은 계단실에 채광을 제공한다.

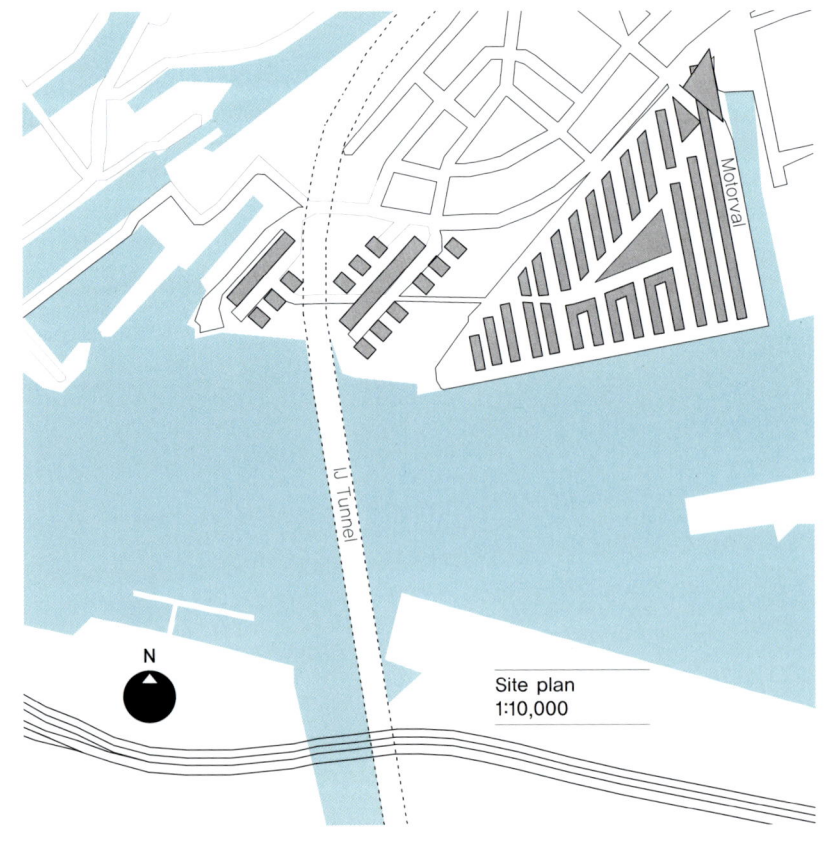

Site plan
1:10,000

1

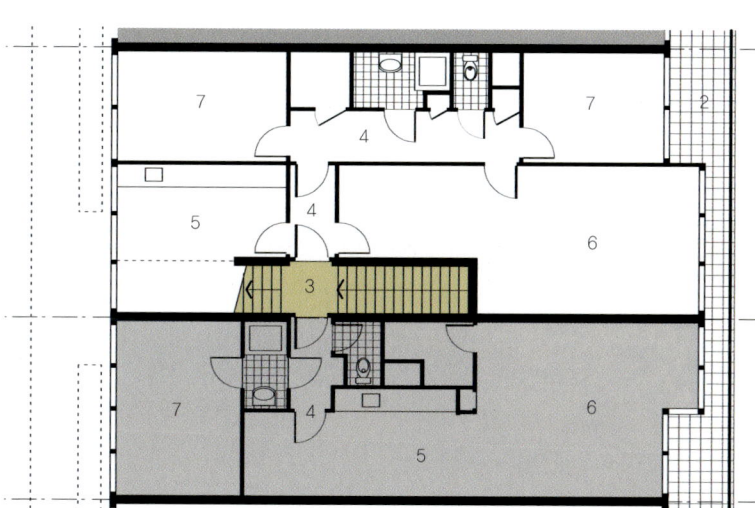

Typical apartment plans
1:200

1 Flats in long block
  level 4
2 Flats in long block
  level 3

1 Access gallery
2 Balcony
3 Stairs/access
4 Entrance/hall
5 Kitchen
6 Living
7 Bedroom

2

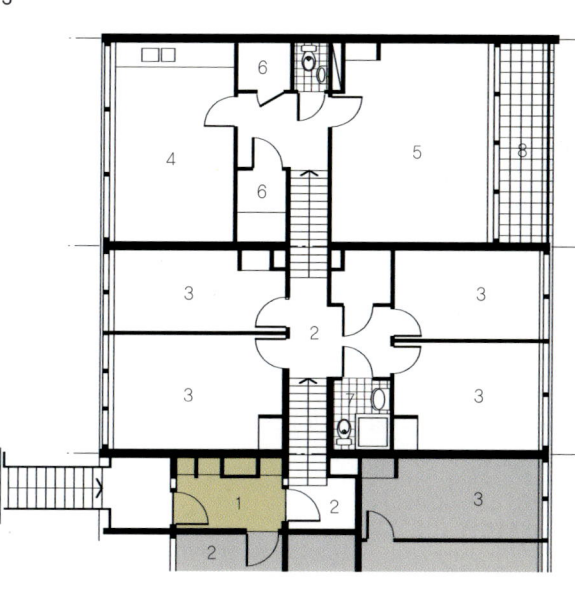

3

3 Short block
  maisonette levels
  3 and 4

1 Porch
2 Entrance/hall
3 Bedroom
4 Kitchen/dining
5 Living
6 Store room
7 WC/shower
8 Balcony

Spiral House

Zvi Hecker, 1931-

Ramat Gan, Israel; 1990

즈비 헥커Zvi Hecker는 "건물은 변화를 만드는 아이디어의 정확성에 바탕을 두어야 한다. 나선형 주택Spiral house은 아이디어 그 자체는 단순하지만, 주택의 가변성은 매우 복잡할 수 있다."고 말한다. 나선형 주택의 아이디어는 건물의 나선형 계단 형태를 출발점으로 한다. 평면은 원주상에 16개의 점을 가진 별 모양의 기하학적 형태에서부터 발전했다. 각 층의 평면을 22.5도씩 회전했으며, 모든 층의 단독 세대는 아래층 세대의 지붕을 옥외 테라스로 사용한다. 옥외 테라스는 하늘과 경치를 조망할 수 있도록 바깥쪽을 향해 열려있지만, 건물 안쪽에 있는 복도, 입구, 나선형 계단은 그늘진 곳에 있다. 이들 공간 사이에 내부 정원이 있다. 건물은 텔아비브Tel Aviv 도심의 북동쪽의 라마트 간Ramat Gan 지역의 언덕에 세워져 있다. 입체도형을 디자인의 기초로 사용하는 것은 헥커의 여러 작품에서 알수도 있지만, 1959년부터 1964년까지 알프레드 뉴먼Alfred Newman, 엘더 샤론Elder Sharon과 함께 했던 협업을 통해서도 분명히 알 수 있다. 나선형 주택 건너편에 있는 1963년에 건축한 더 큰 규모의 아파트 블록인 더비너 주택Dubiner House은, 계단 단면도로부터 다면체의 복합성을 처음으로 연구하여 탄생시킨 작품이다. 헥커는 공사 과정을 진행중인 디자인 과정의 일부분으로 생각하여, 건축 현장에서 일어나는 변화까지도 수용하려고 했다. 반대편 더비너 주택에 살았던 헥커는 나선형 주택의 공사 과정에 긴밀하게 관여할 수 있었다. 이러한 현장 참여를 통해 외관에 석재 타일을 사용하였고, 콘크리트를 특별하게 마감하기 위해 다양한 텍스처를 실험하기도 했다.

형태와 재료 면을 생각하면, 이 건물을 통해 전통적인 아랍 마을을 떠올릴수 있다. 형태적인 측면에서, 거주공간의 한 부분으로서 지붕을 이용하는 계단식 테라스나 내부 중정을 둘러싼 거주공간은 아랍 전통방식에서 쉽게 볼 수 있는 배치이다. 저렴하고 손쉽게 구할 수 있는 건축 재료들을 사용한 이 주택은 지역에 세워진 건물과도 조화를 이루는 주택이다.

1

2

3

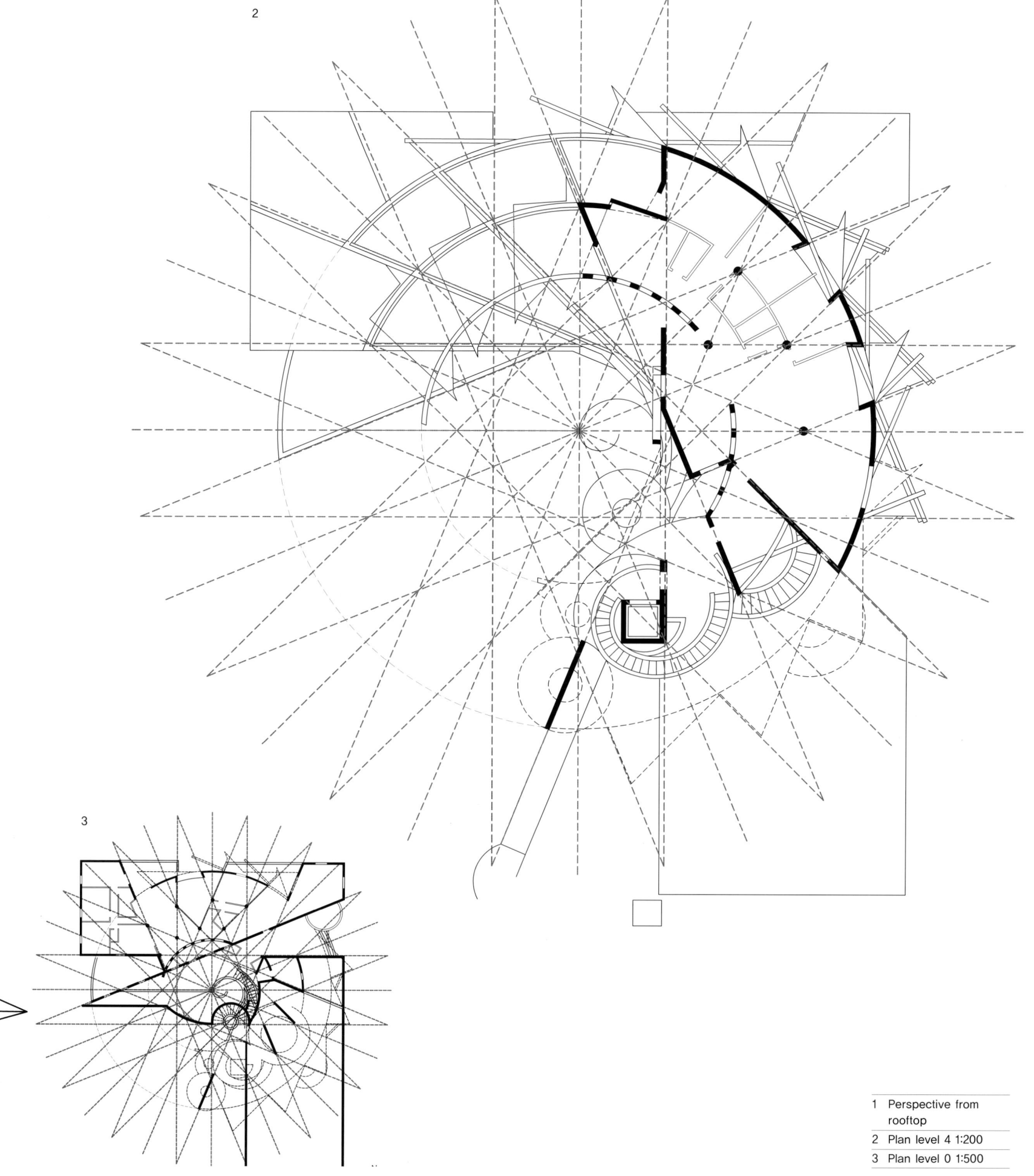

1 Perspective from
  rooftop
2 Plan level 4 1:200
3 Plan level 0 1:500

Nexus World Housing

Steven Holl Architects

Fukuoka, Japan; 1991

28개의 아파트 블록을 구성하는 넥서스 월드 하우징Nexus World Housing은 중산층을 위해 일본 규슈지방의 수도, 후쿠오카 카시 지역에 세운 주거이다. 새로운 형태의 '생활양식' 을 정립하려는 목적으로 계획한 마스터 플랜은 중앙에 120m 높이의 두 개의 타워를 건축하고 주변에 최대 5층 높이의 건물을 배치하는 계획을 채택했다. 전체 배치와 타워들을 아라타 이소자키가 디자인했으나, 일본 건축가 오사무 이시야마를 비롯해 세계적으로 유명한 다섯 건축가들을 초청하여 프로젝트를 진행했다. 참여한 5명의 건축가는 스티븐 홀, 오스카 투스케츠, 크리스티앙 드 뽀잠박, 마크 맥, 오엠에이 등이다. 넥서스 월드 하우징은 실험성이 강한 프로젝트로 다양한 주거 유형을 제공하고, 새로운 도시 주거형태의 가능성을 탐구하려는 프로젝트이다.

스티븐 홀은 형태보다는 공간을 통한 체험을 중시한다. 사이트 남쪽으로 곡선의 경계를 따라 건물들을 배열했다. 1층의 상점들은 가로를 따라 연속적인 입면을 만들고 있으며, 건물 뒤쪽에는 중정이 있다. 가로변의 텅 빈 공간은 최대한의 자연광을 아파트에 유입시키기 위한 것이다. 이 빈 공간에 개방성을 유지하기 위해, 반짝이는 물이 있는 수영장을 설치했다. 아파트 실내 외로 반사되는 수영장의 물 때문에 공간의 존재를 지속적으로 느낄 수 있게 했다.

아파트의 진입은 북쪽에서 한다. 2층의 중앙 복도와 최상층의 열린 복도가 있는 블록 내부를 연결하는 외부 계단을 통해 진·출입을 할 수 있다. 효율적으로 공간을 이용하는 것보다 공간을 거니는 체험 자체를 우선적으로 생각하여 순환 동선을 디자인한 것이다. 외부 정문뿐만 아니라 연못을 가로지르는 전망, 보행로에서 보는 북쪽의 빈공간, 공원에 떠있는 듯한 긴장감, 그리고 옥상에서 보는 전망은 모두 공간을 이동이라는 체험의 관점에서 계획한 것이다. 아파트의 기본적인 메조넷 내부 레이아웃에서 발견되는 핵심은 거주자가 평면을 변화시킬 수 있게 계획했다는 점이다. 접을 수 있는 판넬은 어떤 공간을 거실이나 침실 등으로 다양하게 사용할 수 있게 한다. 이 주택에서는 시간의 흐름과 함께 변화하는 가족 형태에 따라 방을 늘리거나 줄이는 것이 가능하다. 아파트 내부의 미로 같은 복도와 바닥레벨의 고저 변화는 주거공간을 확실하게 확장시킨다.

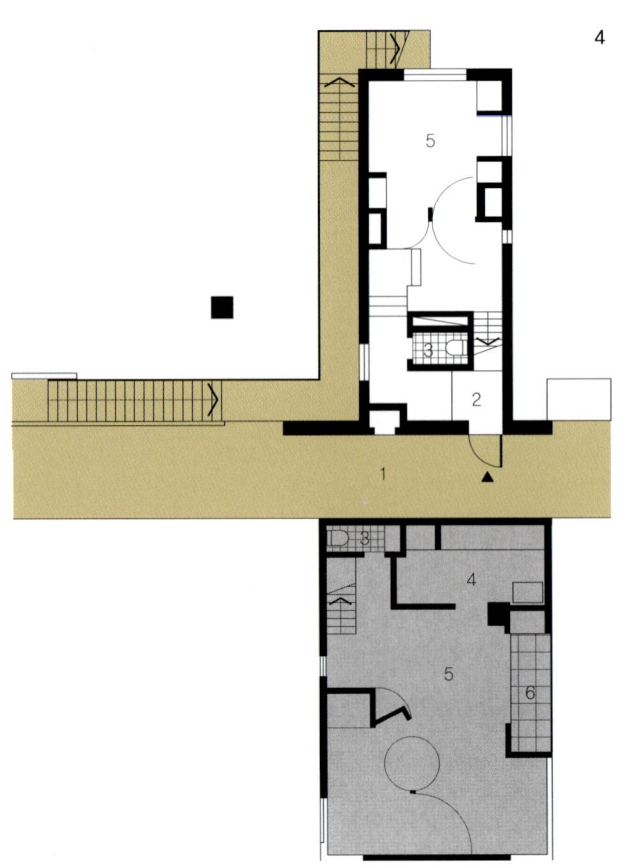

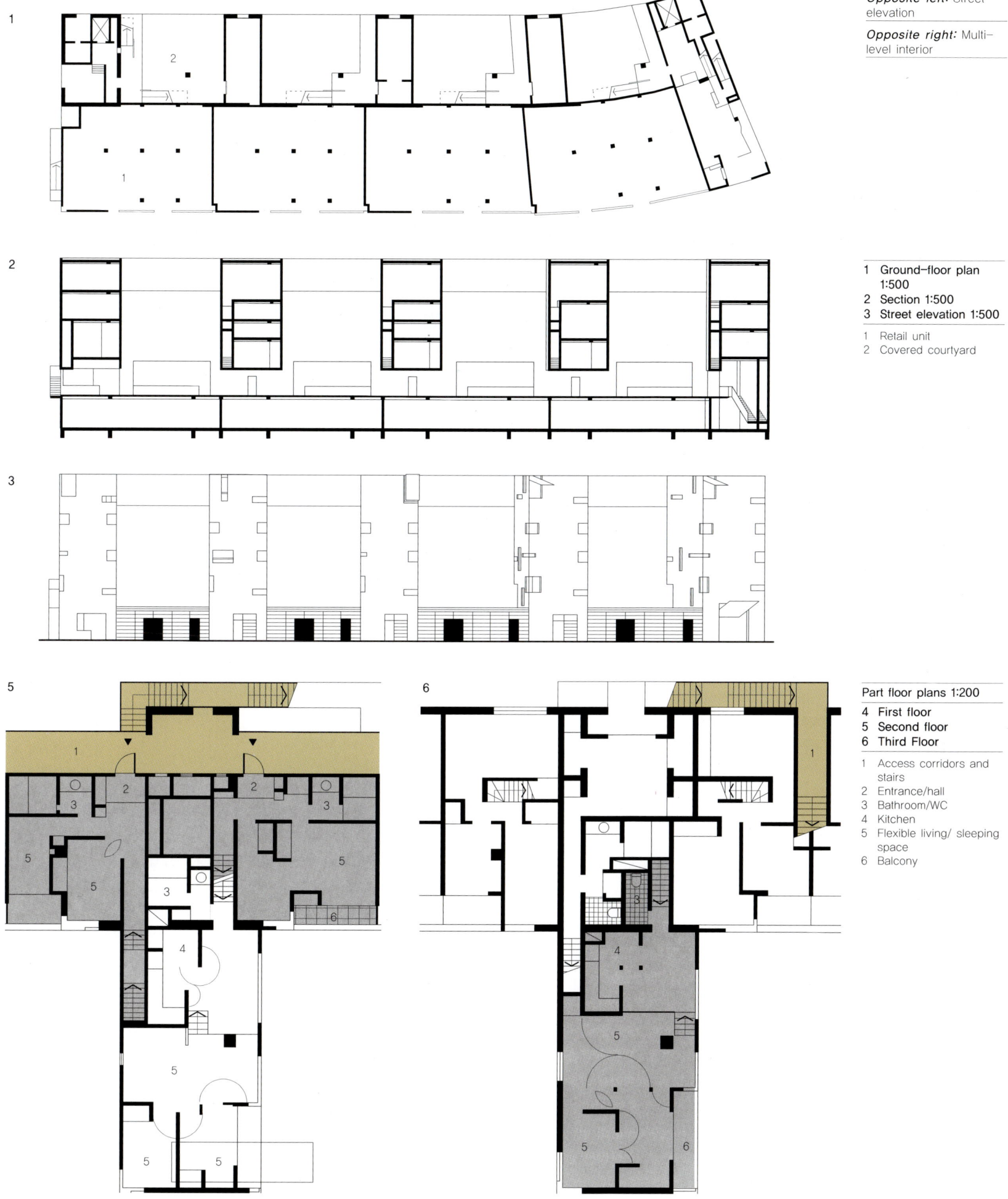

1 **Ground-floor plan 1:500**
2 **Section 1:500**
3 **Street elevation 1:500**

1 Retail unit
2 Covered courtyard

Part floor plans 1:200
4 First floor
5 Second floor
6 Third Floor

1 Access corridors and stairs
2 Entrance/hall
3 Bathroom/WC
4 Kitchen
5 Flexible living/ sleeping space
6 Balcony

Rue de Meaux Housing

Renzo Piano Building Workshop

Paris, France; 1991

렌조 피아노 빌딩 워크샵은 일직선으로 블록을 늘어 세우고 건물 뒤쪽에 서비스 공간을 두는 전통적인 가로 패턴을 만드는 대신, 중정 스킴scheme을 창안했다. 중정 스킴에서는 스케일과 주변 건물과의 비례를 생각하지만, 독특한 도시 형태를 만든다. 루 드 모 주택의 세 개 블록은 기존에 있는 빈 공간을 채우며 가로를 따라 건축했다. 뒤쪽의 중정 공간으로 갈 수 있는 좁은 보행자 통로가 세 개 동의 건물을 구분짓고 있다. 전반적으로 대략 100m×60m 블록을 갖고 있으며, 세 개의 긴 건물 가운데 중앙의 것은 길이가 짧고 대략 60m이다. 양쪽 두 개의 건물은 중정의 긴 쪽을 따라 길게 늘어선 형태를 띤다. 약 105m 길이의 단지 내 가로 쪽에는 상점이 있고, 건물 하부의 주차장으로 연결되는 경사로, 측면 도로로 진입하는 문과 주민들을 위한 주차장이 있다. 이 모든 것들은 주거공간 하부에 약 2층 높이의 비어 있는 공간을 만든다. 북쪽에서 남쪽으로 배치된 긴 블록에 있는 단층 세대의 방에서는 중정과 밖을 내다볼 수 있다. 중정의 입면은 강한 수직적 요소를 가지며, 일련의 옥상 테라스를 만드는 후퇴한 입면을 갖는다. 중정쪽 입면에서 볼 수 있는 계단과 엘리베이터는 두 아파트를 연결한다. 가로 쪽의 블록과 단지 반대편 끝 블록은 건물의 깊이가 매우 깊고 창문을 한쪽 방향으로 배열한 아파트(대체적으로 작은 아파트)를 양쪽 면에 배치해서, 동선 공간을 중앙에 놓았다.

또한 파리의 사회주택국RIVP이 제정한 표준을 벗어나는 중정의 형태뿐만 아니라 조립식 시스템 중의 하나인 외피 시스템을 적용했다. 사실 렌조 피아노 빌딩 워크샵은 1990년에 퐁피두센터 옆의 IRCAM 빌딩1단계 : 1971-1977을 확장하기 위해 이 시스템을 디자인한 것이며, 이를 다시 루 드 모 계획안에 적용한 것이다. 콘크리트 프레임 구조를 기본으로 하는 외피 시스템은 보통의 GRC '프레임' 혹은 30mm×300mm 두께의 얇은 핀을 갖는 900mm×900mm의 정사각형 그리드를 갖는다. 400mm×200mm 모듈의 테라코타 타일로 된 단단한 패널은 클립으로 고정되어 있다. 이 패널들의 크기가 아파트 실내의 방 치수를 결정한다.

거실은 4개 그리고 침실은 3개의 모듈 크기를 갖는다. 이 프로젝트에는 상층의 복층 세대를 포함해 40개의 세대 유형이 있다. 대부분의 아파트는 옥상 테라스 또는 공용으로 사용되는 로지아를 가지며, 프랑스식 평면에서 흔히 볼 수 있는 것처럼 침실은 거실을 통하여 접근할 수 있다.

중정에는 두 가지의 식물이 있다. 빨간색의 테라코타와 강렬한 대조를 이루는 밀도있는 조록 카펫 같은 형상을 띠는 인동 덩굴이 바로 그것이다. 또 길게 늘어진 나뭇잎으로 빛을 차단하지 않으면서도 상층의 사생활을 보호하는 얇은 은색의 박달나무가 중정에 있는 식물이다.

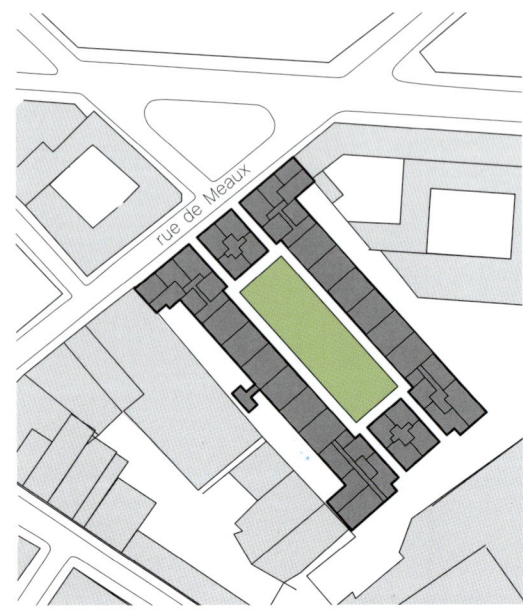

Site plan
1:2,500

1 Plan of typical
   two–bedroom
   apartment 1:200

2 Plan of upper level
   of three–bedroom
   duplex apartment
   1:200

1 Shared circulation
2 Kitchen
3 Living room
4 Bedroom
5 Bathroom
6 Loggia
7 Terrace
8 Winter garden

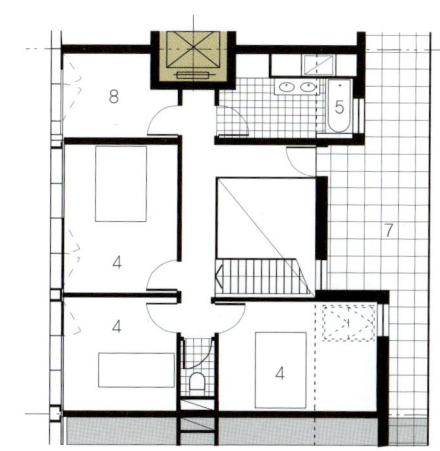

3 Elevation 1:500

4 Section 1:500

1 Central courtyard
2 Parking
3 Service access

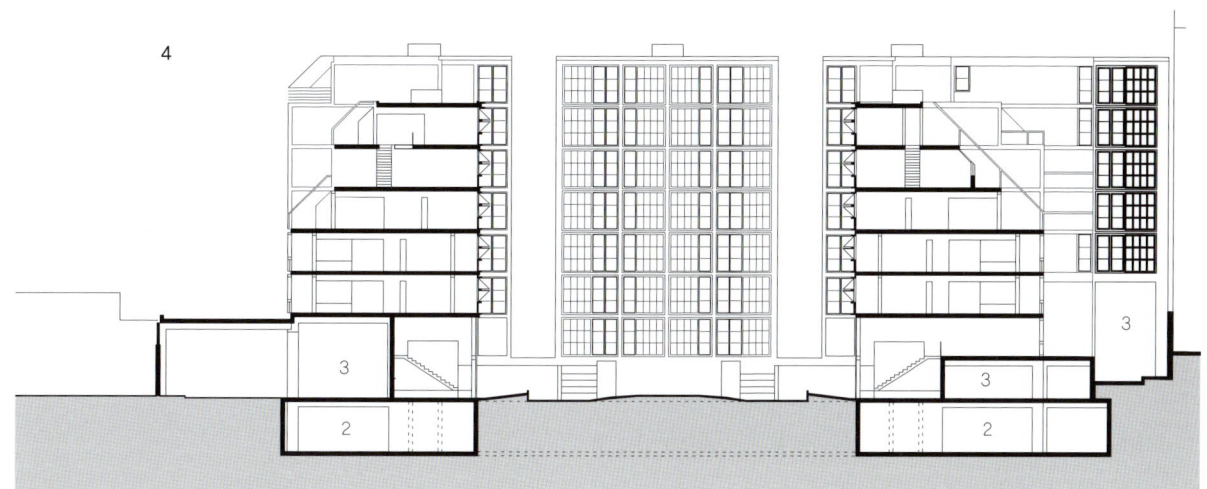

Horizon Apartments

Harry Seidler and Associates

Sydney, Australia; 1998

해리 세이들러1923-2006는 호주에서 가장 잘 알려진 국제적인 건축가로 1948년 부터 실무를 하며, 호주 주요 도시에 기념비적 건물을 계획했다. 그가 계획한 시 드니의 오스트레일리아 스퀘어 타워는 호주 최초의 고층빌딩이다. 1960년대 말 처음 건설될 당시에 이 건물은 세계에서 가장 높은 경량 콘크리트 빌딩이었다. 이 후 이와 유사한 여러 상업용 빌딩을 출현시키는 역할을 했다. 세이들러는 단독주 택과 근대주의자들의 타워 블록과 같은 주거공간을 모두 설계했다. 그러나 그것 들이 호주의 콘텍스트에서 많은 관심을 받기 위해서는 시간을 필요로 했다. 참고. 블루스 포인트 타워 Blues Point Tower p.128-129

43층 높이의 호라이즌 아파트는 1/4원의 형태이다. 내부 단위 세대는 일정 각도의 벽체가 나눈다. 저층부의 평면은 5호 조합이며, 31층에서 41층의 평면은 4호 조합으로 구성되어 있다. 상층부 2개 층42-43층에는 펜트하우스가 있다. 곡 선형 발코니는 이 빌딩에서 볼 수 있는 독특한 특징이다. 캔틸레버 구조의 발코니 는 단위 주호의 외곽선을 연장하는 역할을 한다. 곡선 발코니에는 탁자와 의자를 놓을 수 있다. 발코니의 깊이는 1.2m에서 3.5m로 다양하다. 동일 발코니를 격층 마다 반복하여 공간감을 극대화했으며, 부드러운 외관을 만들었다. 발코니는 북 동향에 배치하여 건너편 시드니 항의 하버 브리지와 오페라 하우스의 경관을 조 망할 수 있게 계획했다. 상층부 단위 주거의 면적은 저층부보다 넓으며, 주호의 수가 적기 때문에 발코니의 수도 적다. 몇몇 유닛의 실내 벽은 가변성을 가지며, 철거도 가능하다. 방사핀 모양의 아파트 구조벽 사이에는 천장 높이의 유리창을 설치하였다. 돌출 발코니의 외부 차양은 이 유리창으로 햇빛이 들어오는 것을 차 단한다. 저층부에는 스플릿 레벨spilt-level의 아파트와 주차장, 수영장 및 테니스 코트와 같은 편의시설들이 있었다. 세이들러 사는 이후 노스 아파트North Apartments와 코브 아파트Cove Apartments등 아파트 두 개를 더 설계했다. 이 둘 모두 호라이즌 아파트와 유사한 형태의 곡선 발코니를 갖고 있다.

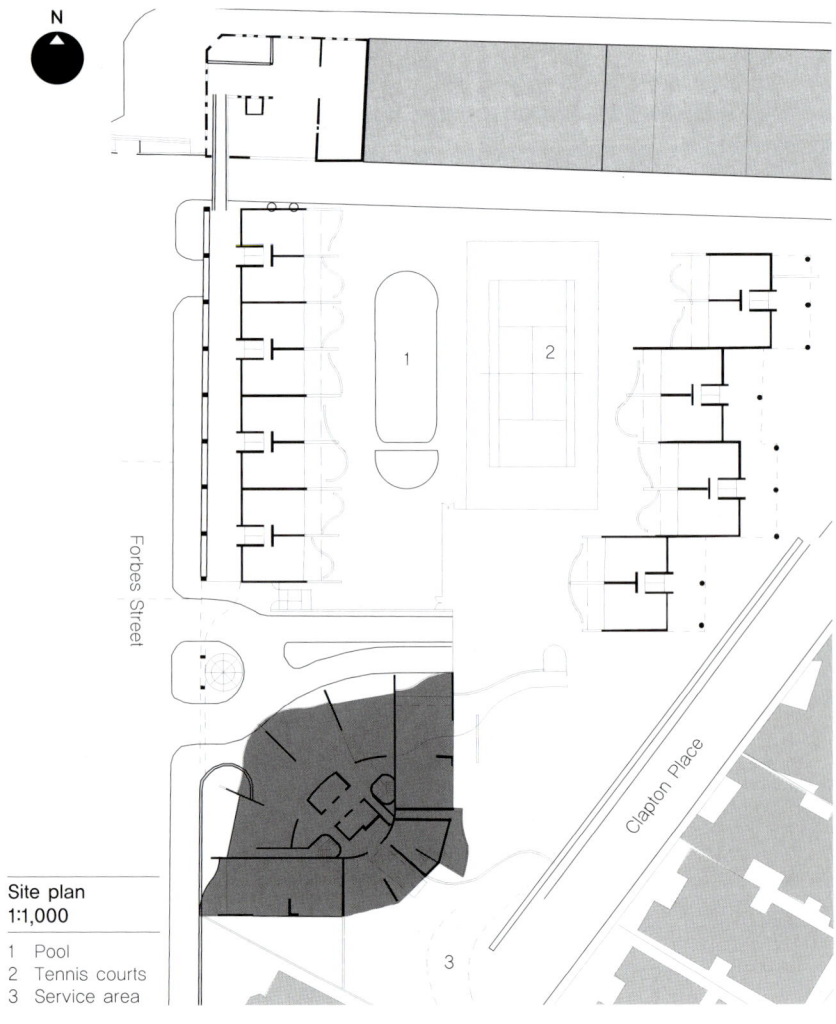

Site plan
1:1,000

1 Pool
2 Tennis courts
3 Service area

Opposite left: Exterior
facing north

Opposite right: Curved
cantilevered balconies

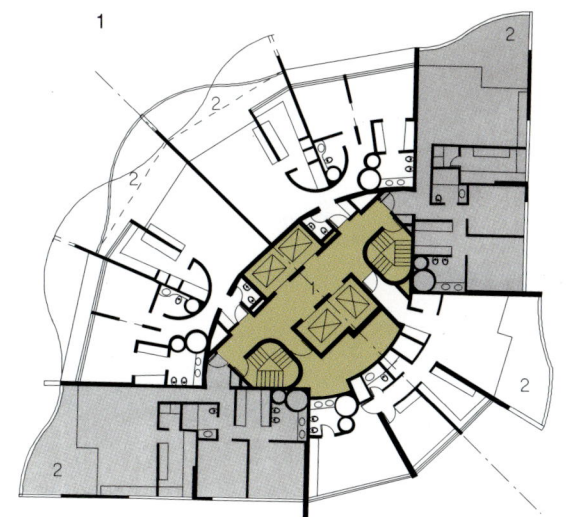

1

2

3

Typical floor plans 1:500

1 levels 1–30: five
two-bedroom
apartments
2 levels 31–41: three
three-bedroom and
one two-bedroom
apartment

1 Circulation/lifts/stairs
2 Private balcony

3 Part floor plan 1:200

1 Stairs and lifts
2 Entrance/hall
3 Bathroom/WC
4 Dressing room
5 Bedroom
6 Kitchen
7 Living/dining
8 Private balcony

4

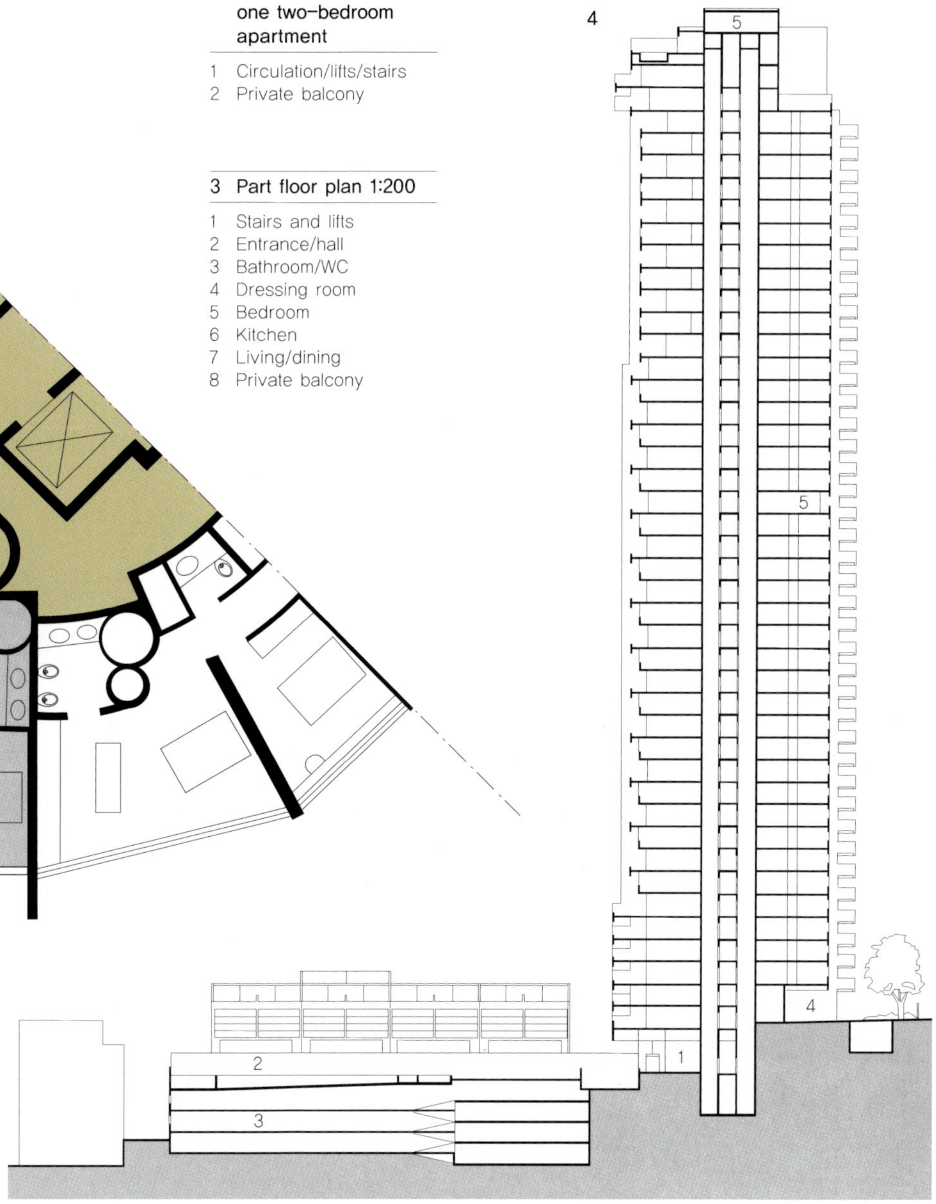

4 Section 1:1,000

1 Entrance lobby
2 Pool
3 Parking
4 Service area
5 Plant and
maintenance

Contemporary Interpretations

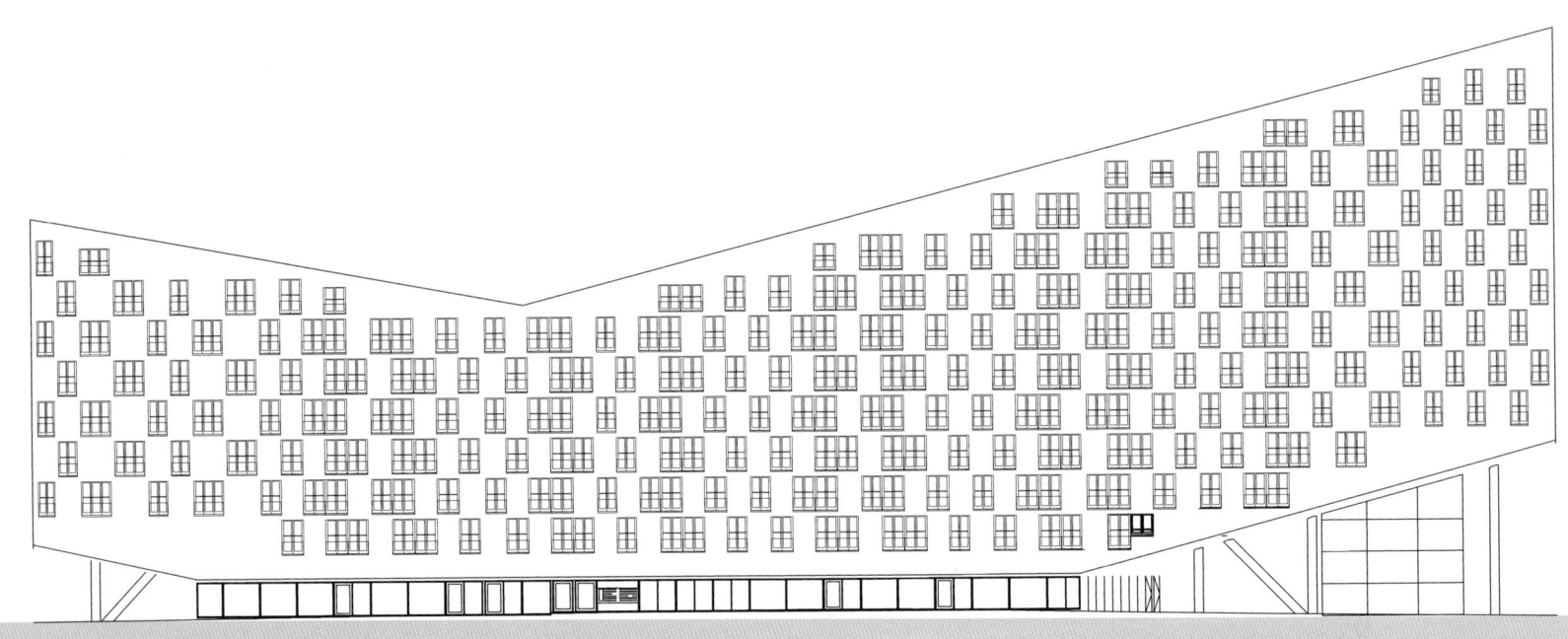

Housing Festival, The Hague

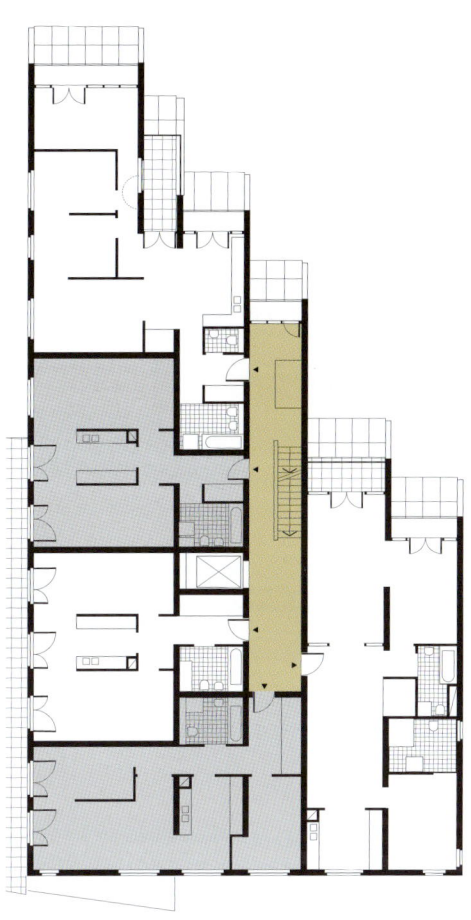

Schlesischestrasse Housing, plan

1990년대와 20세기 초반에 유럽과 미국에서 시행된 주거 프로젝트의 대부분은 1920년대와 1930년대의 '개발' 프로그램이나 전후 10년간의 '확장' 및 재건 프로그램과는 다른 도시 '부흥'의 개념이 강했다.

기존 도시 환경을 고려해야 하는 공지와 재개발 단지 프로젝트를 위한 디자인은 기존과는 다른 방식으로 해결안을 찾아야 했다. 인접 지역과 지역의 지형성을 고려해야 했던 것이다. 단지 한 종류의 평면 타입을 반복하는 빌딩의 단일화 효과는 더 이상 다양한 사람들로 구성되어 있는 공동체에는 바람직하지 않다. 대신 다양한 범위의 주거 타입을 더 선호한다. 주거의 변화에 가장 큰 영향을 미친 것은 건설의 변화이다. 에너지 소비의 감소와 지구 온난화 및 기후 변화에 따른 우려 때문에 관련 법규가 빠르게 변화했다. 근대주의자들이 논의했던 가변성Flexibility은 현재 디자인에서 중요한 문제로 받아들여지고 있다. 가변성은 주택 내에서 매일 혹은 계절적으로 변화하는 가족들의 생활을 수용하기 위해서 필요하다.

다시 말해, 장기적인 차원에서 시간이 지남에 따라 증가하는 가족의 요구를 수용하기 위해 필요한 것이며, 더 길게 보면 몇 년에 걸쳐 변화하는 거주자의 요구를 수용하기 위해 아파트 내부를 리노베이션하는 것이 필요하다. 이렇게 복잡해진 도시 계획 때문에, 건축가들은 새로운 건물 배치와 도시형태, 그리고 전통과 현대의 상징을 재해석하는 실험을 계속적으로 진행하고 있다.

케이씨에이피KCAP 설계사무소의 키스 크리스티안제Kees Christiaanse는 다양한 범위의 주거 타입을 보여주기 위해 1987년부터 2003년까지 15년에 걸쳐 헤이그 하우징 페스티발Housing Festival in The Hague에 참여하였다. 이 프로젝트는 긴 선형의 대지에 저층, 중층, 고층의 세 그룹의 건물들을 설계하는 것이었다. 케이씨에이피는 고층 그룹군에 카벨25Kavel 25, p.196-197를 설계했다. 이 건물은 '흔들리는 타워toppled tower'로 불리고 있다. 카벨 25는 르 꼬르뷔지에의 유니테 듀플렉스Unite duplexes를 재해석하여 슬래브 블록을 새로운 방법으로 적용했

으며, 건물의 전체적인 볼륨 안에서 오픈 스페이스open space를 계획했다. 폴커 기인케Volker Giencke가 그라츠Graz에 설계한 칼 슈피쯔벡 주택Carl-Spitzweg Gasse, p.198-199과 레온 볼라게 베르닉Leon Wohlhage Wernik이 베를린에 설계한 슐레지쉐스트라쎄 하우징Schlesi schestrasse Housing, p.200-201에서, 우리는 건축가들이 좀 더 합리적이고 조직적인 방법으로 건물을 설계했다는 것을 알 수 있다. 두 건물 모두에서 인식하기 쉬운 공간을 만들기 위해 동선공간, 욕실 및 서비스 공간, 침실과 평행한 조닝 시스템을 사용했다. 그러나 그 결과는 두 건물에서 서로 큰 차이를 보였다. 한 프로젝트는 동선과 서비스 구역을 외부에서 분명하게 연결했던 반면, 다른 한 프로젝트에서는 동선과 서비스 구역을 건물 내부에 동일한 형태로 감추었다. 에스에이엔에이SANAA가 설계한 기타가타 하우징Kitagata Housing은 7.3m의 아주 좁은 폭의 슬래브로 되어 있으며, 아파트 건물을 방들의 집합으로 해석했다. 한쪽 면에 있는 복도와 반대편의 연속 베란다 사이

194

Kitagata Housing, interior of double-height living space

Mirador Apartments, upper-level access corridor

에는 4.8×2.6m의 동일 크기의 방들을 일렬로 배치했다. 단층 세대와 복층형 세대를 다양하게 맞물려 연결하기 위해서는 이 방들을 다양한 방법으로 결합할 필요가 있다.

엠브이알디브이MVRDV가 암스테르담에 설계한 '수퍼블록superblocks' 실로담Silodam, p.202-205과 실로담 다음에 마드리드에 설계한 미라도르 아파트Mirador Apartments, p.222-225는 거주자에게 다양한 크기와 종류의 주택을 제공하기 위해서 계획

된 것이다. '교외suburbs' 혹은 '소규모 이웃mini-neighborhoods'으로 받아들여지는 두 건물에는 다양한 평면의 주택들이 그룹을 이루며 혼재해 있다. 이것은 외부에서도 명확하게 인지할 수 있다. 비교적 최근에 지어진 건물인 미라도르Mirador 프로젝트는 르 꼬르뷔지에의 유니떼 따비따시옹Unite d' Habitation의 '수직 정원 도시vertical garden city' 아이디어를 차용했다. 수직 정원 도시의 개념은 한 빌딩의 내부에 작은 타운이나 교외의 공공 기반시설을 모두

설치하려는 생각을 담고 있다. 미라도르 빌딩의 상층부에는 몇 개의 층을 통합하여 공공 오픈 스페이스public open space로서 '스카이 플라자sky plaza'가 설치되어 있다.

현대 주거 건축의 파사드에는 분명히 중요한 역할이 있다. 초창기 공동 주택에서 흔히 볼 수 있는 옷을 말릴 수 있는 발코니나 옥상은 사라지고, 여러 기능을 한 장소에서 만족시키는 베란다나 로지아, 윈터 가든과 같은 다양한 시설이 등장했다. 워터 멘

Abode housing scheme

Yerba Buena Lofts, interior of a small unit

Yerba Buena Lofts, Shipley Street exterior

테스Walter Menteth가 런던 페캄Peck ham에 설계한 콘소트 로드 하우징Consort Road Housing, p.226-227에는 전면 유리창과 개폐 가능한 베란다가 있다. 전면 유리의 베란다는 소음을 차단하고 단열의 완충 기능을 한다. 여름에는 거실의 일부분으로 사용할 수 있는 가변성 있는 여유 공간이다. 이안 무어 아키텍트Ian Moore Architect가 시드니에 설계한 리버풀 스트리트 하우징Liverpool Street Housing, p. 220-221의 브리즈 솔레유brises-soleil 뒷부분 쪽의 깊은 로지아는 강렬한 호주의 태양빛을 차단하는 완충 역할을 한다. 프라이버시를 보호하고 부분적으로 둘러싸인 부가적인 공간을 만들어주는 스크린 장치는 헤르조그 앤 드 메론 Herzog and de Meuron이 프랑스 오지에 설계한 루 데스 스위세 하우징Rue des Suisses Housing, p.210-211과 에프오에이FOA가 마드리드Madrid에 설계한 캐러반첼 16 하우징Carabanchel 16 Housing, p.228-229에도 있다.

건축가들은 새로운 형태를 발전시키기도 했지만, 지속적이고 전통적인 유형을 계속 사용하기도

했다. 에스333S333이 네덜란드에 설계한 쇼츠 1+2 Schots 1+2, p. 212-215 프로젝트에는 단순화한 테라스가 있다. 지붕층에서 시작된 경사 코니스cornice 하부에 테라스가 있는 주택의 층수는 2,3,4층으로, 종류가 다양하다. 테라스는 반사적semi-public의 새로운 도시 공간이다. 프로터와 매튜Protor and Matthew가 2003년 영국 할로우Harlow에 설계한 아보데Abode 프로젝트에서는 베란다verandahs, 스크린screens, 포치porches를 사용하여 입면의 높이를 조정한 사례를 볼 수 있다. 이 주택에는 쇼츠 프로젝트와는 건축 형식이 아주 다르지만, 개별적인 주택만큼이나 외부 가로의 경관 디자인을 중요하게 고려했다는 공통점이 있다. 소우토 모우라 아키텍토스 Souto Moura Arquitectos는 포르투갈 마토시노 Matosinhos의 코트야드 하우스Courtyard House, p. 208-209를 설계하면서 파티오patio나 중정 courtyard이 있는 집을 재해석하여 이를 이 주택에 적용하였다. 코트야드 하우스에는 건물에 둘러싸인 큰 중정 두 개와 정원이 있다. 스텐리 사이토위츠/나

토마 아키텍츠Stanley Saitowitz/Natoma Architects가 샌프란시스코에 설계한 예르바 부에나 로프트Yerba Buena Lofts, p. 216-217 프로젝트는 창고를 기본 모델로 사용하여, 2배 높이의 층고와 낮은 메자닌 mezzanines의 평면의 깊이가 큰 주택을 계획했다.

공간 내부의 '레이아웃' 측면에서 보았을 때, 앞에서 다루었던 대부분의 프로젝트들은 공간을 구분하지 않는 가변성flexibility을 평면 레이아웃의 핵심 요소로 받아들였다. 로프트 형식의 듀플렉스는 몇몇 건물에 적용했던 일반적인 타입으로, 메자닌의 상하에 부엌과 욕실공간을 배치한 꼬르뷔지안 유니떼Corbusian Unite와 유사하다. 공간을 분리하거나 연결하는 슬라이딩 도어와 파티션도 공통된 특징이다. 비록 아파트의 크기는 크게 변화하지 않았지만, 많은 근대 건물은 거주자의 요구를 충족시킬 수 있는 다양한 활동을 반영했다. 건축가들은 거주자에게 사적으로 가장 중요한 공간인 '침실'을 더 많이 제공하기 위해서, 부엌과 거실을 결합한 하나의 공용 공간을 평면에 반영했다.

Kavel 25

KCAP

The Hague, The Netherlands; 1992

카벨 25는 헤이그에 건설된 주거 전시장의 일부분이다. 1987년에서 2003년 사이에 45명의 건축가들이 550개의 세대를 건축했다. 폭 30m, 길이 1500m의 긴 띠 형태의 대지는 도로와 수로 사이에 자리잡고 있다. 이곳은 세계대전 이전 두독이 설계한 주거단지 옆에 있으며, 디덴스바트웨그 변에 있다. 케이씨에이피KCAP 건축 설계사무소의 키스 크리스티안제가 전반적인 도시 계획을 구상했고, 주교차로가 대지를 세 구역으로 나눈다. 각각의 구역에는 저층, 중층, 고층의 선물군이 있다. 네덜란드 건축가 엠브이알디브이, 오엠에이, 메카누, 프리츠 반 동겐 등이 이 프로젝트에 참여했다. 국제적인 건축가 중에서는 미국의 스티븐 홀, 아키텍토니카, 프랑스의 앙리 시리아니, 스페인 엠에이피 아키텍토스의 조셉 루이스가 참여했다. 이 프로젝트를 기획하게 된 계기는 네덜란드가 전후 재건을 시작한 이래 맞는 200,000번째 주거를 기념하기 위해서이다. 이 프로젝트를 1920년대 초기 근대주의자들이 계획했던 바이젠호프, 비엔나의 베르크분트Werkbund, 프라하의 바바 주거 박람회p.48-51, 60-63와 비교하는 것은 당연한 일이다. 이 프로젝트를 1920년대의 주거단지와 비교할 수 있지만 이후 건축된 1957년 베를린 박람회의 한자지구 프로젝트p.106-109와 1984년 IBAp.159와도 비교된다. 베를린 박람회와 IBA는 정치적인 차원에서 추진되었던 프로젝트이다. 단기간에 진행된 이 프로젝트가 동시대의 건축론에 미친 영향력을 평가하는 것은 시기상조일 수 있다. 하지만 실용적인 차원에서 보았을 때, 부족한 주택을 공급하고, 동시대의 건축적 아이디어를 보여주는 모델이라는 점에서 가장 성공적인 프로젝트이다.

고층 건물군의 카벨 25를 건축가들은 '흔들리는 타워toppled tower' 라고 부른다. 건물의 1층에는 필로티가 있고 직육면체 형태의 거대한 두 개의 보이드 공간이 입면을 구성한다. 이것은 건물의 투과성을 확보하기 위해서이다. 이 공간의 한쪽 편에 있는 계단과 이를 연결하는 계단참은 사적 영역인 주거공간과 공적 영역의 가로를 연결하는 매개공간의 역할을 한다. 주거공간은 1층 필로티 위에 6개의 층이 있다. 2층에는 단층 세대가 있으며, 1.5베이 구조로 외부 복도에서 출입이 가능하다. 6층에는 주호의 넓이가 2배인 단층 세대가 있다. 4층과 6층은 복층 세대이다. 이 세대는 중앙에 출입 복도가 있는 꼬르뷔지안 양식을 따르고 있다. 두 개의 빈 공간을 단위 주거의 출입구가 둘러싸고 있다. 로비로 사용될 수 있는 이 공간은 건물을 중앙과 양 끝의 두 개 영역으로 분리하는 효과를 연출한다.

1

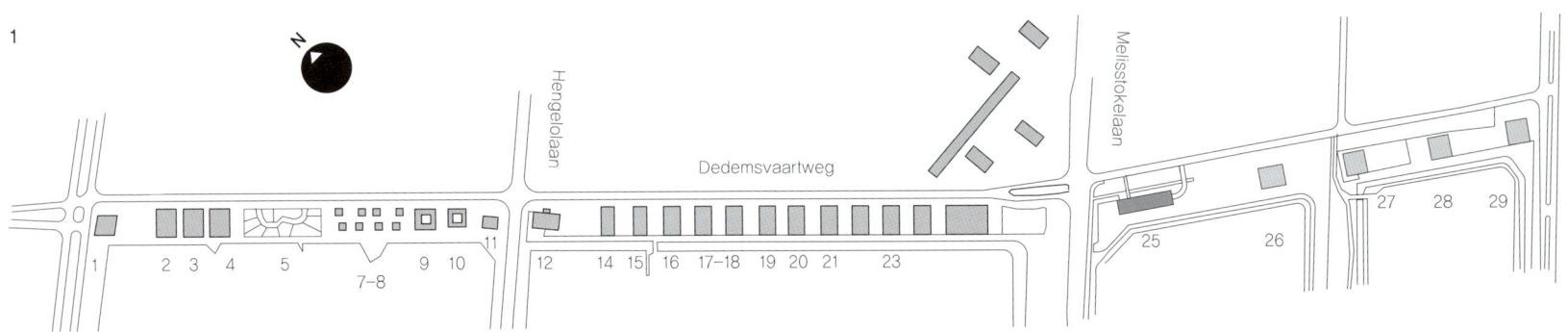

2

3

4

1 Site plan 1:7,500

Names of architects:
1 Kingma Roorda
  architecten
2 Oosterhuis.nl
3 Mecanoo architecten
4 DKV architecten
5 Galis Architektenburo,
  SCALA Architecten,
  atelier PRO Tet
  Metzelaar, MVRDV,
  Jeroen Huijsinga
  architect, Splinter
  Architecten,
  Architectenbureau
  Victor Mani, Arconiko
  architecten, Aerts
  Architectenbureau ir.,
  Geurst & Schulze
  architecten
6–8 Henri Ciriani
  Architecte, Franklin D.
  Israel Design
  Associates, MACK
  Architect(s), Hariri &
  Hariri, Steven Holl
  Architects, Stefano de
  Martino, Andrew
  MacNair
9 Vera Yanovshtchinsky
  architecten
10 Groep 5 van der Ven
11 Chiel van der Stelt
  architect/vormgever
12 Archipelontwerpers
14 Van Herk & De Kleijn
  Architecten
15 Geurst & Schulze
  architecten
16 de Architekten Cie
17+18 Engel + Zillich
  Architekten
19 Franklin D. Israel
  Design Associates
20 MAP Arquitectos
21 Stephane Beel
  Architecten
23 Edith Girard Architecte
25 KCAP
26 Architectenbureau
  Marlies Rohmer
27 Henri Ciriani Architecte
28 Arquitectonica
29 Roelf Steenhuis
  Architekten

Plans of duplex levels 4
and 5 1:200

2 Upper level
3 Entrance level
4 Plan of typical flat,
  First floor 1:200

1 Access gallery
2 Entrance/hall
3 Kitchen/dining
4 Balcony
5 Bedroom
6 Living
7 Bathroom/WC
8 Storage

5

6

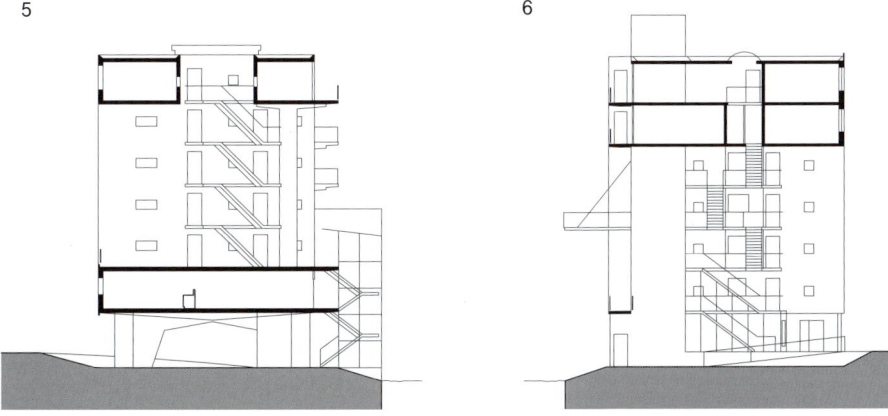

Sections 1:500

5 Section through
  upper void
6 Section through
  lower void

Carl-Spitzweg-Gasse Housing

Volker Giencke, 1947-
Graz, Austria; 1992-94

두 개의 건물을 평행하게 배치한 이 프로젝트는 총 49세대를 포함한다. 금속 재질의 외부 계단들은 건물의 북쪽 입면에 있으며, 건물과 수직 방향으로 돌출되어 있다. 계단 상부에는 지붕이 있다. 이 외부 계단을 통해 접근할 수 있는 세대는 1세대뿐이다. 외벽에서 튀어나온 서비스 배관은 출입구 로비, 창고, 욕실을 지난다. 대부분의 주동은 5m에서 7.5m 사이의 다양한 깊이를 갖고 있으며, 6m 폭의 2베이 구조로 되어 있다. 남쪽 입면의 발코니와 로지아는 아파트의 크기와 특성을 다양하게 결정하는 요소이다. 건물은 총 4층으로 아래 2개 층은 단층 주호이고 위의 2개 층은 복층으로 사용하기 때문에 엘리베이터를 설치할 필요는 없다. 단층 주호에는 일반적으로 방 2개와 큰 발코니가 있다. 부엌의 크기와 배치는 다양하다. 예를 들면, 길이가 건물 전체 폭과 같은 거실 한쪽에 부엌을 두거나, 독립된 공간의 부엌을 배치했다. 세 개의 방이 있는 복층 아파트의 아래층에는 작은 로지아가 있으며 위층에는 발코니가 있다. 또한 복층형 세대에서는 주민 공동의 옥상 테라스roof terrace로 바로 접근이 가능하다.

이 건물은 기능과 재료를 중시했던 초기 근대주의자들의 디자인을 연상하게 한다. 특히 일정한 간격의 콘크리트 프레임 구조와 메탈 계단, 발코니로 유입되는 빛을 가리는 돌출 지붕, 외부 계단 등의 요소에서 초기 근대주의의 디자인 스타일을 느낄 수 있다. 단지의 배치는 초기 모더니즘을 더 많이 따르고 있다. 이 프로젝트에서는 건물을 도로를 따라 배치한 것이 아니라, 자연 채광을 확보하고 공공 정원을 만들기 위하여 두 개의 블록을 배치했다. 이 건물의 1층 세대에서 프라이버시를 위한 세심한 배려를 느낄 수 있다. 이것은 지면에 기단을 만들어 건물을 띄우고, 별도의 공간을 확보하여 지하에서 자연 채광과 환기를 하게 만들었는 점에서 확실히 알 수 있다. 주출입구에 있는 휘어진 형태의 램프ramp를 이용하여 자전거와 유모차가 건물에 쉽게 접근할 수 있다. 넓은 계단에서 주민들이 앉아 쉬는 것도 가능하다.

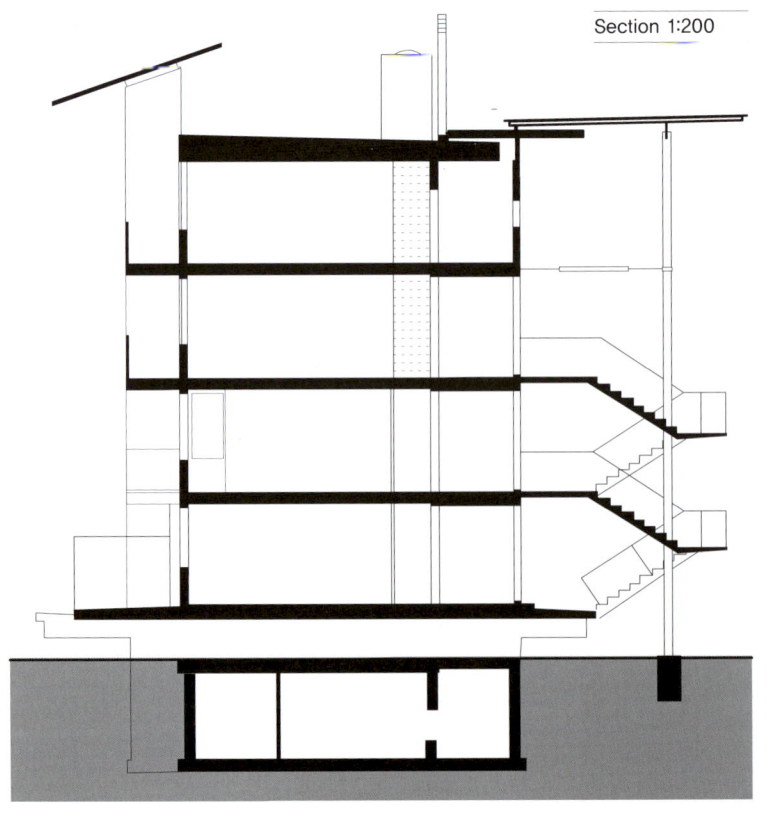

Section 1:200

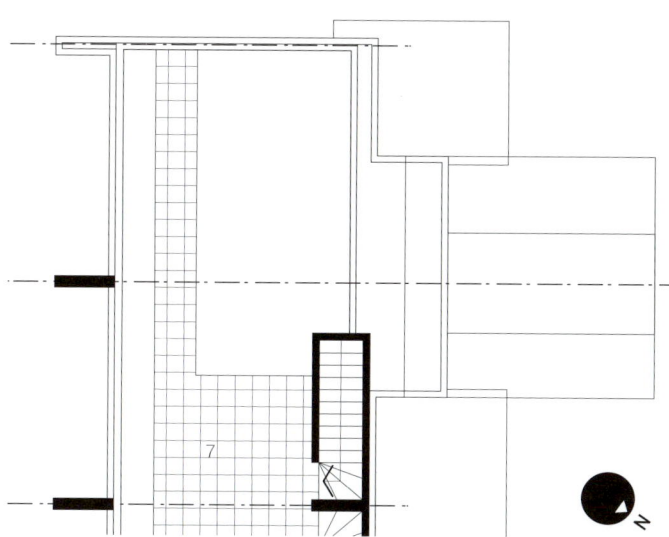

1

Opposite left: North elevation with access stairs

Opposite right: South elevation with balconies and loggias

Part floor plans 1:200
1 Roof plan
2 Third-floor plan
3 Second-floor plan
4 First-floor plan
5 Ground-floor plan

1 External stair
2 Entrance/hall
3 Bathroom/WC
4 Kitchen
5 Living room
6 Bedroom
7 Balcony/terrace

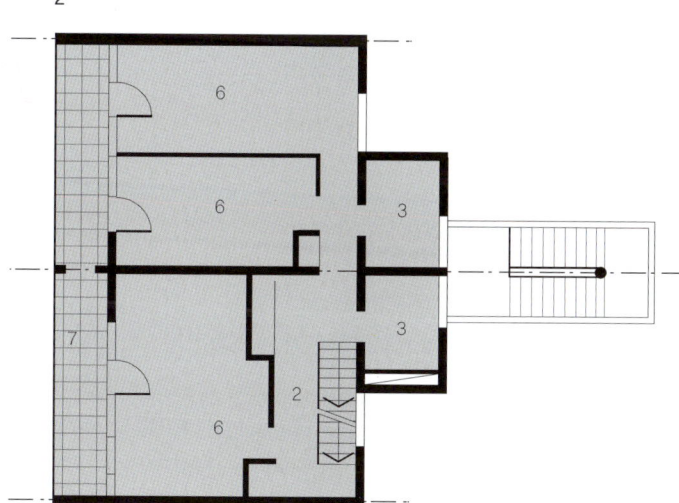

2

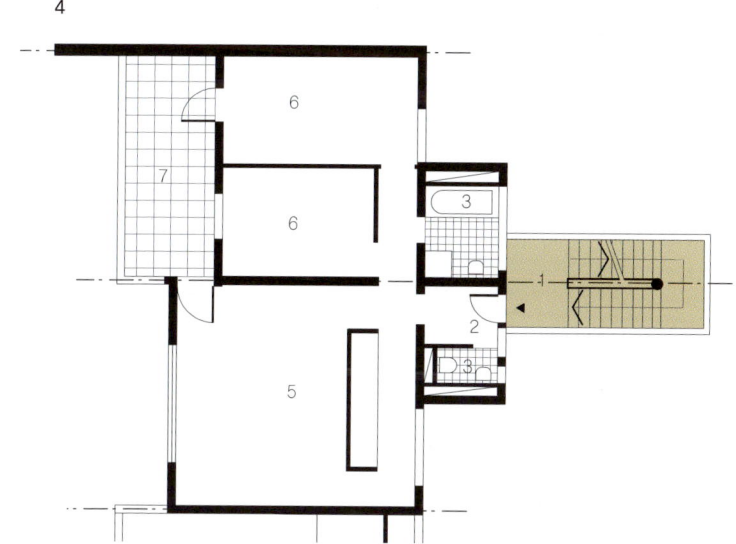

4

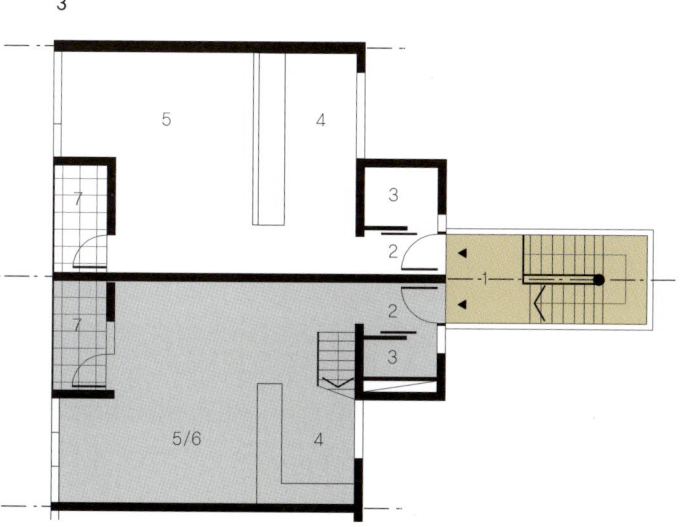

3

5

Schlesischestrasse Housing

Leon Wohlhage Wernik Architekten

Berlin, Germany; 1994

도시 블록의 남동쪽 모퉁이 대지에 건물을 설계하면서, 건축가들은 기존 입면의 축을 따르지 않고 독립적인 건물을 디자인했다. 거리 모퉁이 부분의 입면은 직각 형태의 석조로 되어 있으며, 지상층에는 상업공간이 있다. 상부 입면에는 일반적으로 볼 수 있는 격자창이 있다. 언뜻 봤을 때, 평범한 건물처럼 보인다. 그러나 내부에 면한 다른 두 면은 단순한 사각형이 아닌 계단형의 경사 입면이다. 이는 가변적이며 환경적으로 지속가능한 아파트를 건축하려는 건축가들이 의도를 보여 주는 것이다. 북쪽과 동쪽 가로의 입면을 육중한 석조로 만든 이유는 최적의 단열과 방음 성능을 최대한으로 확보하기 위한 것이다. 남쪽 입면의 긴장감을 주는 경사 유리 입면 덕분에 모든 층에서 정원을 통해 일광이 가능하다. 또 뒤쪽 내부 오픈스페이스 쪽에 계단형stepping-back 입면을 채택한 이유는 건물에 음영이 생기는 것을 막고 아파트 내부에 자연채광을 끌어들이기 위한 것이다.

건물의 내부는 여러 개의 존Zone으로 나뉘어져 있다. 건물 내부의 가운데에 긴 복도가 있고, 그 옆으로 주거공간이 서로 마주보고 있다. 창문이 있는 거실은 가로변 입면을 만든다. 거실 뒤쪽으로 욕실, 벽장, 출입구 등의 서비스 공간인 동선 공간이 있다. 중앙의 동선 공간 왼쪽에는 큰 평형의 세대가 있다. 작은 평형의 세대는 거리 쪽으로 발코니를 공유하며, 남쪽 면을 바라보는 넓은 평형의 세대는 경사진 유리 입면 쪽으로 발코니와 1~2개의 실내 정원을 갖고 있다. 건축가들은 내부 배치를 가변적으로 설계하여 최소공간 기준을 만족시키려는 노력을 했다. 실의 크기와 타입에 따라 약간의 차이는 있지만, 일반적으로 넓은 슬라이딩 도어는 실과 실을 서로 연결시키려는 의도를 갖는다. 이에 따라 거주자들은 독립 공간을 만들 수도 있고, 오픈 공간을 만들 수도 있다. 실내 정원을 통해 석조의 단열 효과처럼 건물을 경제적으로 유지관리할 수 있으며, 효율적으로 에너지 관리를 할 수 있다.

N

Site plan
1:2,500

Opposite left: Street
elevation

Opposite right: Rear
elevation

1

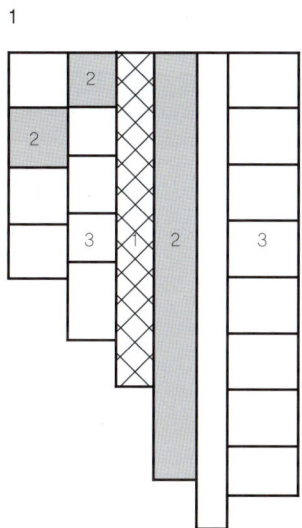

2

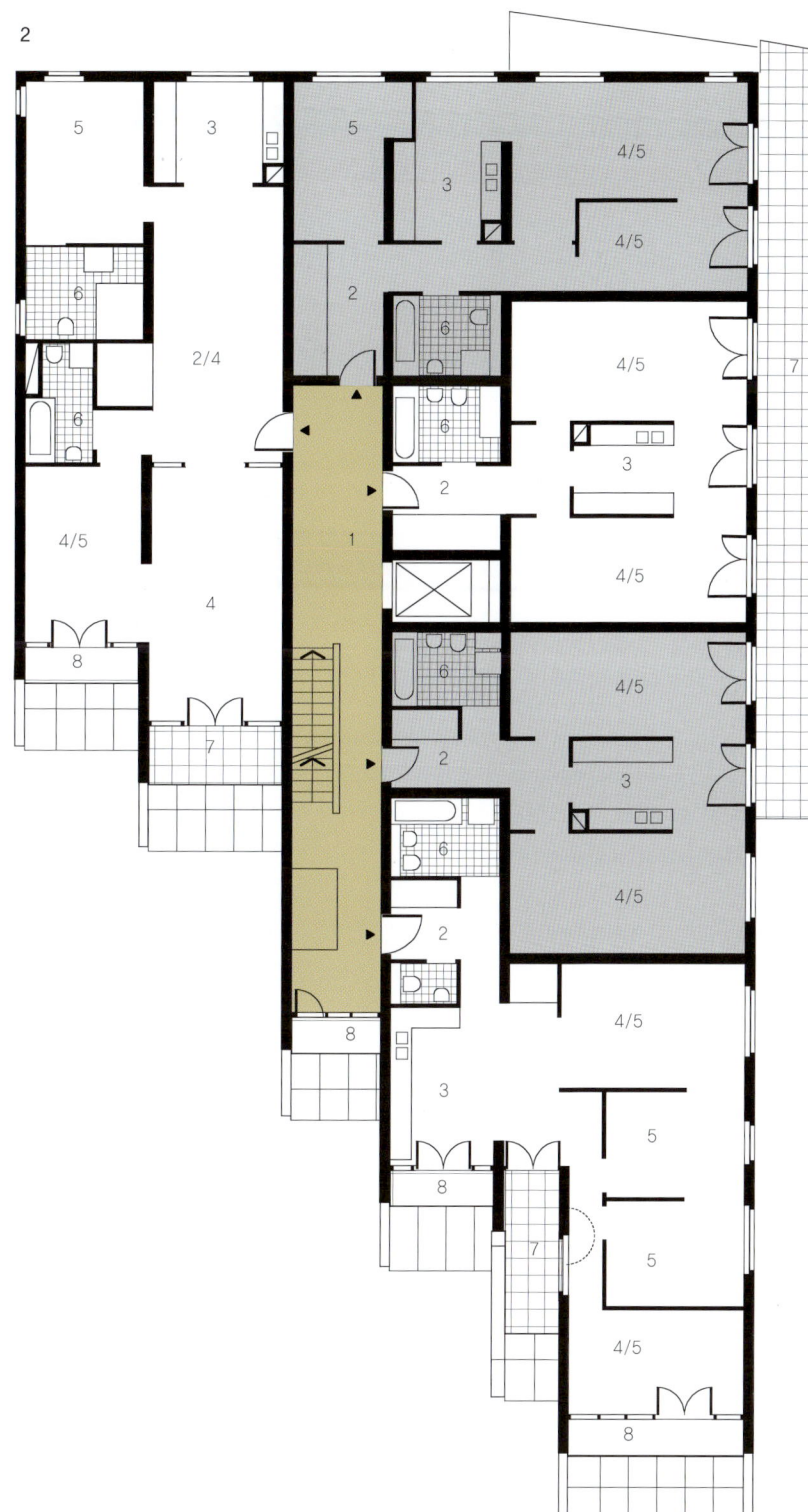

Organizational diagram

1 Central circulation
2 Services
3 Flexible living spaces

Typical floor plan 1:200

1 Access stairs and
  corridor
2 Entrance/hall
3 Kitchen
4 Living/dining
5 Bedroom
6 Bathroom
7 Balcony
8 Winter garden

Silodam

MVRDV

Amsterdam, The Netherlands; 2002

실로담 주거 단지Silodam housing block는 암스테르담 항구의 부두 끝에 있으며, 면적 2,600m²의 대형 건축물이다. 일반적으로 화물선에 비유되기도 하는 실로담의 외관은 밝은 색의 철제 컨테이너를 잔뜩 싣고 높이 떠있는 화물선과 같다. 실로담의 입면은 다양한 색채와 스타일이 혼재해 있어 외관상으로는 무질서하게 구성한 것 같이 보이지만, 이는 엠브이알디브이MVRDV가 의도한 결과이다. 엠브이알디브이는 일반적인 입면에서 볼 수 있는 수평적 계층화를 피하고 도시 공간의 3차원적 형태를 만들기 위해, 이와 같은 입면을 설계했다. 전반적으로 직선 형태를 띠는 이 건물은 높이 10층, 길이 120m, 폭 20m의 크기를 갖는다. 타입별로 총 15개 타입 4호 조합 또는 8호 조합으로 구성된다. 이처럼 조합된 주호는 서로 다른 색채와 다양한 재료의 질감, 시공 등을 통해 차별화된 외관으로 나타난다. 이와 같은 외관 때문에 다양한 주호의 그룹들이 공존한다는 것을 알 수 있는 것이다. 계획에 따르면 엠브이알디브이는 이 건물에 배치할 상업 공간을 건물 내 여러 곳에 분산할 생각이었다. 다시 말해 상업 공간을 가로의 수평존에 구성하지 않고, 주거공간 밑에 두는 일반적인 계획방법을 따르지 않으려고 했던 이유는 상업공간을 3차원 구성의 일부분으로 계획하려고 했기 때문이다. 거주자들은 지붕층 테라스에 접근할 수 있다. 건물의 하부에는 작은 보트를 댈 수 있는 공간이 있다. 2층의 거대한 오픈 데크open deck가 있는 레스토랑과 공용 공간에서는 항구 너머의 경관을 즐길 수 있다.

아파트의 크기와 색상은 다양하며, 내부 벽체 또한 다양하게 배치할 수 있다. 나중에 이사 올 거주자들은 이 가변형 벽체를 옮기고 교체할 수 있다. 타입별 세대 폭에 따라 세대 깊이는 6m에서 15m 사이에서 결정된다. 이 아파트는 단층형, 복층형, 3층형 주호로 구성되어 있다. 어떤 주호는 양쪽으로 나뉘어져, 한쪽에서 바다를 굽어볼 수도 있고, 다른 쪽에서 도시를 바라볼 수도 있다. 일반적으로 로지아loggia를 외부에서 볼 수 있는데, 어떤 로지아는 2층 높이까지 확장한

것도 있다. 주거 다양화를 위한 새로운 아이디어에 의해 이러한 사회적인 구성을 계획한 점은 주거 건축에 중요한 공헌을 한 것으로 볼 수 있다. 건축가들은 다양한 거주자들을 최대한 수용하기 위해, 한 건물에 가능한 한 다양한 타입의 주거 공간을 혼재하여 계획했다.

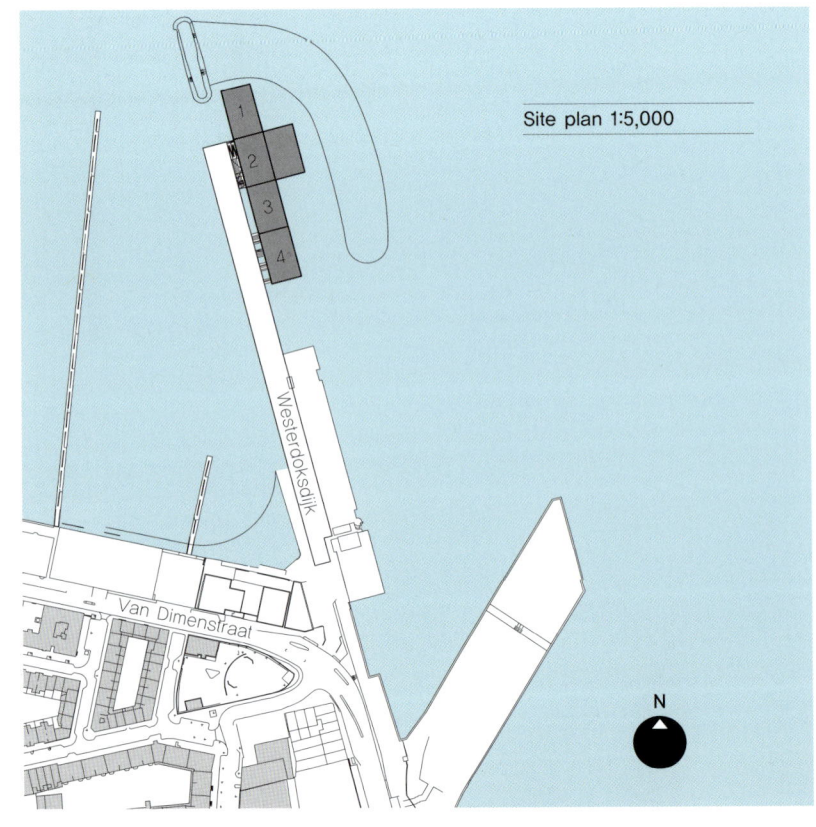

Site plan 1:5,000

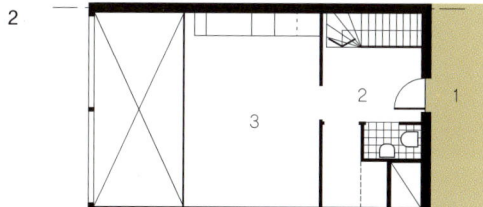

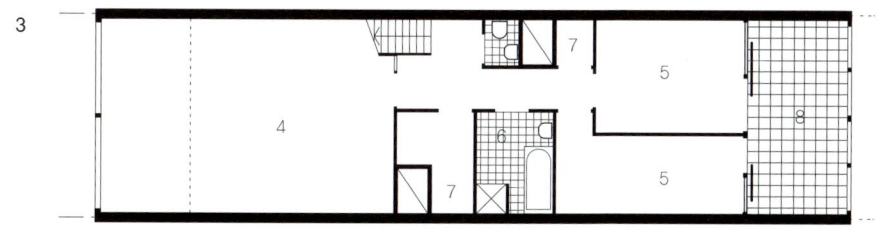

1 East elevation, Block 3
  1:200

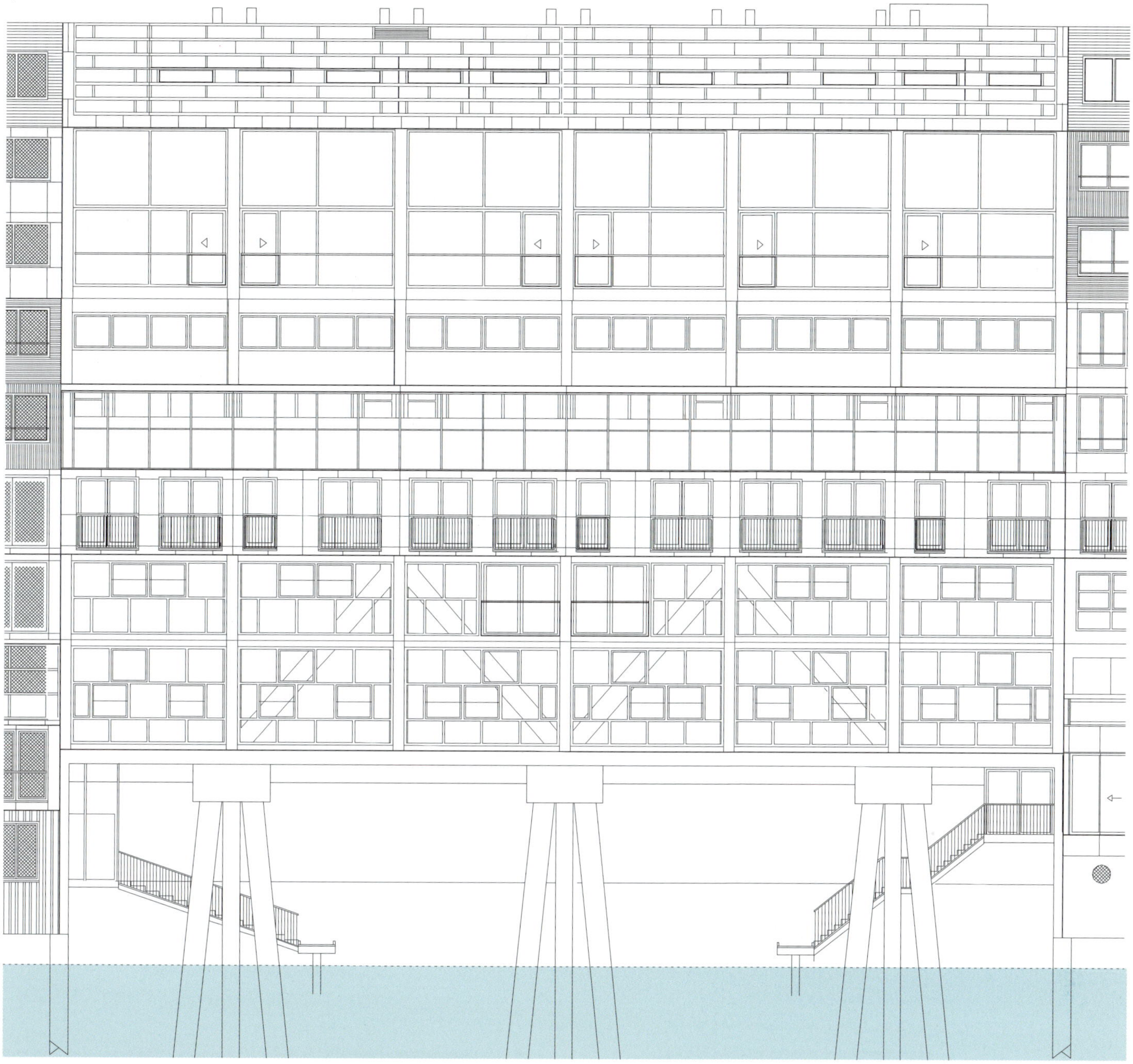

Type plans 1:200

Interlocking 'Unité',
Block 3

2 Upper-level plan
  (level 7)
3 Lower-level plan
  (level 6)

1 Access corridor
2 Entrance/hall
3 Kitchen
4 Living
5 Bedroom
6 Bathroom/WC
7 Utility/store room
8 Terrace/patio

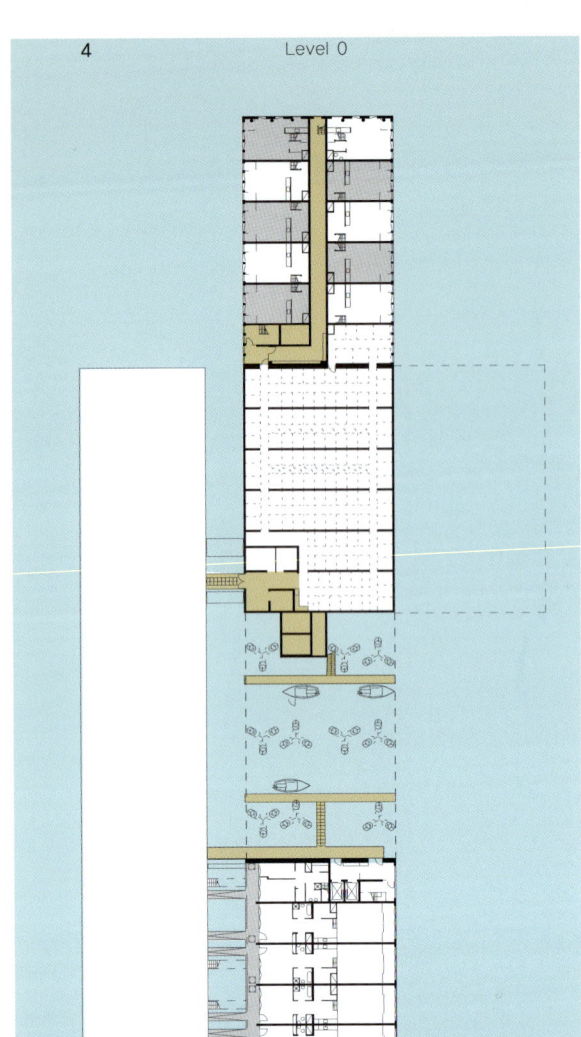

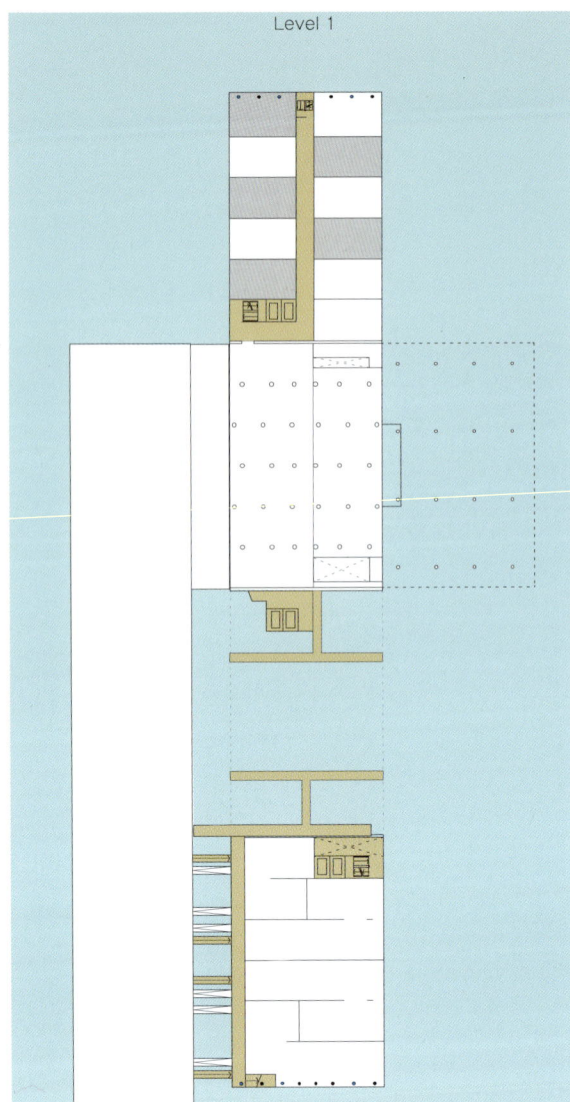

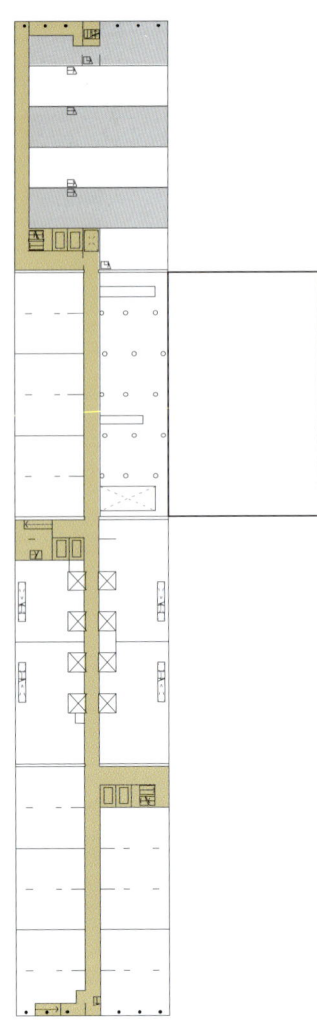

4 Floor plans 1:500

Type plans 1:200

Venetian single–aspect
duplex, Block 1

5 Upper level (level 1)
6 Lower level (level 0)

Valerius full–depth
duplex, Block 1

7 Upper level (level 3)
8 Lower level (level 2)

1 Access corridor
2 Entrance/hall
3 Kitchen
4 Living
5 Bedroom
6 Bathroom/WC
7 Utility/store room
8 Terrace/patio

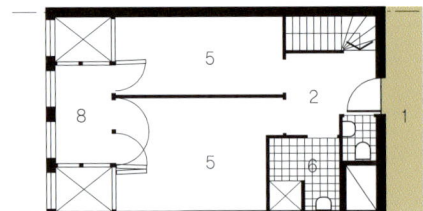

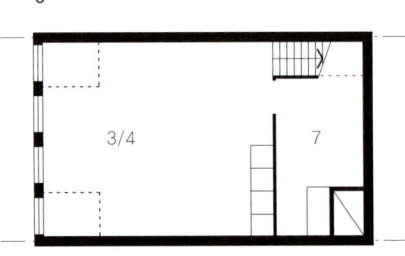

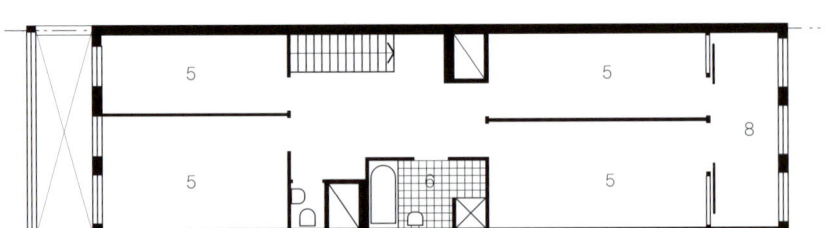

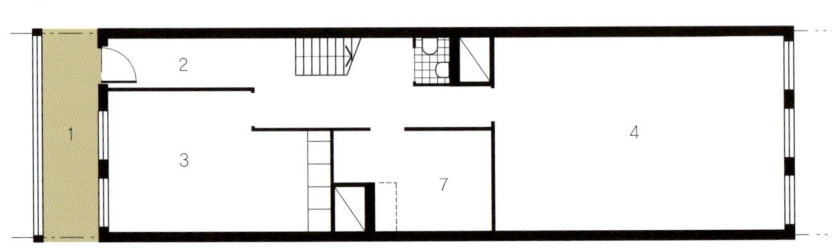

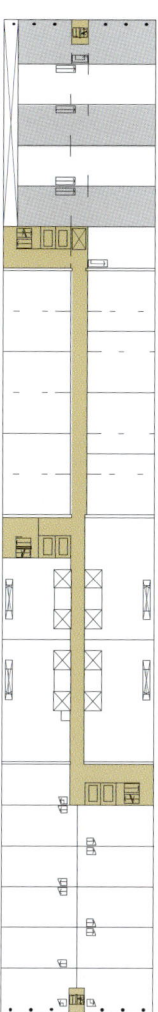
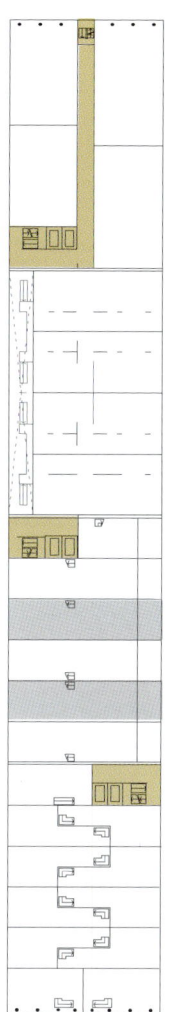
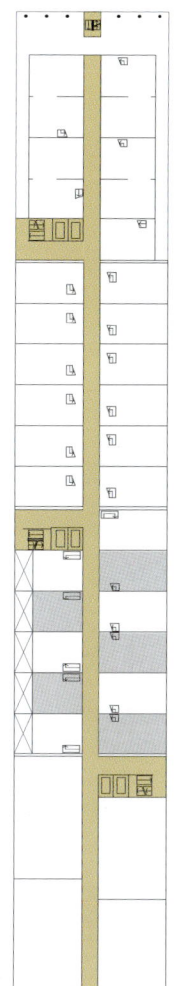
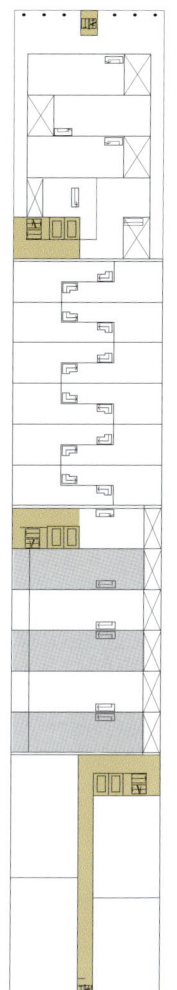
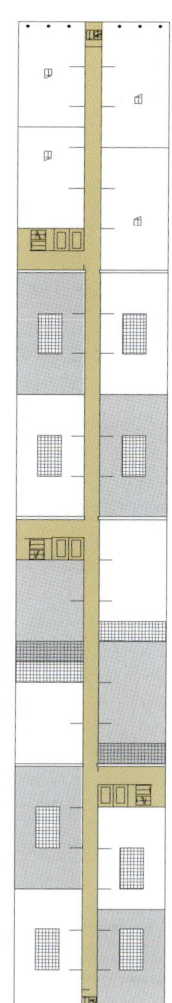
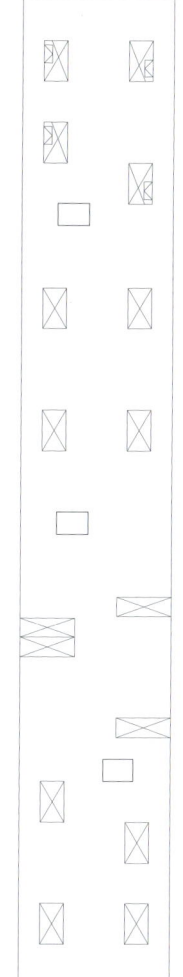

Type plans 1:200

9 Patio, Blocks 2 and 4
   (level 9)
10 Penthouse, Block 3
   (level 9)

1 Access corridor
2 Entrance/hall
3 Kitchen
4 Living
5 Bedroom
6 Bathroom/WC
7 Utility/store room
8 Terrace/patio

9

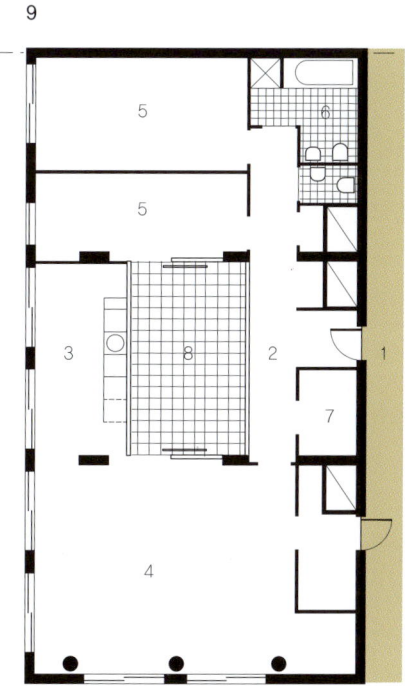

10

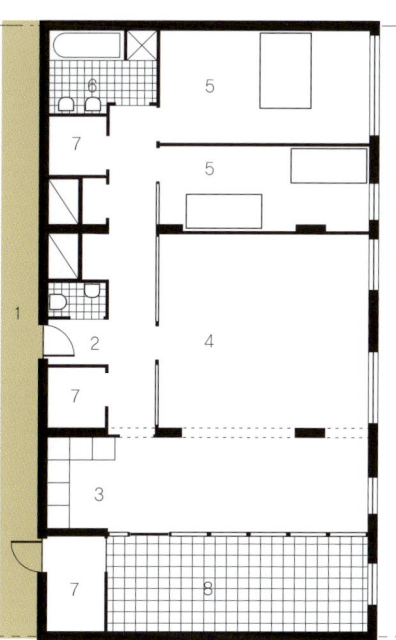

Sejima Wing, Kitagata Housing

Kazuyo Sejima and Ryue Nishizawa/SANAA

Kitagata, Japan; 1994-2000

카즈요 세지마Kazuyo Sejima에 따르면, 공동 주택은 가족을 위한 공간을 넘어 다양한 공동생활을 하는 사람들이 사는 장소이다. 다시 말해, 공동 주택의 기본 유닛unit은 아파트가 아니고 싱글 룸single room이다. 그래서 그녀는 지푸Gifu의 기타가타Kitagata 지역의 건물에서 싱글 룸을 프로젝트의 출발점으로 삼았다. 세지마는 각기 다른 네가지 타입의 방들을 계획했다. 그것은 침실 또는 개인실, 부엌을 갖는 거실/식당, 다다미 방또는 일본식 방, 테라스또는 개방 공간등의 방이다. 이 4개의 다른 방은 서로 다른 특징을 갖는다. 가장 사적인 공간인 침실은 언제나 한쌍으로 배치되고 한쪽 끝에 샤워실과 화장실을 갖는다. 테라스는 건물의 전체 폭을 차지하고 각 실에 오픈되어 있다. 거실 중 일부는 2층 높이로 되어 있으며, 한쪽 끝에 계단을 갖는다. 또한 거실 상층의 내부 브릿지와 발코니는 인접 공간을 연결한다. 같은 크기의2.6m×4.8m 방들은 일렬로 배열되어 있다. 이 건물에 있는 다양한 주거 유형들은 각 실을 여러 방식으로 조합하여 만든 것이다. 4개의 방이 있는 아파트가 가장 작은 평형의 아파트이다. 가장 큰 평형의 아파트에는 7개의 방이 있다.

이와 같이 직선적인 실 배열을 할 수 있었던 것은 건물 남쪽 면에 있는 복도처럼 연속된 베란다 때문이다. 베란다의 대부분은 전면 유리로 되어 있어, 오픈 테라스와 마찬가지로 건물 전체를 투명하게 보이게 한다. 또한 프라이버시를 추구할 것이라는 일반적인 예상과 반대로 거주자들을 잘 드러나게 했다. 건물의 반대편에는 각 층마다 출입용 발코니를 설치했으며, 계단을 외부에서 잘 보이게 노출했다. 일반적인 아파트가 복도를 완전히 비우고 관행적으로 '출입문'을 설치해 복도를 일정 간격으로 가로막는데 반하여, 이 건물에는 각 방마다 문을 설치했다. 이는 거주자들이 아파트의 공용 공간을 개별적으로 오고 갈 수 있게 함으로써 주거 구조의 본질을 변화시킨 것이다. 공용 공간인 복도를 모든 실들의 로비로 본 것이다.

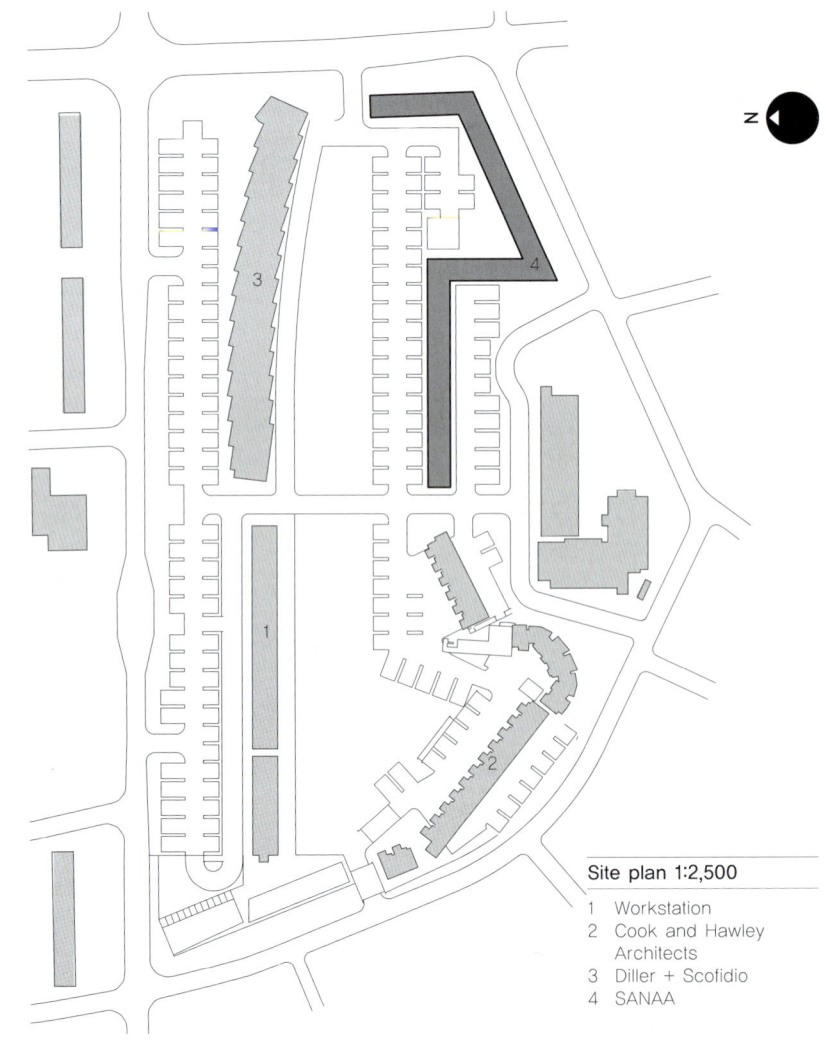

Site plan 1:2,500

1 Workstation
2 Cook and Hawley Architects
3 Diller + Scofidio
4 SANAA

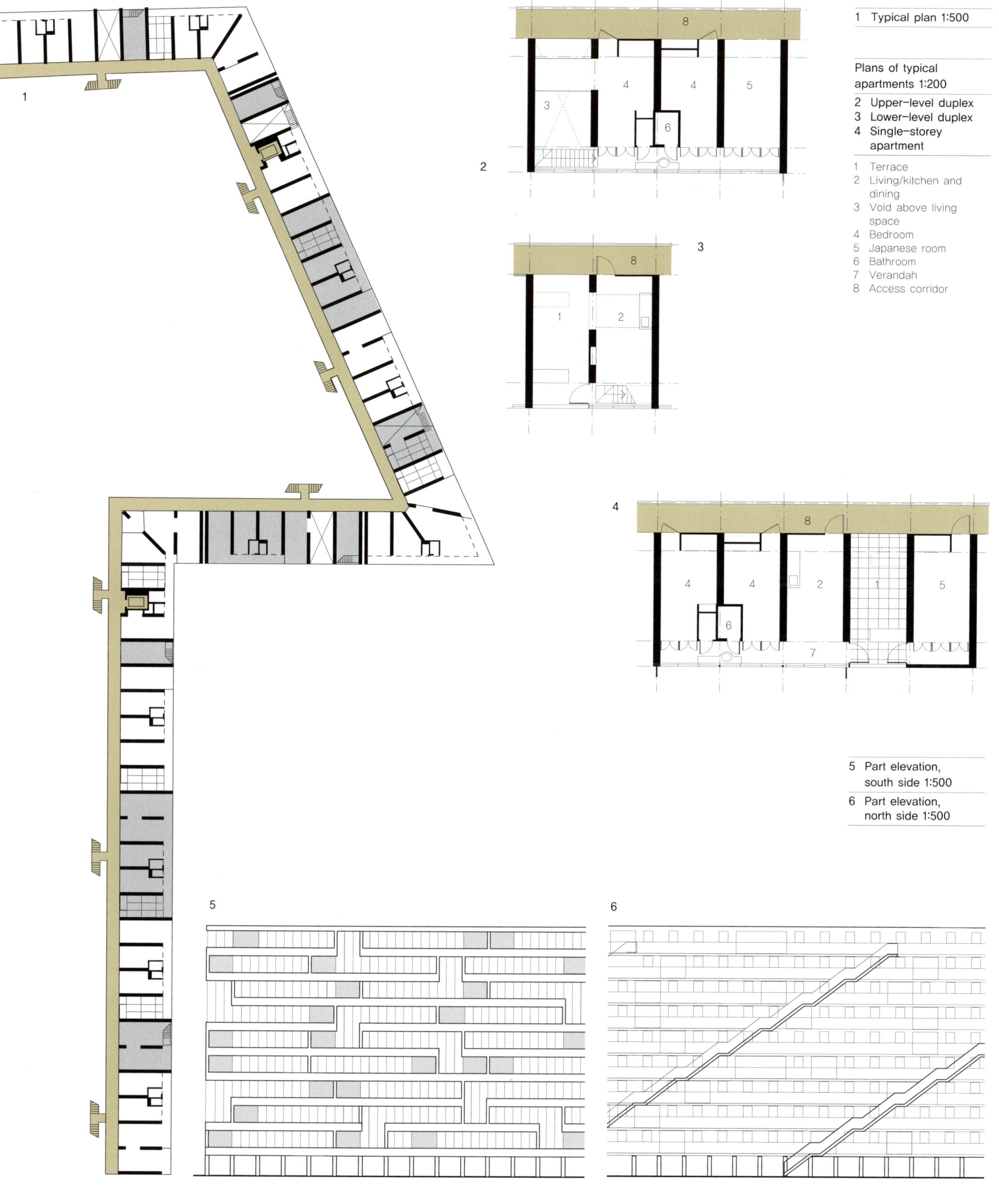

1 Typical plan 1:500

Plans of typical
apartments 1:200
2 Upper-level duplex
3 Lower-level duplex
4 Single-storey
   apartment

1 Terrace
2 Living/kitchen and
   dining
3 Void above living
   space
4 Bedroom
5 Japanese room
6 Bathroom
7 Verandah
8 Access corridor

5 Part elevation,
   south side 1:500

6 Part elevation,
   north side 1:500

Courtyard Houses

Souto Moura Arquitectos
Matosinhos, Portugal; 1999

코트야드 하우스Courtyard Houses는 한때 과거 주택의 채소밭이었던 곳에 3열로 계획한 소규모 주택단지이다. 코트야드 하우스는 단층으로 계획하여 지면에 근접한 건물이다. 이전의 주택에서 볼 수 있던 것처럼 정원과 항구를 볼 수 있게 계획했다. 동일한 형태의 9개의 테라스 하우스는 사각형 대지 위에 남북방향으로 건축되었다. 배치도에서 보는 것처럼 긴 주동 양 끝으로 짧은 주동이 대각선으로 서로 엇갈려 배치되어 있다. 건축가는 9개의 테라스하우스에 연속된 콘크리트 평지붕을 계획하여 디자인 상의 통일성을 모색했다.

주호는 폭 12m, 길이 28m로서 큰 규모이며, 4개의 방과 화장실, 차고를 포함하고 있다. 평면의 구성은 내부 공간에 중점을 두었으며, 내부와 외부 공간을 서로 연결시키고 있다. 모든 주호의 중심에는 바닥을 포장한 중정이 있다. 주출입구에는 크기가 조금 작은 또 다른 중정이 있다. 그리고 주택의 뒷부분에 콘크리트 벽체가 둘러싸고 있는 정원이 있는데, 이것이 마지막 세 번째 '중정' 이다. 넓은 정원의 끝부분에는 수영장이 있으며, 그 옆에 샤워장과 세탁실이 있다.

중정은 이렇게 긴 형태의 평면에서 채광을 주기 위해 필요한 핵심요소이다. 복도 공간은 출입구와 주택 전면부에 있는 침실을 연결한다. 넓은 복도는 주택의 후면으로 가기 위해 이용할 수 있다. 주택의 후면부에는 거실과 주방이 있으며, 남쪽 정원을 향하는 전면창이 있다. 4개의 침실 중 하나의 방에만 출입구 중정 쪽에 창문이 있고, 나머지 세 개의 침실은 중앙부 중정 쪽에 창문이 있다. 복도 옆 서재에도 중앙중정 쪽으로 창문을 두고 있으며, 거실 오른쪽에도 중앙 중정으로 향하는 창이 있다. 거실에 설치된 창은 더 많은 빛을 실내에 유입시킨다.

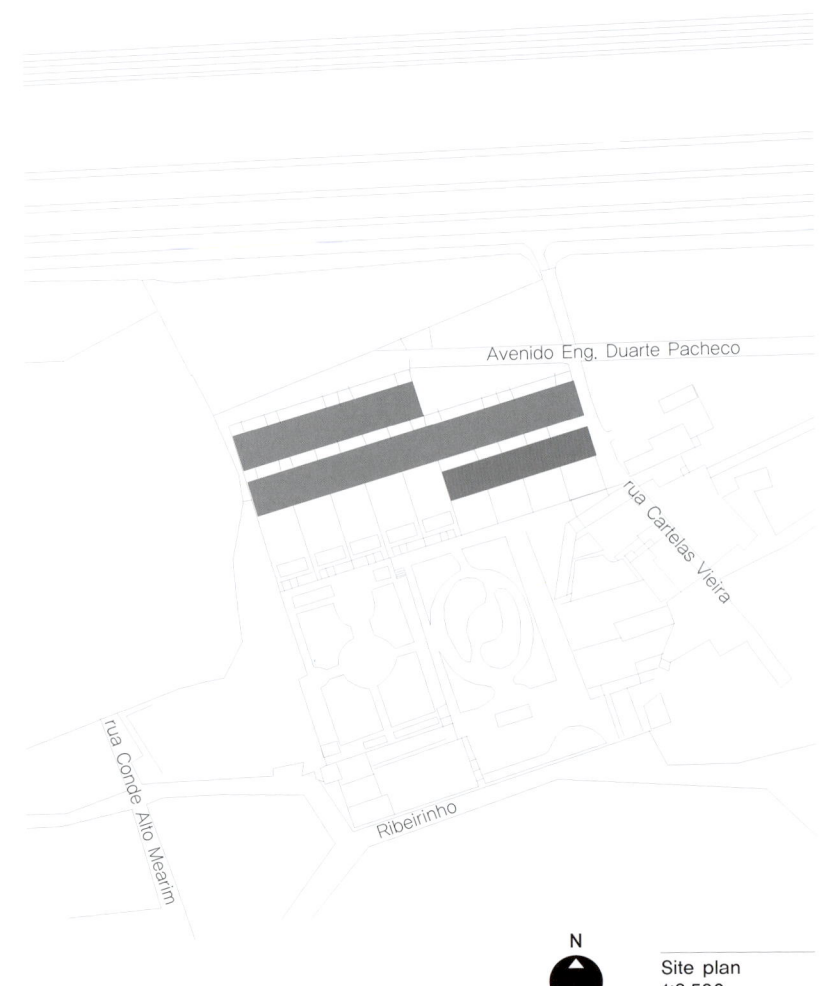

N

Site plan
1:2,500

1 Section 1:200

2 Plan 1:200

1 Courtyard
2 Entrance
3 Kitchen
4 Living/dining
5 Bedroom
6 Garage
7 Pool

1

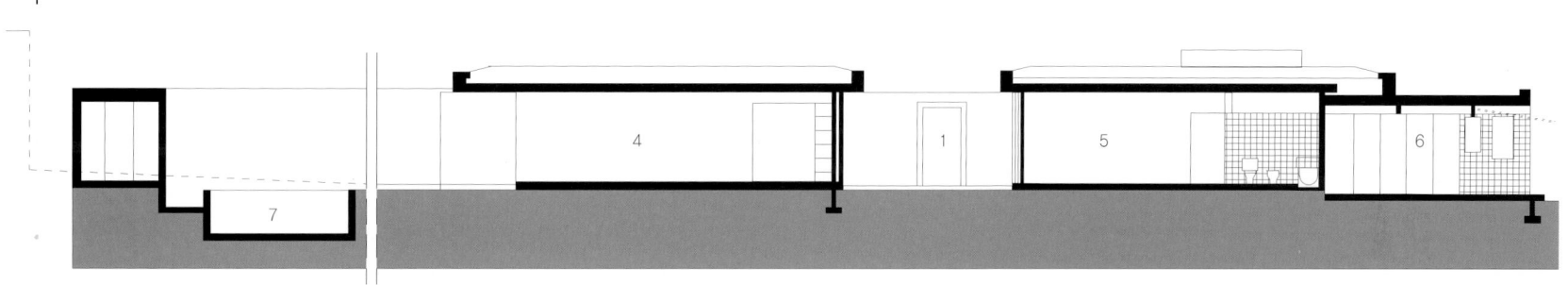

2

Far left: Narrow balconies along facade of central block

Left: Louvred facade of infill block on rue des Suisses

Rue des Suisses Housing

Herzog & de Meuron

Paris, France; 2000

루 데스 스위세 하우징Rue des Suisses Housing은 비교적 작은 규모로서 약 60가구와 50대의 차를 주차할 수 있는 공간이 있는 프로젝트지만, 이 건물의 계획에는 세 가지의 독특한 특징이 있다. 스위세Suisses 거리와 존쿼이Jonquoy 가로에는 기존 건물 사이에 두 개의 공간이 있었다. 건축가들은 이 공간에 기존 건물과 유사한 폭으로 7층 높이의 건물을 세웠다. 대지의 중심에는 새롭게 규정된 반공적 semi-public의 중정과 3층 높이의 단층 건물, 2층 높이의 작은 건물이 두 개 있다. 기존 건물 사이에 있는 두 건물의 중심부에는 계단과 엘리베이터가 있다. 두 건물 중에서 작은 건물에는 각 층마다 한 개의 주호를 계획했다. 큰 건물은 3~4호 조합으로 되어 있다. 또 알루미늄 셔터 커버를 각 층 유리 입면의 바닥에서 천정까지 설치하여 건물의 전면을 덮었다. 벽돌과 치장벽토stucco로 되어 있는 주변 건물의 입면과는 대조적인 모습을 보인다. 이 건물의 최상층만을 인접 건물의 맨사드 지붕 mansard roof과 조화를 이루며 뒤로 후퇴set-back 시켰다. 입면의 일부분은 굴절되어 있으며, 내부의 넓은 복도와 평행을 이루며 출입구 쪽으로 이어져 있다. 이처럼 꾸밈이 적은 입면이지만, 거주자의 활동을 반영하여 열리고 닫히는 알루미늄 셔터의 움직임은 입면을 생동감 있게 만든다.

중앙 건물의 입면에는 수평의 나무조각으로 만든 셔터를 설치했다. 이 셔터는 고정된 것이 아니라 가변적인 것이다. 이것을 통해 거주자들은 빛을 조절할 수 있으며, 프라이버시를 확보할 수 있다. 이 목재 스크린의 바로 뒤에는 아파트 전체에 걸쳐 설치한 폭이 좁은 발코니가 있다. 이 발코니를 통하면 일렬로 배치한 각 방으로 접근할 수 있다. 발코니 반대편에 있는 복도는 각 실을 연결하는 기능을 한다. 복도 한쪽 끝에는 거실이 있다. 1층의 각 세대에는 개인 중정이 있으며, 주호의 길이를 줄여 만든 아파트 최상층의 여유 공간에는 옥상 테라스가 있다.

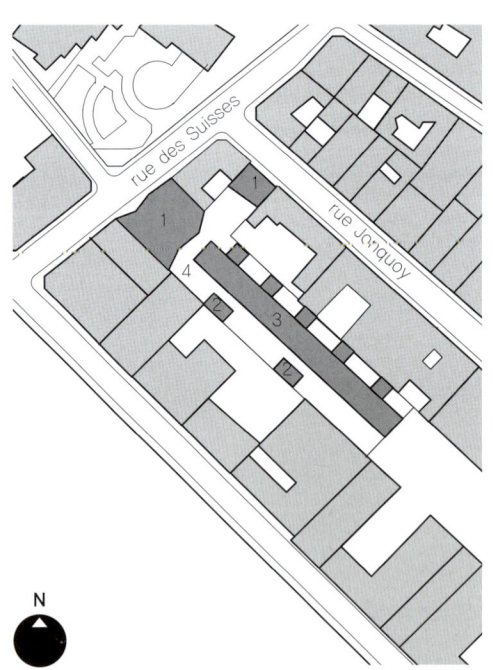

Site plan 1:1,000

1 Infill blocks on street fronts
2 Two-storey houses
3 Main three-storey block
4 Shared courtyard

1   2

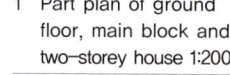

1   Part plan of ground
    floor, main block and
    two-storey house 1:200

2   Part plan of second
    floor, main block 1:200

1   Covered balcony
2   Stair lobby
3   Entrance/hall
4   Bedroom
5   Living room
6   Kitchen
7   Utility
8   Bathroom/WC
9   Private garden
10   Roof terrace

3

3   Elevation 1:500

Schots 1 + 2

S333 Architecture + Urbanism

Groningen, The Netherlands; 2002

에스333S333가 설계한 쇼츠1+2Schots 1+2 건물은 대규모 도시 재생 계획의 일환으로 건축되었다. 1993년 유럽 설계 공모전에 당선된 작품이기도 하다. 이 두 건물은 동시에 설계되었음에도 불구하고 형태와 재질 면에서 매우 다른 외형적 모습을 보여준다. 건물의 한쪽에 테라스하우스를 설계했으며, 또 다른 부분에는 8층 높이의 공동주택을 계획했다. 쇼츠1과 쇼츠2, 이 두 건물은 지하주차장에서 서로 연결되지만, 지상층에서는 중앙 보행로가 건물과 건물을 분리하고 있다. 보행로 옆에는 상업 공간이 있다. 평범한 도로 네트워크의 패턴이나 도시 블럭을 이 건물은 지양한다. 쇼츠2의 한쪽 지면 경사를 따라 긴 계단을 배치했다. 이곳에는 굴곡진 테라스와 다수의 중정이 있다. 이 공간은 상점의 뒤편에 있다. 2층에서 4층 높이의 테라스 하우스의 출입문을 혼잡한 쇼핑 가로면이 아닌 반대편의 조용한 곳에 배치했다. 맞은편 공동 주택의 평지붕과 입면은 '설계기획된 자연 경관' 처럼 느껴진다. 평지붕 위는 자갈을 깔거나 잔디로 덮었다.

　이 건물에는 가족뿐만 아니라 노인, 학생, 한부모 가정 등 다양한 가족 유형을 반영한 여러 형태의 주호가 있다. 모든 세대는 임대용이며, 건물의 30%가 공용 공간이다. 건축가는 공동주택의 내부 배치를 개인주택과 유사한 디자인 개념으로 해결했다. 내부 공간은 컴팩트한 구성이다. 붙박이장과 수납장들을 최소로 설치했다. 몇 세대만이 유틸리티 스페이스를 갖는다. 테라스 하우스는 길이가 5m이며, 계단 아랫부분과 윗부분이 굽어져 있는 내부의 반나선형 계단은 공간을 효율적으로 사용할 수 있게 만든다. 욕실을 평면의 중앙에 배치하여 욕실 전후의 실들의 크기를 최대화시켰다. 연속적인 경사 지붕선 뒤의 몇몇 세대들에는 옥상 정원이 있다. 공동주택에서도 테라스하우스와 마찬가지로 욕실과 주방을 실내의 가장 어두운 중앙에 배치했다. 각 실들을 중앙 복도의 양쪽에 배치했다. 복도는 세대 전면의 거실로 향한다. 거실 전반에는 프랑스식 전면 유리 창이 있고, 몇몇 거실에는 작은 로지아가 있다.

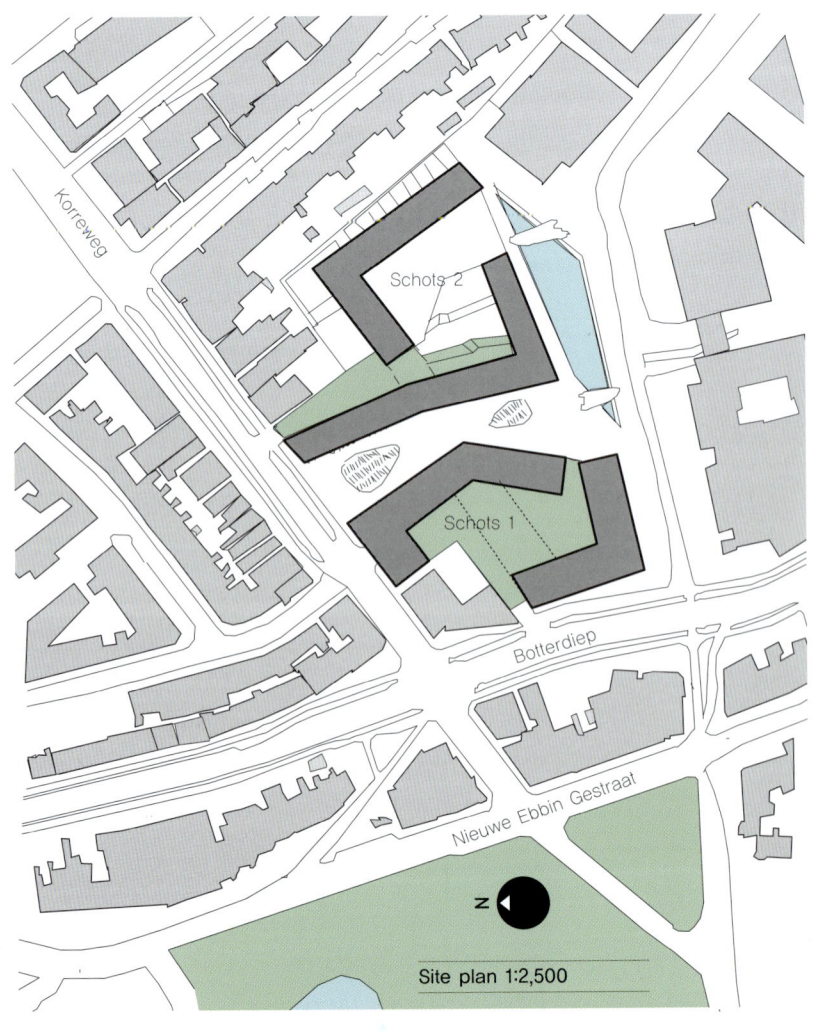

Site plan 1:2,500

Opposite left: Schots 2
Opposite right: Schots 1

1   Plan at first floor
    1:500

1   Pedestrian street
2   Courtyard
3   Stepped terrace
4   Schots 1 apartments
5   Schots 2 terraced
    houses
6   Roof terrace
7   Private gardens

Three-storey terraced
houses 1:200

2　Second-floor plan
3　First-floor plan
4　Ground-floor plan
5　Second-floor plan
6　First-floor plan
7　Ground-floor plan

1　Entrance/hall
2　Kitchen
3　Living/dining
4　Bathroom/WC/ shower
5　Bedroom
6　Laundry
7　Study
8　Roof terrace

Two-storey terraced
houses 1:200

8　First-floor plan
9　Ground-floor plan

1　Entrance/hall
2　Kitchen
3　Living/dining
4　Bathroom/WC/
　　shower
5　Bedroom
6　Study

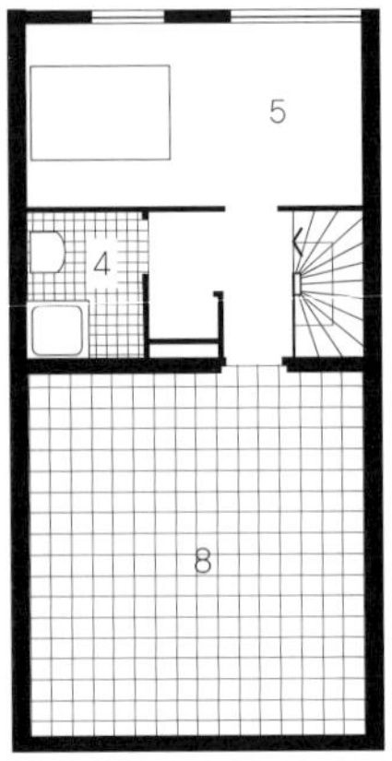

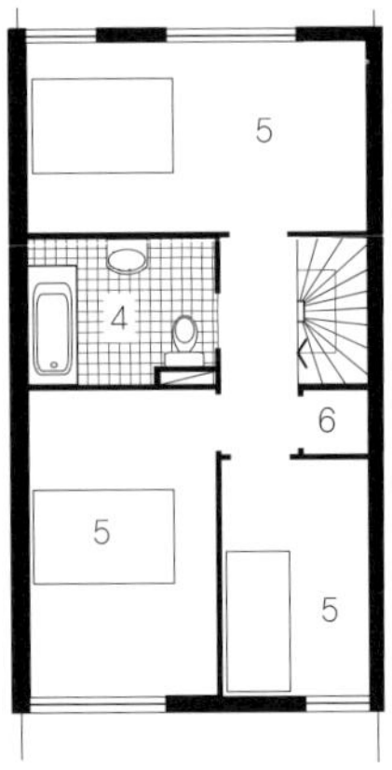

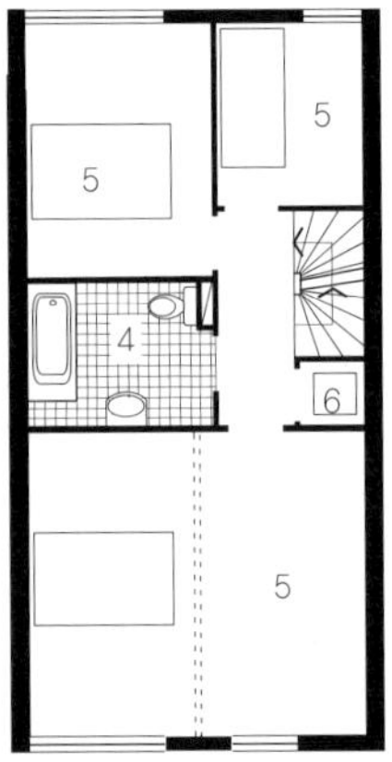

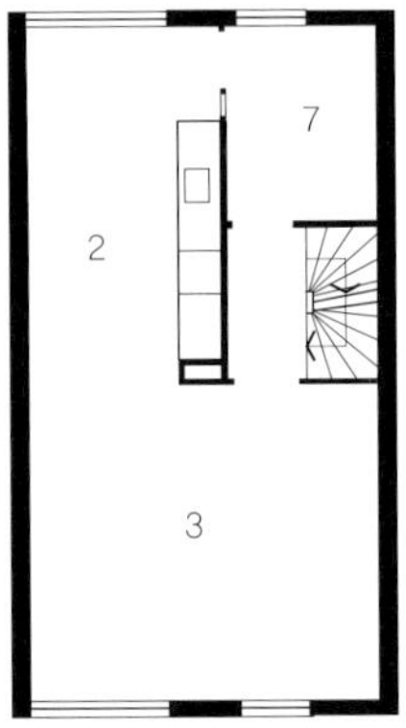

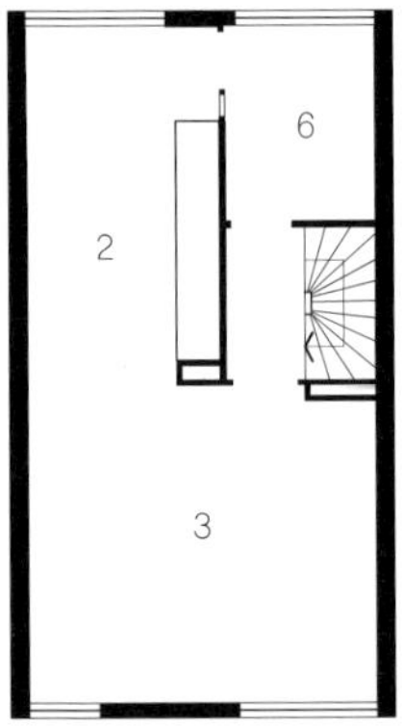

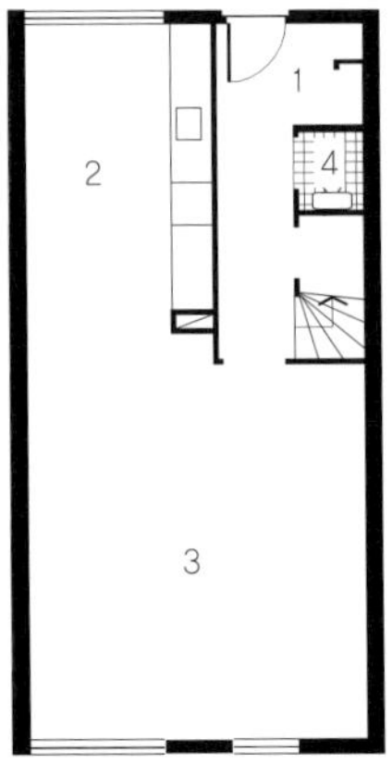

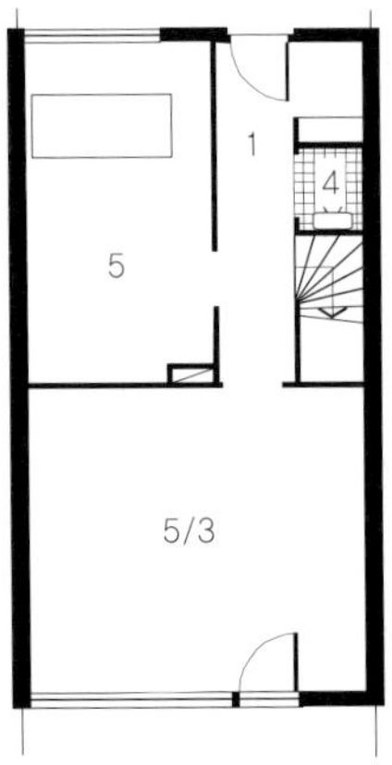

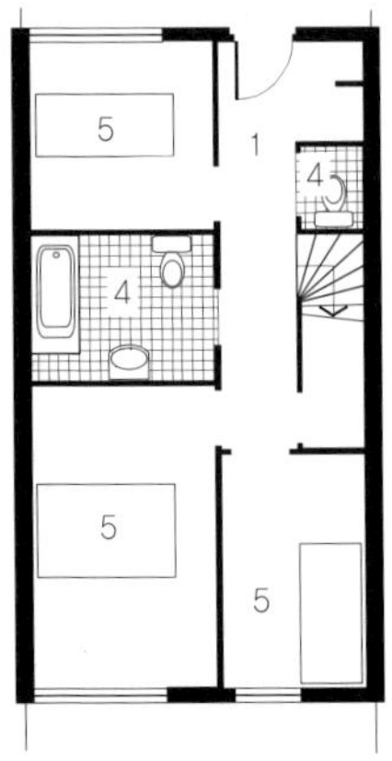

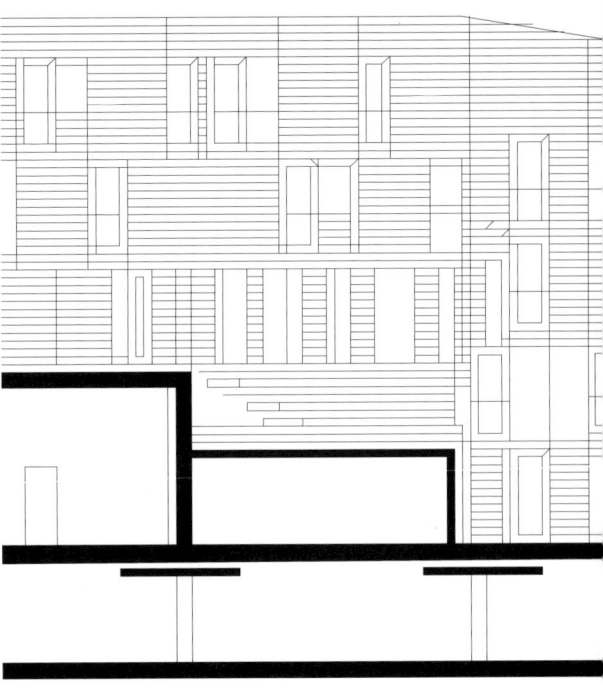

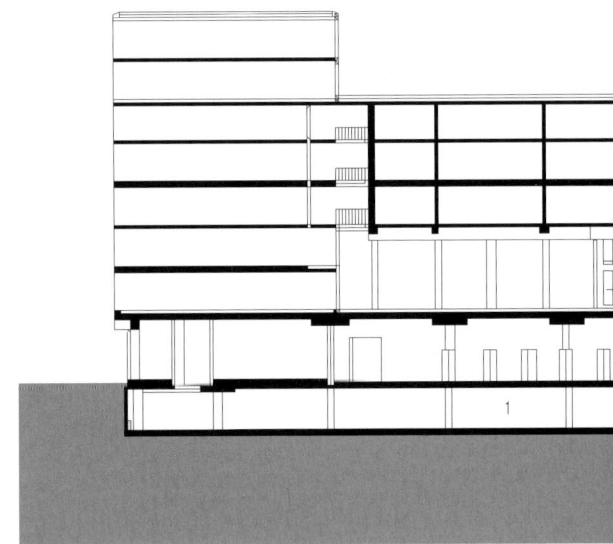

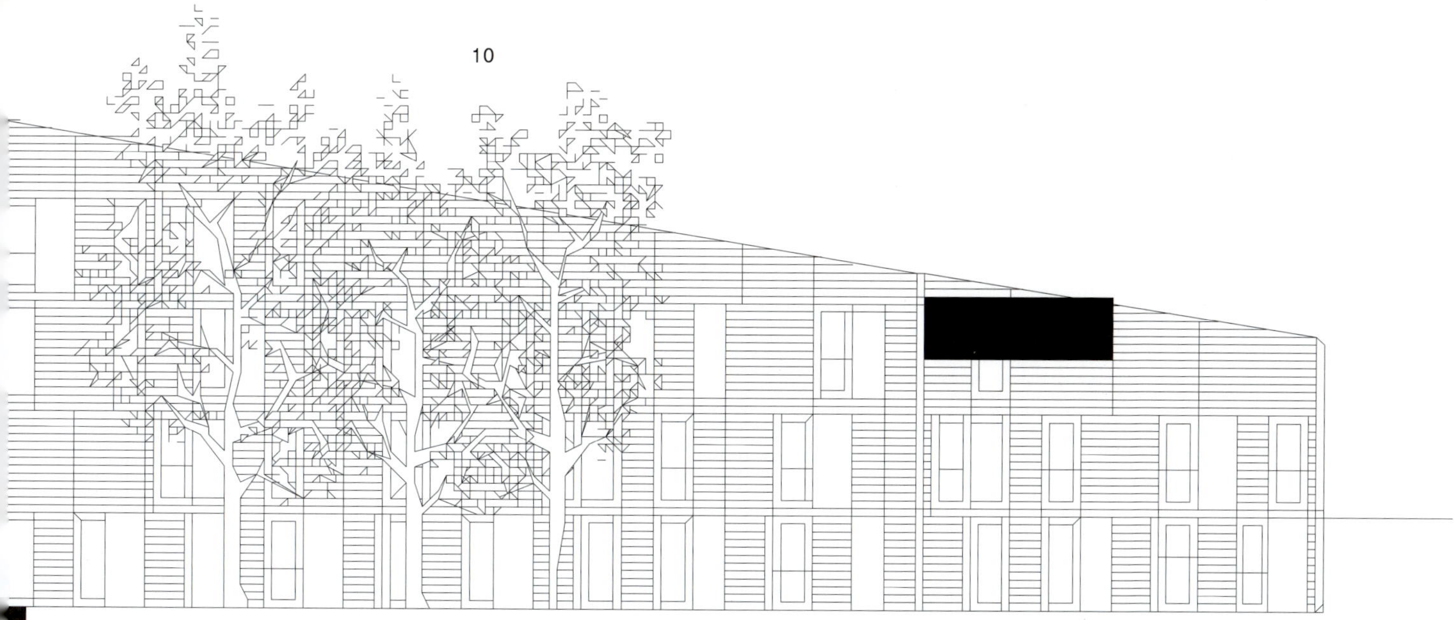

10 Part elevation of
   terraced houses 1:200

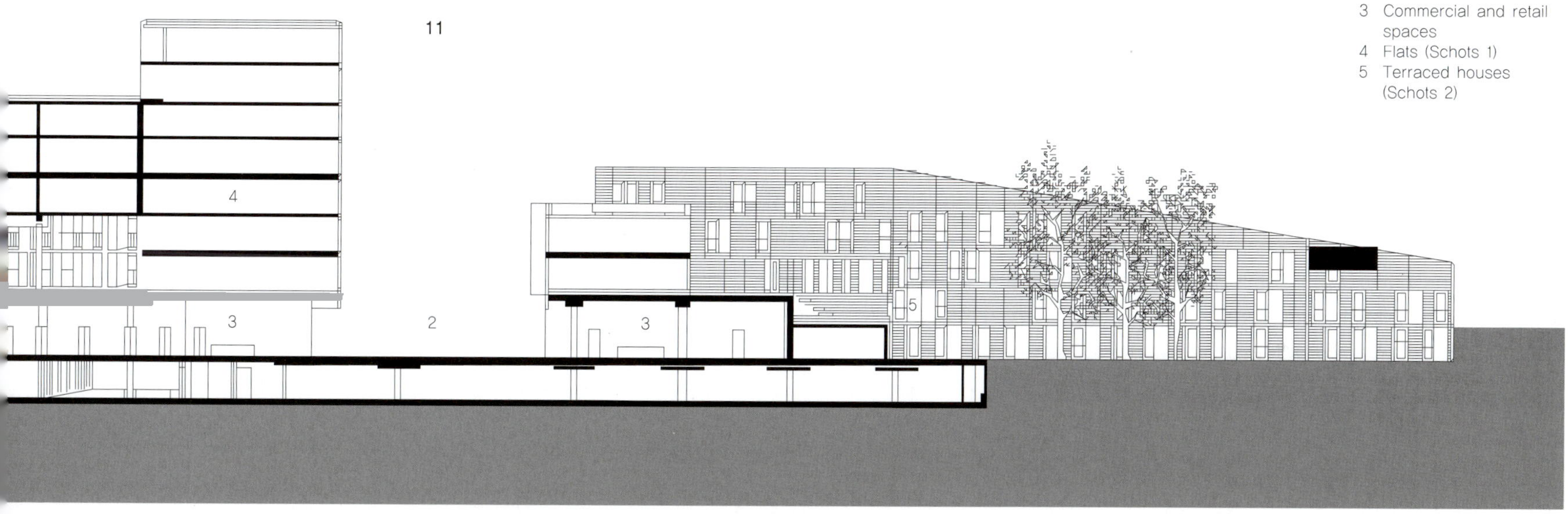

11 Section 1:500
1 Parking
2 Pedestrian street
3 Commercial and retail
  spaces
4 Flats (Schots 1)
5 Terraced houses
  (Schots 2)

11

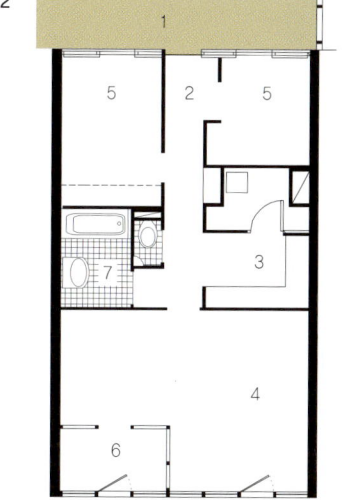
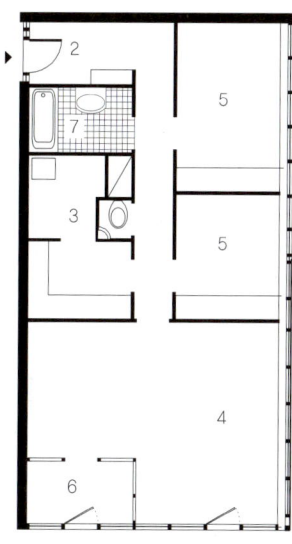

12 Plans of typical
   apartments 1:200

1 Access corridor
2 Entrance/hall
3 Kitchen
4 Living/dining
5 Bedroom
6 Loggia
7 Bathroom

Far left: Folsom Street façade

Left: Double-height living space

Yerba Buena Lofts

Stanley Saitowitz/Natoma Architects, Inc.

San Francisco, California, USA; 2002

예르바 부에나 로프트Yerba Buena Lofts는 대표적인 로프트Loft 혹은 창고 주택의 형태를 갖는다. 이 주택의 천정고는 낮으며 평면의 길이는 깊다. 거실의 천정고를 높이기 위해 중2층mezzanine을 선택하였으며, 2층 높이의 거실을 계획했다. 거실에 전면 유리창을 설치한 이유는 실내에 최대한 양의 빛을 유입하기 위해서였다. 200개의 모든 단위 세대들은 직사각형의 형태를 갖는다. 단위 세대는 4.9m의 폭과 15~20m 사이의 다양한 깊이의 모듈을 사용한다. 단위세대의 모듈은 중2층과 전체 평면의 길이를 고려하여 결정한 것이다. 일반적으로 현관, 화장실, 창고는 중2층의 낮은 천정 밑에 있다. 벽면을 따라 거실 한쪽에 계획되어 있는 부엌은 부분적으로 계단을 둘러싼다. 요철의 입면은 대부분의 아파트들이 작은 발코니를 가질 수 있게 한다. 발코니는 세대 안으로 들어가 있으며, 전면 유리로 되어 있다. 이 발코니 구조체의 얇은 콘크리트 벽 사이를 채우는 전면 유리는 반투명하게 되어 있다.

　대지의 전체 폭에 걸쳐있는 이 건물은 저층부의 4개 층을 주차장으로 사용하기 때문에 저층 내부 공간은 어둡다. 주차장 위 건물의 상층부는 뒤로 후퇴해있다. 그 이유는 남쪽 면의 쉬플리Shipley 가로의 지역 스케일과 더 많은 연관성을 주기 위해서이다. 주거시설의 실용적인 특성을 위해 단순한 형태뿐만 아니라 사용되는 마감재료들도 고려했다. 입면에 나타나는 콘크리트 구조는 깊이가 2.4m, 두께가 35.5cm의 아주 얇은 '핀fin'과 같은 기둥들이다. 이 콘크리트 구조는 스틸 프레임의 전면 유리창이 있는 일반적인 격자 구조이다. 콘크리트 기둥의 모서리와 콘크리트 바닥 슬래브의 끝은 노출되어 있다. 콘크리트 기둥과 슬래브가 서로 만나 만드는 정방형 그리드가 이 건물의 입면 특징이다. 그리드 하나마다 한 세대가 있다. 발코니에는 투명한 창과 반투명한 창이 각각 다른 면에 한 개씩 설치되어 있다. 아파트 실내에서는 콘크리트 벽을 장식없이 그대로 노출했으며, 2층 높이의 로지아를 이 콘크리트 벽으로 만들었다.

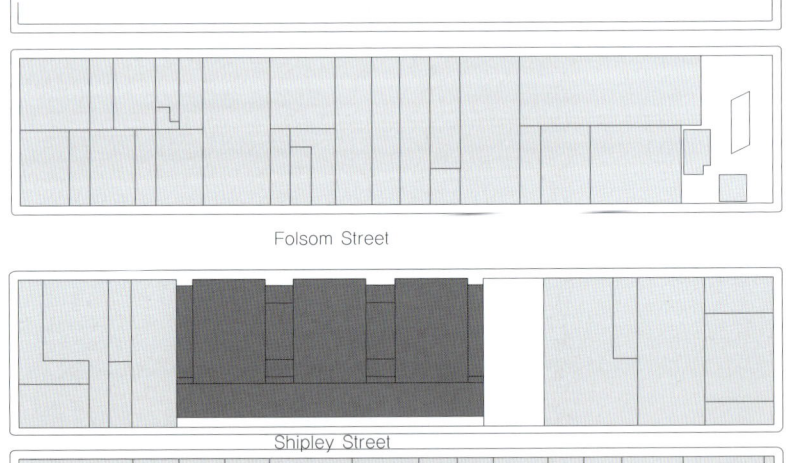

Folsom Street

Shipley Street

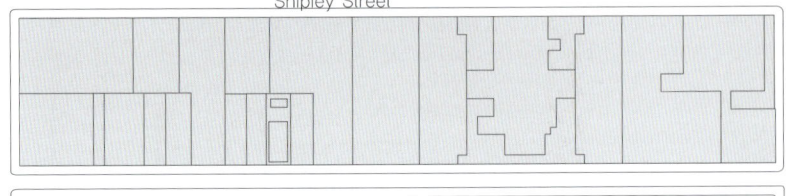

N

Site plan 1:2,500

1

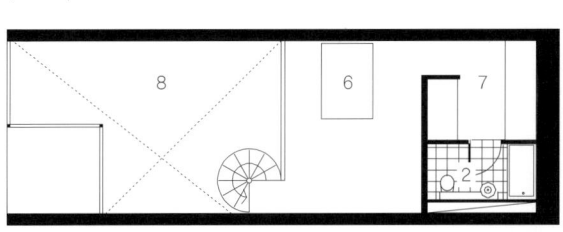

3

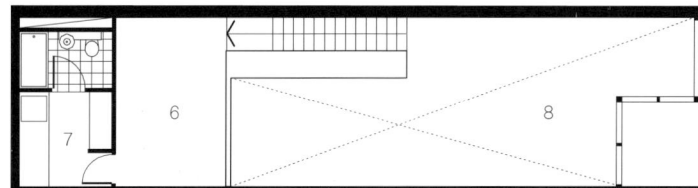

Typical apartment plans
1:200

1 Type 1 mezzanine
2 Type 1 lower level
3 Type 2 mezzanine
4 Type 2 lower level

1 Entrance
2 Bathroom/WC
3 Den
4 Kitchen
5 Double-height living
  space
6 Bedroom
7 Dressing room/laundry
8 Void over living space
9 Loggia

5 Section 1:500

1 Parking
2 Roof terraces
3 Central circulation
  corridor and lifts

6 Elevation on Folsom
  Street 1:500

2

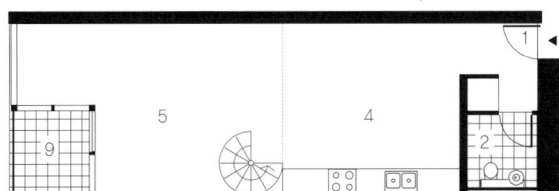

4

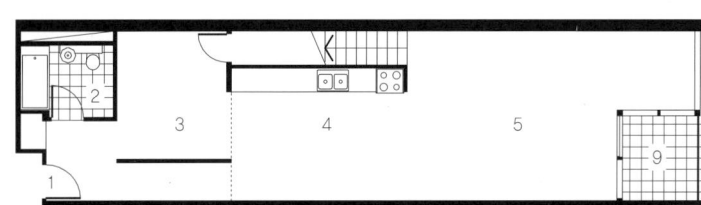

5

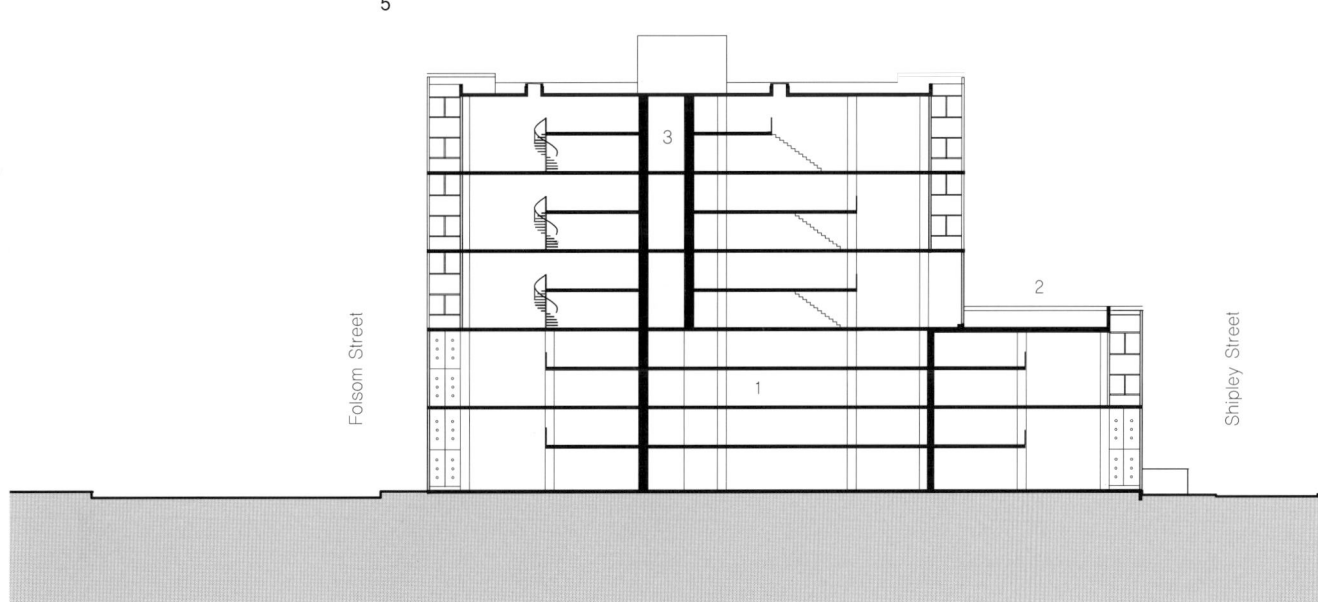

6

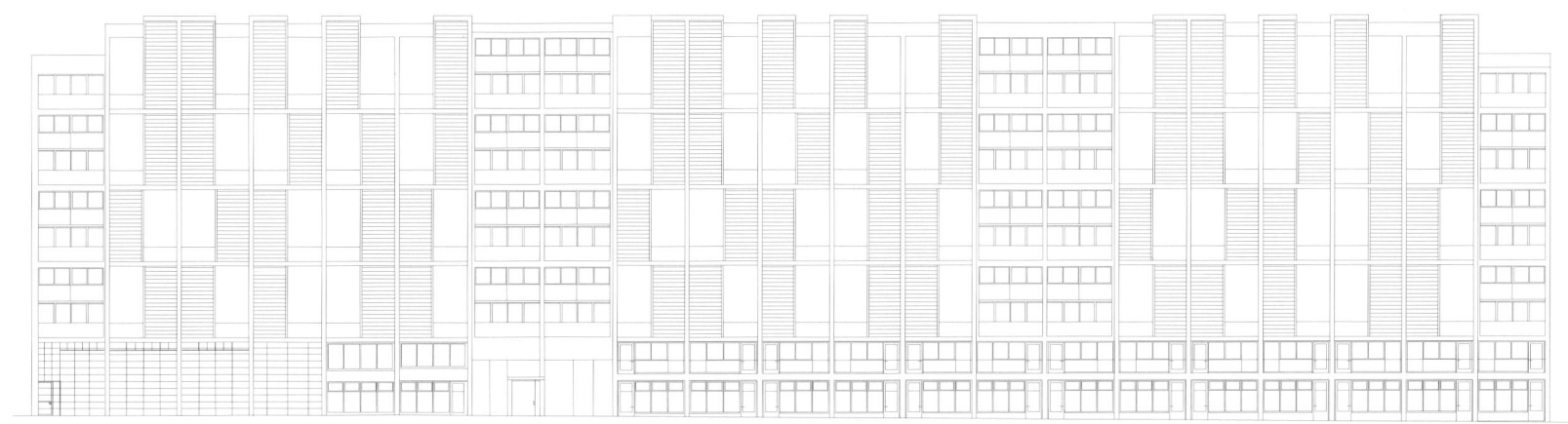

Far left: The zinc-clad block

Left: Courtyard elevation

The Whale

de Architekten Cie.

Amsterdam, The Netherlands; 2000

2000년에 완공된 보르네오 스포렌부르그의 개발 부지는 암스테르담 동쪽의 버려진 항만 지역이다. 아드리안 구즈와 웨스트 8이 마스터플랜을 했다. 이들은 항만을 서로 연결하기 위해 교량 세 개를 설계했다. 건축가들이 계획한 주거단지는 긴 직사각형의 저층 주거단지이다. 건축가는 이 주거단지에 3개의 큰 오픈 공간을 만들었다. 파티오 하우스를 기본으로 단위 주호를 설계했으며, 전통적으로 네덜란드 운하 주변에 있는 주택을 재해석하여 이를 적용했다. 웨스트 8은 다양하면서도 전체적으로 일관성을 유지하기 위해, 오엠에이, 뉴텔링스 리다익, 유엔 스튜디오, 엔릭 미라레스 같은 건축가들과 긴밀하게 일을 진행했다.

아키텍텐 씨De Architekten Cie가 설계한 웨일Whale은 3개의 고층 아파트 중하나로 이 지역의 주요 랜드마크이다. 웨일은 주변의 테라스 주택들에 비해 규모가크고, 반짝거리는 아연도금의 건물 외피 때문에 눈에 쉽게 띈다. 건물의 규모는 50 ×100m로서, 암스테르담 남쪽의 대표 건물인 '베를라헤 블록Berlage Block' 과 같은 크기이지만 세대 수는 두 배이다. 단순하고 폐쇄적인 직사각형 형태를 띠는 건물의 측면 양끝 모서리를 들어올려 이 건물에 변화를 주었다. 때문에 경사진 지붕선이 생겼으며, 1층으로 접근할 수 있게 되었다. 특히 건물 모서리 층에서는 평면을 반복하지 않아서 다양한 형태를 만들었다. 이처럼 반복하지 않은 평면 형태를 활용해 건축가는 세대의 다양한 크기와 유형을 각 층에 계획했다. 1층과 지하층에는 상업공간과 주차장이 있다. 접근이 쉬운, 중정은 공적인 공간의 역할을 충분히한다. 중정은 세대의 다양한 방향에서, 매 2층마다 복도에서 내려다 볼 수 있다. 주동의 외부 끝에 있는 세대에는 실내 정원이 있어, 이곳에서 도시와 IJ강을 전망할수 있다. 아키텍텐 씨는 2002년 암스테르담의 보타니아 지역에 건축한 40세대의소형 아파트에 이러한 중정 형태를 다시 사용했다. 이 건물에는 지붕을 뚫어 만든직사각형의 일반적인 선큰 중정이 있다. 내부의 메인 중정은 계단식으로 드라마틱하게 구획되어 있다. 중정은 전체 대지 길이의 대부분인 33m를 차지한다.

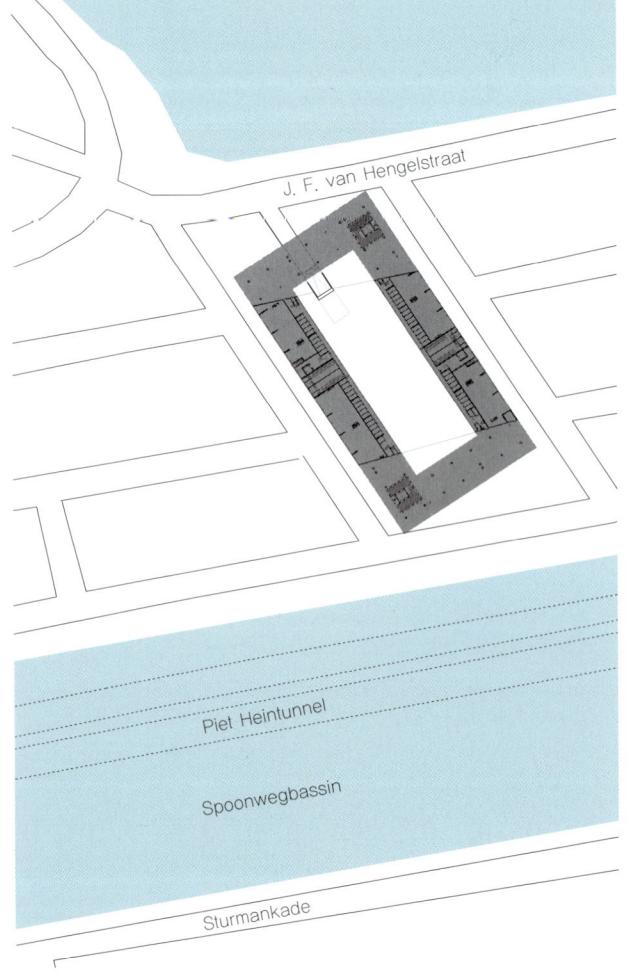

J. F. van Hengelstraat

Piet Heintunnel

Spoonwegbassin

Sturmankade

N

Site plan
1:2,500

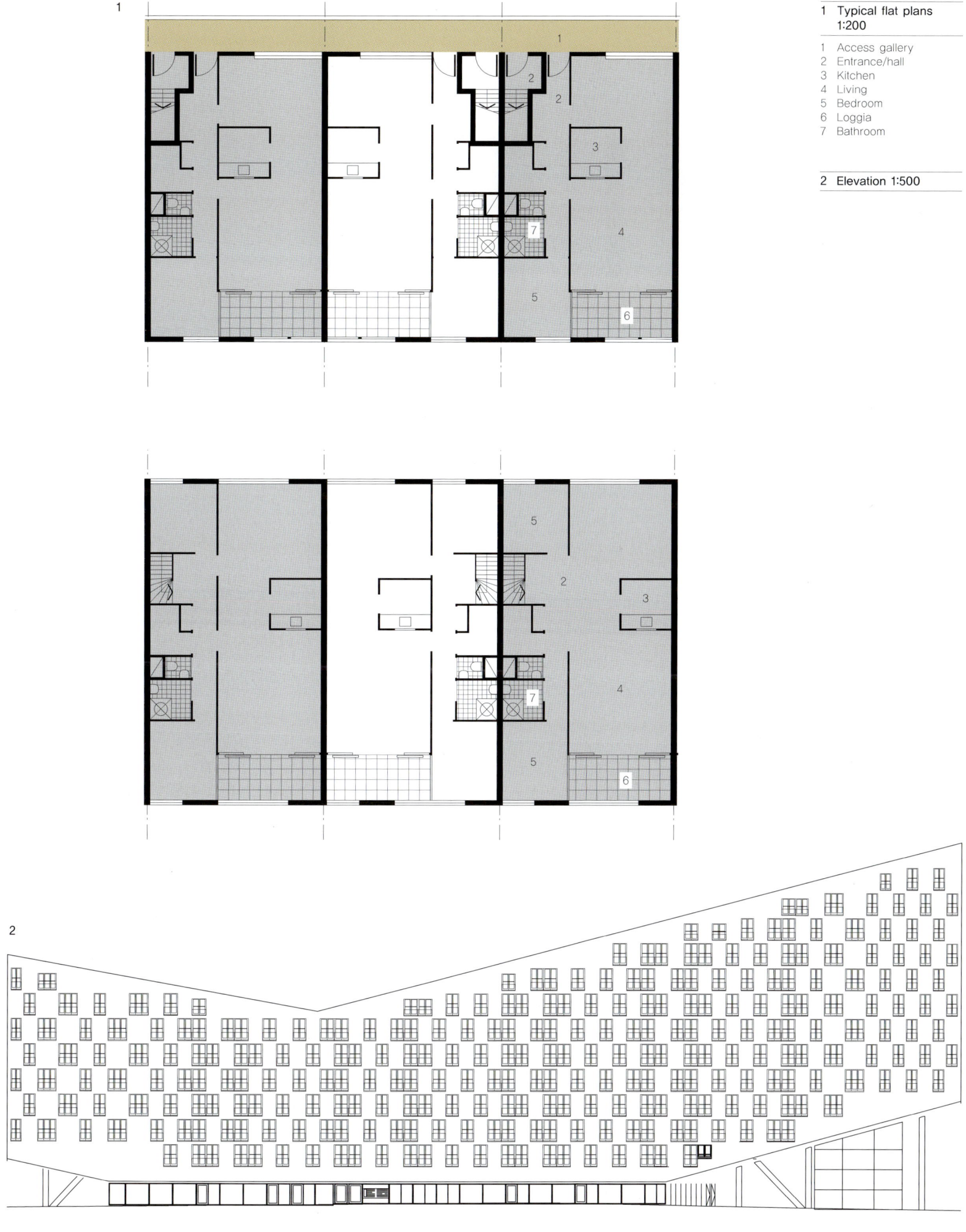

1 Typical flat plans
  1:200

1 Access gallery
2 Entrance/hall
3 Kitchen
4 Living
5 Bedroom
6 Loggia
7 Bathroom

2 Elevation 1:500

Liverpool Street Housing

Ian Moore Architects

Sydney, Australia; 2004

리버풀 가 주거단지Liverpool street housing는 호주 시드니에 있으며, 이안 무어 아키텍츠Ian Moore Architects가 설계한 다수 공동주택 중 하나이다. 이안 무어 아키텍츠는 바콤 애비뉴Barcom Avenue와 킹즈 레인Kings Lane 사이에 있는 건물을 모두 설계했다. 무어가 설계한 아파트들의 디자인은 서로 비슷하다. 건물들은 공통적으로 단순한 직선 형태를 갖고 있으며, 복잡하지 않는 디테일과 단색의 색상을 띠고 있다. 또 자연적으로 통풍이 가능한 넓은 개방형 설계를 채택하고 있으며, 큰 발코니가 있다. 이안 무어 아키텍츠가 알테어 프로젝트Altair projects를 마친 후, 그들의 명성은 더욱 확고해졌다. 알테어 프로젝트는 139세대를 갖는 건물이다. 이 건물은 킹스 크로스 터널Kings Cross Tunnel 위에 있으며, 대지의 3면을 도로가 둘러싸고 있어 설계가 어려웠다. 그러나 이안 무어 아키텍츠는 이 프로젝트로 2002년에 몇 번의 디자인 상을 수상했다. 건축가는 폭이 좁은 직사각형 구조의 단위 세대를 가변적으로 사용할 수 있도록 계획했다. 대부분의 주택은 북쪽을 향하고 있고, 3면에서 외부로 전망할 수 있다. 뒤편에는 엘리베이터와 계단이 있다. 또 주택은 맞바람에 의한 자연 환기가 가능하다. 깊이가 매우 깊은 발코니는 에어컨의 필요성을 경감시켰다. 알테어 빌딩은 얕은 수영장과 어린이 놀이 공간 같은 공공 편의시설을 갖춘 포디엄podium 위에 지어졌다.

리버풀 프로젝트는 블록의 끝 모서리에 있으며, 기존의 2층 건물을 둘러싸는 L자 형태의 건물이다. L자형은 건물을 두 개의 부분으로 나눈다. 수직 동선, 계단, 엘리베이터 및 서비스 샤프트service shafts는 두 건물이 교차하는 곳에 배치되어 있다. 저층부 가로 변으로 복층 구조의 상점 5개가 있고, 이 상점들은 메인 건물 폭의 반 정도를 차지하고 있다. 상층부 주거공간의 중앙에는 복도가 있고, 그 양 옆으로는 단위 세대들이 있다. 이 중앙 복도를 통해서는 한쪽 주택으로만 출입이 가능하다. 그 맞은 편이 복층형 세대의 아래층이기 때문이다. 아파트의 북쪽과 남쪽에는 로지아가 있다. 또 건물의 동쪽 입면에 있는 발코니의 길이는 건물

의 전체 폭과 거의 같다. 건물은 거리에서 매우 돋보인다. 그 중 작은 건물의 독특한 오렌지 색상이 눈에 띤다. 모든 입면에는 햇볕을 차단하기 위한 루버 셔터를 설치했다. 루버 셔터를 원격 조정할 수 있다. 셔터는 장식적이지 않은 입면을 다양한 질감으로 채워준다.

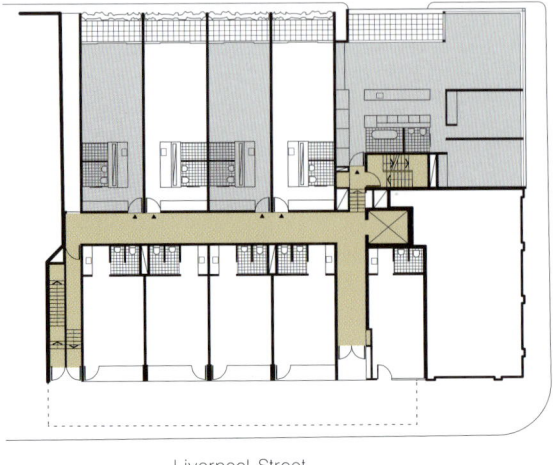

Plan at ground floor 1:500

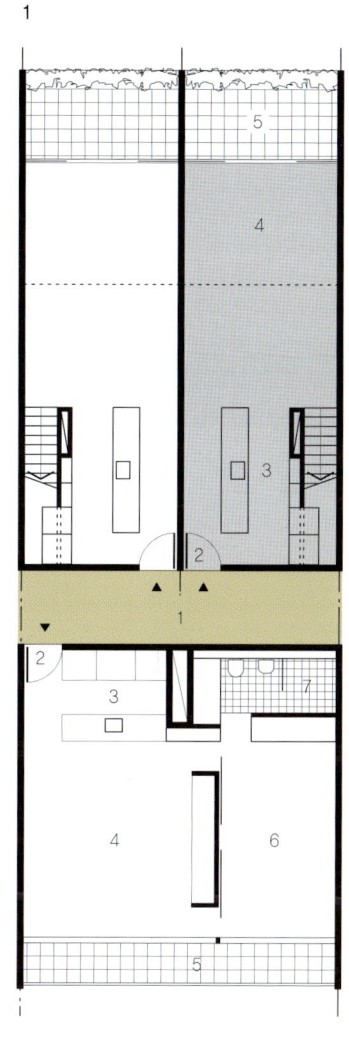

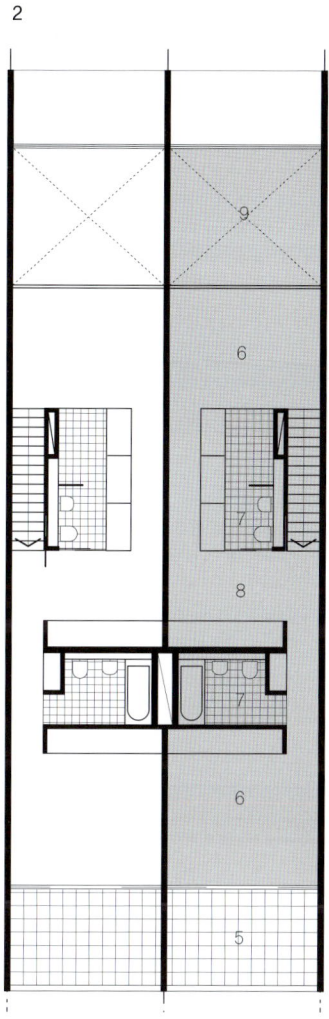

Typical apartment plans
1:200

1 Lower-level duplex
   and typical flat plan
2 Mezzanine level

1 Access corridor
2 Entrance
3 Kitchen
4 Double-height living
   space
5 Balcony
6 Bedroom
7 Bathroom
8 Study
9 Void over living space

3 Elevation Liverpool
   Street 1:500

4 Rear elevation 1:500

5 Section 1:500

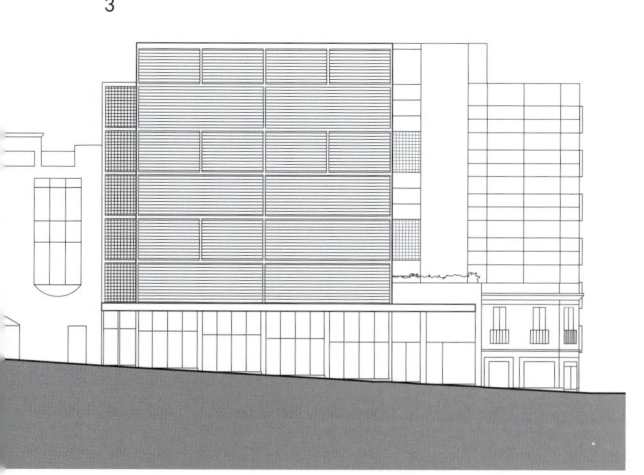

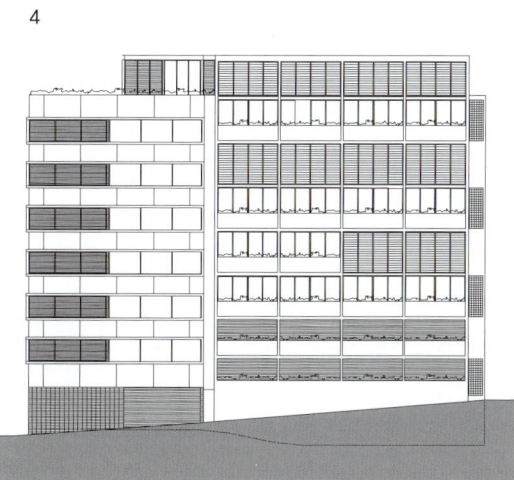

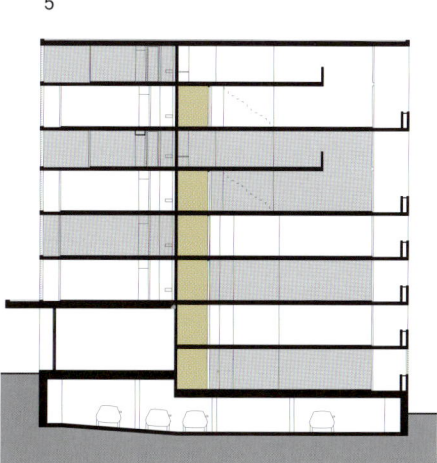

Mirador Apartments

MVRDV + Blanca Lleó
Madrid, Spain; 2004

미라도르 아파트Mirador Apartments는 엠브이알디브이MVRDV가 2002년 암스테르담에 계획했던 실로담 공동주택p.202-205을 더욱 발전시킨 프로젝트이다. 실로담은 10층 높이의 직사각형 건물로, 서로 다른 주거 유형들을 '미니 이웃'으로 만들었다. 엠브이알디브이는 21층의 미라도르를 '수퍼블록'이라고 불렀다. 이 건물은 실로담 빌딩처럼 작은 블록들을 결합하여 이를 입면에서 명확하게 보여 주었다. 이 프로젝트에서 엠브이알디브이는 교외의 개념을 반영시켰다. 건축가들은 아파트를 도시로 비유하면서 동선 공간을 '수직 가로'라고 불렀다. 건물의 12층 윗부분에 5층 높이로 뚫린 스카이 플라자를 만들어, 도시의 광장과 같은 열린 공공 공간을 창출했다.

이 아파트의 거대한 크기와 스케일은 건물을 눈에 띄게 만든다. 랜드마크성과 도시 스케일에 잘 맞는 주거공간이 있는 건물이다. 정체성과 소속감을 쉽게 인지할 수 있는 소규모 주택을 그룹으로 만들었다. 이 외에도 건축가들은 건물마감, 조명, 편의시설, 조망 등과 같이 주택에서 중요하게 다루어야 할 디자인 요소에 집중했다. 건물의 전체적인 형태는 직사각형이며 양 끝 두 개 블록과 중앙의 3개 블록이 있다. 내부의 공용 동선은 단순하다. 수직 동선 코어는 양쪽 끝에 있다. 건물 한쪽 끝에서 2-3개의 단층형 세대를 조합하고 있으며, 다른 한쪽 끝에는 단층형 세대와 복층형 세대들을 조합하고 있다. 중앙에는 2개의 수직 동선 통로가 더 있다. 이를 통해 각 층에서 8층까지 양쪽에 있는 주택으로 접근이 가능하다. 8층 위의 아파트 중앙부는 복층형 아니면 3층 주택이다. 11층, 18층, 19층의 내부 중앙복도를 따라 건물의 양쪽으로 접근이 가능하다. 건물의 위치와 향에 따라 다양한 평면을 개발했다. 일반적인 구성요소로서 부엌을 한쪽에 배치한 오픈 거실이 있다. 거실의 특정 부분을 슬라이딩 파티션으로 만들어 열린 공간이나 닫힌 공간으로 가변적으로 사용할 수 있게 했다. 주택 아래층에 있는 방으로 향하는 계단도 있다. 욕조와 샤워 시설은 다양한 형태로 배치되어 있다. 욕조와 샤워시설은 내부

에 있거나 색다르게 알코브나 슬라이딩 파티션 뒤에 설치되기도 한다. 세대 대부분은 외부 공간을 갖는다. 로지아는 전체 공간에서 후퇴해 있으며 거실이나 부엌을 연장하는 차원에서 계획된 것이다. 19층과 20층에 있는 복층형 세대에는 지붕층에 외부 테라스가 있다. 2층 높이의 교차형 복도처럼 보이는 외부 계단을 통하면 외부 테라스로 접근이 가능하다.

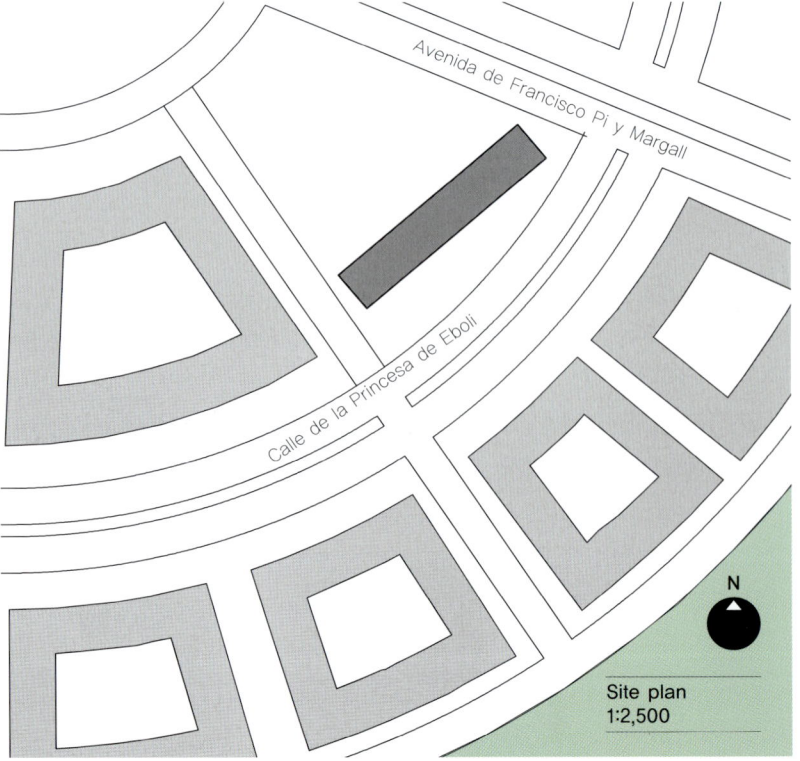

Site plan
1:2,500

Opposite left: South elevation

Opposite right: The five-storey high 'sky plaza'

1 Cross-section 1:500

2 Plans of typical apartments on floors 2–11 end block 1:200

1 Entrance/hall
2 Kitchen
3 Living/dining
4 Bedroom
5 Bathroom/shower/ WC
6 Loggia
7 Storage

1

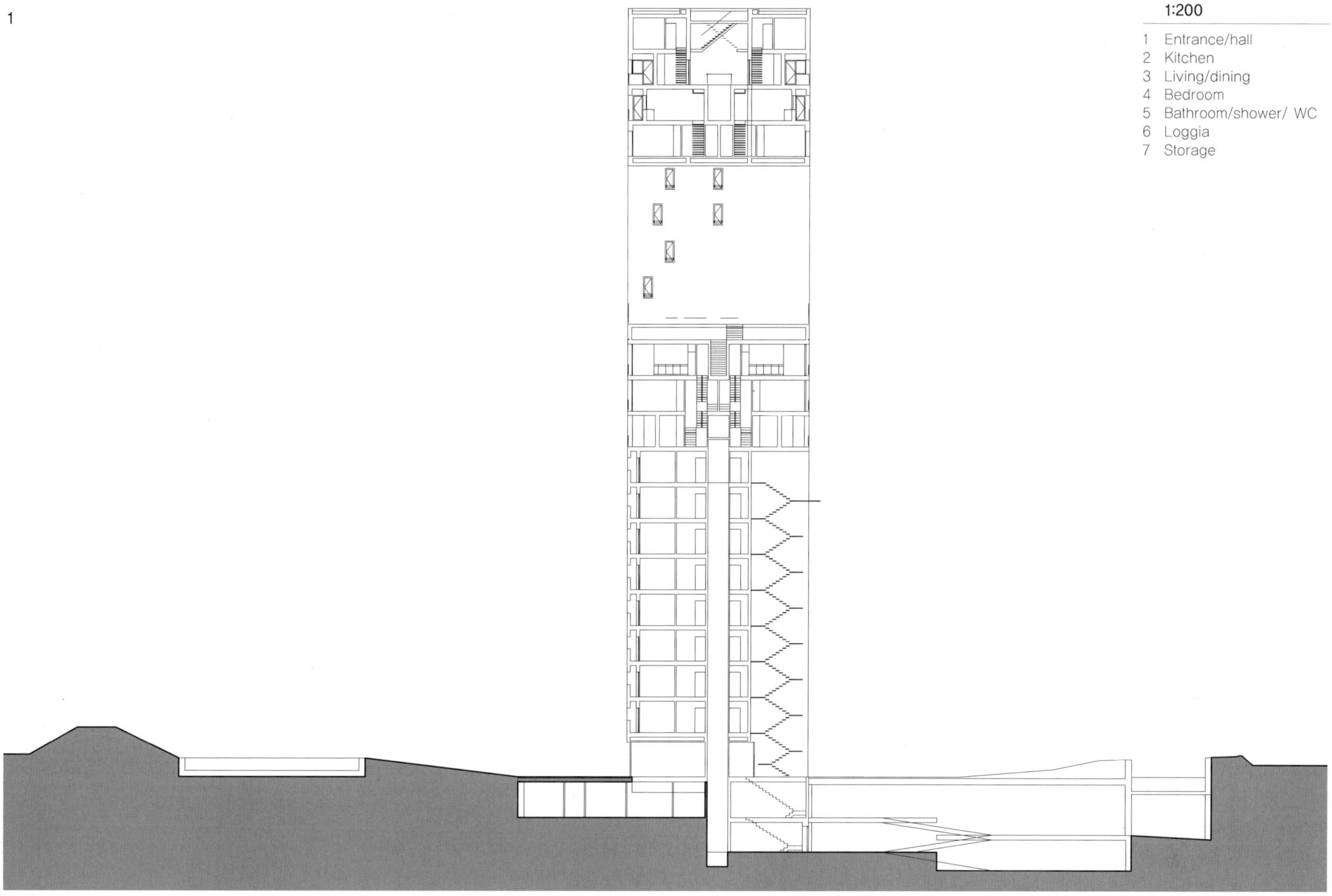

2

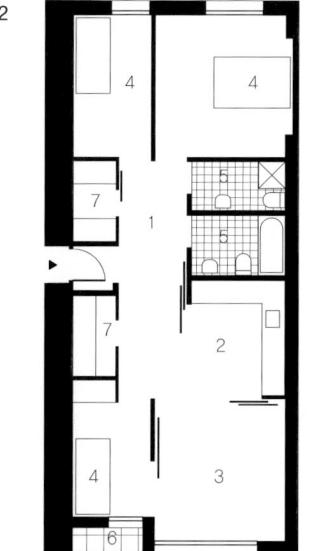

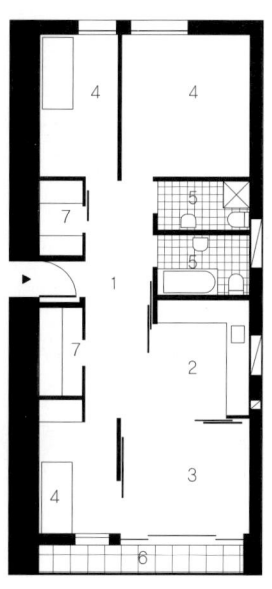

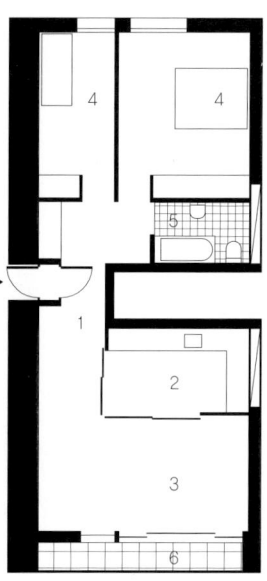

1

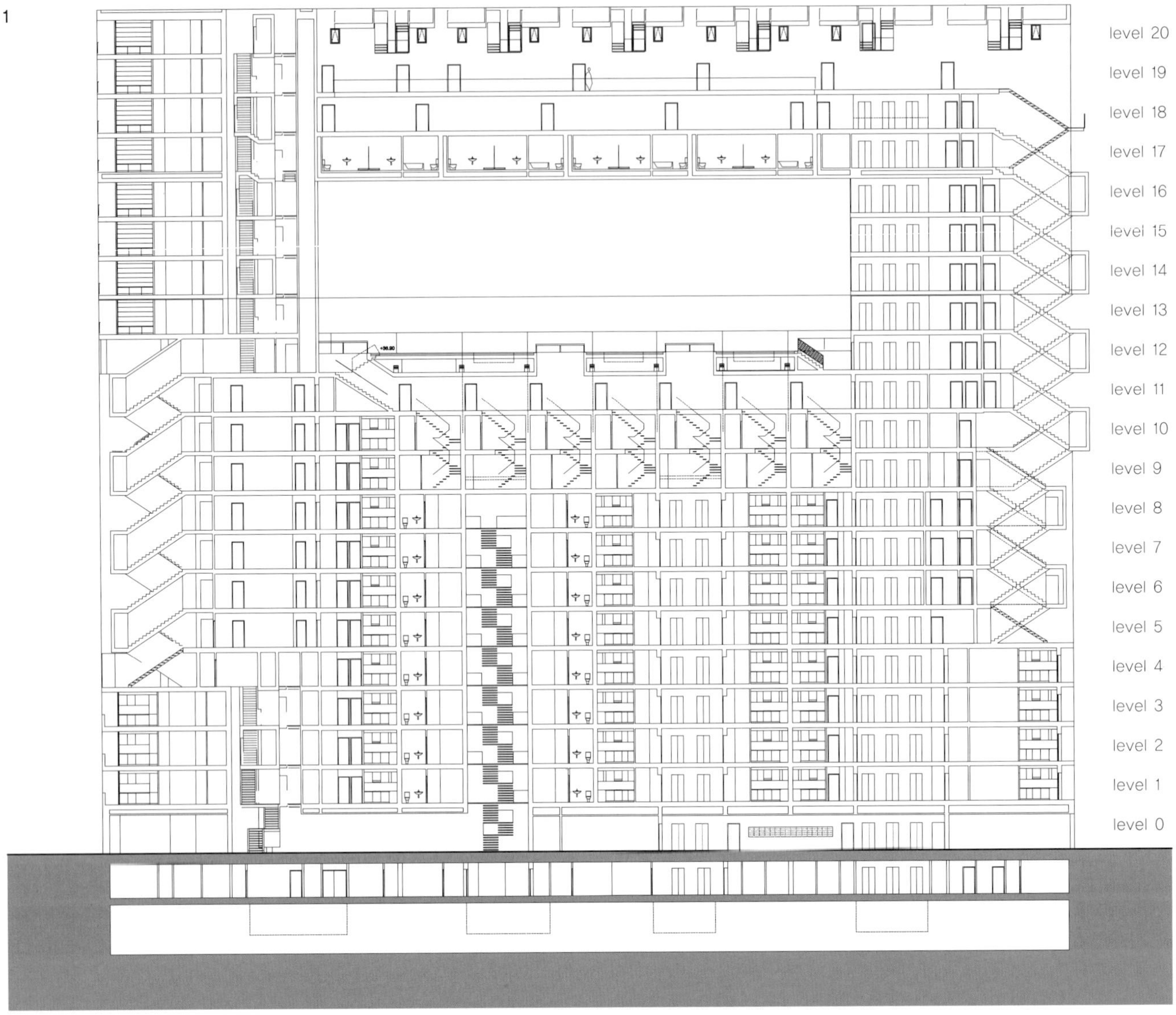

level 20
level 19
level 18
level 17
level 16
level 15
level 14
level 13
level 12
level 11
level 10
level 9
level 8
level 7
level 6
level 5
level 4
level 3
level 2
level 1
level 0

3 Long section 1:500

Plans of triplexes on
floors 9, 10 and 11 1:200

4 Upper floor/access
  level 11
5 Middle floor, level 10
6 Lower floor, level 9

1 Access corridor
2 Entrance/hall
3 Kitchen
4 Living/dining
5 Bedroom
6 Bathroom/shower/WC
7 Loggia
8 Storage

4

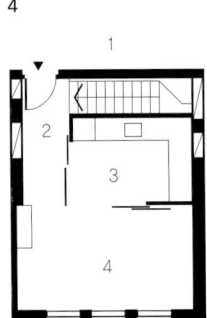

5

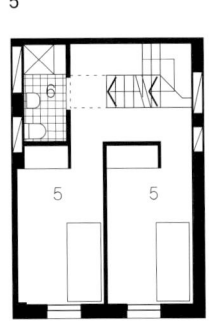

6

level 20

level 19

level 14

level 13

level 12

level 10

7 Floor plans 1:500

Consort Road Housing

Walter Menteth Architects

London, UK; 2007

콘소트 로드 하우징Consort Road Housing 계획은 3층 규모의 9개의 테라스 하우스와 테라스 양끝에 있는 6층 높이의 4개의 건물을 포함한다. 이 빌딩은 가로변을 따라 배치했으며, 넓은 보행자로와 가로수를 설치하여 가로의 중요성을 강조했다. 빌딩의 뒷부분과 철길의 사이 공간에는 개인 주택의 정원과 몇 대의 차를 세울 수 있는 주차장을 설치했다. 철도와 가까운 건물 뒤편에 동선 공간을 만들었다. 이 공간은 유리 커튼월 뒤에 있으며, 철길과 주변 환경을 차단시키고 소음을 완충한다. 건축가는 주변 환경의 질적 향상을 위해 건물 옥상을 녹화하고, 초목의 성장을 위해 가비온 월gabion walls을 설치했다. 또 새장과 전기를 생성하는 광전지를 설치했다. 기본적인 난방을 위해서는 난방 동력 유닛을 조합했으며, 전체 주택에 열회수 장치가 있는 기계식 환기시설을 설치했다. 이것은 이산화탄소를 적게 방출하기 위한 것이다.

환경적으로나 사회적으로 볼 때, 지속가능성은 주택 배치에 있어 매우 중요한 요소이다. 이 아파트는 가변성의 측면에서 좋은 예를 제공한다. 4개의 방이 있는 3층 높이의 주택은 런던에서 넓은 평수에 대한 수요 증가를 고려한 것이다. 주생활 공간은 1층 전체에서 일어난다. 한쪽 끝에 부엌이 있는 넓은 오픈 공간이 있고, 다른 편으로는 정원으로 향하는 유리문이 있다. 2층에는 정원 쪽과 가로 쪽 모두에 같은 크기의 방이 두 개 있다. 이 방들을 보조 거실로 사용하거나 아이들의 놀이방이나 공부방으로 사용할 수 있을 것이다. 3층으로 올라가는 계단은 계단참이 없는 일직선으로 쉬지 않고 계속 오르는 계단이다. 이와 같은 계단 때문에 3층에서는 방 2개를 전면에 배치하고, 방 하나는 후면에 배치했다. 건물 양 끝의 단층 세대에는 1~2개의 방이 있다. 거실과 방 사이에 설치된 넓은 슬라이딩 도어를 열어 사용하거나, 닫아서 나눠 쓸 수도 있다. 가로 쪽의 온실정원은 여름에는 완충공간이 된다. 남쪽 또는 서쪽을 바라보고 있는 온실정원을 통해 난방의 태양열을 받는다.

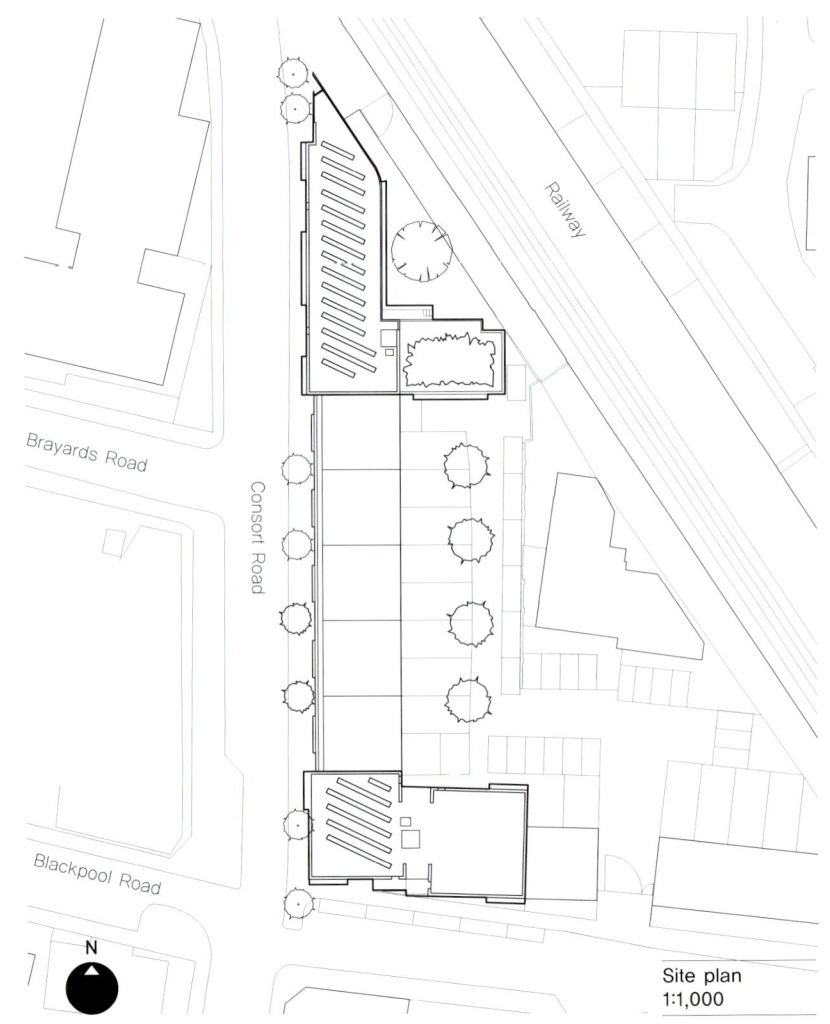

Site plan
1:1,000

Opposite left: North corner of the six-storey block

Opposite right: Terraced houses

1

2

1 Plans of typical flats 1:200

1 Access corridor
2 Entrance/hall
3 Living room
4 Winter garden
5 Bedroom
6 Kitchen
7 Bathroom

Terraced house plans 1:200

2 Second-floor plan
3 First-floor plan
4 Ground-floor plan

1 Front porch/area
2 Entrance
3 WC/shower
4 Kitchen
5 Living room
6 Private garden
7 Bedroom
8 Bathroom
9 Store

5 Elevation on Consort Road 1:500

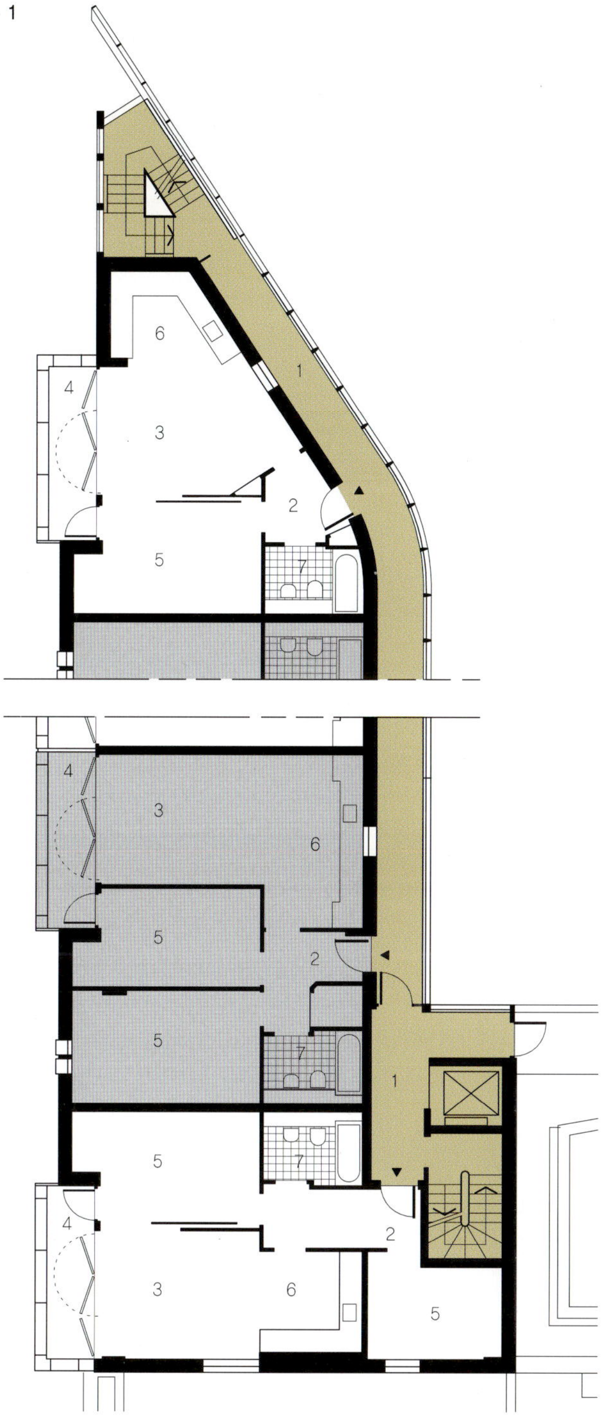

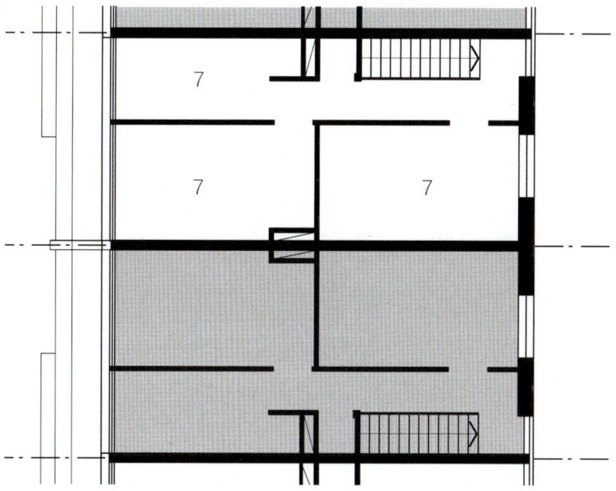

3

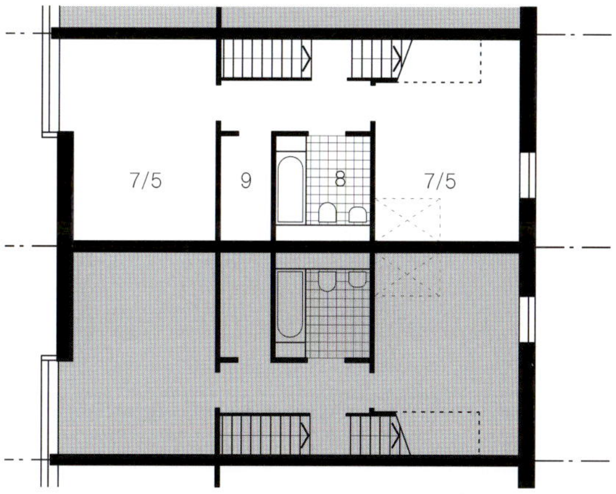

4

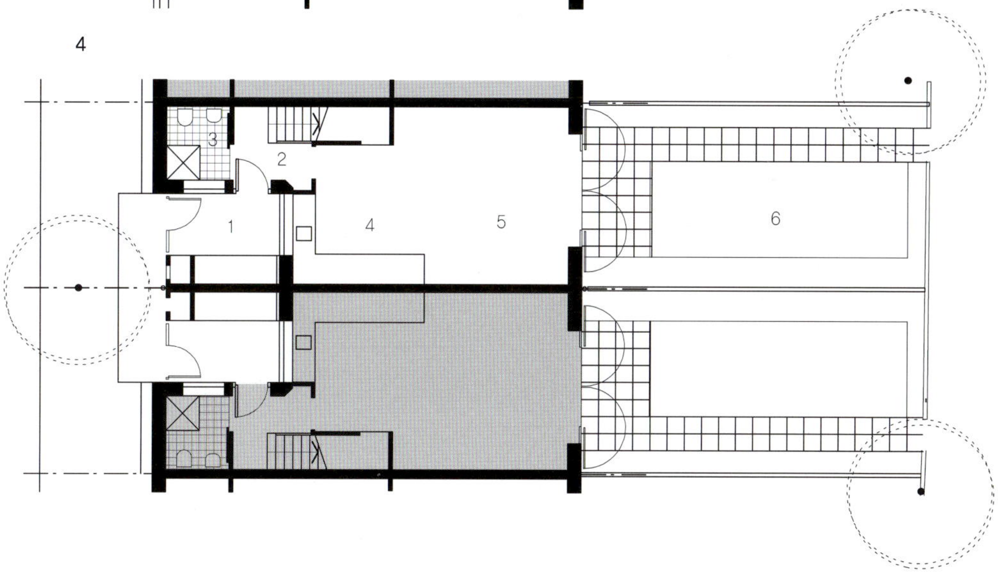

5

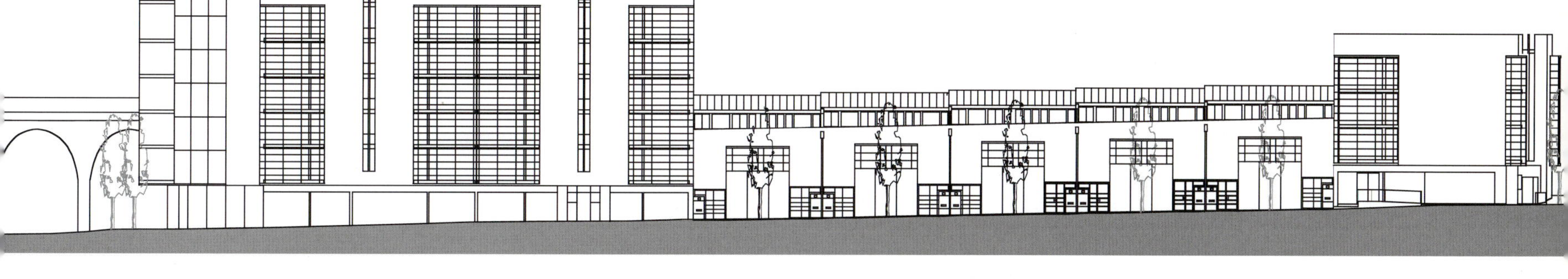

Carabanchel 16 Housing

Foreign Office Architects
Madrid, Spain; 2007

포린 오피스 아키텍츠Foreign Office Architects, FOA는 이 프로젝트에서 지속가
능한 공동 주택의 혁신을 디자인의 핵심 요소로 생각했다. 건축가들은 예산상의
제약과 세대수 및 세대 타입에 대한 거주자의 요구를 만족시키면서도, 지속가능
한 공동 주택을 공급하려는 의지를 갖고 있었다. 캐러반첼 16 하우징Carabanchel
16 Housing은 직사각형 형태의 평면을 갖는다. 평면 길이는 100m로, 남북 방향에
걸쳐 있다. 대지의 한쪽 끝에 높여 세워진 건물에는 거주자들을 위한 오픈 공간
정원이 있다. 이 경사 정원 아래 지하에는 주차장이 있고, 건물 지붕에는 태양열
급탕 패널이 있다. 또 욕실과 주방에는 자연 환기 설비를 설치했으며, 개발자의
요구에 따라 에어컨도 설치했다.

주택을 평행하게 설치한 구조벽 사이에 배치했으며, 건물의 전체 폭에 걸쳐
동서축으로 배치했다. 주택 평면은 상대적으로 좁은 폭의 튜브 같은 구조를 갖기
때문에, 세대 내부는 어떤 구조적 요소에도 방해받지 않고 자유롭다. 빌딩의 양
끝에는 길이가 13.4m인 주택들이 있고, 이곳에는 1.5m 폭의 테라스가 있다. 입
면은 전면 유리로 되어 있고, 대나무로 된 접히는 미닫이식 스크린이 테라스를 둘
러싸고 있다. 스크린은 강한 태양빛을 차단시켜 그늘을 만들며, 거주자들은 스크
린을 다양한 방식으로 열어 주택 내부공간처럼 사용할 수 있다.

에프오에이는 이 주택에서 아이덴티티, 차별화, 소비자 맞춤형에 대한 동시
대의 생각을 버렸다. 동시대의 생각에 따르면, 주택의 아이덴티티를 부여하기 위
해서는 전원적 또는 부르주아적 접근을 따라야 한다고 생각했다. 대신 건축가는
거주자의 선택권과 익명성의 장점을 거주자에게 주려고 했다. 그 이유는 건축가
들이 '실용성이 떨어지는' 건축에 비용을 소비하는 것을 거부했기 때문이다. 건축
가는 거주자들에게 최대한의 공간과 가변성, 주거의 질을 제공하는 것에 목표를
두었다. 그들은 주택 내 시각적인 요소를 제거했다. 외피에 대한 조절은 건축가의
신념에 의해서가 아닌 거주자의 선택에 의해 결정된다.

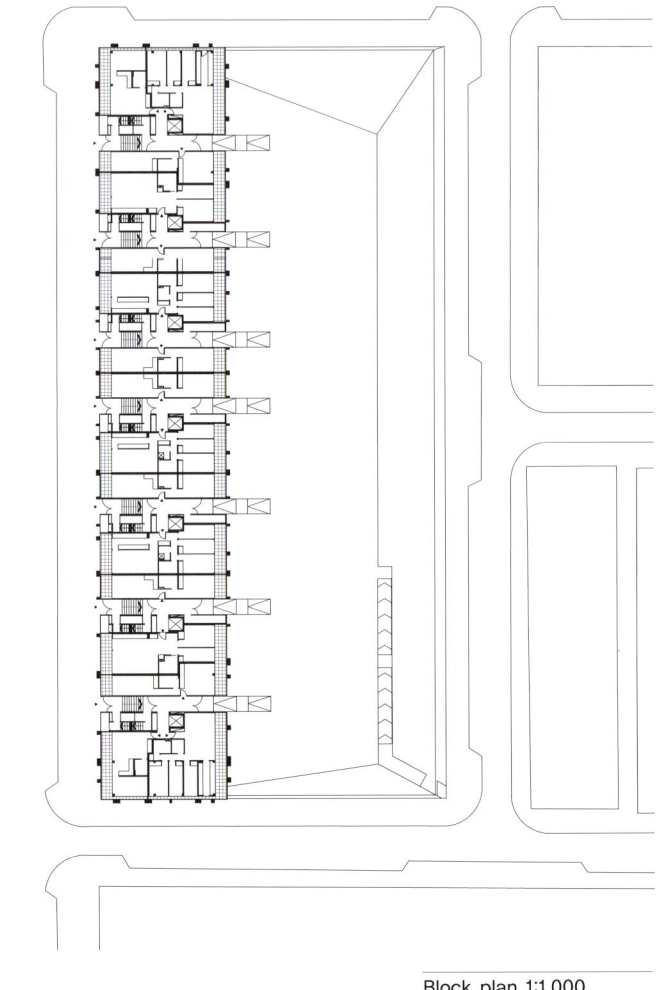

N

Block plan 1:1,000

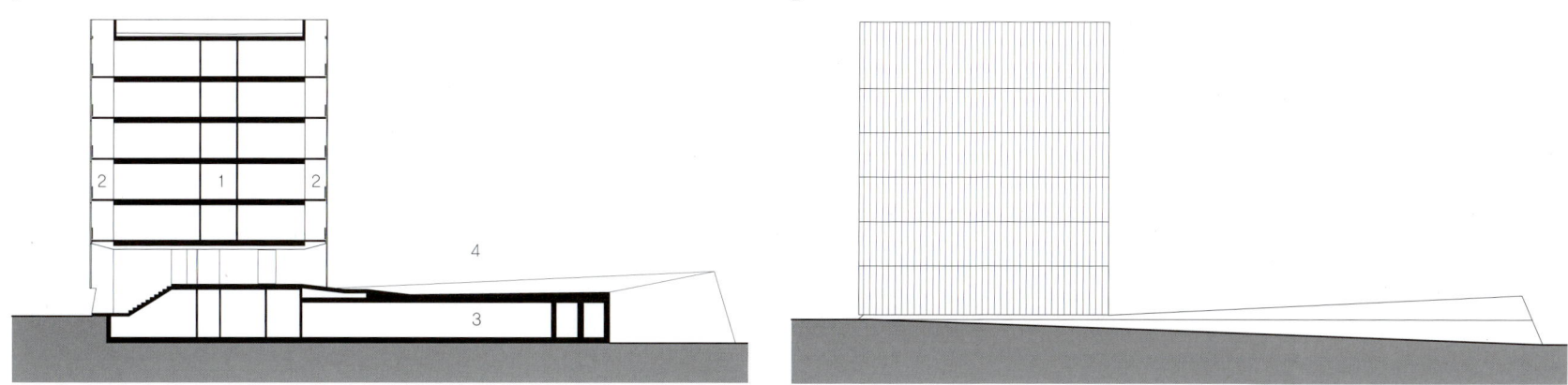

1

2

3

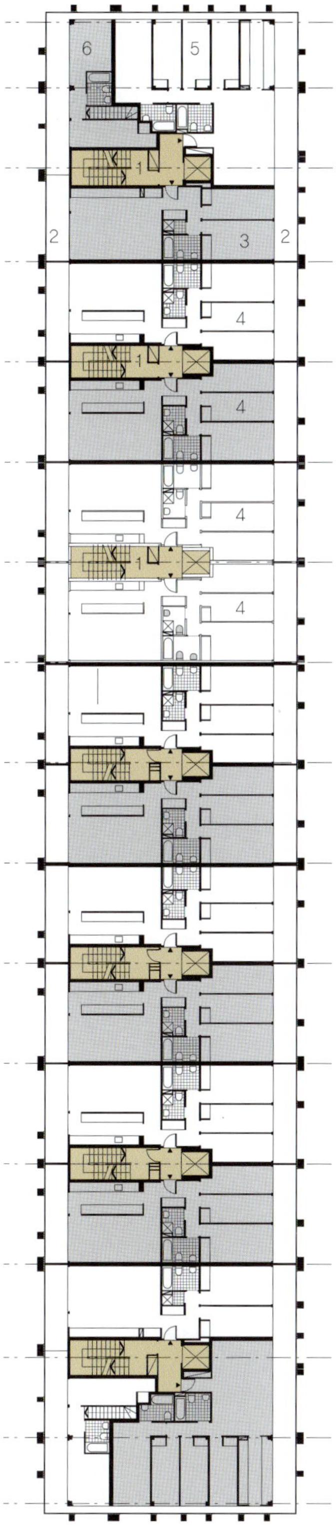

4

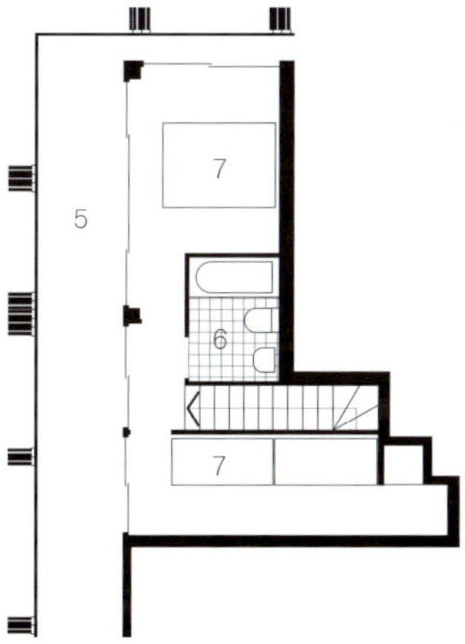

5

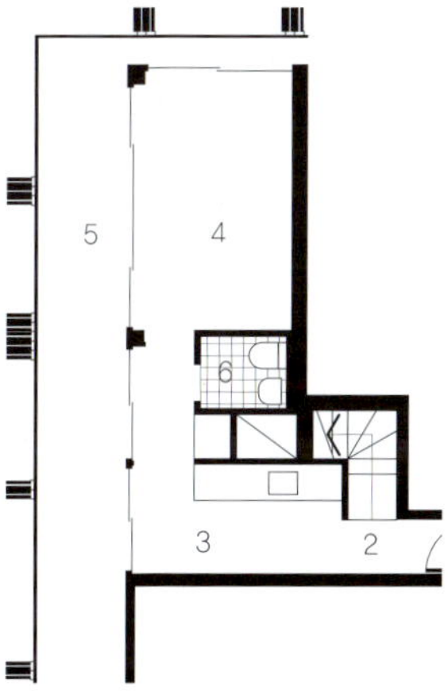

6

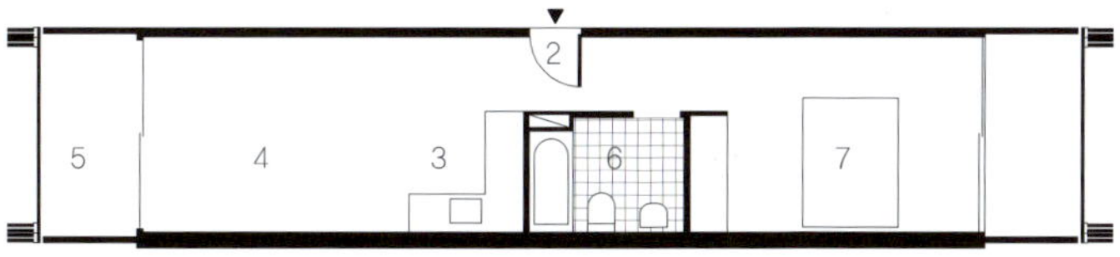

7

1 Cross-section 1:500

1 Access corridor
2 Terraces
3 Underground parking
4 Private garden

2 South elevation 1:500

3 Plan of typical floor
   level 1:500

1 Access stairs and lifts
2 Terraces
3 Two-bedroom flat
4 Three-bedroom flat
5 Four-bedroom flat
6 Corner maisonette

Plans of typical flats
1:200

4 Corner maisonette
   upper level
5 Corner maisonette
   lower level
6 One-bedroom flat
7 Three-bedroom flat

1 Stair and lifts
2 Entrance/hall
3 Kitchen
4 Living
5 Terrace
6 Bathroom/WC/ shower
7 Bedroom

Further Reading and References

General Histories, Monographs and Catalogues

Alpern, Andrew, *Apartments for the Affluent: A Historical Survey of Buildings in New York* (New York: McGraw–Hill Book Company, 1975)

Beattie, Susan, *A Revolution in London Housing* (London: Greater London Council/The Architectural Press, 1980)

Boyer, M. Christine, *Manhattan Manners* (New York: Rizzoli International Publications, Inc., 1985)

Brayer, Marie–Ange and Simonot, Beatrice, *Archilab's Futurehouse: Radical Experiments in Living Space* (London: Thames & Hudson, 2002)

Colquhoun, Ian, *RIBA Book of 20th–Century British Housing* (Oxford: Butterworth Heinemann, 1999)

Colquhoun, Ian, and Fauset, Peter G., *Housing Design: An International Perspective* (London: BT Batsford, 1991)

Cormes, James, *Modern Housing in Town and Country* (London: BT Batsford, 1905)

Craft Brumfield, W. and Ruble, Blair A., *Russian Housing in the Modern Age: Design and Social History* (Cambridge and New York: Cambridge University Press, 1993)

Cromley, Elizabeth C., *Alone Together: A History of New York's Early Apartments* (New York: Cornell University Press, 1990)

Darley, Gillian, *Villages of Vision* (London: The Architectural Press, 1975)

Esher, Lionel, *A Broken Wave: The Rebuilding of England 1940–1980* (London: Allen Lane, 1981)

Evans, Robin, 'Rookeries and Model Dwellings' in *Translations from Drawing to Building and Other Essays*, AA Documents 2 (London: Architectural Association, 1997)

Gausa, Manuel and Salazar, Jaime, eds, *Housing: New Alternatives, New Systems*, (Barcelona: Actar, 2002)

Glendinning, Miles and Muthesius, Stefan, *Tower Block: Modern Public Housing in England, Scotland, Wales and Northern Ireland* (New Haven and London: Yale University Press for the Paul Mellon Center for Studies in British Art, 1994)

Grinberg, Donald I., with forward by J. B. Bakema, *Housing in the Netherlands 1900–1940* (Delft: Delft University Press, 1977)

Howard, E. *Garden Cities of Tomorrow* (London: Faber, 1965)

Ibelings, Hans, *20th Century Urban Design in the Netherlands* (Rotterdam: NAi Publishers, 1999)

Kloos, Maarten and Wendt, Dave, eds, *Formats for Living: Contemporary Floor Plans in Amsterdam* (Amsterdam: Arcam, 2000)

Mozas, Javier, 'Collective Housing' ('Vivienda colectiva') in a + t, special issue: *Density III (Densidad III)*, no. 21, Spring 2003

Muthesius, Stefan, *The English Terraced House* (New Haven and London: Yale University Press, 1982)

Paul, Samuel, *Apartments, their Design and Development* (New York: Reinhold Publishing, USA, 1967)

Ravetllat, Pere Joan, *Block Housing: A Contemporary Perspective* (Barcelona: Gustavo Gili, 1992)

Rossi, Aldo, *The Architecture of the City* (Cambridge, MA, and London: The MIT Press, 1982)

Rowe, Peter G., *Modernity and Housing* (Cambridge, MA, and London: The MIT Press, 1993)

Schittich, Christian, ed., *In Detail: High–density Housing* (Basel: Birkhauser, 2004)

Schneider, Friederike,ed., *Floor Plan Manual: Housing (Grundriß atlas: Wohnungsbau)* (Basel: Birkhauser, 1994)

Sherwood, Roger, *Modern Housing Prototypes* (Cambridge, MA, and London: Harvard University Press, 1978)

Smithson, Alison and Peter, *Changing the Art of Inhabitation* (London: Artemis, 1994)

Spier, Steven, ed., *Urban Visions, Experiencing and Envisioning the City* (Liverpool University Press and Tate Liverpool, 1993)

Tarn, J. N., *Working–class Housing in 19th Century Britain* (London: Architectural Association Paper No 7, 1971)

Yorke, F. R. S. and Gibberd, F., *The Modern Flat*, original edition, 1937 (London: The Architectural Press, 1948 edition)

Yorke, F. R. S. and Gibberd, F., *Modern Flats* (London: The Architectural Press, 1958 edition)

Journal special issues are listed with individual projects below

Websites

Architects' own websites are increasingly a source of accurate information on more recent projects, as are general sites such as greatbuildings.com, eng.archinform.net and galinsky.com. Roger Sherwood's continuously developing housingprototypes.org has become an invaluable source of information in this field.

References to Individual Projects

The following references, mainly to journals, are an indication only. Drawings and text describing many of these projects, especially the most well known, have been published in some detail in monographs and numerous other books, including those listed in the above general histories. Projects are listed in page number order.

Peabody Buildings *page 18*
Cormes, James, *Modern Housing in Town and Country* (London: BT Batsford, 1905), pp9–12, 21–23

Rue Franklin Apartments *page 20*
'Perret: 25bis rue Franklin' in *Rassegna* 28, 1979

Cheap Cottages Exhibition *page 22*
Cormes, James, *op. cit.*
Miller, Mervyn, *Garden City Heritage Trails* (Letchworth: Letchworth Garden City Corporation), pp127–190

Van Beuningenstraat Housing *page 26*
Grinberg, Donald I., with forward by J. B. Bakema, *Housing in the Netherlands 1900–1940* (Delft: Delft University Press, 1977), pp36–38

Gradins Vavin/Amiraux *page 28*
Henri Sauvage 1873–1932 (Brussels: Editions des Archives d'architectures modernes, 1976)
Architecture + Urbanism, no. 9, September 1990, pp50–57
Ottagono, vol. 20, no. 77, June 1985, pp177–179

Hotel des Artistes *page 30*
New York Times, July 25th, 1909 Architectural *Digest*, December 1984

Spangen Quarter *page 34*
'Spangen: A Fragment of Rotterdam' in *Casabella*, vol. 49, no. 515, July/August 1985, pp42–53

El Pueblo Ribera Courtyard Houses *page 36*
'Houses for Outdoor Life' in *Architectural Record*, July 1930, pp17–21
An Exhibition of the Architecture of R. M. Schindler, 1887–1953 (catalogue of exhibition organized by David Gebhard, Los Angeles: Los Angeles County Museum of Art, 1967)

Efficiency Apartments *page 38*
Stanley Taylor, C., 'Efficiency Planning and Equipment' in *Architectural Forum*, special issue: *Apartment Hotels*, November 1924, pp204–268

Britz Hufeisensiedlung *page 40*
'Estates of the Twenties: Four Large Berlin
Estates' in Bauforum, vol. 19, no. 113, 1986,
pp41–45
AV Monografías, special issue: *European Housing*,
no. 56, November/December 1995, pp2–110

Karl Marx–Hof *page 42*
Garden Cities & Town Planning, July/August
1931, pp173–182
L'Architecture d'aujourd'hui, October 1931,
pp33–37
Perspektiven, no. 9, 1989, pp54–59

Weissenhofsiedlung Apartment Building *page 48*
Riley, T. and Bergdoll, B., *Mies in Berlin* (New
York: Museum of Modern Art, 2001)

Weissenhofsiedlung Row Housing *page 50*
Deutsche Bauzeitung, vol. 111, no. 11,
November 1977, pp27–35

Narkomfin *page 52*
Kopp, Anatole, *Ville et Revolution: Architecture et
Urbanisme Sovietiques des Années Vingt*
(Paris: Editions Anthropus, 1967), pp150–156
Kopp, Anatole, *Town and Revolution: Soviet
Architecture and City Planning*, 1917–1935
(London: Thames & Hudson, 1970), pp115–159
Bliznakov, M., 'Soviet Housing During the
Experimental Years 1918–1933' in Craft,
Brumfield W. and Ruble, Blair A., eds, *Russian
Housing in the Modern Age: Design and Social
History* (Cambridge and New York: Cambridge
University Press, 1993), pp85–148

Siemensstadt Housing *page 54*
Zodiac, no. 10, 1962, pp68–74
Casabella, no. 223, 1959, pp34–39

Lawn Road (now Isokon) Flats *page 56*
Cantacuzino, Sherban, *Wells Coates: A
Monograph* (Gordon Fraser, 1978)
Article on the restoration by Avanti Architects in
The Architects' Journal, vol. 223, no. 12, March
30, 2006, pp25–37

Vienna Werkbund Houses *pages 60 and 62*
L'Architecture d'aujourd'hui, no. 6,
August/September 1932, pp40–49
Architectural Forum, vol. 57, October 1932,
pp325–338

Bergpolder Building *page 64*
Roth, Alfred, *The New Architecture/La Nouvelle
Architecture/Die Neue Architektur* (Zurich: Les
Editions d'Architecture, 1938; second edition 1946)

25 and 42 Avenue de Versailles *page 66*
Monatshefte für Baukunst & Stadtebau,
December 1932, pp591–593
'Pages d'un journal du chantier/25 avenue de
Versailles à Paris' in *Architectural Review*,
October 1932, pp133–134

Highpoint I and II *page 68*
The Architects' Journal, special issue: *The Flat:
Pride and Prejudice*, May 2, 1935, pp652–709
Architectural Review, October 1938, p161 Article
by Toshiko Kinoshita and Kenji Watanabe in
Architecture + Urbanism, no. 7 (322), July 1997,
pp138–143

Kensal House *page 72*
Denby, Elizabeth, 'Kensal House, An Urban
Village' and Maxwell Fry, E., 'Kensal House' in
Flats (London: Ascot, 1938)
The Architects' Journal, March 18, 1937, pp466–
467

Casa Rustici *page 74*
Rassegna di Architettura, vol 8, May 1936,
pp141–147
Zevi, Bruno, *Giuseppe Terragni*, (Bologna: N.
Zanichelli Editore SpA, 1980)

Bubeshko Apartments *page 76*
Gebhard, D., *Schindler* (San Francisco: Viking
Press, 1972)
Sheine, Judith, *R. M. Schindler* (London: Phaidon,
2001)

Unité d'Habitation *page 82*
Jenkins, David, *Unité d'Habitation, Marseilles*
(London: Phaidon, 1993)

Pedregulho Housing *page 86*
Bonduki, Nabil and Portinho, Carmen, *Affonso
Eduardo Reidy 1909–1964* (Lisbon: Blau, 2000)

Churchill Gardens Estate *page 88*
The Architect and Building News, December 8,
1950, pp607–617, 628–629
Article by Henry Russell Hitchcock in
Architectural Review, September 1953,
pp177–184

Golden Lane Estate *page 90*
Architectural Review, June 1957, pp414–426
The Architect and Building News, August 29,
1957, pp271–289

Casa de la Marina *page 92*
etsav.upc.es/arxcoderch/
Arquitectura (Madrid), November 1967, pp1–37
Cuadernos de Arquitectura, no. 68–69, 1968,
pp21–26

Workers' Housing *page 94*
Casabella, no. 218, 1958, pp40–49
McKean, John, *Giancarlo De Carlo: Layered
Places* (Stuttgart and London: Menges, 2004)

860–880 Lake Shore Drive *page 96*
L'Architecture d'aujourd'hui, no. 79, 1958,
pp60–65
The Architect and Building News, April 8, 1954,
pp402–409

Price Tower *page 98*
Architectural Forum, May 1953, pp98–105
Architecture and Building, July 1956, pp268–270
Wright, Frank Lloyd, *The Story of the Tower* (New
York: Horizon Press, 1956)

Keeling House *page 100*
Architectural Review, May 1960, pp304–312
Architectural Record, October 1960, pp212–213
Architectural Design, April 1956, pp125–126

Harumi Apartments *page 102*
Bauen & Wohnen (Munich), no. 1, 1960,
pp39–41

Beacon Street Apartments *page 104*
Architectural Record, June 1959, p198

Hansaviertel Apartments *page 106*
Arkkitehti, no. IV, 1957, pp173–177

Hansaviertel Tower *page 108*
Forum (Amsterdam), no. 8, 1960–61, pp264–273
Architectural Design, December 1961, pp550–552

Bellevue Bay Flats and Houses *page 110*
Bauen & Wohnen (Munich), no. 3, 1962,
pp99–104

Halen Housing
Architectural Design, February 1963, pp63–71
Werk, February 1963, pp58–71
Casabella, no. 258, 1961, pp27–31

Tapiola Housing *page 116*
Bauen & Wohnen (Munich), no. 4, 1969,
pp126–127

Marina City *page 122*
Architectural Record, September 1963, p215

Lafayette Park Apartments *page 124*
Deutsche Bauzeitschrift, no. 1, 1964, pp19–24
Architectural Design, September 1960,
pp353–354

Peabody Terrace *page 126*
Dixon, John Morris, 'Yesterday's Paradigm,
Today's Problem' in *Progressive Architecture*,
vol. 75, no. 6, June 1994, pp100–107
Hale, Jonathan, 'Ten Years Past at Peabody
Terrace' in *Progressive Architecture*, vol. 55,
no. 10, October 1974, pp72–77

Blues Point Tower *page 128*
'Australian Domestic Architecture' in
Architectural Review, vol. 134, no. 797, July 1963,
pp12–19, 55–56
Architecture & Arts, July 1962, pp46, 48–49

Bakkedraget Housing *page 130*
Jørn Utzon: The Architect's Universe
([Humlebaek] Louisiana Museum of Modern Art
[2004])
Prip-Buus, Mogens, ed., *The Courtyard Houses*
(Hellerup: Blondal, 2004)

The Ryde *page 132*
The Architects' Journal, Information Library, 12
October 1966
The Architects' Journal, Information Library, 16
August 1972

Habitat 67 *page 134*
Architectural Review, special issue on Expo 67,
vol. 142, no. 846, August 1967, pp143–150

Twin Parks Northwest Site 4 *page 136*
Architectural Record, vol. 152, no. 3, September
1972, pp154–157
'Twin Parks as Typology' in *Architectural Forum*,
vol. 138, no. 5, June 1973, pp56–61 (includes
discussion of other Twin Parks sites by Richard
Meier & Partners and Giovanni Pasanella &
Associates)

Trellick Tower *page 138*
The Architects' Journal, January 10, 1973, pp80–84
Dunnett, James, *Ernö Goldfinger: Works*
(London: The Architectural Press, 1983)

Robin Hood Gardens *page 140*
Architectural Design, vol. 42, no. 9, September
1972, pp557–573

Nagakin Capsule Tower *page 142*
Domus, 520 (3), March 1973
Japan Architect, vol. 47, no. 190 (10), October
1972, pp17–38

University Centre Housing Urbino *page 144*
McKean, John, *Giancarlo De Carlo: Layered
Places* (Stuttgart and London: Menges, 2004)

Olympic Tower *page 146*
Progressive Architecture, vol. 56, no. 12,
December 1975, pp37–51
Architektur & Wohnwelt, vol. 83, no. 2, March
1975, pp114–116

Walden 7 *page 148*
Cuadernos de Arquitectura y Urbanismo, no. 111
(6), November 1975, pp13–21
Architectural Design, vol. 45, no. 7, July 1975,
pp402–417

Emmanuel Benaki Street Apartments *page 150*
Frampton, Kenneth, ed., Atelier 66: The
Architecture of Dimitris and Suzanna Antonakakis
(New York: Rizzoli, 1985)

Housing on Calle Doña María Coronel *page 152*
Cruz/Ortiz 1975–1995 (New York: Princeton
Architectural Press, 1996)

Gallaratese Housing *page 154*
Peereboom, Jan Dirk and Wintermans, Frank,
'Idealism Versus Dialectic in Social Housing of the
60s: Neave Brown in London and Aldo Rossi in
Milan' in *Wonen–TA/BK*, no. 2, 1980, pp11–27
Casabella, vol. 38, no. 7 (391), July 1974, pp17–25

Quinta da Malagueira *page 156*
El Croquis, vol. 13, no. 4 (68/69), 1994, pp76–81
Angelilo, Antonio, ed., *Siza: Architecture Writings*
(Milan: Skira, 1997)

Corner Housing at Kochstrasse *page 162*
El Croquis, vol. 8, no. 9 (83), September 1990,
pp24–29
Architectural Review, vol. 181, no. 1082, April 1987,
pp60–63
Nalbach, G. & Nalbach, N., eds, *Berlin Modern
Architecture: The International Building Exhibition,
Berlin 1987* (Berlin: Senatsverwaltung für Bau- und
wohnungswesen, 1989)

Housing on Lützowplatz *page 164*
GA Houses, no. 23, August 1988, pp152–157
Kleihues, Josef Paul and others, *Lotus
International*, special issue: *Living in the City*,
no. 41, 1984, pp18–93

St Mark's Road Housing *page 166*
Building Design, no. 448, June 1, 1979,
pp18–19

Rue des Hautes Formes *page 168*
Lotus International, special issue: *Living in the
City*, no. 41, 1984, pp94–127 *GA Houses*, no. 23,
August 1988, pp68–77

Noisy II Housing *page 170*
Galantino, Mauro, *Henri Ciriani: Architecture
1960–2000* (Milan: Skira, 2000)
Architectural Design, 7–8, 1982, pp92–99
GA Document, 3, 1981, pp68–79

Atlantis Condominium *page 172*
'Rich and Famous: Two Apartment Buildings,
Atlantis and Babylon, in Miami' in *Progressive
Architecture*, vol. 64, no. 2, February 1983,
pp99–107

Byker Wall *page 174*
Architectural Design, vol. 45, no. 6, June 1975,
pp333–338
Futagawa, Yukio, ed., *Global Architecture* 55,
special issue: *Byker Development*, 1980

Housing for the Elderly *page 176*
Deutsche Bauzeitung: special issue: *Growing Old*,
vol. 119, no. 11, November 1985, pp10–42

Nemausus *page 178*
Duroy, Lionel, *L'Architecture d'aujourd'hui*,
special issue: *Le logement a l'aube d'une
mutation radicale (Housing, at the dawn of a
radical change)*, no. 252, September 1987,
pp1–49
Techniques et architecture, special issue:
Housing: Recent European Projects, no. 375,
December/January 1987/1988, pp62–151

Pence Place *page 180*
GA Houses, no. 23, August 1988, pp194–197
L'Industria delle costruzioni, vol. 21, no. 192,
October 1987, pp44–50

IJ-Plein *page 182*
L'Industria delle costruzioni, vol. 24, no. 222,
April 1990, pp20–25
'Housing Design as a Statement' in *Baumeister*,
vol. 86, no. 4, April 1989, pp44–61 (IJ-Plein
pp48–51)
'Low-income Housing: A Lesson from
Amsterdam' in *Architectural Record*, vol. 173,
no. 1, January 1985, pp134–143

Spiral House *page 184*
Architectural Design, vol. 69, no. 9/10, 1999, p112
'The Tower and the Serpent' in *Techniques et architecture*, no. 394, February/March 1991, pp70–77

Nexus World Housing *page 186*
Japan Architect, special issue: Housing, no. 4, 1991, pp92–103
Arquitectura Viva, no.23, March/April 1992, pp14–17

Rue de Meaux Housing *page 188*
Techniques et architecture, no. 397, August/September 1991, pp38–47

Horizon Apartments *page 190*
Construction Review, vol. 64, no. 2, May 1991, pp16–23

Kavel 25 *page 196*
Archis, no. 1, January 1993, pp54–59
van der Burgh, Marja, *STRIP* (Rotterdam: Nai publications, 2003)

Carl–Spitzweg–Gasse Housing *page 198*
Blundell Jones, Peter, 'The Rhetoric of Shelter' in *Architectural Review*, vol. 198, no. 1184, October 1995, pp66–69
GA Houses, no. 43, October 1994, pp114–116
Weiss, Klaus Dieter, *Deutsche Bauzeitschrift*, vol. 42, no. 6, June 1994, pp51–58

Schlesischestrasse Housing *page 200*
Léon, H., Wohlhage, Konrad and Schneider, F., *Léonwohlhage: Bauten und Projekte: 1987–1997* (Basel: Birkhauser, 1997)

Silodam *page 202*
Metz, Tracy, *Architectural Record*, vol. 191, no. 3, March 2003, pp114–121
'Ciutat Usada' in *Quaderns*, no. 234, July 2002, pp114–123

Sejima Wing, Kitagata Housing *page 206*
Klauser, Wilhelm, *L'Architecture d'aujourd'hui*, no. 323, July 1999, pp90–91
'Cultural Hybrids' in *Archis*, no. 11, November 2000, pp50–57
Bauwelt, vol. 90, no. 20, May 21, 1999, pp1080–1103
Japan Architect, special issue: *Kazuyo Sejima (1987–1999) and Kazuyo Sejima & Ryue Nishizawa (1995–1999)*, no. 35, Autumn 1999, pp4–128

Courtyard Houses *page 208*
Casabella, vol. 64, no. 678, May 2000, pp38–43
Baumeister, vol. 98, no.1, January 2001, pp53–90
2G, special issue: *Eduardo Souto de Moura: Recent Work*, no. 5 (1), 1998

Rue des Suisses *page 210*
'Space and Identity' in *Architectural Review*, vol. 212, no. 1265, July 2002, pp42–49
'L'Heterotopie à Paris' in *L'Architecture d'aujourd'hui*, no. 337, November/December 2001, pp112–117

Schots 1 + 2 *page 212*
Architecture + Technology, special issue: *Density IV*, no. 22, Autumn 2003, pp56–81

Yerba Buena Lofts *page 216*
Praxis, special issue: *Housing Tactics*, vol. 1, no. 3, 2001, pp 5–128
GA Houses, no. 76, July 2003, pp130–139

The Whale *page 218*
'Housing Differentiation' in *Lotus International*, no. 132, November 2007, pp2–129
L'Industria delle costruzioni, special issue: [*Experimental housing in the Netherlands*] no. 377, May/June 2004, pp4–75

Liverpool Street Housing *page 220*
Casabella, vol. 69, no. 738, November 2005, pp54–57
Canizares, Anna G., *New Apartments* (New York: Harper Design International, 2005)

Mirador Apartments *page 222*
Architecture + Technology, special issue: *Density I*, no. 19, Spring 2002, pp132–137
'Privacy and Publicity: Two New Social Housing Projects in Madrid Offer Rival Approaches to the Meaning of Home' in *Architecture* (New York), vol. 94, no. 11, November 2005, pp54–65

Consort Road Housing *page 226*
Architecture Today, February 2008, pp36–45

Carabanchel 16 Housing *page 228*
Blueprint, no. 259, October 2007, pp82–90 'Brits Abroad' in *RIBA* Journal, vol. 114, no. 7, July 2007, pp7–9, 16, 42–48

Index

Picture Credits

10 tl   G.E. Kidder Smith, Courtesy of Kidder Smith Collection, Rotch Visual Collections, Massachusetts Institute of Technology
11 t   © Susan Carr/ESTO/VIEW
12 l & r   Alexander Hartmann
13   Sérgio Padura/F.O.A.
15 tl & tr   Hilary French
15 b   Corbis/Bettmann
16 t   bpk/Kunstbibliothek, SMB, Berlin
16 bl   © Fredrika Lökholm
16 br   Hilary French
17 tr   The Mitchell Wolfson, Jr. Collection (Schultze & Weaver Collection), The Wolfsonian, Florida International University, Miami Beach
18 tl & tr   Hilary French
20 tl   Hilary French
20 tr   Paul Raftery/VIEW
22   Hilary French
26   IISG, Collection Aedes
28 tl   Artedia
28 tr   Fondations Sauvage, Direction des Archives de France
30   © Matt Conte 2008
34 t   Artedia
36 t   © Michael-Leonard Creditor/Artifice Images
38 t   Architectural Forum LI, no.6 (November 1924)
40 t   Alexander Hartmann
42 t   Hervé Champollion/akg-images
45 tl   BPK, Berlin
46 tl   Frank den Oudsten & Associates
46 tr   © DACS 2008
46 bl   Lucia Moholy/Bauhaus Archiv, Berlin © DACS 2008
46 br   Alexander Hartmann
47   top010.nl
48 t   Electa/akg-images
50 t   Roland Halbe/RIBA Library Photographs Collection
50 b   © DACS 2008
51   © DACS 2008
52 t   RIA Novosti/TopFoto
54 tl   Alexander Hartmann
54 tr   Dieter Leistner/artur
56 tl   Morley von Sternberg/Arcaid
56 tr   RIBA Library Photographs Collection
60 t   Keith Collie/RIBA Library Photographs Collection
62 tl & tr   Hervé Champollion/akg-images
62 br   © DACS 2008
63   © DACS 2008
64   top010.nl
66 tl & tr   Hilary French
68 l   Janet Hall/RIBA Library Photographs Collection
68 r   Dell & Wainwright/RIBA Library Photographs Collection
72 l   ©Annabel Craig/Architectural Association
72 r   RIBA Library Photographs Collection
74 tl & tr   Hilary French

76 t   Grant Mudford
79 l   © FLC/ADAGP, Paris and DACS, London 2008
79 r   RIBA Library Photographs Collection
80 tl   RIBA Library Photographs Collection
80 cr   © Frank Lloyd Wright/ARS, New York and DACS, London 2008
80 br   Jørgen Strüwing
81 l   Alvar Aalto Museum
81 r   Martin Bond/Alamy
82 l & r   © FLC/ ADAGP, Paris and DACS, London 2008
86 t   Marcel Gautherot/Acervo Instituto Moreira Salles
88 t   © Fredrika Lökholm
90 tl   Janet Hall/RIBA Library Photographs Collection
90 tr   John Maltby/RIBA Library Photographs Collection
92 t   Duccio Malagamba
94 t   Aldo Ballo
96 t   Ezra Stoller/ESTO
98 tl   Alan Weintraub/Arcaid
98 tr   Joe Price. © Frank Lloyd Wright/ARS, New York and DACS, London 2008
100 t   Christopher Hope-Fitch/RIBA Library Photographs Collection
102 l & r   photos: Maekawa Associates
104 t   Stubbins Archive, Harvard University
106 t   Alexander Hartmann
108 lt   Alexander Hartmann
108 tr   Broek en Bakema
110 t   Jørgen Strüwing
112 t   © Balthasar Burkhard
116 l   Museum of Finnish Architecture/Kari Hakli
116 r   Museum of Finnish Architecture/Ingervo
119 tl   Peter Cook © Archigram 1964 (Photo © Archigram Archives 2008)
199 tr   Philip Johnson Fund. Acc. No. 435.1967. 2008 © Dig. Image Museum of Modern Art, New York/Scala, Florence
120 tl   Bill Tingey/Arcaid
120 bl   Michael Harding/Arcaid
120 br   Viennaslide
121 r   Builder Group
122 tl   Barry Edwards/Arcaid
122 tr   © Ezra Stoller/ESTO
124 t   © Wayne Andrews/ESTO/VIEW
126   G.E. Kidder Smith, Courtesy of Kidder Smith Collection, Rotch Visual Collections, Massachusetts Institute of Technology
128 tl & tr   Harry Seidler & Associates
130 t   Richard Weston
132 tl & tr   Phippen Randall and Parkes
134 t   Michael Freeman/Corbis
136 t   © Ezra Stoller/ESTO
138 tl   Alex Bartel/Arcaid
138 tr   © Edmund Sumner/VIEW
140 tl & tr   © Marjorie Morrison/Architectural Association
142 t   Bill Tingey/Arcaid
144 tl & tr   Archivio Progetti, Archivio Casali,

Università IUAV di Venezia
146 t   © Peter Aaron/ESTO/VIEW
148 t   Viennaslide
150 tl & tr   Antonakakis + Antonakakis
152 tl & tr   Duccio Malagamba
154 t   S. Brandolino/Architectural Association
156 t   ©Alan Chandler/Architectural Association
159 l & r   Alexander Hartmann
160 tl   Viennaslide
160 tr   Robin Hill/Danita Delimont Stock Photography
160 b   © Sally-Ann Norman/VIEW
161 tl   © Iwan Baan/Steven Holl Architects
161 tr   © DACS 2008
162 t   Alexander Hartmann
164 t   Alexander Hartmann
166 t   Martin Charles/Dixon Jones
168 t   Nicolas Borel/Christian de Portzamparc
170 t   P. Chair
172 t   Robin Hill/Danita Delimont Stock Photography
174 tl & tr   © Sally-Ann Norman/VIEW
176 tl & tr   Alexander Hartmann
178 tl   Georges Fessy
178 tr   Philippe Ruault
178 b   © ADAGP, Paris and DACS, London 2008
179   © ADAGP, Paris and DACS, London 2008
180 tl & tr   Abby Sadin/Gwathmey Siegel & Associates
182 t   © Peter Aaron/ESTO/VIEW
182 b   © DACS 2008
183   © DACS 2008
184 t   © Michael Krüger Architekturfotografie, Berlin
186 tl   © Iwan Baan/Steven Holl Architects
186 tr   Steven Holl Architects
188 tl & tr   Hilary French
190 tl & tr   Harry Seidler & Associates
193 tl   KCAP
194 tl   Shinkenchiku-sha/The Japan Architect Co., Ltd
194 tr   © Rob 't Hart/MVRDV
194 b   Tim Crocker/Proctor & Matthews
195 l&r   Tim Griffith/Saitowitz
196 tl & tr   KCAP
198 tl & tr   © Paul Ott, Graz
200 tl & tr   Alexander Hartmann
202 t   © Rob 't Hart
206 t   Shinkenchiku-sha/The Japan Architect Co., Ltd
208 t   © Luis Ferreira Alves/Souto da Moura
210 tl & tr   Hilary French
212 tl & tr   Jan Bitter
216 tl & tr   Tim Griffith/Saitowitz
218 tl   Jeroen Musch/de Architekten Cie.
218 tr   de Architekten Cie.
220 t   Ross Honeysett/Ian Moore Architects
222 tl & tr   © Rob 't Hart/MVRDV
226 tl & tr   © Edmund Sumner/VIEW
228 t   Francisco Andeyro García & Alejandro García González/FOA

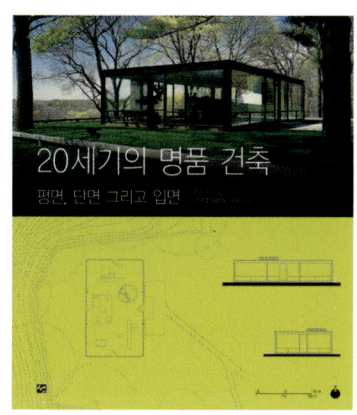

20세기의 명품 건축 평면, 단면 그리고 입면
Key Houses of the Twentieth Century Plans, Sections and Elevations

Colin Davies 지음   한국주거학회, 이현수 옮김

이 책에는 20세기의 명품 건축으로 손꼽을 만한 100여 개의 주택 작품들이 수록되어 있다.
물론 르 꼬르뷔지에, 프랭크 로이드 라이트, 미스 반 데어 로에, 알바 알토 등과 같은
건축거장들의 실험적이고 독창적인 주택들이 포함되어 있다.
이와 함께 이 시대를 대표하는 프랑크 게리, 안도 타다오, 렘 쿨하스, 글렌 머킷 등의
저명 건축 작품들을 만날 수 있다.

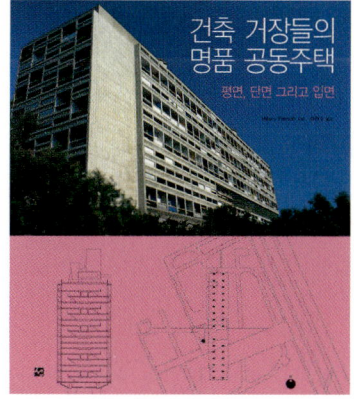

건축 거장들의 명품 공동주택 평면, 단면 그리고 입면
Key Urban Housing of the Twentieth Century Plans, Sections and Elevations

Hilary French 지음   이현수 옮김

이 책은 지난 100년간 건축분야에서 유명한 건축가들의 공동주택 작품 중
가장 영향력 있는 90가지 작품을 선정하여 소개하고 있다.
르 꼬르뷔지에, 프랭크 로이드 라이트, 알바 알토, 장누벨 등과 같은
건축거장들의 실험적이고 독창적인 주택들이 포함되어 있다.
이와 함께 이 시대를 대표하는 스티븐 홀, 헤르조그 앤 드 메론, FOA, OMA 등의
저명 건축 작품들을 만날 수 있다.

건축 거장들의 명품 공동주택 평면, 단면 그리고 입면

초판 1쇄 발행 • 2010년 10월 25일

저 자 • Hilary French
번 역 • 이현수

발행인 • 김윤태
발행처 • 도서출판 선
주 소 • 서울시 종로구 낙원동 58-1 종로오피스텔 1409호
전 화 • 02-762-3335
전 송 • 02-762-3371·

등록번호 • 제15-201호
등록일자 • 1995년 3월 27일

값 36,000원
ISBN 978-89-6312-036-2 90000